고급미분적분학과 기초해석학

CALCULUS&ANALYSIS

최택영 저

북스힐

머리말

대학에서 수학을 전공하려는 학생들이 전공기초과목으로 배우는 미분적분학은 자연과학, 공학 등 다른 분야의 학문을 전공하는 학생들이 응용을 위하여 배우는 미분적분학과 많은 차이점이 있게 마련이다. 이 책은 대학에서 수학을 전공할 학생들을 위하여 수학과 및 수학교육과 1학년 교재로 사용할 목적으로 집필되었다. 이 책의 특징으로는 고등학교에서 인문계 수학을 공부하고 대학에서 수학을 전공하려는 학생들을 배려하는 고등학교 과정의 수학 내용도 다수 포함하고 있으며, 미분적분학 내용의 이론적 배경을 공고히 하기 위하여 기초해석학의 내용도 다소 포함하고 있는 점이다. 고급미분적분학 교재의 내용은 시중에 나와 있는 많은 종류의 미분적분학 또는 대학수학의 내용을 포함하는 정도이지만 기초해석학의 내용을 근거로 하여 미분적분학 내용의 이론적 기반을 공고히 하는 데 중점을 두고 있어서 다소 어려운 이론적인 내용을 포함하고 있을 수 있다.

고급미분적분학에서 다루는 함수와 연속함수, 미분과 적분 등과 같은 주제는 수학에서 가장 기초적이고 기본적인 개념일 뿐만 아니라 자연과학, 공학, 사회과학 등 많은 응용 분야에서도 기초적인 개념으로 다루어지는 주제이다. 특히 수학교육과 학생들에게는 고등학교 미분적분학을 가르치기 위한 준비로 고급미분적분학 및 해석학에 대한 충실한 예비시식을 반드시 필요로 한나.

이 책에 포함된 주제들은 미분적분학의 기초 및 심화내용을 포함하여 기초 해석학의 내용까지 다루어 고학년의 수학전공 학생들에게 반드시 필요한 내용으로 구성하려고 노력하였다. 이 책에서는 집합과 함수의 기초이론을 바탕으로 유리수와 실수 체계의 대수적 성질을 비교적 상세하게 다루어 수 체계를 확립하였으며, 이를 바탕으로 실변수 실가함수의 극한 및 연속성을 다루고 있으며 미분과 적분으로 이론이 전개되도록 하고 있다. 모든 정리에 대한 증명은 가능한 한 상세하게 제시하려고 노력하였다.

이 책에는 일부 일상적이고 계산적인 문제가 포함되어 있지만, 많은 예제 및 연습문제는 학생들이 미분적분학의 기초적인 개념들에 대해 깊이 생각해보고 자신의 창의력과 논리적 사고력으로 스스로 해결할 수 있는 문제들로 구성하려고 노력하였다.

끝으로 이 교재의 출간으로 해석학을 공부하는 학생들에게 다소나마 도움이 되기를 기대하며, 이 교재의 출판을 도와주신 모든 분들께 감사의 말씀을 드리는 바이다.

저 자

차 례

Part 1 고급미분적분학

PART 1

고급미분적분학

Chapter

01

집합과 함수

1.1 집합

집합(set)에 관한 이론은 19세기 후반 독일의 수학자 George Cantor(1845 ~ 1918)에 의해서 수학의 한 분야로 체계화되었으며, 엄밀하게 정의되어있지 않던 무한의 개념을 명확하게 정의함으로서 무한과 관련된 많은 사실들이 새롭게 밝혀지게 되었다. 현재에 이르러서 집합의 이론은 수학의 모든 분야와 연관되어 다루어지고 있으므로 집합에 관한 이해 없이는 여하한 수학서적도 읽을 수 없을 정도로 중요한 위치를 차지하게 되었다. 그러나 집합을 엄밀하게 정의한다는 것은 매우 어려우므로 여기서는 무정의 용어로서 다음과 같이 직관적인 설명으로 대치 하고자 한다.

집합(set)은 "특정한 성질을 만족하는 서로 다른 대상들의 모임으로, 그 모임에 속하는 것과 속하지 않는 것의 구별이 정확하게 되는 것"을 말한다.

그리고 어떤 집합의 대상 하나 하나를 그 집합의 원소(element, member)라고 한다. 일반적으로 집합은 대문자 $A, B, C, \cdots$ 등으로 표시고 집합의 원소는 소문자 $a, b, c, \cdots$ 등으로 표시한다. a가 집합 A의 원소일 때 "a는 A에 속한다(belong)" 또는 "A는 a를 포함한다(contain)"라고 하고

$$a \in A$$

로 나타낸다. 또 a가 A의 원소가 아닐 때 "a는A에 속하지 않는다(not belong)" 또는 "A는 a를 포함하지 않는다(not contain)"라고 하고

$$a \notin A$$

로 나타낸다. 집합을 표시하는 방법에는 두 가지가 있는데 첫 번째는 집합의 원소를 하나 하나 나열하여

$$\{a, b, c\}, \ \{1, 2, 3, 4, 5, 6, 7, 8, 9, 10\}$$

등과 같이 나타내는 원소나열법이 있고, 두 번째는 집합을 이루는 원소들의 성질을 기술하여

$$\{x \mid x \text{는 자연수}\}, \quad \{x \mid 1 \le x \le 10, \ x \text{는 정수}\}$$

등과 같이 나타내는 조건제시법이 있다.

특히 원소를 전혀 포함하고 있지 않는 모임도 집합이라고 보고 이러한 집합을 공집합(empty set, null set)이라고 하고 $\varnothing$와 같이 표기한다. 그리고 우리가 다루는 대부분의 집

합은 고정된 어떤 집합의 부분집합이 되어진다. 이러한 고정된 집합을 전체집합(universal set)이라 하고 U로 표기한다.

정의 1.1

두 집합 A, B에 대해서,

(1) A의 원소가 모두 B의 원소일 때 A를 B의 부분집합(subset)이라 하고 $A \subset B$로 표기한다. 만일 A가 B의 부분집합이 아니면 $A \not\subset B$로 표기한다.

(2) $A \subset B$이고 $B \subset A$일 때, A와 B는 같다고 하고 $A = B$라고 표기한다.

(3) $A \subset B$이고 $A \neq B$일 때, A를 B의 진부분집합(proper subset)이라 하고 $A \subsetneq B$로 표기한다.

정의 1.2

두 집합 A, B에 대해서, A와 B의 합집합, 교집합, 차집합을 다음과 같이 정의한다.

(1) $A \cup B = \{x \mid x \in A \text{ 또는 } x \in B\}$을 A와 B의 합집합(union)이라 한다.

(2) $A \cap B = \{x \mid x \in A,\ x \in B\}$을 A와 B의 교집합(intersection)이라 한다.

(3) $A - B = \{x \mid x \in A,\ x \notin B\}$을 A에 대한 B의 차집합(difference)이라 한다.

정리 1.3

집합 A, B, C에 대하여 다음이 성립한다.

(1) $A \cup (B \cap C) = (A \cup B) \cap (A \cup C)$

(2) $A \cap (B \cup C) = (A \cap B) \cup (A \cap C)$

증명 (1)은 여기서 증명하고 (2)는 생략한다.

($\subset$) $A \subset A \cup B$이고 $A \subset A \cup C$이므로 $A \subset (A \cup B) \cap (A \cup C)$이다. 그리고 $B \cap C \subset B \subset A \cup B$이고 $B \cap C \subset C \subset A \cup C$ 이므로 $B \cap C \subset (A \cup B) \cap (A \cup C)$이다. 따라서 $A \cup (B \cap C) \subset (A \cup B) \cap (A \cup C)$이다.

($\supset$)
$$\begin{aligned} x \in (A \cup B) \cap (A \cup C) &\Rightarrow x \in A \cup B \text{ and } x \in A \cup C \\ &\Rightarrow x \in A \text{ or } x \in B \text{ and } x \in A \text{ or } x \in C \\ &\Rightarrow x \in A \cup (B \cap C) \end{aligned}$$

그러므로 $(A \cup B) \cap (A \cup C) \subset A \cup (B \cap C)$이다. ■

정의 1.4

U가 전체집합이고 $A \subset U$일 때 $U-A$를 A의 여집합(complement)이라 하고 A^c로 나타낸다. 즉 $A^c = \{x \mid x \in U,\ x \notin A\}$이다.

예제 1

$A, B \subset S$일 때 다음이 성립함을 증명하여라.

(1) $S-(S-A)=A$

(2) $A \subset B \Leftrightarrow S-B \subset S-A$

(3) $A=B \Leftrightarrow S-A=S-B$

증명

(1) 만약 $x \in A$이면 $x \notin S-A$이고 따라서 $x \in S-(S-A)$이다. 그러므로

$$A \subset S-(S-A)$$

이다. 만약 $x \in S-(S-A)$이면 $x \notin S-A$이고 따라서 $x \in A$이다. 그러므로

$$S-(S-A) \subset A$$

이다. 정의 1.1(2)에 의하여 $S-(S-A)=A$이다.

(2) $A \subset B$를 가정하자.

만약 $x \in S-B$이면 $x \notin B$이다. 또 $A \subset B$이므로 $x \notin A$이다. 따라서 $x \in S-A$이다. 그러므로 $S-B \subset S-A$이다.

역으로, $S-B \subset S-A$를 가정하자. 만약 $x \in A$이면 $x \notin S-A$이다.

또 $S-B \subset S-A$이므로 $x \notin S-B$이다. 따라서 $x \in B$이다. 그러므로 $A \subset B$이다.

(3) $A=B \Leftrightarrow A \subset B$ and $B \subset A$

$$\Leftrightarrow S-B \subset S-A \text{ and } S-A \subset S-B$$

$$\Leftrightarrow S-A=S-B$$

■

정리 1.5 드모르강(De Morgan)의 법칙

전체집합 U의 부분집합 A, B에 대해서 다음이 성립한다.

(1) $(A \cup B)^c = A^c \cap B^c$

(2) $(A \cap B)^c = A^c \cup B^c$

증명 (1)번만 증명하고 (2)번은 연습문제로 남긴다.

$$x \in (A \cup B)^c \Rightarrow x \notin A \cup B \Rightarrow x \notin A,\ x \notin B$$

$$\Rightarrow x \in A^c,\ x \in B^c \Rightarrow x \in A^c \cap B^c$$

따라서 $(A \cup B)^c \subset A^c \cap B^c$이다. 역으로

$$x \in A^c \cap B^c \Rightarrow x \in A^c,\ x \in B^c \Rightarrow x \notin A,\ x \notin B$$

$$\Rightarrow x \notin A \cup B \Rightarrow x \in (A \cup B)^c$$

따라서 $(A \cup B)^c \supset A^c \cap B^c$이다. 그러므로 $(A \cup B)^c = A^c \cap B^c$이다. ▣

예제 2

두 집합 A, B에 대해서 다음을 증명하여라.

(1) $A - B = A \cap B^c$

(2) $(A - B) \cup (B - A) = (A \cup B) - (A \cap B)$

증명 (1) $x \in A - B \Leftrightarrow x \in A$ and $x \notin B$

$\Leftrightarrow x \in A$ and $x \in B^c$

$\Leftrightarrow x \in A \cap B^c$ ▣

참고 정리 1.5 드모르강(De Morgan)의 법칙은 다음과 같이 일반화 된다.
전체집합 U의 부분집합족 $\{A_i | i \in I\}$에 대해서

(1) $\left(\bigcup_{i \in I} A_i\right)^c = \bigcap_{i \in I} A_i^c$

(2) $\left(\bigcap_{i \in I} A_i\right)^c = \bigcup_{i \in I} A_i^c$ ■

정의 1.6

두 집합 A, B에 대해서, A의 원소 a와 B의 원소 b의 모든 순서쌍 (a,b)들의 집합을 A와 B의 카티션곱(cartesian product)이라 하고 $A \times B$로 표시한다.
즉 $A \times B = \{(a, b) | a \in A,\ b \in B\}$이다.

참고 $A \times B$의 두 원소 (a, b), (c, d)에 대해서

$$(a, b) = (c, d) \Leftrightarrow a = c \text{이고 } b = d$$

가 성립한다. 엄밀한 증명은 기초해석학에서 다루고 여기서는 증명없이 인정하기로 하자. ■

예제 3

$A = \{1, 2, 3\}$, $B = \{x, y\}$일 때

$$A \times B = \{(1,x), (1,y), (2,x), (2,y), (3,x), (3,y)\}$$

$$B \times A = \{(x,1), (x,2), (x,3), (y,1), (y,2), (y,3)\}$$

이다. 따라서 $A \times B \neq B \times A$임을 알 수 있다.

정리 1.7

세 집합 A, B, C에 대해서 다음이 성립한다.

(1) $A \times (B \cup C) = (A \times B) \cup (A \times C)$

(2) $A \times (B \cap C) = (A \times B) \cap (A \times C)$

(3) $(A \times B) \cap (C \times D) = (A \cap C) \times (B \cap D)$

증명

(1) $(x, y) \in A \times (B \cup C) \Leftrightarrow x \in A$ and $y \in B \cup C$

$$\Leftrightarrow (x, y) \in A \times B \text{ or } (x, y) \in A \times C$$

$$\Leftrightarrow (x, y) \in (A \times B) \cup (A \times C)\}$$

(2) $(x, y) \in A \times (B \cap C) \Leftrightarrow x \in A$ and $y \in B \cap C$

$$\Leftrightarrow (x, y) \in A \times B \text{ and } (x, y) \in A \times C$$

$$\Leftrightarrow (x, y) \in (A \times B) \cap (A \times C)$$

(3) $(x, y) \in (A \times B) \cap (C \times D) \Leftrightarrow (x, y) \in A \times B$ and $(x, y) \in C \times D$

$$\Leftrightarrow x \in A \cap C \text{ and } y \in B \cap D$$

$$\Leftrightarrow (x, y) \in (A \cap C) \times (B \cap D)$$

■

연습문제 1.1

1. 공집합 $\varnothing$는 임의의 집합의 부분집합임을 설명하여라.

2. 집합 A에 대하여 다음을 증명하여라.

(1) $A \subset \varnothing \;\Leftrightarrow\; A = \varnothing$　　(2) $(A^c)^c = A$

3. 집합 A, B에 대하여 다음을 증명하여라.

(1) $A \subset B \Leftrightarrow B^c \subset A^c$　　(2) $A - B \neq \varnothing \Rightarrow A \cap B^c \neq \varnothing$

(3) $A - B = A \cap B^c$　　(4) $A \cap B = \varnothing \Leftrightarrow A \subset B^c$

4. 집합 A, B, C에 대하여 다음 등식을 증명하여라.

(1) $A \subset B,\ B \subset C \Rightarrow A \subset C$

(2) $(A \cup B) \cup C = A \cup (B \cup C)$, $(A \cap B) \cap C = A \cap (B \cap C)$

(3) $(A \cup B) \cap C = (A \cap C) \cup (B \cap C)$, $(A \cap B) \cup C = (A \cup C) \cap (B \cup C)$

(4) $A \cap (A \cup B)^c = \varnothing$

(5) $(A \cup B)^c \cap C^c = (A^c \cap B^c) \cap C^c$

5. 집합 A와 집합족 $\{B_i \mid i \in I\}$에 대해서 다음 등식을 증명하여라.

(1) $A \cup \left(\bigcap_{i \in I} B_i \right) = \bigcap_{i \in I} (A \cup B_i)$　　(2) $A \cap \left(\bigcup_{i \in I} B_i \right) = \bigcup_{i \in I} (A \cap B_i)$

6. 집합 $A, B_1, B_2, \cdots, B_n$에 대하여 다음 등식을 증명하여라.

(1) $A \times \left(\bigcup_{i=1}^{n} B_i \right) = \bigcup_{i=1}^{n} (A \times B_i)$　　(2) $A \times \left(\bigcap_{i=1}^{n} B_i \right) = \bigcap_{i=1}^{n} (A \times B_i)$

7. 일반화된 드모르강 법칙을 증명하여라.

8. 증명이 생략된 정리의 증명을 마무리 하여라.

1.2 함수

정의 2.1

(1) 두 집합 X, Y에 대해서, X의 각 원소 x에 Y의 단 한 개의 원소 y를 짝지어 주는 대응 f를 X에서 Y에로의 함수(function) 또는 사상(mapping)이라 하고 $f : X \to Y$로 나타낸다. 이 때, y를 f에 의한 x의 상(image) 또는 x에서 f의 함수값(value of function)이라 하고, x를 f에 의한 y의 원상(preimage)라 하며 $y = f(x)$로 나타낸다.

(2) $A \subset X$, $B \subset Y$일 때 함수 $f : X \to Y$에 대하여, 집합 $\{f(x) | x \in A\}$를 f에 의한 A의 상(image)이라 하고 $f(A)$로 나타내며, 집합 $\{x | f(x) \in B\}$를 f에 의한 B의 역상(inverse image)이라 하고 $f^{-1}(B)$로 나타낸다. 즉

$$f(A) = \{f(x) | x \in A\}, \ f^{-1}(B) = \{x | f(x) \in B\}$$

(3) 함수 $f : X \to Y$에서 X를 f의 정의역(domain), Y를 f의 공변역(codomain), $f(X)$를 함수 f의 치역(range)이라 한다.

(4) 함수 $f : X \to Y$에서 $X \times Y$의 부분집합 $\{(x, f(x)) | x \in X\}$를 f의 그래프(graph)라고 하고 $G(f)$로 나타낸다. 즉

$$G(f) = \{(x, f(x)) | x \in X\}$$

주의 (1) X에서 Y에로의 대응 f가 함수일 조건은 다음과 같다.

(i) $^\forall x \in X, \ \exists y \in Y$ s.t. $f(x) = y$

(ii) $f(x) = y, \ f(x) = z \Rightarrow y = z$

(2) X에서 Y에로의 함수 f를 f의 그래프로 다음과 같이 정의하기도 한다.

「$f \subset X \times Y$가 다음 두 가지 조건

(i) $^\forall x \in X, \ \exists y \in Y$ s.t. $(x, y) \in f$

(ii) $(x, y) \in f, \ (x, z) \in f \Rightarrow y = z$

를 만족할 때 f를 X에서 Y에로의 함수라 한다. 즉 $f : X \to Y$이다.

그리고 $(x, y) \in f$일 때 $f(x) = y$로 표기하기로 한다.」

정리 2.2

$f : X \to Y$이고 $A, B \subset X$일 때 다음이 성립한다.

(1) $A \subset B$이면 $f(A) \subset f(B)$

(2) $f(A \cup B) = f(A) \cup f(B)$

(3) $f(A \cap B) \subset f(A) \cap f(B)$

증명 (2)번만 증명하고 나머지는 연습문제로 남긴다.

우선 $f(A\cup B)\subset f(A)\cup f(B)$를 증명하면,

$$\begin{aligned} y\in f(A\cup B) &\Rightarrow \exists x\in A\cup B \text{ s.t. } y=f(x) \\ &\Rightarrow x\in A \text{ 또는 } x\in B \text{ s.t. } y=f(x) \\ &\Rightarrow f(x)\in f(A) \text{ 또는 } f(x)\in f(B) \text{ s.t. } y=f(x) \\ &\Rightarrow y\in f(A)\cup f(B) \end{aligned}$$

다음으로 $f(A\cup B)\supset f(A)\cup f(B)$를 증명하면,

$$\begin{aligned} y\in f(A)\cup f(B) &\Rightarrow y\in f(A) \text{ 또는 } y\in f(B) \\ &\Rightarrow \exists x\in A \text{ s.t. } y=f(x) \text{ 또는 } \exists x\in B \text{ s.t. } y=f(x) \\ &\Rightarrow x\in A\cup B \text{ s.t. } y=f(x) \\ &\Rightarrow y\in f(A\cup B) \end{aligned}$$

따라서 $f(A\cup B)=f(A)\cup f(B)$임이 증명되었다. ▣

정리 2.3

$f: X\to Y$이고 $C, D\subset Y$일 때 다음이 성립한다.

(1) $C\subset D$이면 $f^{-1}(C)\subset f^{-1}(D)$

(2) $f^{-1}(C\cup D)=f^{-1}(C)\cup f^{-1}(D)$

(3) $f^{-1}(C\cap D)=f^{-1}(C)\cap f^{-1}(D)$

(4) $f^{-1}(Y-D)=X-f^{-1}(D)$

증명 (1)번과 (2)번만 증명하고 나머지는 연습문제로 남긴다.

(1) $C\subset D$를 가정하자.

$$x\in f^{-1}(C) \Rightarrow f(x)\in C \Rightarrow f(x)\in D \Rightarrow x\in f^{-1}(D)$$

그러므로 $f^{-1}(C)\subset f^{-1}(D)$이다.

(2) $f^{-1}(C\cup D)=f^{-1}(C)\cup f^{-1}(D)$임을 증명하자.

$$\begin{aligned} x\in f^{-1}(C\cup D) &\Leftrightarrow f(x)\in C\cup D \\ &\Leftrightarrow f(x)\in C \text{ 또는 } f(x)\in D \\ &\Leftrightarrow x\in f^{-1}(C) \text{ 또는 } x\in f^{-1}(D) \\ &\Leftrightarrow x\in f^{-1}(C)\cup f^{-1}(D) \end{aligned}$$

따라서 $f^{-1}(C\cup D)=f^{-1}(C)\cup f^{-1}(D)$이다. ▣

정의 2.4

함수 $f: X \to Y$와 $g: X \to Y$에 대하여, 모든 $x \in X$에서 $f(x) = g(x)$일 때 f와 g는 서로 같다(equal)고 하고 $f = g$로 나타낸다.

정의 2.5

함수 $f: X \to Y$에 대하여,

(1) X의 서로 다른 두 원소에 대한 상이 서로 다를 때 f를 단사함수(injective function, one-to-one function)라 한다. 즉

$$\text{“}a, b \in X \text{ and } \quad a \neq b \Rightarrow f(a) \neq f(b)\text{”}$$

일 때를 말한다.

(2) $f(X) = Y$일 때 f를 전사함수(surjective function, onto function)라 한다.

(3) f가 전사이고 단사일 때 f를 전단사함수(bijective function)라 한다

주의 함수 f가 전사함수일 조건 $f(X) = Y$에서 $f(X) \subset Y$는 항상 성립하므로 $f(X) \supset Y$만 성립하면 된다. 따라서

$$^{\forall} y \in Y, \ \exists x \in X \ \text{ s.t. } \ f(x) = y$$

만 성립하면 된다. 즉

$$f: X \to Y \text{가 전사함수} \Leftrightarrow {}^{\forall} y \in Y, \exists x \in X \text{ s.t. } f(x) = y$$

예제 1

실수 집합(실수의 정의는 3절 참조)을 R이라 하고 $R^+ = \{x \in R \mid x \geq 0\}$이라 하자. 이 때

(1) 함수 $f: R \to R^+$ s.t. $f(x) = x^2$는 전사이고 단사는 아니다.

(2) 함수 $f: R^+ \to R$ s.t. $f(x) = x^2$는 단사이고 전사는 아니다.

(3) 함수 $f: R \to R$ s.t. $f(x) = x^2$는 전사도 아니고 단사도 아니다.

(4) 함수 $f: R^+ \to R^+$ s.t. $f(x) = x^2$는 전단사함수이다.

정의 2.6

모든 $x \in X$에 대하여, $f(x) = x$인 함수 $f: X \to X$를 집합 X에서 항등함수라 하고, 이 때 항등함수 f를 X에서 정의된 항등함수라 하여 보통 I_X로 표기한다.

정의 2.7

함수 $f: X \to Y$가 전단사이면, Y의 각 원소 y에 대해서 $f(x)=y$인 X의 원소 x가 반드시 존재하고, 또 단 하나 밖에 없을 것이다. Y의 각 원소 y 에 대해서 $f(x)=y$가 되는 x에 대응시키는 대응을 f의 역함수(inverse function)라 부르고 f^{-1}로 나타낸다. 즉

$$f^{-1}: Y \to X \quad \text{s.t.} \quad f^{-1}(y) = x \quad (\text{단}, f(x)=y)$$

예제 2

함수 $f(x)=2x-1$로 정의된 함수 $f: R \to R$의 역함수를 구하여라.

풀이

함수 $f: R \to R$는 전단사임을 쉽게 알 수 있다. 따라서 역함수 $f^{-1}: R \to R$는 존재한다. 그리고 f의 역함수를 구하기 위해서 $f(x)=y$라 두면 $2x-1=y$가 되어서 $x=\frac{1}{2}y+\frac{1}{2}$가 된다. 따라서 $f^{-1}(y)=x=\frac{1}{2}y+\frac{1}{2}$이다. 그러므로 독립변수를 x로 표현하면 $f^{-1}(x)=\frac{1}{2}x+\frac{1}{2}$가 된다.

정의 2.8

두 함수 $f\,X \to Y$, $g: Y \to Z$에 대해서, f와 g의 합성함수(composition function)를 $g \circ f$로 쓰고 다음과 같이 정의한다.

$$g \circ f: X \to Z \quad \text{s.t.} \quad (g \circ f)(x) = g(f(x))$$

참고 (1) 집합 X에서 항등함수 $I_X: X \to X$는 전단사함수이므로 I_X의 역함수 I_X^{-1}를 가지며 $I_X^{-1}=I_X$이다.

(2) 함수 $f: X \to Y$가 전단사함수이면 f^{-1}도 역시 전단사함수이다.

(3) 두 함수 $f: X \to Y$와 $g: Y \to Z$가 전단사함수이면 합성함수 $g \circ f$도 전단사함수이다.

(4) 함수 $f: X \to Y$가 역함수 f^{-1}를 가지면, 임의의 $x \in X$, $y \in Y$에 대해서

$$x = f^{-1}(f(x)), \quad y = f(f^{-1}(y))$$

이다. 즉 $f^{-1} \circ f = I_X$, $f \circ f^{-1} = I_Y$이다. ■

정리 2.9

두 함수 $f\ X \to Y$, $g : Y \to Z$에 대해서 다음이 성립한다.

(1) $g \circ f$가 전사함수이면 g는 전사함수이다.

(2) $g \circ f$가 단사함수이면 f는 단사함수이다.

증명

(1) $z \in Z$이면 $g \circ f : X \to Z$가 전사함수이므로

$$\exists x \in X \quad \text{s.t.} \quad (g \circ f)(x) = z$$

$f(x) = y$라 두면 $y \in Y$이고 $g(y) = z$이다. 따라서 g는 전사함수이다.

(2) $f(x_1) = f(x_2)$을 가정하면 $(g \circ f)(x_1) = (g \circ f)(x_2)$이 성립한다.

또한 $g \circ f : X \to Z$가 단사함수이므로 $x_1 = x_2$이다. 따라서 f는 단사함수이다. ■

정리 2.10

두 함수 $f\ X \to Y$, $g : Y \to X$ 에 대해서, $g \circ f = I_X$, $f \circ g = I_Y$ 이면 f와 g는 서로 역함수이다.

증명 항등함수 I_X, I_Y가 전단사함수이므로 정리 2.9에 의해서 f와 g가 전단사함수이다. 그러므로 f와 g의 역함수 f^{-1}와 g^{-1}가 존재한다. 만약 $y \in Y$이면 $y = f(x)$인 $x \in X$가 존재하고

$$g(y) = g(f(x)) = I_X(x) = x = f^{-1}(y)$$

이다. 따라서 $g = f^{-1}$이다. ■

연습문제 1.2

1. $f: X \to Y,\ g: Y \to Z$ 이고 $D \subset Z$일 때 다음 등식을 증명하여라.

$$f^{-1}(g^{-1}(D)) = (g \circ f)^{-1}(D)$$

2. $f: X \to Y$ 이고 $A, B \subset X$, $C \subset Y$일 때 다음 등식을 증명하여라.

(1) $A \subset f^{-1}(f(A))$

(2) $f(f^{-1}(C)) \subset C$

(3) $f(A) - f(B) \subset f(A - B)$

3. $f: X \to Y,\ g: Y \to Z,\ h: Z \to W$ 일 때 다음을 증명하여라.

$$(h \circ g) \circ f = h \circ (g \circ f)$$

4. $f: X \to Y,\ g: Y \to Z$ 이라 하자. 만약 f와 g가 일대일 함수이면 $g \circ f$도 일대일 함수임을 증명하여라.

5. $f: X \to Y$ 이라 하자. 이때 f가 단사함수일 필요충분조건이 X의 모든 부분집합 A, B에 대해서 $f(A \cap B) = f(A) \cap f(B)$임을 증명하여라.

6. 증명이 생략된 정리의 증명을 마무리하여라.

1.3 실수 및 실가함수

이 절에서는 실수를 이야기하기 위해서 십진법, 이진법 등을 논리적으로 정의하지 않고 우리의 경험과 직감에 의존하여 사용할 것이다. 실수에 대한 논리적 정의는 기초해석학 부분에서 상세하게 다루어져 있음을 밝혀둔다. 그리고 무한집합에 대한 이야기도 기초해석학으로 미루고 여기서는 실수 전체의 집합 R을 직관적으로 받아들이기로 한다.

[십진법] 모든 실수는 십진법으로 전개할 수 있다고 가정한다. 다시 말해서 x가 실수이면

$$\begin{aligned} x &= b \cdot a_1 a_2 a_3 \cdots \\ &= b + \frac{a_1}{10} + \frac{a_2}{10^2} + \frac{a_3}{10^3} + \cdots \text{ (단, } b\text{는 정수, } a_i\text{는 0초과 9이하 자연수)} \end{aligned}$$

로 표현된다. 즉 $x \in R$ 이면

$$\exists\, b \text{ and } a_i (i = 1, 2, \cdots) \quad \text{s.t.} \quad x = b \cdot a_1 a_2 a_3 \cdots = b + \frac{a_1}{10} + \frac{a_2}{10^2} + \frac{a_3}{10^3} + \cdots$$

$$\text{(단, } b\text{는 정수, } a_i\text{는 } 0 \le a_i \le 9\text{인 자연수)}$$

그리고 이 십진전개는 다음의 경우를 제외하고는 유일한 표현이다. 예를 들어

$$\frac{1}{2} = 0.500000 \cdots \text{와} \quad \frac{1}{2} = 0.499999 \cdots$$

[문제] $x \in [0,1] \Leftrightarrow x = 0 \cdot a_1 a_2 \cdots \ (0 \le a_i \le 9,\ a_i\text{는 자연수})$

[문제] $[0,1] = \{x | 0 \le x \le 1\}$는 비가산집합이다. 그리고 실수 R은 비가산집합이다.

[이진법] 모든 실수는 이진전개 할 수 있다. 다시 말해서 x가 실수이면

$$\begin{aligned} x &= b \cdot a_1 a_2 a_3 \cdots \\ &= b + \frac{a_1}{2} + \frac{a_2}{2^2} + \frac{a_3}{2^3} + \cdots \text{ (단, } b\text{는 정수, } a_i\text{는 0 또는 1)} \end{aligned}$$

로 표현된다. 그리고 이진전개는 유일한 표현이다. 이진전개의 예를 들어보면

$$\frac{1}{2} = 0.10000 \cdots \ (2), \quad \frac{1}{4} = 0.01000 \cdots \ (2), \quad \frac{1}{8} = 0.00100 \cdots \ (2)$$

$$\frac{1}{16} = 0.00010 \cdots \ (2), \quad \frac{13}{16} = \frac{1}{2} + \frac{1}{4} + \frac{1}{16} = 0.1101000 \cdots \ (2)$$

[문제] 모든 실수는 이진전개 가능하고, 이진전개로 표현된 수는 실수임을 증명하여라. 즉

$$x \in [0,1] \quad \Leftrightarrow \quad x = 0 \cdot a_1 a_2 \cdots \ (a_i\text{는 } 0 \text{ 또는 } 1)$$

[삼진법] 모든 실수는 삼진전개 할 수 있다. 다시 말해서 x가 실수이면

$$\begin{aligned} x &= b \cdot a_1 a_2 a_3 \cdots \\ &= b + \frac{a_1}{3} + \frac{a_2}{3^2} + \frac{a_3}{3^3} + \cdots \ (\text{단, } b\text{는 정수, } a_i\text{는 } 0, 1 \text{ 또는 } 2) \end{aligned}$$

로 표현된다. 그리고 삼진전개는 다음의 경우를 제외하고는 표현이 유일하다.
예를 들어

$$\frac{1}{3} = 0.10000\cdots \ (3)\text{와 } \frac{1}{3} = 0.011111\cdots \ (3)$$

$$\frac{2}{3} = 0.122222\cdots \ (3)\text{와 } \frac{2}{3} = 0.20000\cdots \ (3)$$

삼진전개의 예를 들어보면

$$\frac{1}{3} = 0.10000\cdots \ (3), \quad \frac{1}{2} = 0.111111\cdots \ (3), \quad \frac{2}{3} = 0.200000\cdots \ (3)$$

$$\frac{5}{6} = \frac{1}{2} + \frac{1}{3} = 0.211111\cdots \quad (3)$$

[문제] 모든 실수는 삼진전개 가능하고, 삼진전개로 표현된 수는 실수임을 증명하여라. 즉

$$x \in [0,1] \Leftrightarrow x = 0 \cdot a_1 a_2 \cdots \ (a_i\text{는 } 0, 1 \text{ 또는 } 2)$$

정의 3.1

두 집합 A와 B에 대해서 전단사함수 $f: A \to B$가 존재할 때 A와 B는 동등이라고 하고, $A \approx B$로 표기한다.

[문제] 실수 집합 R과 R의 멱집합 $S = \{A \mid A \subset R\}$는 서로 동등이 아님을 증명하여라.

정의 3.2

$D \subset R$, $f: D \to R$, $g: D \to R$일 때 함수 $f+g$, $f-g$, fg를 다음과 같이 정의한다.

(1) $f+g: D \to R \quad \text{s.t.} \quad (f+g)(x) = f(x) + g(x)$

(2) $f-g: D \to R \quad \text{s.t.} \quad (f-g)(x) = f(x) - g(x)$

(3) $fg: D \to R \quad \text{s.t.} \quad (fg)(x) = f(x)g(x)$

정의 3.3

$D \subset R$, $f : D \to R$, $g : D \to R$ 이고 $g(x) \neq 0$ $(x \in D)$일 때 함수 $\dfrac{f}{g}$를 다음과 같이 정의한다.

$$\frac{f}{g} : D \to R \quad \text{s.t.} \quad \left(\frac{f}{g}\right)(x) = \frac{f(x)}{g(x)}$$

정의 3.4

$D \subset R$, $f : D \to R$ 일 때 함수 $|f|$, cf 를 아래와 같이 정의한다.

(1) $|f| : D \to R \quad \text{s.t.} \quad |f|(x) = |f(x)|$

(2) $cf : D \to R \quad \text{s.t.} \quad (cf)(x) = cf(x)$

정의 3.5

$D \subset R$, $f : D \to R$, $g : D \to R$일 때 함수 $\max(f, g)$와 $\min(f, g)$를 다음과 같이 정의한다.

(1) $\max(f, g) : D \to R \quad \text{s.t.} \quad \max(f, g)(x) = \max\{f(x), g(x)\}$

(2) $\min(f, g) : D \to R \quad \text{s.t.} \quad \min(f, g)(x) = \min\{f(x), g(x)\}$

정리 3.6

두 함수 $f : D \to R$, $g : D \to R$ 에 대하여 다음 등식이 성립한다.

$$\max(f, g) = \frac{|f-g| + f + g}{2}, \quad \min(f, g) = \frac{-|f-g| + f + g}{2}$$

증명 너무 쉬워서 연습문제로 남긴다. ■

정의 3.7

전체집합 S의 부분집합 A에 대해서 함수 χ_A를 다음과 같이 정의하고, 이 함수를 특성함수(characteristic function)라 한다.

$$\chi_A : S \to \{0,1\} \quad \text{s.t.} \quad \chi_A(x) = \begin{cases} 1 & (x \in A) \\ 0 & (x \in S - A) \end{cases}$$

정리 3.8

$A \subset S,\ B \subset S$일 때 다음 등식이 성립한다.

(1) $A = B \Leftrightarrow \chi_A = \chi_B$

(2) $\chi_{A \cup B} = \max(\chi_A, \chi_B)$

(3) $\chi_{A \cap B} = \min(\chi_A, \chi_B) = \chi_A \chi_B$

(4) $B \subset A \Rightarrow \chi_{A-B} = \chi_A - \chi_B$

(5) $\chi_{B^c} = \chi_{S-B} = 1 - \chi_B$

(6) $\chi_S = 1$ and $\chi_{\varnothing} = 0$

증명 증명은 연습문제로 남긴다. ▣

연습문제 1.3

1. 함수 $f: R \to R$ 가 $f(x) = 2x$ 일 때 다음 두 조건을 만족하는 함수 g와 h를 찾아라.

$$g \circ f = 2gh, \quad h \circ f = h^2 - g^2$$

***2.** $A = [0, 9]$ 이고 $f: R \to R$가 $f(x) = x^2$ 일 때 $\chi_A \circ f$는 특성함수인가를 조사하여라.

***3.** 실수의 성질을 공부한 후 다음을 증명하여라.

$$x \in [0, 1] \Leftrightarrow x = 0,\ a_1 a_2 \cdots \ (0 \le a_i \le 9,\ a_i\text{는 자연수})$$

4. 무한집합을 공부한 후 다음을 증명하여라.

$[0,1] = \{x \mid 0 \le x \le 1\}$는 비가산집합이다. 그리고 실수 R은 비가산집합이다.

5. 임의의 집합 X에 대해서 X와 집합 $S = \{A \mid A \subset X\}$는 서로 동등이 아님을 증명하여라.

6. $f(x) = \sin x,\ g(x) = \cos x \ \left(0 \le x \le \dfrac{\pi}{2}\right)$일 때 함수 $\max(f, g)$와 $\min(f, g)$를 구하여라.

7. 두 함수 $f:D\to R$, $g:D\to R$에 대하여 다음 등식을 증명하여라.

$$\max(f,g)=\frac{|f-g|+f+g}{2},\ \min(f,g)=\frac{-|f-g|+f+g}{2}$$

8. $A\subset S$, $B\subset S$일 때 다음 등식을 증명하여라.

(1) $A=B \Leftrightarrow \chi_A=\chi_B$

(2) $\chi_{A\cup B}=\max(\chi_A,\chi_B)$

(3) $\chi_{A\cap B}=\min(\chi_A,\chi_B)=\chi_A\chi_B$

(4) $B\subset A \Rightarrow \chi_{A-B}=\chi_A-\chi_B$

(5) $\chi_{B^c}=\chi_{S-B}=1-\chi_B$

(6) $\chi_S=1$ and $\chi_\varnothing=0$

Chapter

02

함수의 극한과 연속

2.1 함수의 극한

정의 1.1

함수 f가 점 a를 제외한 a의 근방에서 정의되어 있다고 하자.
적당한 $L\in R$이 존재해서, 임의로 주어진 $\epsilon>0$에 대해서

$$0<|x-a|<\delta \quad \Rightarrow \quad |f(x)-L|<\epsilon$$

를 만족하는 $\delta>0$가 존재할 때 "x가 a에 가까이가면 $f(x)$의 극한은 L이다."이라 하고 $\lim_{x\to a} f(x)=L$로 나타낸다.

예제 1

(1) 함수 $f:R\to R$가 $f(x)=c$(c는 상수)로 정의된 상수함수일 때, 모든 $a\in R$에 대하여 $\lim_{x\to a} f(x)=c$임을 보이자.

임의로 주어진 $\epsilon>0$에 대해서 $\delta>0$를 $\delta=1$로 잡으면

$$0<|x-a|<\delta \Rightarrow |f(x)-c|=|c-c|=0<\epsilon$$

이다. 따라서 $\lim_{x\to a} c=c$이다.

(2) 함수 $f:R\to R$가 $f(x)=x$로 정의된 항등함수일 때, 모든 $a\in R$에 대하여 $\lim_{x\to a} f(x)=a$ 임을 보이자.

임의로 주어진 $\epsilon>0$에 대해서 $\delta>0$를 $\delta=\epsilon$으로 잡으면

$$0<|x-a|<\delta \quad \Rightarrow \quad |f(x)-a|=|x-a|<\delta=\epsilon$$

이다. 따라서 $\lim_{x\to a} x=a$이다.

(3) 함수 $f:R\to R$가 $f(x)=2x+1$로 정의된 일차함수일 때, 모든 $a\in R$에 대하여 $\lim_{x\to a} f(x)=2a+1$임을 보이자.

임의로 주어진 $\epsilon>0$에 대해서 $\delta>0$를 $\delta=\frac{\epsilon}{2}$되도록 잡으면

$$0<|x-a|<\delta \Rightarrow |f(x)-(2a+1)|=|(2x+1)-(2a+1)|=2|x-a|<2\delta=\epsilon$$

이다. 따라서 $\lim_{x\to a}(2x+1)=2a+1$이다.

(4) 함수 $f:R\to R$가 $f(x)=x^2+2x$로 정의될 때 $\lim_{x\to 3} f(x)=15$임을 보이자.

임의로 주어진 $\epsilon > 0$에 대해서 $\delta > 0$를 $\delta = \min\left\{1, \dfrac{\epsilon}{9}\right\}$되도록 잡으면

$$
\begin{aligned}
0 < |x-3| < \delta \Rightarrow |f(x) - 15| &= |(x^2 - 2x) - 15| \\
&= |x-3||x+5| = |x-3||(x-3)+8| \\
&\le |x-3|(|x-3|+8) < \delta(\delta+8) \le 9\delta \le \epsilon
\end{aligned}
$$

가 된다. 따라서 $\lim\limits_{x \to 3}(x^2 + 2x) = 15$이다.

(5) 함수 $f : R - \{1\} \to R$가 $f(x) = \dfrac{x^2 - 1}{x - 1}$로 정의될 때 $\lim\limits_{x \to 1} f(x) = 2$임을 보이자.

임의로 주어진 $\epsilon > 0$에 대해서 $\delta > 0$를 $\delta = \epsilon$로 잡으면

$$0 < |x-1| < \delta \quad \Rightarrow \quad \left|\frac{x^2-1}{x-1} - 2\right| = \left|\frac{(x-1)(x+1)}{x-1} - 2\right| = |x-1| < \delta = \epsilon$$

이다. 그러므로 $\lim\limits_{x \to 1} \dfrac{x^2 - 1}{x - 1} = 2$이다.

(6) 함수 $f : (-\infty, 0) \cup (0, \infty) \to R$가 $f(x) = x \sin \dfrac{1}{x}$로 정의될 때 $\lim\limits_{x \to 0} f(x) = 0$ 임을 보이자. 임의로 주어진 $\epsilon > 0$ 에 대해서 $\delta > 0$를 $\delta = \epsilon$되도록 잡으면

$$0 < |x - 0| < \delta \Rightarrow \left|x \sin\frac{1}{x} - 0\right| = |x| \left|\sin\frac{1}{x}\right| \le |x| < \delta = \epsilon$$

이다. 그러므로 $\lim\limits_{x \to 0} \left(x \sin \dfrac{1}{x}\right) = 0$이다.

정의 1.2

$D \subset R$이고 $f : D \to R$ 이라 하자.

(1) $x, y \subset D$ 인 모든 $x < y$에 대해서 $f(x) \le f(y)$일 때 f를 단조증기함수리 힌다.

(2) $x, y \in D$ 인 모든 $x < y$에 대해서 $f(y) \le f(x)$일 때 f를 단조증가함수라 한다.

(3) f가 단조증가 또는 단조감소함수일 때 f를 단조함수라 한다.

참고 조건 『$x < y \Rightarrow f(x) < f(y)$』를 만족할 때 f를 순증가함수라 부르고 조건 『$x < y \Rightarrow f(y) < f(x)$』를 만족할 때 f를 순감소함수라 부른다. ■

정리 1.3

함수 f 가 a의 근방에서 정의되어 있고 $\lim_{x\to a} f(x) = L$ 이고 $c \in R$ 이면 다음이 성립한다.

(1) $\lim_{x\to a} |f(x)| = |L|$　　　(2) $\lim_{x\to a} cf(x) = cL$

증명

(1) 모든 x 에 대해서 $||f(x)| - |L|| \leq |f(x) - L|$이므로 정의에 의해서 명백하다.

(2) 임의로 주어진 $\epsilon > 0$에 대해서 $\epsilon' = \dfrac{\epsilon}{|c|+1} > 0$를 생각하자.

$\lim_{x\to a} f(x) = L$이므로

$$\exists\, \delta > 0 \text{ s.t. } 0 < |x-a| < \delta \quad \Rightarrow |f(x) - L| < \epsilon'$$

이다. 그러므로

$$0 < |x-a| < \delta \Rightarrow |cf(x) - cL| = |c||f(x) - L| \leq |c|\epsilon' < \epsilon$$

따라서 $\lim_{x\to a} cf(x) = cL$이다. ■

정리 1.4

함수 f 가 a의 근방에서 정의되고 $\lim_{x\to a} f(x) = L$, $\lim_{x\to a} g(x) = M$이면 다음이 성립한다.

(1) $\lim_{x\to a} (f(x) + g(x)) = L + M$　　　(2) $\lim_{x\to a} (f(x) - g(x)) = L - M$

(3) $\lim_{x\to a} f(x)g(x) = LM$　　　(4) $\lim_{x\to a} \dfrac{f(x)}{g(x)} = \dfrac{L}{M} (M \neq 0)Z$

증명 여기서 (1)번만 증명하자. 나머지는 동일한 방법으로 증명된다.

임의로 주어진 $\epsilon > 0$에 대해서 $\epsilon' = \dfrac{\epsilon}{2} > 0$를 생각하자.

가정에서 $\lim_{x\to a} f(x) = L$이므로 $\delta_1 > 0$이 존재해서

$$0 < |x-a| < \delta_1 \quad \Rightarrow \quad |f(x) - L| < \epsilon' = \frac{\epsilon}{2}$$

이다. 또 가정에서 $\lim_{x\to a} g(x) = M$ 이므로 $\delta_2 > 0$이 존재해서

$$0 < |x-a| < \delta_2 \quad \Rightarrow \quad |g(x) - M| < \epsilon' = \frac{\epsilon}{2}$$

이다. 여기서 $\delta = \min\{\delta_1, \delta_2\}$라고 두자. 만약 $0 < |x-a| < \delta$ 이면

$$\begin{aligned} |(f(x)+g(x))-(L+M)| &= |(f(x)-L)+(g(x)-M)| \\ &\le |f(x)-L|+|g(x)-M| < \frac{\epsilon}{2}+\frac{\epsilon}{2}=\epsilon \end{aligned}$$

이다. 따라서 $\lim_{x\to a}(f(x)+g(x)) = L+M$ 임이 증명되었다. ■

예제 2

(1) $\lim_{x\to a} x = a$이므로 모든 $n \in N$ 에 대해서 $\lim_{x\to a} x^n = a^n$ 이다.

(2) 다항함수 $p(x) = a_n x^n + \cdots + a_1 x + a_0$ $(a_0, a_1, \cdots, a_n \in R,\ n \in N)$

에서 $c \in R$ 일 때 $\lim_{x\to c} p(x) = p(c)$임을 보이자.

$$\begin{aligned} \lim_{x\to c} p(x) &= \lim_{x\to c}(a_n x^n + a_{n-1}x^{n-1} + \cdots + a_1 x + a_0) \\ &= \lim_{x\to c}(a_n x^n) + \cdots + \lim_{x\to c} a_1 x + \lim_{x\to c} a_0 \\ &= a_n \lim_{x\to c} x^n + \cdots + a_1 \lim_{x\to c} x + \lim_{x\to c} a_0 \\ &= a_n c^n + a_{n-1}c^{n-1} + \cdots + a_1 c + a_0 = p(c) \end{aligned}$$

(3) p, q가 R에서 다항함수이고 $q(c) \neq 0$이면 $\lim_{x\to c}\frac{p(x)}{q(x)} = \frac{p(c)}{q(c)}$ 이다.

정리 1.5

$D \subset R$, $f, g, h: D \to R$ 이고 점 a의 근방에서 정의되어 있다고 하자.
만약 a의 근방에 있는 모는 점 x에 대해서 $f(x) \le h(x) \le g(x)$이고
$\lim_{x\to a} f(x) = L = \lim_{x\to a} g(x)$이면 $\lim_{x\to a} h(x) = L$이다.

증명 임의로 주어진 $\epsilon > 0$이 있다고 하자.

가정에서 $\lim_{x\to a} f(x) = L$ 이므로 $\delta_1 > 0$ 이 존재해서

$$0 < |x-a| < \delta_1 \ \Rightarrow\ |f(x)-L| < \epsilon \ \Rightarrow\ L-\epsilon < f(x) < L+\epsilon$$

이다. 또 가정에서 $\lim_{x\to a} g(x) = L$이므로 $\delta_2 > 0$이 존재해서

$$0 < |x-a| < \delta_2 \;\Rightarrow\; |g(x)-M| < \epsilon \;\Rightarrow\; M-\epsilon < g(x) < M+\epsilon$$

이다. 여기서 $\delta = \min\{\delta_1, \delta_2\}$라고 두자. 만약 $0 < |x-a| < \delta$ 이면

$$L-\epsilon < f(x) \le h(x) \le g(x) < L+\epsilon$$

이다. 따라서 $\lim_{x \to a} h(x) = L$ 임이 증명되었다. ▣

예제 3

(1) $\lim_{x \to 0} \sin x = 0$ 임을 보이자.

$-|x| \le \sin x \le |x|$ 이고 $\lim_{x \to 0} |x| = 0$ 이므로 $\lim_{x \to 0} \sin x = 0$ 이다.

(2) $\lim_{x \to 0} \left(x^2 \sin \frac{1}{x}\right) = 0$ 임을 보이자.

$\left|x^2 \sin \frac{1}{x}\right| = |x^2| \left|\sin \frac{1}{x}\right| \le |x^2|$ 이고 $\lim_{x \to 0} |x^2| = 0$ 이므로 $\lim_{x \to 0} \left(x^2 \sin \frac{1}{x}\right) = 0$ 이다.

정의 1.6

$f : [a, b) \to R$ 이라 하자. 임의로 주어진 $\epsilon > 0$ 에 대해서 $\delta > 0$ 가 존재해서

$$0 < b - x < \delta \Rightarrow |f(x) - L| < \epsilon$$

를 만족할 때 "x가 b에 좌로부터 접근할 때 $f(x)$의 극한이 L 이다"라고 하고

$$\lim_{x \to b^-} f(x) = L$$

로 나타낸다. 이 때 L을 b에서 f의 좌극한(lift-hand limit)이라고 한다.
그리고 $f : (a, b] \to R$ 이라 하자. 임의로 주어진 $\epsilon > 0$ 에 대해서 $\delta > 0$ 가 존재해서

$$0 < x - a < \delta \Rightarrow |f(x) - L| < \epsilon$$

를 만족할 때 "x가 a에 우로부터 접근할 때 $f(x)$의 극한이 L 이다"라고 하고

$$\lim_{x \to a^+} f(x) = L$$

로 나타낸다. 이 때 L을 a에서 f의 우극한(right-hand limit)이라고 한다.

정리 1.7

함수 $f: D \to R$가 점 a의 근방에서 정의되어 있다고 하자. 이 때 다음이 성립한다.

$$\lim_{x\to a} f(x) = L \Leftrightarrow \lim_{x\to a^-} f(x) = L = \lim_{x\to a^+} f(x)$$

증명 $\lim_{x\to a} f(x) = L$이라고 가정하자. 그러면 임의로 주어진 $\epsilon > 0$에 대해서

$$\exists \delta > 0 \text{ s.t. } 0 < |x-a| < \delta \Rightarrow |f(x) - L| < \epsilon$$

이다. 그러므로 $\lim_{x\to a^-} f(x) = L = \lim_{x\to a^+} f(x)$가 성립한다.

역으로, $\lim_{x\to a^-} f(x) = L = \lim_{x\to a^+} f(x)$를 가정하자. 그러면 임의로 주어진 $\epsilon > 0$에 대해서

$$\exists \delta_1 > 0 \text{ s.t. } a - \delta_1 < x < a \Rightarrow |f(x) - L| < \epsilon$$

이고

$$\exists \delta_2 > 0 \text{ s.t. } a < x < a + \delta_2 \Rightarrow |f(x) - L| < \epsilon$$

이다. 여기서 $\delta = \min\{\delta_1, \delta_2\}$로 두면 $0 < |x-a| < \delta \Rightarrow |f(x) - L| < \epsilon$가 성립한다.
그러므로 $\lim_{x\to a} f(x) = L$이다. ▣

정의 1.8

f가 점 a의 근방에서 정의되어 있다고 하자.

(1) 임의의 양수 $M \in R$에 대해서 $\delta > 0$가 존재해서

$$0 < |x-a| < \delta \Rightarrow f(x) > M$$

를 만족하면 "x가 a에 가까이 갈 때 $f(x)$는 ∞로 발산한다"라고 하고 $\lim_{x\to a} f(x) = \infty$로 나타낸다.

(2) 임의의 음수 $M \in R$에 대해서 $\delta > 0$가 존재해서

$$0 < |x-a| < \delta \Rightarrow f(x) < M$$

를 만족하면 "x가 a에 접근할 때 $f(x)$는 $-\infty$로 발산한다"라고 하고 $\lim_{x\to a} f(x) = -\infty$로 나타낸다.

(3) 임의의 양수 $M \in R$에 대해서 $\delta > 0$가 존재해서

$$a - \delta < x < a \Rightarrow f(x) > M$$

를 만족하면 "x가 a에 좌로부터 접근할 때 $f(x)$는 ∞로 발산한다"라고 하고 $\lim_{x\to a^-} f(x) = \infty$로 나타낸다.

이와같은 방법으로 $\lim_{x\to a^+} f(x) = \infty$, $\lim_{x\to a^-} f(x) = -\infty$, $\lim_{x\to a^+} f(x) = -\infty$를 정의할 수 있다.

참고 (1) $\lim_{x\to a^+} f(x) = \infty \Leftrightarrow {}^\forall M > 0,\ \exists\delta > 0 \text{ s.t. } a < x < a+\delta \Rightarrow f(x) > M$

(2) $\lim_{x\to a^-} f(x) = -\infty \Leftrightarrow {}^\forall M < 0,\ \exists\delta > 0 \text{ s.t. } a-\delta < x < a \Rightarrow f(x) < M$

(3) $\lim_{x\to a^+} f(x) = -\infty \Leftrightarrow {}^\forall M < 0,\ \exists\delta > 0 \text{ s.t. } a < x < a+\delta \Rightarrow f(x) < M$ ■

예제 4

(1) $\lim_{x\to 0}\frac{1}{x^2} = \infty$ 임을 보이자. 임의의 양수 $M \in R$에 대해서 $\delta > 0$를 $\delta = \frac{1}{\sqrt{M}}$로 잡으면

$$0 < |x-0| < \delta \quad\Rightarrow\quad \frac{1}{x^2} > \frac{1}{\delta^2} = M$$

이다. 따라서 $\lim_{x\to 0}\frac{1}{x^2} = \infty$ 이다.

(2) $\lim_{x\to 0^+}\frac{1}{x} = \infty$, $\lim_{x\to 0^-}\frac{1}{x} = -\infty$ 임을 보이자.

임의의 $M > 0$에 대해서 $\delta > 0$를 $\delta = \frac{1}{M}$로 잡으면

$$0 < x < \delta \quad\Rightarrow\quad \frac{1}{x} > \frac{1}{\delta} = M$$

이다. 따라서 $\lim_{x\to 0^+}\frac{1}{x} = \infty$ 이다. 임의의 $M < 0$에 대해서 $\delta > 0$를 $\delta = -\frac{1}{M}$로 잡으면

$$-\delta < x < 0 \quad\Rightarrow\quad \frac{1}{x} < -\frac{1}{\delta} = M$$

이다. 따라서 $\lim_{x\to 0^-}\frac{1}{x} = \infty$ 이다.

정의 1.9

(1) $f:[a,\infty)\to R$ 이라고 하자. 임의로 주어진 $\epsilon>0$ 에 대하여 $M>0$ 이 존재해서

$$x>M \Rightarrow |f(x)-L|<\epsilon$$

를 만족할 때 "x 가 ∞ 로 접근할 때 f는 극한 L 을 가진다"라고 하고 $\lim\limits_{x\to\infty} f(x)=L$ 로 나타낸다.

(2) $f:(-\infty,b]\to R$이라고 하자. 임의로 주어진 $\epsilon>0$ 에 대하여 $M<0$ 이 존재해서

$$x<M \Rightarrow |f(x)-L|<\epsilon$$

를 만족할 때 "x 가 $-\infty$ 로 접근할 때 f는 극한 L을 가진다"라고 하고 $\lim\limits_{x\to-\infty} f(x)=L$ 로 나타낸다. 이와 같은 방법으로

$$\lim_{x\to\infty} f(x)=\infty,\ \lim_{x\to\infty} f(x)=-\infty,\ \lim_{x\to\infty} f(x)=-\infty,$$

$$\lim_{x\to-\infty} f(x)=\infty,\ \lim_{x\to-\infty} f(x)=-\infty$$

를 정의할 수 있다.

참고 (1) $\lim\limits_{x\to\infty} f(x)=L \Leftrightarrow {}^{\forall}\epsilon>0,\ \exists M>0 \text{ s.t. } x>M \Rightarrow |f(x)-L|<\epsilon$

(2) $\lim\limits_{x\to-\infty} f(x)=L \Leftrightarrow {}^{\forall}\epsilon>0,\ \exists M<0 \text{ s.t. } x<M \Rightarrow |f(x)-L|<\epsilon$

(3) $\lim\limits_{x\to\infty} f(x)=\infty \Leftrightarrow {}^{\forall}M>0,\ \exists K>0 \text{ s.t. } x>K \Rightarrow f(x)>M$

(4) $\lim\limits_{x\to\infty} f(x)=-\infty \Leftrightarrow {}^{\forall}M<0,\ \exists K>0 \text{ s.t. } x>K \Rightarrow f(x)<M$

(5) $\lim\limits_{x\to-\infty} f(x)=\infty \Leftrightarrow {}^{\forall}M>0,\ \exists K<0 \text{ s.t. } x<K \Rightarrow f(x)>M$

(6) $\lim\limits_{x\to-\infty} f(x)=-\infty \Leftrightarrow {}^{\forall}M<0,\ \exists K<0 \text{ s.t. } x<K \Rightarrow f(x)<M$ ■

예제 5

(1) $\lim\limits_{x\to\infty}\dfrac{1}{x^2}=0=\lim\limits_{x\to-\infty}\dfrac{1}{x^2}$ 임을 보이자.

임의의 $\epsilon>0$에 대해서 $\dfrac{1}{\sqrt{\epsilon}}<M$ 되도록 $M\in R$ 을 잡으면

$$x>M \Rightarrow \left|\frac{1}{x^2}-0\right|=\frac{1}{x^2}<\frac{1}{M^2}<\epsilon$$

이다. 따라서 $\lim_{x \to \infty} \frac{1}{x^2} = 0$ 이다.

임의의 $\epsilon > 0$에 내해서 $M < -\frac{1}{\sqrt{\epsilon}}$ 되도록 $M \in R$ 을 잡으면

$$x < M \Rightarrow \left| \frac{1}{x^2} - 0 \right| = \frac{1}{x^2} < \frac{1}{M^2} < \epsilon$$

이다. 따라서 $\lim_{x \to -\infty} \frac{1}{x^2} = 0$ 이다.

(2) $\lim_{x \to \infty} \frac{1}{x} = 0 = \lim_{x \to -\infty} \frac{1}{x}$ 임을 보이자.

임의의 $\epsilon > 0$에 대해서 $\frac{1}{\epsilon} < M$ 되도록 $M \in R$을 잡으면

$$x > M \Rightarrow \left| \frac{1}{x} - 0 \right| = \frac{1}{x} < \frac{1}{M} < \epsilon$$

이다. 따라서 $\lim_{x \to \infty} \frac{1}{x} = 0$ 이다.

임의의 $\epsilon > 0$에 대해서 $-\frac{1}{\epsilon} > M$ 되도록 $M \in R$ 을 잡으면

$$x < M \Rightarrow \left| \frac{1}{x} - 0 \right| = -\frac{1}{x} < -\frac{1}{M} < \epsilon$$

이다. 따라서 $\lim_{x \to -\infty} \frac{1}{x} = 0$ 이다.

연습문제 2.1

1. $(\epsilon-\delta)$정의를 이용하여 다음을 정의하여라.

(1) $\lim_{x\to 2}(x-1)=1$　　(2) $\lim_{x\to a}\frac{1}{x}=\frac{1}{a}\ (a\neq 0)$

2. $f: R\to R$ 이고 $a\in R$ 일 때 다음 등식이 성립함을 증명하여라.

(1) $\lim_{x\to a}f(x)=\lim_{x\to 0}f(x+a)$　　(2) $\lim_{x\to -a}f(x)=\lim_{x\to 0}f(x-a)$

3. 다음과 같이 정의된 함수 $sgn(x)$를 부호함수(signum function)라 한다.

$$sgn(x)=\begin{cases}1 & \text{if} \quad x>0\\ 0 & \text{if} \quad x=0\\ -1 & \text{if} \quad x<0\end{cases}$$

이 때 $\lim_{x\to 0}sgn(x)$가 존재하지 않음을 증명하여라.

4. $\lim_{x\to a}f(x)=L>0$일 때 $0<|x-a|<\delta$이면 $f(x)>0$인 $\delta>0$가 존재함을 증명하여라.

5. 함수 $f: R\to R$가 $f(x)=\begin{cases}1 & (x\text{는 유리수})\\ 0 & (x\text{는 무리수})\end{cases}$로 정의될 때 모든 점 $c\in R$에 대해서 $\lim_{x\to c}f(x)$가 존재하지 않음을 보여라.

2.2 연속함수

정의 2.1

점 a의 근방에서 정의되어 있는 함수 f가 $\lim_{x\to a} f(x)=f(a)$를 만족할 때 f는 점 a에서 연속(continuous)이라고 한다. 그리고 함수 f가 (a,b)의 모든 점에서 연속일 때 f는 (a,b)에서 연속함수(continuous function)라고 한다.
함수 f가 a에서 연속이 아닐 때 f는 a에서 불연속(discontinuous)이라 한다.

참고 점 a의 근방에서 정의되어 있는 함수 f가 a에서 연속일 필요충분조건은
"$\forall \epsilon>0,\ \exists \delta>0 \quad \text{s.t.}\ |x-a|<\delta \ \Rightarrow\ |f(x)-f(a)|<\epsilon$" ■

예제 1

(1) 상수함수 $f:R\to R \quad \text{s.t.}\ f(x)=c\ (c\in R)$는 연속함수이다. 왜냐하면, 모든 $a\in R$에 대해서 $\lim_{x\to a} f(x)=c=f(a)$이므로 f는 a에서 연속이기 때문이다.

(2) 항등함수 $I_R:R\to R\ \text{s.t.}\ I_R(x)=x$는 연속함수이다. 왜냐하면, 모든 $a\in R$에 대해서 $\lim_{x\to a} I_R(x)=\lim_{x\to a} x=a=I_R(a)$이므로 f는 a에서 연속이기 때문이다.

(3) 함수 $f:R\to R\ \text{s.t.}\ f(x)=x^2$는 연속함수이다. 왜냐하면, 모든 $a\in R$에 대해서 $\lim_{x\to a} f(x)=\lim_{x\to a} x^2=a^2=f(a)$이므로 f는 a에서 연속이기 때문이다.

예제 2

함수 $f(x)=\dfrac{x^2-4}{x-2}$의 연속성을 조사하여라.

풀이

$\lim_{x\to 1} f(x)=4$이다. 그러나 f는 $x=2$에서 함수가 정의되어 있지 않으므로, 즉 2가 f의 정의역에 들어가지 않으므로 f는 $x=2$에서 불연속이다. 그리고 나머지 모든 점에서는 연속이다.

예제 3

함수 $f: R \to R$ s.t. $f(x) = \begin{cases} \dfrac{x^2+2x-3}{x-1} & (x \neq 1) \\ 0 & (x = 1) \end{cases}$ 의 연속성을 조사하여라.

풀이

$\lim_{x \to 1^+} f(x) = 4 \neq 0 = f(1) = 0 \neq 4 = \lim_{x \to 1^-} f(x)$이므로 f는 $x=1$에서 불연속이다.

그리고 나머지 모든 점에서는 연속이다.

참고 예제 2에서 $x=2$에서 f의 함수값을 $f(2)=4$로 추가로 정의해 주면 f를 연속으로 만들 수 있다. 그리고 예제 3에서 $x=1$에서 f의 함수값을 $f(1)=4$로 수정해주면 f를 연속으로 만들 수 있다. 이런 경우의 불연속을 제거가능불연속이라 한다. ■

예제 4

함수 $f: R \to R$ s.t. $f(x) = [x]$ ($[x]$는 x를 넘지 않는 최대 정수)의 $x=1$에서의 연속성을 조사하여라.

풀이

$\lim_{x \to 1^+} f(x) = 1 = f(1)$이지만 $\lim_{x \to 1^-} f(x) = 0 \neq 1 = f(1)$이다. 그러므로 $\lim_{x \to 1} f(x)$는 존재하지 않는다. 따라서 f는 $x=1$에서 불연속이다.

참고 예제 4에서는 $x=1$에서 함수값을 다시 정의하여 $x=1$에서 함수가 연소이 되도록 할 수 없다. 즉 불연속인 점을 제거할 수 없다. 이런 경우의 불연속을 도약불연속(jump discontinuity)이라한다. ■

정의 2.2

함수 f가 $x=a$에서 불연속이라 하자. 이 때 $\lim_{x \to a} f(x)$가 존재하면 f는 $x=a$에서 제거가능불연속(removable discontinuity)이고 $\lim_{x \to a^+} f(x)$와 $\lim_{x \to a^-} f(x)$가 존재하고 같지 않으면 f는 $x=a$에서 도약불연속(jump discontinuity)이라 한다. 이런 두 가지 경우의 불연속, 즉 제거가능불연속 또는 도약불연속인 경우를 단순 불연속(simple discontinuity)또는 제1종 불연속(discontinuity of the first kind)이라 한다. 다음으로 $\lim_{x \to a^+} f(x)$와 $\lim_{x \to a^-} f(x)$

중에서 적어도 하나가 존재하지 않을 때 f는 $x=a$에서 제2종 불연속(discontinuity of the second kind)이라 한다.

예제 5

다음 함수의 불연속점을 찾고 어떤 종류의 불연속인지를 말하여라.

(1) $f(x)=\dfrac{1}{x}$ (2) $f(x)=\begin{cases}1, & x\text{는 유리수}\\ 0, & x\text{는 무리수}\end{cases}$

풀이

이 문제의 풀이는 연습문제로 남긴다.

정리 2.3

함수 f, g가 점 a의 근방에서 정의되어 있다고 하자. 만약 f와 g가 점 a에서 연속이면 함수 $|f|, cf, f\pm g, fg$ 및 $\dfrac{f}{g}$ (단, $g(a)\neq 0$) 모두 a에서 연속이다.

증명 이 정리의 증명은 연습문제로 남긴다. ▣

예제 6

다음 함수의 불연속점을 찾고 어떤 종류의 불연속인지를 말하여라.

(1) $f(x)=\cos\left(\dfrac{1}{x}\right)$ (2) $f(x)=\sin\left(\dfrac{1}{x}\right)$ (3) $f(x)=x\sin\left(\dfrac{1}{x}\right)$

풀이

이 문제의 풀이는 연습문제로 남긴다.

예제 7

$f:R\to R$가 연속함수이고 모든 $r\in Q$에서 $f(r)=0$이면 $f=0$이다.

증명 $f(x_0)\neq 0$인 $x_0\in R$가 존재한다고 가정하면 $f(x_0)=k$라고 두면 $|k|>0$이다. f가 x_0에서 연속이므로 $\epsilon>0$을 $\epsilon=\dfrac{|k|}{2}$로 두면 적당한 $\delta>0$가 존재해서

$$|x-x_0|<\delta \Rightarrow |f(x)-f(x_0)|<\epsilon=\frac{|k|}{2}$$

가 된다. 유리수의 조밀성에 의해서 $r_0 \in Q \cap (x_0-\delta,\ x_0+\delta)$가 존재한다. 따라서

$$|f(r_0)-f(x_0)|=|0-f(x_0)|=|k|<\epsilon=\frac{|k|}{2}$$

가 된다. 이것은 모순이다. 그러므로 모든 $x \in R$ 에 대해서 $f(x)=0$이다. ▣

정의 2.4

함수 $f:[a,b]\to R$ 가 구간 (a,b)에서 연속이고 $\lim_{x\to a^+} f(x)=f(a)$, $\lim_{x\to b^-} f(x)=f(b)$일 때 f를 폐구간 $[a,b]$에서 연속이라 한다.

정의 2.5

$A \subset D \subset R$, $f:D\to R$ 이라 하자. $f(A)$가 유계집합일 때 f를 A에서 유계함수라 한다.

예제 10

(1) 함수 $f:R\to R$ s.t. $f(x)=\sin x$ 는 R에서 유계이다. 왜냐하면 모든 $x\in R$ 에 대하여 $|f(x)|=|\sin x|\le 1$ 이기 때문이다.

(2) $k>0$ 에 대해서 함수 $f:(0,\infty)\to R$ s.t. $f(x)=\frac{1}{x}$는 구간 $[k,\infty)$에서 유계이다. 왜냐하면 모든 $x\in[k,\infty)$에 대하여 $|f(x)|=\frac{1}{x}\le\frac{1}{k}$이기 때문이다.

정리 2.6

함수 f가 $[a,b]$에서 연속이면 f는 $[a,b]$에서 유계이다.

증명 이 정리의 증명은 기초해석학에서 상세하게 증명되어 있다. ▣

정리 2.7

f가 $[a,b]$에서 연속이면 f는 $[a,b]$에서 최대값과 최소값을 갖는다.

증명 이 정리의 증명은 기초해석학에서 상세히 증명되어 있다. ▣

정리 2.8 **중간값 정리**

함수 $f:[a,b]\to R$가 연속이고 $f(a)\neq f(b)$이라 하자. 만약 $f(a)<\gamma<f(b)$ 혹은 $f(b)<\gamma<f(a)$이면 $f(c)=\gamma$가 되는 $c\in(a,b)$가 존재한다.

증명 이 정리의 증명은 기초해석학에서 상세히 증명되어 있다. ■

연습문제 2.2

1. 함수 $f,g:X\to R$가 a에서 연속이면 다음과 같이 정의된 함수 $\max(f,g)$와 $\min(f,g)$도 a에서 연속임을 증명하여라.
(단, $\max(f,g)(x)=\max\{f(x),g(x)\}$, $\min(f,g)(x)=\min\{f(x),g(x)\}$)

2. 다음과 같이 정의된 함수 $f:R\to R$의 연속성을 조사하여라.

(1) $f(x)=\begin{cases} x & \text{if } x\in Q \\ 0 & \text{if } x\notin Q \end{cases}$ (2) $f(x)=\begin{cases} \dfrac{x^2-1}{x-1} & \text{if } x\neq 1 \\ 3 & \text{if } x=1 \end{cases}$

3. 함수 $f:R\to R$가 모든 $x\in R$에 대해서 $|f(x)|\leq |x|$를 만족할 때, f가 $x=0$에서 연속임을 증명하여라.

4. 함수 g는 $x=0$에서 연속이고 $g(0)=0$이라 할 때, 모든 $x\in R$에 대해서 $|f(x)|\leq |g(x)|$이면 f는 $x=0$에서 연속임을 증명하여라.

5. 방정식 $\tan x=\sin^3 x+\cos^3 x$가 구간 $\left(-\dfrac{\pi}{2},\dfrac{\pi}{2}\right)$에서 적어도 하나의 실근을 가짐을 증명하여라.

6. 함수 f가 $[a,b]$에서 연속이고 모든 $x\in[a,b]$에서 $f(x)>0$이면 $f(x)\geq\epsilon$되는 $\epsilon>0$이 존재함을 증명하여라.

7. $f,g:R\to R$가 연속함수이고 모든 $r\in Q$에서 $f(r)=g(r)$이면 $f=g$임을 증명하여라.

Chapter

03

미분법 및 도함수의 응용

3.1 미분계수와 도함수

정의 1.1 평균변화율

함수 $y=f(x)$에 있어서 변수 x가 한 점 x_0에서 $x_0+\Delta x$로 변하면 y의 값은 $f(x_0)$에서 $f(x_0+\Delta x)$로 변한다. 이 때 Δx를 x_0로부터 x의 증분이라 하고 $\Delta y=f(x_0+\Delta x)-f(x_0)$를 x의 증분 Δx에 따른 y의 증분이라 한다. 이 두 증분의 비

$$\frac{\Delta y}{\Delta x}=\frac{f(x_0+\Delta x)-f(x_0)}{\Delta x}$$

를 x_0에서 $x_0+\Delta x$까지 함수 $y=f(x)$의 평균변화율(average rate of change)이라 한다.

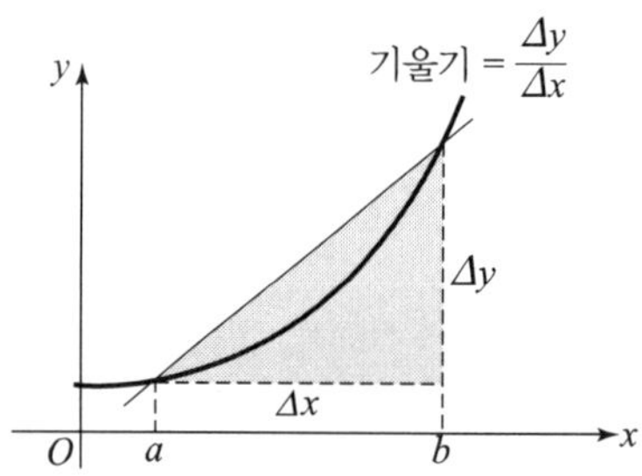

주의 x의 증분 Δx는 $\Delta x<0$ 또는 $\Delta x>0$이고 $\Delta x\neq 0$임에 유의하자.

예제 1

함수 $f(x)=x^2$에서 x가 1에서 4로 변할 때 $f(x)$의 평균변화율을 구하여라.

풀이

$x_0=1$이고 $\Delta x=3$이므로 1에서 4까지 f의 평균변화율은 다음과 같다.

$$\frac{\Delta y}{\Delta x}=\frac{f(x_0+\Delta x)-f(x_0)}{\Delta x}=\frac{f(1+3)-f(1)}{3}=\frac{16-1}{3}=5$$

정의 1.2 미분계수

함수 $y=f(x)$가 $x=x_0$를 포함하는 열린구간에서 정의되어 있고 Δx가 0에 가까이 갈 때 x_0에서 $x_0+\Delta x$까지 함수 f의 평균변화율 $\dfrac{\Delta y}{\Delta x}$의 극한

$$\lim_{\Delta x \to 0} \frac{\Delta y}{\Delta x} = \lim_{\Delta x \to 0} \frac{f(x_0+\Delta x)-f(x_0)}{\Delta x}$$

가 존재하면 이 값을 $x=x_0$에서 함수 $y=f(x)$의 미분계수(differential coefficient) 또는 순간변화율이라 하고 $f'(x_0)$로 나타낸다. 즉

$$f'(x_0) = \lim_{\Delta x \to 0} \frac{f(x_0+\Delta x)-f(x_0)}{\Delta x}$$

그리고 $f'(x_0)$가 존재할 때 함수 f는 $x=x_0$에서 미분가능(differentiable)이라 한다. 여기서 $\Delta x=h$라고 두면 f의 x_0에서의 미분계수는 다음과 같이 표현된다.

$$f'(x_0) = \lim_{\Delta x \to 0} \frac{f(x_0+h)-f(x_0)}{h}$$

만약 f가 열린구간 I의 모든 점에서 미분가능일 때 f는 I에서 미분가능이라 한다.

예제 2

함수 $f(x)=x^2$의 $x=1$에서 미분계수를 구하여라.

풀이

$$\lim_{h \to 0} \frac{f(1+h)-f(1)}{h} = \lim_{h \to 0} \frac{(1+h)^2-1^2}{h} = \lim_{h \to 0}(2+h) = 2$$

예제 3

함수 $f(x)=|x|$의 $x=0$에서 미분가능여부를 조사하여라.

풀이

$\displaystyle\lim_{h \to 0} \frac{f(0+h)-f(0)}{h} = \lim_{h \to 0} \frac{|h|}{h}$ 이고 이 극한값은 존재하지 않는다.

따라서 함수 $f(x)=|x|$의 $x=0$에서 미분불가능이다.

정의 1.3 **도함수**

함수 $y=f(x)$는 개구간 I에서 미분가능일 때 함수

$$f':I\to R \quad \text{s.t.} \quad f'(x)=\lim_{h\to 0}\frac{f(x+h)-f(x)}{h}$$

를 f의 도함수(derivative)라고 한다. 함수 $y=f(x)$의 도함수를 나타내는 기호로서 다음과 같은 것들이 사용된다.

$$y',\ f'(x),\ \frac{dy}{dx},\ \frac{d}{dx}f(x),\ D_x y,\ D_x f(x)$$

함수 $y=f(x)$의 도함수를 구하는 것을 미분한다(differentiate)라고 하며 미분하는 과정을 미분법(differentiation)이라 한다.

예제 4

다음 함수의 도함수를 구하여라.

(1) $f(x)=c$ (c는 실수)

(2) $f(x)=x$

(3) $f(x)=\dfrac{1}{x}\ (x\neq 0)$

(4) $f(x)=3x^2-4x+3$

풀이

(1) $f(x)=c$ 이면 $f'(x)=\lim_{h\to 0}\dfrac{f(x+h)-f(x)}{h}=\lim_{h\to 0}\dfrac{c-c}{h}=0$ 이다.

(2) $f(x)=x$ 이면 $f'(x)=\lim_{h\to 0}\dfrac{f(x+h)-f(x)}{h}=\lim_{h\to 0}\dfrac{x+h-x}{h}=1$ 이다.

(3) $f(x)=\dfrac{1}{x}$ 이면

$$\begin{aligned} f'(x) &= \lim_{h\to 0}\frac{f(x+h)-f(x)}{h}=\lim_{h\to 0}\frac{1}{h}\left(\frac{1}{x+h}-\frac{1}{x}\right) \\ &= \lim_{h\to 0}\left(-\frac{1}{x(x+h)}\right)=-\frac{1}{x^2} \end{aligned}$$

(4) $f(x+h)-f(x)=3(x+h)^2-4(x+h)+3-(3x^2-4x+3)=6xh+3h^2-4h$

이므로

$$f'(x) = \lim_{h\to0}\frac{f(x+h)-f(x)}{h} = \lim_{h\to0}\frac{h(6x+3h-4)}{h} = 6x-4$$

정리 1.4

함수 f 가 $x=a$ 에서 미분가능이면 f 는 그 점에서 연속이다.

증명 f 가 $x=a$ 에서 미분가능이므로 $f'(a)$가 존재한다. 따라서

$$\begin{aligned}\lim_{x\to a}f(x) &= \lim_{x\to a}\left(\frac{f(x)-f(a)}{x-a}(x-a)+f(a)\right)\\ &= \lim_{x\to a}\frac{f(x)-f(a)}{x-a}\lim_{x\to a}(x-a)+f(a)\\ &= f'(a)\cdot 0+f(a)=f(a)\end{aligned}$$

이다. 그러므로 f 는 a 에서 연속이다. ■

참고 정리 1.5의 대우명제에 의해서 함수 f가 어떤 점에서 연속이 아니면 그 점에서 미분가능이 아님을 알 수 있다. 그리고 1.5의 역이 성립하지 않음은 다음 예제에서 알 수 있다. ■

예제 5

함수 $f(x)=|x-1|$은 $x=1$에서 연속이지만 미분가능이 아님을 밝혀라.

풀이

$\lim_{x\to1}f(x) = \lim_{x\to1}|x-1| = 0 = f(0)$이므로 함수 f 는 $x=1$에서 연속이다. 한편

$$\lim_{h\to0^+}\frac{f(1+h)-f(1)}{h} = \lim_{h\to0^+}\frac{|h|}{h} = \lim_{h\to0^+}\frac{h}{h} = 1$$

$$\lim_{h\to0^-}\frac{f(1+h)-f(1)}{h} = \lim_{h\to0^-}\frac{|h|}{h} = \lim_{h\to0^-}\frac{-h}{h} = -1$$

이므로 극한값 $\lim_{h\to0}\frac{f(1+h)-f(1)}{h}$가 존재하지 않는다. 따라서 f는 $x=1$에서 미분불가능이다.

참고 함수 $y=f(x)$상의 두 점 $P(a, f(a))$와 $Q(a+\Delta x, f(a+\Delta x))$를 생각하자.

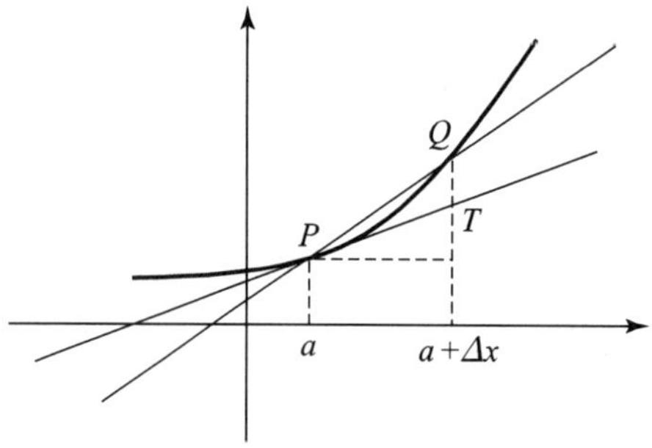

f가 $x=a$근방에서 미분가능이면 $x=a$에서 연속이므로 $\Delta x \to 0$일 때 점 Q는 점 P에 한없이 가까이 간다. 그리고 선분 PQ의 기울기는

$$\frac{\Delta y}{\Delta x}=\frac{f(a+\Delta x)-f(a)}{\Delta x}$$

이고, 점 P에서 접하는 접선 PT의 기울기는 Q가 P에 가까이 갈 때, 즉 $\Delta x \to 0$일 때 $\frac{\Delta y}{\Delta x}$의 극한이 된다. 따라서 $\lim_{\Delta x \to 0}\frac{\Delta y}{\Delta x}=\lim_{\Delta x \to 0}\frac{f(a+\Delta x)-f(a)}{\Delta x}=f'(a)$는 접선 PT의 기울기가 된다. ■

연습문제 3.1

1. $x=1$에서 다음 함수의 미분계수를 구하여라.

(1) $f(x)=x^2+\frac{1}{2}x+3$

(2) $f(x)=\sqrt{3x+1}$

(3) $f(x)=\frac{1}{x^2+1}$

(4) $f(x)=x-\frac{1}{x}$

(5) $f(x)=\frac{x+2}{x+a}$

(6) $f(x)=\sqrt{x+\frac{1}{x}}$

2. 곡선 $f(x)=x^3+1$ 상의 점 $(1,2)$에서 접하는 접선의 방정식을 구하여라.

3. 함수 $f(x)=|x-1|$가 구간 $(-\infty, 1)$에서 미분가능임을 보여라.

4. 함수 $f(x)=\dfrac{1}{1-x}$가 구간 $(1,\infty)$에서 미분가능임을 보여라.

5. 다음 함수가 점 a에서 미분가능인지를 말하고, 미분가능이면 a에서의 미분계수를 구하여라.

(1) $f(x)=|x|-x$; $a=0$

(2) $f(x)=|x-3|$; $a=3$

(3) $f(x)=\begin{cases}-x^2+4x & (x<0)\\ x^2-1 & (x\geq 0)\end{cases}$; $a=0$

(4) $f(x)=\begin{cases}3x^2+4x & (x<0)\\ x^2-1 & (x\geq 0)\end{cases}$; $a=0$

6. 도함수의 정의에 의하여 다음 함수의 도함수를 구하여라.

(1) $f(x)=x^2+5x$

(2) $f(x)=\dfrac{1}{x+1}$

(3) $f(x)=\dfrac{1}{x^2}$

(4) $f(x)=\dfrac{1}{\sqrt{x}}$

(5) $f(x)=\sqrt{x-1}$

(6) $f(x)=(ax+b)^2$

7. 직선 $4y=x+4$가 곡선 $y=\sqrt{x}$에 접할 때 접점의 좌표를 구하여라.

8. 다음 주어진 점에서 함수 f의 역함수의 그래프에 접하는 접선의 방정식을 구하여라.

(1) $f(x)=x+\sqrt{x}$; $P(2,\,1)$

(2) $f(x)=\dfrac{3x-1}{x^3}$; $P(4,\,-1)$

3.2 미분의 기본공식

정리 2.1 미분공식

(1) $f(x)=c$ (c는 상수)이면 $f'(x)=0$이다.

(2) $f(x)=x^n$이면 $f'(x)=nx^{n-1}$이다. (단, n은 자연수)

(3) f가 x에서 미분가능이고 c가 상수이면 함수 cf는 x에서 미분가능이고

$$(cf)'(x)=cf'(x)$$

가 성립한다.

(4) 함수 f와 g가 x에서 미분가능이면 $f+g$와 $f-g$도 x에서 미분가능이고

$$(f+g)'(x)=f'(x)+g'(x) \text{와 } (f-g)'(x)=f'(x)-g'(x)$$

가 성립한다.

(5) 함수 f와 g가 x에서 미분가능이면 fg도 x에서 미분가능이고

$$(fg)'(x)=f'(x)g(x)+f(x)g'(x)$$

가 성립한다.

(6) 함수 f와 g가 x에서 미분가능이고 $g(x)\neq 0$이면 $\dfrac{f}{g}$도 x에서 미분가능이고

$$\left(\frac{f}{g}\right)'(x)=\frac{f'(x)g(x)-f(x)g'(x)}{g(x)^2}$$

가 성립한다.

증명 (1)번과 (3)번의 증명은 연습문제로 남긴다.

(2) $$f'(x)=\lim_{h\to 0}\frac{f(x+h)-f(x)}{h}=\lim_{h\to 0}\frac{(x+h)^n-x^n}{h}$$

$$=\lim_{h\to 0}\frac{1}{h}\left[\binom{n}{0}x^n+\binom{n}{1}x^{n-1}h+\binom{n}{2}x^{n-2}h^2+\cdots+\binom{n}{n}h^n-x^n\right]$$

$$=\lim_{h\to 0}\frac{1}{h}\left[x^n+nx^{n-1}h+\frac{n(n-1)}{2!}x^{n-2}h^2+\cdots+h^n-x^n\right]$$

$$=\lim_{h\to 0}\left[nx^{n-1}+\frac{n(n-1)}{2!}x^{n-2}h+\cdots+h^{n-1}\right]$$

$$=nx^{n-1}$$

(4) $(f+g)'(x)=\lim_{h\to0}\dfrac{(f+g)(x+h)-(f+g)(x)}{h}$

$$=\lim_{h\to0}\frac{f(x+h)-f(x)}{h}+\lim_{h\to0}\frac{g(x+h)-g(x)}{h}$$

$$=f'(x)+g'(x)$$

(5) $(fg)'(x)=\lim_{h\to0}\dfrac{(fg)(x+h)-(fg)(x)}{h}$

$$=\lim_{h\to0}\frac{1}{h}(f(x+h)g(x+h)-f(x+h)g(x)+f(x+h)g(x)-f(x)g(x))$$

$$=\lim_{h\to0}\left[f(x+h)\frac{g(x+h)-g(x)}{h}+g(x)\frac{f(x+h)-f(x)}{h}\right]$$

$$=\lim_{h\to0}f(x+h)\lim_{h\to0}\frac{g(x+h)-g(x)}{h}+\lim_{h\to0}g(x)\lim_{h\to0}\frac{f(x+h)-f(x)}{h}$$

$$=f(x)g'(x)+g(x)f'(x)$$

(6) 우선 $\left(\dfrac{1}{g}\right)'(x)=-\dfrac{g'(x)}{(g(x))^2}$ 임을 증명하자.

$$\left(\frac{1}{g}\right)'(x)=\lim_{h\to0}\frac{1}{h}\left(\frac{1}{g(x+h)}-\frac{1}{g(x)}\right)$$

$$=\lim_{h\to0}\left(-\left[\frac{g(x+h)-g(x)}{h}\right]\frac{1}{g(x+h)g(x)}\right)$$

$$=-\lim_{h\to0}\frac{g(x+h)-g(x)}{h}\lim_{h\to0}\frac{1}{g(x+h)g(x)}$$

$$=-\frac{g'(x)}{(g(x))^2}$$

다음으로 두 함수 f와 $\dfrac{1}{g}$의 곱에 대한 미분공식을 이용하면

$$\left(\frac{f}{g}\right)'(x)=\left(f\left(\frac{1}{g}\right)\right)'(x)=\frac{f'(x)}{g(x)}-\frac{f(x)g'(x)}{(g(x))^2}=\frac{f'(x)g(x)-f(x)g'(x)}{(g(x))^2}$$

가 된다. ◻

참고 (1) (5)번 증명에서 $g(x)$는 변수 h에 관하여 상수이므로 $\lim_{h\to0}g(x)=g(x)$이다. 그리고 함수 f는 x에서 미분가능이므로 x에서 연속이다. 따라서 $\lim_{h\to0}f(x+h)=$

$f(x)$이다. 그러므로 (5)번 증명에서 등식이 성립한다.

(2) (6)번 증명에서 함수 g는 x에서 연속이고 $g(x) \neq 0$이므로

$$\lim_{h \to 0} \frac{1}{g(x)} = \frac{1}{g(x)}, \lim_{h \to 0} \frac{1}{g(x+h)} = \frac{1}{g(x)}$$

이다. 따라서 $\lim_{h \to 0} \frac{1}{g(x+h)g(x)} = \frac{1}{(g(x))^2}$가 되어 (6)번 증명에서 등식이 성립한다. ■

예제 1

$f(x) = (4x^2-1)(7x^3+3)$일 때 $f'(x)$를 구하여라.

풀이

$$\begin{aligned} f'(x) &= \frac{d}{dx}((4x^2-1)(7x^3+3)) \\ &= (7x^3+3)\frac{d}{dx}(4x^2-1) + (4x^2-1)\frac{d}{dx}(7x^3+3) \\ &= 8x(7x^3+3) + (4x^2-1)(21x^2) \\ &= 140x^4 - 21x^2 + 24x \end{aligned}$$

예제 2

$f(x) = \dfrac{4x^2-1}{7x^3+3}$일 때 $f'(x)$를 구하여라.

풀이

$$\begin{aligned} f'(x) &= \frac{d}{dx}\left(\frac{4x^2-1}{7x^3+3}\right) \\ &= \frac{(7x^3+3)\frac{d}{dx}(4x^2-1) - (4x^2-1)\frac{d}{dx}(7x^3+3)}{(7x^3+3)^2} \\ &= \frac{(8x)(7x^3+3) - (21x^2)(4x^2-1)}{(7x^3+3)^2} \\ &= \frac{-28x^4 - 21x^2 + 24x}{(7x^3+3)^2} \end{aligned}$$

예제 3

모든 정수 n에 대해서 $f(x)=x^n$,$(x \neq 0)$일 때 $f'(x)=nx^{n-1}$임을 증명하여라.

풀이

$x \neq 0$이라 하자.

(i) $n>0$이면 정리 2.1(2)에 의해서 $f'(x)=nx^{n-1}$이다.

(ii) $n=0$이면 $f(x)=1$이므로 $f'(x)=0=0x^{-1}$이다.

(iii) $n<0$일 때 $g(x)=\dfrac{1}{f(x)}$이라 두면 $g(x)=x^{-n}$이고 $-n$은 양의 정수이다.

따라서 $g'(x)=-nx^{-n-1}$이 된다. 정리 2.1 (6)에 의해서

$$f'(x)=\left(\frac{1}{g}\right)'(x)=-\frac{g'(x)}{(g(x))^2}=-g'(x)[f(x)]^2=-(-nx^{-n-1})x^{2n}=nx^{n-1}$$

가 된다.

정리 2.2 연쇄법칙

함수 f가 x_0에서 미분가능이고 함수 g가 $f(x_0)$에서 미분가능이면 합성함수 $g \circ f$는 점 x_0에서 미분가능이고 다음 미분공식이 성립한다.

$$(g \circ f)'(x_0)=g'(f(x_0))f'(x_0)$$

만약 $y=g(u),\ u=f(x)$라 두면 $y=g(f(x))$이고

$$\frac{dy}{dx}=\frac{dy}{du}\frac{du}{dx}$$

가 된다.

증명 증명은 기초해석학에서 자세하게 증명되어 있으므로 여기서는 생략한다. ■

예제 4

$y=(x^3+7x^2+1)^{39}$일 때 $\dfrac{dy}{dx}$를 구하여라.

풀이

$u=x^3+7x^2+1$이라고 두면 $y=u^{39}$이다. 합성함수의 미분공식에 의해서

$$\frac{dy}{dx}=\frac{dy}{du}\frac{du}{dx}=39u^{38}(3x^2+14)=39(x^3+7x^2+1)^{38}(3x^2+14x)$$

가 된다.

정리 2.3 **역함수의 도함수**

$f:(a,b)\to R$가 연속이고 역함수 f^{-1}를 가진다고 하자. 만약 f가 $x_0\in(a,b)$에서 미분가능이고 $f'(x_0)\neq 0$이면 f^{-1}는 $y_0=f(x_0)$에서 미분가능이고

$$(f^{-1})'(y_0)=\frac{1}{f'(x_0)}$$

이다.

증명 증명은 기초해석학에서 자세하게 증명되어 있으므로 여기서는 생략한다. ■

예제 5

$f(x)=x^7+8x^3+4x-2$일 때 $(f^{-1})'(y)$를 구하고, $(f^{-1})'(11)$을 구하여라.

풀이

$(f^{-1})'(y)=\dfrac{1}{f'(x)}=\dfrac{1}{7x^6+24x^2+4}$이고 $x=1$일 때 $y=11$이므로

$$(f^{-1})'(11)=\frac{1}{f'(1)}=\frac{1}{35}$$

참고 두 변수 x와 y를 포함하는 방정식 $F(x,y)=0$가 어떤 적당한 구간을 정의역으로 하는 미분가능한 x의 함수 $y=f(x)$로 정의될 때 방정식 $F(x,y)=0$은 "함수 y (또는 f)를 음적(implicitly)으로 정의한다. 또는 함수 y를 x의 음함수로 정의한다."라고 하고, 이 때 y를 x의 음함수(implicitly function)라고 한다. ■

방정식 $F(x,y)=0$에 정의되는 음함수의 도함수 $\dfrac{dy}{dx}$를 구하는 방법을 생각해 보자. 먼저 방정식 $F(x,y)=0$을 $y=f(x)$의 형태로 변형한 후 미분할 수 있겠으나 계산이 매우 번거롭고 어려울 때가 많다. 그래서 방정식 $F(x,y)=0$을 그대로 두고 y를 x의 함수로 생각하고 $F(x,y)=0$의 양변을 x에 관하여 미분한 다음 정리하여 $\dfrac{dy}{dx}$을 구할 수 있다.

예제 6

방정식 $x^3+xy^3=xy+1$에서 $\dfrac{dy}{dx}$를 구하여라.

풀이

주어진 방정식의 양변을 x에 관하여 미분하면 $3x^2+y^3+3xy^2\dfrac{dy}{dx}=y+x\dfrac{dy}{dx}$가 된다. 따라서 이것을 $\dfrac{dy}{dx}$에 관하여 풀면 $\dfrac{dy}{dx}=\dfrac{y-3x^2-y^3}{3xy^2-x}$이 된다.

예제 7

방정식 $x^2-xy+y^2=1$에서 $\dfrac{dy}{dx}$를 구하여라.

풀이

주어진 방정식의 양변을 x에 관하여 미분하면 $2x-y-x\dfrac{dy}{dx}+2y\dfrac{dy}{dx}=0$이다. 그러므로 $\dfrac{dy}{dx}=\dfrac{2x-y}{x-2y}$이다.

예제 8

원의 방정식 $x^2+y^2=a^2$에서 y의 2차도함수 $\dfrac{d^2y}{dx^2}$를 구하여라.

풀이

주어진 방정식의 양변을 x에 관하여 미분하면 $2x+2y\dfrac{dy}{dx}=0$이 된다.

양변을 x에 관하여 한번 더 미분하면 $2+2\left(\dfrac{dy}{dx}\right)^2+2y\dfrac{d^2y}{dx^2}=0$이 된다.

그리고 $\dfrac{dy}{dx}=-\dfrac{x}{y}$이므로 이것을 대입하여 정리하면 $2+\dfrac{2x^2}{y^2}+2y\dfrac{d^2y}{dx^2}=0$이다.

따라서 $\dfrac{d^2y}{dx^2}=-\dfrac{x^2+y^2}{y^3}=-\dfrac{a^2}{y^3}$이 된다.

예제 9

모든 유리수 r에 대해서 $f(x)=x^r\ (x\neq 0)$이면 $f'(x)=rx^{r-1}$임을 증명하여라.

풀이

r이 유리수이므로, $r=\frac{p}{q}$ (p, q는 정수, $q\neq 0$, p와 q는 서로소)라 둘 수 있다.
그리고 $x\neq 0$이라 하면 $y=x^r=x^{p/q}$이다. 양변을 q제곱하면 $y^q=x^p$이다.
음함수 미분법에 의해서 양변을 x에 관하여 미분하면,

$$\frac{d}{dy}(y^q)\frac{dy}{dx}=\frac{d}{dx}x^p$$

이다. 따라서 $qy^{q-1}\frac{dy}{dx}=px^{p-1}$이다. 그러므로

$$\frac{dy}{dx}=\frac{px^{p-1}}{qy^{q-1}}=\frac{p}{q}x^{p-1}\left(x^{p/q}\right)^{1-q}=r\,x^{r-1}$$

가 된다.

정리 2.4 **매개변수함수 도함수**

$x=f(t)$, $y=g(t)$가 각각 미분가능이고 $f'(t)\neq 0$이면 $\frac{dy}{dx}=\frac{dy/dt}{dx/dt}$이다.

증명 두 함수 $x=f(t)$와 $y=g(t)$가 모두 매개변수 t의 함수이므로 t를 소거하면 y는 x의 함수가 된다. 즉 $y=F(x)$로 나타낼 수 있다.
방정식 $y=F(x)$에 $x=f(t)$와 $y=g(t)$를 대입하면 $g(t)=F(f(t))$가 된다.
여기서 f, g, F 모두 미분가능이므로 연쇄법칙에 의하여

$$g'(t)=F'(f(t))f'(t)=F'(x)f'(t)$$

가 된다. 또 $f'(t)\neq 0$이면 $F'(x)=\frac{g'(t)}{f'(t)}$가 된다. 즉

$$\frac{dy}{dx}=\frac{dy}{dt}\cdot\frac{dt}{dx}=\frac{dy/dt}{dx/dt}$$

가 된다. ■

예제 10

$x=t^2-2t$, $y=t^3-12t$일 때 $\frac{dy}{dx}$를 구하여라.

풀이

$x=t^2-2t$, $y=t^3-12t$ 이므로

$$\frac{dx}{dt}=2t-2,\ \ \frac{dy}{dt}=3t^2-12$$

이다. 따라서 $\frac{dy}{dx}=\frac{dy/dt}{dx/dt}=\frac{3t^2-12}{2t-2}$ 이다.

예제 11

$x=\sqrt{1-v}$, $y=\frac{2v}{1-v^2}$ 일 때 $\frac{dy}{dx}$ 를 구하여라.

풀이

$x=\sqrt{1-v}$, $y=\frac{2v}{1-v^2}$ 이므로

$$\frac{dx}{dv}=-\frac{1}{2\sqrt{1-v}},\ \ \frac{dy}{dv}=\frac{2(1-v^2)-2v(-2v)}{(1-v^2)^2}=\frac{2(1+v^2)}{(1-v^2)^2}$$

이다. 따라서

$$\frac{dy}{dx}=-\frac{4(1+v^2)\sqrt{1-v}}{(1-v^2)^2}$$

이다.

연습문제 3.2

1. 다음 함수의 도함수를 구하여라.

(1) $f(x)=\frac{1-x^4}{x^2}$

(2) $f(x)=\sqrt{x+x^4}$

(3) $f(x)=(x^8+x^4)\left(x-\frac{1}{x}\right)$

(4) $f(x)=\left(x-\frac{1}{x}\right)^2$

(5) $f(x)=\left(x-\frac{1}{x}\right)\left(x^2+\frac{1}{x^2}\right)$

(6) $f(x)=\left(\frac{2x-1}{x+7}\right)^3$

(7) $f(x)=(x-4x^3)^5$

(8) $f(x)=\frac{\sqrt{x+x^4}}{(x+3)^7}$

2. 다음에서 $\dfrac{dy}{dx}$를 구하여라.

(1) $x^4+y^4=18xy$

(2) $x^2+y^2+4=0$

(3) $x^2+x^2y^2+y^2=3$

(4) $2xy=(x^2+y^2)^{\frac{3}{2}}$

3. 다음에서 $\dfrac{dx}{dy}$를 구하여라.

(1) $y=x^3-2$

(2) $y=1+x^2 \quad (x>0)$

(3) $y=\left(\dfrac{2x-1}{2x+1}\right)^5$

(4) $\dfrac{x+y}{x-y}=2$

(5) $(3xy+1)^5=x^2$

(6) $\dfrac{1}{x^2}-\dfrac{1}{y^2}=x+y$

4. 다음 매개변수함수의 도함수 $\dfrac{dy}{dx}$를 구하여라.

(1) $x=3-t,\ y=t^2-2t$

(2) $x=\dfrac{1}{1+v},\ y=\dfrac{v}{1-v^2}$

(3) $x=u^3+1,\ y=u^2+1$

(4) $x=\dfrac{1}{\theta-1},\ y=\dfrac{\theta}{\theta^2-1}$

5. 다음이 동치임을 증명하여라.

(1) 함수 f가 점 $x=a$에서 미분가능이다.

(2) 어떤 0근방에서 정의된 $\lim_{h\to 0}\dfrac{R(h)}{h}=0$인 함수 $R(h)$와 적당한 상수 c가 존재해서 $f(a+h)=f(a)+ch+R(h)$가 된다.

6. $f_1,\ f_2,\cdots,f_n$가 미분가능일 때 다음을 증명하여라.

$$(f_1(x)f_2(x)\cdots f_n(x))'$$
$$=f_1'(x)f_2(x)\cdots f_n(x)+f_1(x)f_2'(x)\cdots f_n(x)+\cdots+f_1(x)f_2(x)\cdots f_n'(x)$$

3.3 고계 도함수

정의 3.1

함수 $y=f(x)$의 도함수 f'이 미분가능이면 f'의 도함수를 f''으로 나타내고 f의 2계도함수(derivative of second order)라 한다. 일반적으로 자연수 $n(n \geq 2)$에 대해서 함수 $y=f(x)$가 n번 미분가능이면 f의 n계도함수(n-th derivative)를 $f^{(n)}$로 나타내고, 다음과 같이 정의한다.

$$f^{(n)}(x)=\lim_{h\to 0}\frac{f^{(n-1)}(x+h)-f^{(n-1)}(x)}{h}$$

(만약 $f=f^0$, $f'=f^{(1)}$, $f''=f^{(2)}$라고 두면 이 정의는 모든 자연수 n에 대해서 적용된다.)
2계 이상의 도함수를 고계도함수(derivative of higher order)라 한다.
함수 $y=f(x)$의 n계 도함수를

$$f^{(n)}(x),\ y^{(n)},\ \frac{d^n y}{dx^n},\ \frac{d^n}{dx^n}f(x),\ \frac{d^n}{dx^n}y$$

등을 나타낸다.
또 $x=a$에서 f의 n계 도함수의 값 $f^{(n)}(a)$를 $x=a$에서 f의 n차 미분계수(n-th differential coefficient)라 하고,

$$y^{(n)}_{x=a},\ f^{(n)}(a),\ \left.\frac{d^n y}{dx^n}\right|_{x=a}$$

등으로 나타낸다.

예제 1

다음 함수의 n계 도함수를 구하여라.

(1) $f(x)=x^\alpha$ (α는 실수) (2) $f(x)=\sqrt{x}$ (3) $f(x)=\dfrac{1}{x}$

(4) $f(x)=\dfrac{1}{1-x}$ (5) $f(x)=\dfrac{1}{ax+b}$ (6) $f(x)=\sqrt{1+x}$

풀이

(1) $y'(x)=\alpha x^{\alpha-1}$, $y''(x)=\alpha(\alpha-1)x^{\alpha-2}$, $y^{(3)}(x)=\alpha(\alpha-1)(\alpha-2)x^{\alpha-3}$

$\cdots\cdots\cdots\cdots\cdots\cdots$

따라서 $y^{(n)}(x) = \alpha(\alpha-1)(\alpha-2)\cdots(\alpha-n+1)x^{\alpha-n} = {}_{\alpha}P_n x^{\alpha-n}$가 된다.

(2) $y'(x) = \frac{1}{2}x^{-\frac{1}{2}}$, $y''(x) = \frac{-1}{2^2}x^{-\frac{3}{2}}$, $y^{(3)}(x) = \frac{3}{2^3}x^{-\frac{5}{2}}$

....

따라서 $y^{(n)} = \frac{(-1)^{n-1}}{2^n}3 \cdot 5 \cdot 7 \cdots (2n-3)x^{-\frac{2n-1}{2}}$가 된다.

(3) $y' = (-1)x^{-2}$, $y'' = (-1)^2\, 2!\, x^{-3}$, $y^{(3)} = (-1)^3\, 3!\, x^{-4}$

....

따라서 $y^{(n)} = (-1)^n\, n!\, x^{-(n+1)}$가 된다.

(4), (5), (6)은 연습문제로 남긴다.

정리 3.2

두 함수 f와 g의 n계 도함수가 존재하고 c가 상수이면 $f \pm g$와 cf의 n계 도함수가 존재하고 다음이 성립한다.

(1) $\frac{d^n}{dx^n}(f(x) \pm g(x)) = \frac{d^n}{dx^n}f(x) \pm \frac{d^n}{dx^n}g(x)$

(2) $\frac{d^n}{dx^n}(cf(x)) = c\frac{d^n}{dx^n}f(x)$

증명 $\frac{d}{dx}(f(x)+g(x)) = \frac{d}{dx}f(x) + \frac{d}{dx}g(x)$, $\frac{d}{dx}(cf(x)) = c\frac{d}{dx}f(x)$

를 이용하여 수학적 귀납법으로 증명한다. ▣

예제 2

함수 $f(x) = \sqrt{x} + \frac{1}{x}$의 n계 도함수를 구하여라.

풀이 예제 1에 의해서

$$\frac{d^n}{dx^n}(\sqrt{x}) = \frac{(-1)^{n-1}}{2^n}3 \cdot 5 \cdot 7 \cdots (2n-3)x^{-\frac{2n-1}{2}}$$

$$\frac{d^n}{dx^n}\left(\frac{1}{x}\right) = (-1)^n\, n!\, x^{-(n+1)}$$

이므로

$$\frac{d^n}{dx^n}\left(\sqrt{x}+\frac{1}{x}\right)=\frac{d^n}{dx^n}(\sqrt{x})+\frac{d^n}{dx^n}\left(\frac{1}{x}\right)$$

$$=\frac{(-1)^{n-1}}{2^n}3\cdot 5\cdot 7\cdots(2n-3)x^{-\frac{2n-1}{2}}+(-1)^n n!\,x^{-(n+1)}$$

이다.

예제 3

함수 $y=\dfrac{1}{x^2-1}$의 n계 도함수를 구하여라.

풀이

$$y=\frac{1}{x^2-1}=\frac{1}{(x-1)(x+1)}=\frac{1}{2}\left(\frac{1}{x-1}-\frac{1}{x+1}\right)$$

여기서 $f(x)=\dfrac{1}{x-1}$, $g(x)=\dfrac{1}{x+1}$이라고 두면

$$f'(x)=(-1)(x-1)^{-2},$$
$$f''(x)=(-1)^2\,2!\,(x-1)^{-3},$$
$$f^{(n)}(x)=(-1)^n\,n!\,(x-1)^{-(n+1)}=(-1)^n\frac{n!}{(x-1)^{n+1}}$$
$$g'(x)=(-1)(x+1)^{-2},$$
$$g''(x)=(-1)^2\,2!\,(x+1)^{-3},$$
$$g^{(n)}(x)=(-1)^n\,n!\,(x+1)^{-(n+1)}=(-1)^n\frac{n!}{(x+1)^{n+1}}$$

이다. 따라서

$$\frac{d^n}{dx^n}\left(\frac{1}{x^2-1}\right)=\frac{d^n}{dx^n}\left(\frac{1}{x-1}\right)-\frac{d^n}{dx^n}\left(\frac{1}{x+1}\right)$$

$$=\frac{1}{2}\left[(-1)^n\frac{n!}{(x-1)^{n+1}}-(-1)^n\frac{n!}{(x+1)^{n+1}}\right]$$

$$=(-1)^n\frac{n!}{2}\left[\frac{1}{(x-1)^{n+1}}-\frac{1}{(x+1)^{n+1}}\right]$$

이다.

정리 3.3

f와 g의 n계 도함수가 존재하면 fg의 n계 도함수 공식은 다음과 같다.

$$(fg)^{(n)}(x)=\sum_{r=0}^{n} {}_nC_r\, f^{(n-r)}(x)g^{(r)}(x)$$

증명 수학적 귀납법에 의해서 정리를 증명한다.

$n=1$이면 두 함수의 곱에 대한 미분공식에 의해서 정리의 성립은 명백하다.

$n=k$일 때 정리의 성립을 가정하자. 즉

$$(fg)^{(k)}(x)=f^{(k)}(x)g(x)+{}_kC_1\, f^{(k-1)}(x)g^{(1)}(x)+\cdots$$
$$+{}_kC_r\, f^{(k-r)}(x)g^{(r)}(x)+\cdots+f(x)g^{(k)}(x)$$

이다. 양변을 미분하면

$$(fg)^{(k+1)}(x)=f^{(k+1)}(x)g(x)+[{}_kC_0+{}_kC_1]\, f^{(k)}(x)g^{(1)}(x)+\cdots$$
$$+[{}_kC_{r-1}+{}_kC_r]\, f^{(k-r+1)}(x)g^{(r)}(x)+\cdots+f(x)g^{(k+1)}(x)$$
$$=f^{(k+1)}(x)g(x)+{}_{k+1}C_1\, f^{(k)}(x)g^{(1)}(x)+\cdots$$
$$+{}_{k+1}C_r\, f^{(k-r+1)}(x)g^{(r)}(x)+\cdots+f(x)g^{(k+1)}(x)$$

가 된다. 따라서 $n=k+1$일 때 정리가 성립한다. 수학적 귀납법에 의해서 모든 자연수 n에 대해서 정리가 성립한다. ■

예제 4

다음 함수의 n차 도함수를 구하여라.

(1) $y=x^2e^{kx}$ (2) $y=xe^{2x}$

풀이

(1) $f(x)=x^2$, $g(x)=e^{kx}$라고 두면

$$f'(x)=2x,\quad f''(x)=2,\quad f^{(3)}(x)=f^{(4)}(x)=\cdots=f^{(n)}(x)=0$$
$$g'(x)=ke^{kx},\quad g''(x)=k^2e^{kx},\cdots\ g^{(n)}(x)=k^ne^{kx}$$

이다. 따라서

$$\frac{d^n}{dx^n}(x^2e^{kx})$$

$$= f^{(n)}(x)g(x) + {}_nC_1 f^{(n-1)}(x)g^{(1)}(x) + {}_nC_2 f^{(n-2)}(x)g^{(2)}(x) + \cdots + f(x)g^{(n)}(x)$$

$$= 0 + \cdots + 0 + \frac{n!}{(n-2)!\,2!}(2)(k^{n-2}e^{kx}) + \frac{n!}{(n-1)!\,1!}(2x)(k^{n-1}e^{kx}) + x^2k^nx^{kx}$$

$$= k^{(n-2)}e^{kx}[n(n-1) + 2nkx + x^2k^2]$$

(2) $f(x) = e^{2x}$, $g(x) = x$라고 두면

$$f'(x) = 2e^{2x},\quad f''(x) = 2^2e^{2x},\ \cdots,\ f^{(n)}(x) = 2^n e^{2x}$$
$$g'(x) = 1,\ g''(x) = g^{(3)}(x) = \cdots = g^{(n)}(x) = 0$$

이다. 따라서

$$\frac{d^n}{dx^n}(xe^{2x})$$

$$= f^{(n)}(x)g(x) + {}_nC_1 f^{(n-1)}(x)g^{(1)}(x) + {}_nC_2 f^{(n-2)}(x)g^{(2)}(x) + \cdots + f(x)g^{(n)}(x)$$

$$= (2^n e^{2x})(x) + {}_nC_1(2^{n-1}e^{2x})(1) + 0 + \cdots + 0$$

$$= 2^{n-1}e^{2x}(2x+n)$$

이다.

연습문제 3.3

1. 다음 함수의 2계 도함수 $\frac{d^2y}{dx^2}$를 구하여라.

(1) $a^2x^2 + b^2y^2 = a^2b^2$ (단, $ab \neq 0$)

(2) $y = \frac{e^x - e^{-x}}{e^x + e^{-x}}$

(3) $4x^2 - 2y^2 = 9$

(4) $y = x\sqrt{1+4x^2}$

2. 다음 함수의 3계 도함수 $f^{(3)}(x)$를 구하여라.

(1) $f(x)=\dfrac{x^3}{1-x}$

(2) $f(x)=\dfrac{1}{x^2-4x+3}$

(3) $f(x)=\dfrac{1}{ax+b}$

(4) $y=\sqrt[3]{x^2+a^2}$

(5) $y=\sqrt{\sec 2x}$

(6) $y=\sin^{-1}\left(\dfrac{1-x^2}{1+x^2}\right)$

3. 다음 함수의 n계 도함수 $\dfrac{d^n y}{dx^n}$를 구하여라.

(1) $y=e^{ax}$

(2) $y=x(a+bx)^n$

(3) $y=\dfrac{x^4}{1-x}$

(4) $y=\ln x$

(5) $y=\dfrac{1}{x+1}$

(6) $y=\dfrac{1}{x(x+1)}$

4. 함수 $f(x)=\dfrac{1}{a^2-x^2}$의 n계 도함수를 구하여라.

5. 함수 f가 2계 도함수를 가질 때 다음을 증명하여라.

(1) f가 우함수이면 f''도 우함수이다.

(2) f가 기함수이면 f''도 기함수이다.

6. $f(x)$가 n계 도함수를 가질 때 $f(ax+b)$의 n계 도함수를 구하여라.

7. $f(x)=a_0+a_1x+a_2x^2+\cdots+a_nx^n$일 때

$$f(1)=f(0)+\frac{f'(0)}{1!}+\frac{f''(0)}{2!}+\cdots+\frac{f^{(n)}(0)}{n!}$$

임을 증명하여라.

3.4 미분과 근사값

함수 $y = f(x)$에서 x에 관한 y의 도함수를 나타내기 위해서 라이프니츠(Leibniz, 1642~1716)의 기호 $\dfrac{dy}{dx}$를 사용해 왔다. 그러나 이것은 하나의 기호일 뿐 비의 값은 아니다. 이 절에서는 dx, dy에 서로 다른 의미를 부여하고 이들 비의 값이 도함수와 같음을 보인다. 아울러 도함수를 이용하여 함수의 근사값을 구하는 방법을 알아본다.

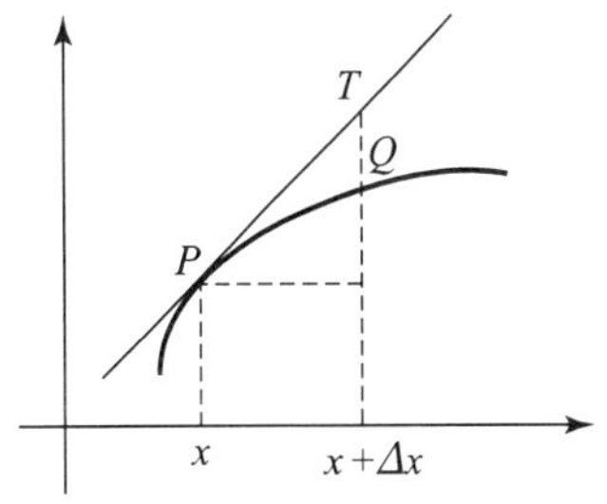

오른쪽 그림에서와 같이 x좌표가 x에서 $x + \Delta x$로 변할 때 함수 $y = f(x)$의 그래프상의 점은 P에서 Q로 이동하고 P에서 그래프에 대한 접선상의 점은 P에서 T로 이동한다. Δx가 아주 작을 때 점 T와 Q는 서로 가까이 있게 된다. 따라서 T의 y좌표는 Δx가 아주 작을 때 Q의 y좌표 $f(x + \Delta x)$의 근사값으로 생각하는 것은 타당하다.

함수 $y = f(x)$가 미분가능이면 $f'(x) = \lim\limits_{\Delta x \to 0} \dfrac{\Delta y}{\Delta x}$이다.

여기서 $\dfrac{\Delta y}{\Delta x} = f'(x) + \epsilon$이라고 두면 $\Delta y = f'(x)\Delta x + \epsilon \Delta x$이고 $\lim\limits_{\Delta x \to 0} \epsilon = 0$이다.

그리고 $f'(x) \neq 0$이면 $\lim\limits_{\Delta x \to 0} \dfrac{\epsilon \Delta x}{f'(x)\Delta x} = 0$이므로 $\epsilon \Delta x$는 $f'(x)\Delta x$ 보다 빨리 0에 수렴한다.

즉, $\Delta x \to 0$일 때 $f'(x)$는 일정하고 $\epsilon \to 0$이므로 $|\Delta x|$가 충분히 작을 때 $f(x)\Delta x$를 Δy의 근사값으로 취급할 수 있다. 즉 $\Delta y \fallingdotseq f'(x)\Delta x$이다. 이 때 $f'(x)\Delta x$를 x에서 f의 미분(differential)이라 하고 dy 또는 df로 나타낸다. 즉

$$dy = df = f'(x)\Delta x$$

이다. 또 x의 증분 Δx를 x의 미분이라 한다. 만약 $f(x) = x$이면 $f'(x) = 1$이므로 $dx = df(x) = f'(x)\Delta x = \Delta x$가 된다. 따라서 x의 미분은 $dx = \Delta x$이다. 결과적으로

$$dy = f'(x)dx$$

로 표시된다. 이것을 요약하면 다음과 같다.

정의 4.1

함수 $y=f(x)$가 미분가능일 때 $f'(x)\Delta x = f'(x)dx$ 를 y의 미분(differential)이라 하고 dy로 나타낸다. 즉 $dy=f'(x)dx$ 이다. 또 x의 증분 $\Delta x = dx$를 x의 미분이라 한다.

참고 dx, dy를 각각 x와 y의 미분이라 하면 극한값 $\lim_{\Delta x \to 0} \frac{\Delta y}{\Delta x}$를 나타내는 기호에 불과한 $\frac{dy}{dx}$는 dy를 dx로 나눈 몫으로 해석할 수 있다. ■

예제 1

$f(x)=x^3$, $x=5$, $\Delta x=0.1$이라 하자. dy와 Δy를 계산하여 비교하여라.

풀이

$f'(x)=3x^2$이고 $dy=f'(x)\Delta x$ 이므로 $x=5$, $\Delta x=0.1$일 때

$$dy=(3)(5^2)(0.1)=7.5$$

이다. 그리고 $\Delta y=f(x+\Delta x)-f(x)$이므로

$$\Delta y=(5.1)^3-5^3=132.651-125=7.651$$

가 된다. 여기서 dy는 Δy의 근사값이다.

정리 4.2

두 함수 f와 g가 미분가능이고 c가 상수이면 다음이 성립한다.

(1) $d(f+g)=df+dg$

(2) $d(f-g)=df-dg$

(3) $d(cf)=c\,df$

(4) $d(fg)=f\,dg+g\,df$

(5) $d\left(\frac{f}{g}\right)=\frac{g\,df-f\,dg}{g^2}$ $(g\neq 0)$

증명 (1)번만 증명하고 나머지는 연습문제로 남긴다. 미분의 정의에 의하여

$$d(f+g)=(f+g)'(x)dx=[f'(x)+g'(x)]\,dx=f'(x)dx+g'(x)dx=df+dg$$

가 된다. ■

참고 함수 $y=f(x)$가 미분가능이라 하자. 이 때 $\dfrac{\Delta y}{\Delta x}=f'(x)+\epsilon$이라고 두면 $\Delta y=f'(x)\Delta x+\epsilon\Delta x$이고 $\lim_{\Delta x\to 0}\epsilon=0$이다. 여기서 $\Delta x\to 0$일 때 $f'(x)$는 일정하고 $\epsilon\to 0$이므로 작은 값 Δx에 대해서 $f'(x)\Delta x$를 Δy 의 근사값으로 취급할 수 있다. 즉

$$f(x+\Delta x)-f(x)\fallingdotseq f'(x)\Delta x$$

이다. ■

예제 2

미분을 사용하여 $\sqrt{67}$ 의 근사값을 구하여라.

풀이

$f(x)=\sqrt{x}$ 라 하고 $x=64$, $\Delta x=3$이라 두자. 그러면

$$\begin{aligned}\sqrt{67}=\sqrt{64+3}=f(x+\Delta x)&\fallingdotseq f(x)+f'(x)\Delta x\\&=f(x)+\frac{1}{2\sqrt{x}}\Delta x\\&=\sqrt{64}+\frac{1}{2\sqrt{64}}(3)=8+\frac{3}{16}=8.1875\end{aligned}$$

이다. 따라서 미분을 사용하여 계산한 $\sqrt{67}$ 의 근사값은 8.1875이다.

예제 3

$x=2.01$일 때 $f(x)=x^2+x+1$의 근사값을 구하여라.

풀이

$f(x)=x^2+x+1$이고 $x=2$, $\Delta x=0.01$이라 두자. 그러면

$$df=f'(x)\Delta x=(2x+1)\Delta x=(5)(0.01)=0.05$$

이다. 따라서

$$f(2.01)=f(x+\Delta x)\fallingdotseq f(x)+f'(x)\Delta x=f(2)+df=7+0.05=7.05$$

가 된다.

Δx가 충분히 작을 때 df와 Δf는 모두 작은 값이다. 따라서 df와 Δf가 모두 0에 가까울 때 df와 Δf의 차이가 매우 작다는 것은 어색하다. 그러나 Δx가 충분히 작을 때

df와 Δf의 비가 1에 가깝다는 것을 보이면 df와 Δf의 값에 비해서 두 값의 차이는 무시할 만 하다는 것을 알게 된다. 다음 정리는 Δx가 충분히 작을 때 df와 Δf의 비가 1에 가깝다는 것을 말하고 있다.

정리 4.3

함수 f는 x에서 미분가능이고 $f'(x) \neq 0$이라 하자. 이 때 $\lim_{\Delta x \to 0} \frac{\Delta f}{df} = 1$이다.

증명 $f'(x) \neq 0$이므로 $\frac{\Delta f}{df} = \frac{\Delta f}{f'(x)\Delta x} = \frac{\Delta f}{\Delta x}\frac{1}{f'(x)}$이다.

따라서

$$\lim_{\Delta x \to 0} \frac{\Delta f}{df} = \lim_{\Delta x \to 0} \frac{\Delta f}{\Delta x}\frac{1}{f'(x)} = f'(x)\frac{1}{f'(x)} = 1$$

이다. ■

연습문제 3.4

1. 다음 함수에서 dy와 Δy를 비교하고, 이들을 그래프상에 나타내어라.

(1) $f(x) = x^2 \quad (x = 1,\ dx = 0.3)$ (2) $f(x) = x^3 \quad \left(x = \frac{1}{2},\ dx = 0.1\right)$

(3) $f(x) = x^3 \quad (x = 1,\ dx = -0.1)$ (4) $f(x) = \sqrt{x} \quad (x = 9,\ dx = 0.6)$

2. (1) $x = 1,\ dx = 0.02$일 때 함수 $f(x) = \frac{1}{x}$의 미분을 계산하여라. 여기서 $dx = h$일 때 미분 df를 구하여라.

(2) $\frac{1}{1.02}$는 근사적으로 0.98임을 밝혀라.

(3) h가 작을 때 $1 - h$는 $\frac{1}{1+h}$의 근사값임을 밝혀라.

3. (1) $x = 1$이고 $dx = h$일 때 함수 $f(x) = \sqrt{x}$의 미분을 계산하여라.

(2) $x = 0$이고 $dx = h$일 때 함수 $f(x) = (1+x)^4$의 미분을 계산하여라.

4. 다음 함수의 미분을 계산하여라.

(1) $f(x) = \sqrt[3]{1+x}$ (2) $f(x) = \sqrt{1+x^2}$ (3) $f(x) = 5x^2 + \dfrac{3}{x^3}$

5. 다음에서 dy와 d^2y를 구하여라.

(1) $y = e^x \ln x$ (2) $x^{2/3} + y^{2/3} = a^{2/3}$

6. x가 아주 작을 때, $(1+x)^n$의 근사식을 구하고 $\sqrt{24.98}$의 근사값을 구하여라.

7. $y = \dfrac{1}{1+x}$에서 $d^n y$를 구하여라.

8. 정리 4.2의 증명을 마무리하여라.

3.5 초월함수의 미분

정의 5.1 지수함수와 로그함수

임의의 실수 $a>0$에 대하여 $y=a^x$로 표현되는 함수를 지수함수라고 한다. 이 때 a를 밑(base), x를 지수라고 한다.

지수함수 $y=a^x \ (a>0,\ a\neq 1)$의 역함수를 로그함수 혹은 대수함수라 하고

$$y=\log_a x \quad (a>0,\ a\neq 1)$$

로 나타낸다. 이 때 a를 로그함수의 밑(base)이라 한다. 특히 밑이 e인 로그함수를 자연로그함수라 부르고 $y=\ln x$로 나타낸다.

참고 지수함수 $y=a^x$의 정의역은 실수 전체의 집합이 되고 치역은 양의 실수 전체의 집합이 된다. 따라서 그 역함수인 로그함수 $y=\log_a x$의 정의역은 양의 실수 전체의 집합이고 치역은 실수 전체의 집합이 된다. ■

정리 5.2 지수함수와 로그함수의 미분공식

지수함수의 미분공식은 다음과 같다.

(1) $\dfrac{d}{dx}e^x=e^x$

(2) $\dfrac{d}{dx}\ln|x|=\dfrac{1}{x} \quad (x\neq 0)$

(3) $\dfrac{d}{dx}a^x=a^x\ln a \quad (a>0,\ a\neq 1)$

(4) $\dfrac{d}{dx}\log_a x=\dfrac{1}{x\ln a} \quad (a>0,\ a\neq 1,\ x>0)$

증명

(1) $f(x)=e^x$라 두면

$$f'(x)=\lim_{h\to 0}\frac{f(x+h)-f(x)}{h}=\lim_{h\to 0}\frac{e^{x+h}-e^x}{h}=e^x\lim_{h\to 0}\frac{e^h-1}{h}=e^x$$

여기서 $\displaystyle\lim_{h\to 0}\frac{e^h-1}{h}=1$의 계산은 각자 계산해보기 바란다.

(2) $f(x)=\ln|x|$라고 두자.

우선 $x>0$인 경우를 먼저 생각하자. $x>0$이면 $f(x)=\ln x$이고 따라서

$$f'(x)=\lim_{h\to 0}\frac{f(x+h)-f(x)}{h}=\lim_{h\to 0}\frac{\ln(x+h)-\ln x}{h}$$

$$=\lim_{h\to 0}\frac{\ln\left(1+\frac{h}{x}\right)}{h}=\lim_{h\to 0}\frac{1}{x}\frac{\ln\left(1+\frac{h}{x}\right)}{\frac{h}{x}}=\frac{1}{x}$$

여기서 $\lim_{t\to 0}\frac{\ln(1+t)}{t}=1$의 증명은 각자 계산해보기 바란다.

다음으로 $x<0$인 경우를 먼저 생각하자. $x<0$일 때 $z=-x$라고 두면 $z>0$이므로

$$f'(x)=\frac{d}{dx}(\ln z)=\frac{d}{dz}(\ln z)\cdot\frac{dz}{dx}=\frac{1}{z}\cdot(-1)=-\frac{1}{z}=\frac{1}{x}$$

따라서 $x\neq 0$인 모든 실수 x에 대하여 $\frac{d}{dx}\ln|x|=\frac{1}{x}$가 된다.

(3) $y=a^x$ $(a>0,\ a\neq 1)$라 두고 양변에 자연대수(ln 함수)를 취하면 $\ln y=x\ln a$가 된다. 따라서 음함수 미분법에 의해서 $\frac{1}{y}\frac{dy}{dx}=\ln a$이고 따라서 $\frac{dy}{dx}=a^x\ln a$이다.

(4) $y=\log_a x$ $(a>0,\ a\neq 1,\ x>0)$라고 두면 $y=\log_a x=\frac{\ln x}{\ln a}$이다. 따라서

$$\frac{dy}{dx}=\frac{1}{\ln a}\frac{d}{dx}\ln x=\frac{1}{x\ln a},\ \text{즉}\ \frac{d}{dx}\log_a x=\frac{1}{x\ln a}$$

이다. ▣

예제 1

$y=x^a\,(a\in R)$일 때 $\frac{dy}{dx}=ax^{a-1}$임을 증명하여라.

증명 $y=x^a$의 양변에 자연대수를 취하면 $\ln y=a\ln x$이다.

양변을 x에 관하여 미분하면 $\frac{1}{y}\frac{dy}{dx}=\frac{a}{x}$이다.

따라서 $\frac{dy}{dx}=y\cdot\frac{a}{x}=x^a\cdot\frac{a}{x}=ax^{a-1}$이다. ▣

예제 2

$y=x^x$의 도함수를 구하여라.

풀이

$y=x^x$의 양변을 자연대수 ln을 취하면 $\ln y=x\ln x$이다.

양변을 x에 관하여 미분하면 $\frac{1}{y}\frac{dy}{dx} = \ln x + x\frac{1}{x} = \ln x + 1$이다.

따라서 $\frac{dy}{dx} - y(\ln x + 1) = x^x(\ln x + 1)$이다.

정리 5.3 지수함수와 로그함수의 미분공식

$g(x)$가 미분가능일 때 로그함수의 미분공식은 다음과 같다.

(1) $\frac{d}{dx}e^{g(x)} = e^{g(x)}g'(x)$ (2) $\frac{d}{dx}a^{g(x)} = (a^{g(x)}\ln a)g'(x)$

(3) $\frac{d}{dx}\ln|g(x)| = \frac{g'(x)}{g(x)}\ (g(x) \neq 0)$ (4) $\frac{d}{dx}\log_a|g(x)| = \frac{g'(x)}{g(x)\ln a}\ (g(x) \neq 0)$

증명 연쇄법칙의 증명공식에 의해서 쉽게 증명된다. ■

정리 5.4 삼각함수의 미분공식

삼각함수의 미분공식은 다음과 같다.

(1) $\frac{d}{dx}\sin x = \cos x$ (2) $\frac{d}{dx}\cos x = -\sin x$

(3) $\frac{d}{dx}\tan x = \sec^2 x$ (4) $\frac{d}{dx}\cot x = -\operatorname{cosec}^2 x$

(5) $\frac{d}{dx}\sec x = \sec x\tan x$ (6) $\frac{d}{dx}\operatorname{cosec} x = -\operatorname{cosec} x\cot x$

증명

(1) $$\frac{d}{dx}\sin x = \lim_{h\to 0}\frac{\sin(x+h) - \sin x}{h} = \lim_{h\to 0}\frac{2\cos\left(x + \frac{h}{2}\right)\sin\frac{h}{2}}{h}$$

$$= \lim_{h\to 0}\cos\left(x + \frac{h}{2}\right)\lim_{h\to 0}\frac{\sin\frac{h}{2}}{\frac{h}{2}} = \cos x$$

(2) $$\frac{d}{dx}\cos x = \lim_{h\to 0}\frac{\cos(x+h) - \cos x}{h} = \lim_{h\to 0}\frac{-2\sin\left(x + \frac{h}{2}\right)\sin\frac{h}{2}}{h}$$

$$= -\lim_{h\to 0}\sin\left(x + \frac{h}{2}\right)\lim_{h\to 0}\frac{\sin\frac{h}{2}}{\frac{h}{2}} = -\sin x$$

(3) $\tan x = \dfrac{\sin x}{\cos x}$ 이므로

$$\frac{d}{dx}\tan x = \frac{\cos x\cos x - \sin x(-\sin x)}{\cos^2 x} = \frac{1}{\cos^2 x} = \sec^2 x$$

(4), (5), (6) 생략. ▣

[문제] $\lim_{x \to 0} \dfrac{\sin x}{x} = 1$ 임을 증명하여라.

예제 3

다음 함수의 도함수를 구하여라.

(1) $y = x^2 \cos x$

(2) $y = \sqrt{1 + \sin x}$

(3) $y = \sin(\cos x)$

(4) $y = \sqrt{\operatorname{cosec}(\tan x)}$

풀이

(1) $y' = \dfrac{d}{dx}(x^2)\cos x + x^2 \dfrac{d}{dx}(\cos x) = 2x\cos x - x^2 \sin x$

(2) $u = 1 + \sin x$ 이라 두면 $y = \sqrt{u}$ 이다. 따라서

$$y' = \frac{dy}{du}\frac{du}{dx} = \frac{1}{2\sqrt{u}}\cos u = \frac{\cos x}{2\sqrt{1+\sin x}}$$

(3) $u = \cos x$ 라고 두면 $y = \sin u$ 이다. 따라서

$$y' = \frac{dy}{du}\frac{du}{dx} = (\cos u)(-\sin x) = -\sin x\cos(\cos x)$$

(4) $u = \tan x$, $v = \operatorname{cosec} u$ 라고 두면 $y = \sqrt{v}$ 이다. 따라서

$$y' = \frac{dy}{dv}\frac{dv}{du}\frac{du}{dx} = \frac{1}{2\sqrt{v}}(-\operatorname{cosec} u \cot u)\sec^2 x$$

$$= -\frac{\operatorname{cosec}(\tan x)\cot(\tan x)\sec^2 x}{2\sqrt{\operatorname{cosec}(\tan x)}}$$

$$= -\frac{1}{2}\sqrt{\operatorname{cosec}(\tan x)}\cot(\tan x)\sec^2 x$$

예제 4

$y=\sin x$의 n계 도함수를 구하여라.

풀이

$$y' = \cos x = \sin\left(x+\frac{\pi}{2}\right)$$
$$y'' = \cos\left(x+\frac{\pi}{2}\right) = \sin\left(x+\frac{2\pi}{2}\right)$$
$$y''' = \cos\left(x+\frac{2\pi}{2}\right) = \sin\left(x+\frac{3\pi}{2}\right)$$
$$\cdots\cdots\cdots\cdots\cdots\cdots$$
$$y^{(n)} = \cos\left(x+\frac{(n-1)\pi}{2}\right) = \sin\left(x+\frac{n\pi}{2}\right)$$

정리 5.5 역삼각함수의 미분공식

역삼각함수의 미분공식은 다음과 같다.

(1) 개구간 $(-1,1)$에서 $y=\sin^{-1}x$는 미분가능하고, $\dfrac{d}{dx}\sin^{-1}x = \dfrac{1}{\sqrt{1-x^2}}$이다.

(2) 개구간 $(-1,1)$에서 $y=\cos^{-1}x$는 미분가능하고, $\dfrac{d}{dx}\cos^{-1}x = -\dfrac{1}{\sqrt{1-x^2}}$이다.

(3) 모든 실수에서 $y=\tan^{-1}x$는 미분가능하고, $\dfrac{d}{dx}\tan^{-1}x = \dfrac{1}{1+x^2}$이다.

(4) $|x|>1$에서 $y=\sec^{-1}x$는 미분가능하고, $\dfrac{d}{dx}\sec^{-1}x = \dfrac{1}{|x|\sqrt{x^2-1}}$이다.

(5) $|x|>1$에서 $y=\operatorname{cosec}^{-1}x$는 미분가능하고, $\dfrac{d}{dx}\operatorname{cosec}^{-1}x = -\dfrac{1}{|x|\sqrt{x^2-1}}$이다.

(6) 모든 실수에서 $y=\cot^{-1}x$는 미분가능하고, $\dfrac{d}{dx}\cot^{-1}x = -\dfrac{1}{1+x^2}$이다.

증명

(1) $y=\sin^{-1}x$이므로 $x=\sin y$, $\left(-\dfrac{\pi}{2}\le y\le\dfrac{\pi}{2}\right)$이고 $\dfrac{dx}{dy}=\cos y$이다.

그리고 $-1<x<1$이므로 $-\dfrac{\pi}{2}<y<\dfrac{\pi}{2}$이고 따라서 $\cos y\ne 0$이다.

그러므로 $\dfrac{dy}{dx}=\dfrac{1}{dx/dy}=\dfrac{1}{\cos y}$이다. 그리고 $\cos y=\pm\sqrt{1-\sin^2 y}$, $-\dfrac{\pi}{2}<y<\dfrac{\pi}{2}$

이므로 $\cos y=\sqrt{1-\sin^2 y}=\sqrt{1-x^2}$이다. 따라서 $-\dfrac{\pi}{2}<y<\dfrac{\pi}{2}$에서 $y=\sin^{-1}x$

의 도함수는 다음과 같다.

$$\frac{dy}{dx} = \frac{1}{\cos y} = \frac{1}{\sqrt{1-x^2}} \quad (-1 < x < 1)$$

(2) $y = \cos^{-1} x$이므로 $x = \cos y$ $(0 \le y \le \pi)$이고 $\dfrac{dx}{dy} = -\sin y$이다.

그리고 $-1 < x < 1$이므로 $0 < y < \pi$이고 따라서 $\sin y \ne 0$이다.

그러므로 $\dfrac{dy}{dx} = \dfrac{1}{dx/dy} = -\dfrac{1}{\sin y}$이다.

그리고 $\sin y = \pm\sqrt{1-\cos^2 y}$, $0 < y < \pi$이므로 $\sin y = \sqrt{1-\cos^2 y} = \sqrt{1-x^2}$이다. 따라서 $0 < y < \pi$에서 $y = \cos^{-1} x$의 도함수는 다음과 같다.

$$\frac{dy}{dx} = -\frac{1}{\sin y} = -\frac{1}{\sqrt{1-x^2}} \quad (-1 < x < 1)$$

(3) $y = \tan^{-1} x$이므로 $x = \tan y$이고 $\dfrac{dx}{dy} = \sec^2 y$이다.

그리고 $\sec y \ne 0$이므로 $\dfrac{dy}{dx} = \dfrac{1}{dx/dy} = \dfrac{1}{\sec^2 y}$이다.

또 $\sec^2 y = 1 + \tan^2 y = 1 + x^2$이므로 $y = \tan^{-1} x$의 도함수는 다음과 같다.

$$\frac{dy}{dx} = \frac{1}{\sec^2 y} = \frac{1}{1+x^2}$$

(4) $y = \sec^{-1} x$이면 $0 < y < \pi$, $y \ne \dfrac{\pi}{2}$에 대하여 $x = \sec y$이고 $\dfrac{dx}{dy} = \sec y \tan y$이다.

한편 $0 < y < \pi$, $y \ne \dfrac{\pi}{2}$이므로 $\sec y \tan y \ne 0$이다.

따라서 $\dfrac{dy}{dx} = \dfrac{1}{\frac{dx}{dy}} = \dfrac{1}{\sec y \tan y}$이다.

그리고 $\sec y = x$이고 $\tan y = \pm\sqrt{\sec^2 y - 1} = \pm\sqrt{x^2 - 1}$이다.

한편 $x > 1$이면 $\tan y > 0$이므로 $\dfrac{d}{dx}\sec^{-1} x = \dfrac{1}{x\sqrt{x^2-1}}$이고

$x < -1$이면 $\tan y < 0$이므로 $\dfrac{d}{dx}\sec^{-1} x = \dfrac{-1}{x\sqrt{x^2-1}}$이다.

따라서 $|x| > 1$에 대하여 $\dfrac{1}{|x|\sqrt{x^2-1}}$이다.

(5),(6) 생략. ■

예제 5

다음 도함수를 구하여라.

(1) $\dfrac{d}{dx}\sin^{-1}ax$　　(2) $\dfrac{d}{dx}\cos^{-1}ax \quad (a>0)$　　(3) $\dfrac{d}{dx}\tan^{-1}ax$

풀이

$u(x)=ax$라 두면 $\dfrac{du}{dx}=a$이다. 따라서 연쇄법칙을 쓰면 다음과 같다.

$$\frac{d}{dx}(\sin^{-1}ax)=\frac{d}{du}(\sin^{-1}u)\frac{du}{dx}=\frac{1}{\sqrt{1-u^2}}\cdot a=\frac{a}{\sqrt{1-(ax)^2}}$$

$$\frac{d}{dx}(\cos^{-1}ax)=\frac{d}{du}\left(\cos^{-1}u\right)\frac{du}{dx}=-\frac{1}{\sqrt{1-u^2}}\cdot a=-\frac{a}{\sqrt{1-(ax)^2}}$$

$$\frac{d}{dx}(\tan^{-1}ax)=\frac{d}{du}(\tan^{-1}u)\frac{du}{dx}=-\frac{1}{1+u^2}\cdot a=\frac{a}{1+(ax)^2}$$

예제 6

다음 함수의 도함수를 구하여라.

(1) $\dfrac{d}{dx}\sin^{-1}(\ln x)$　　(2) $\dfrac{d}{dx}\tan^{-1}(\ln x)$　　(3) $\dfrac{d}{dx}\sec^{-1}(\ln x)$

풀이

$u(x)=\ln x$라 두면 $\dfrac{du}{dx}=\dfrac{1}{x}$이다. 따라서 연쇄법칙을 쓰면 다음과 같다.

$$\frac{d}{dx}(\sin^{-1}(\ln x))=\frac{d}{du}(\sin^{-1}u)\frac{du}{dx}=\frac{1}{\sqrt{1-u^2}}\cdot\frac{1}{x}=\frac{1}{x\sqrt{1-(\ln x)^2}}$$

$$\frac{d}{dx}(\tan^{-1}(\ln x))=\frac{d}{du}(\tan^{-1}u)\frac{du}{dx}=\frac{1}{1+u^2}\cdot\frac{1}{x}=\frac{1}{x(1+(\ln x)^2)}$$

$$\frac{d}{dx}(\sec^{-1}(\ln x))=\frac{d}{du}(\sec^{-1}u)\frac{du}{dx}=\frac{1}{|u|\sqrt{u^2-1}}\cdot\frac{1}{x}=\frac{1}{x|\ln x|\sqrt{(\ln x)^2-1}}$$

예제 7

다음 함수의 도함수를 구하여라.

(1) $\dfrac{d}{dx}\cos^{-1}(e^x)$　　(2) $\dfrac{d}{dx}\operatorname{cosec}^{-1}x^2$　　(3) $\dfrac{d}{dx}\cot^{-1}(2x+1)$

풀이

(1) $u(x)=e^x$라 두면 $\dfrac{du}{dx}=e^x$이다. 따라서 연쇄법칙을 쓰면 다음과 같다.

$$\frac{d}{dx}(\cos^{-1}(e^x))=\frac{d}{du}(\cos^{-1}u)\frac{du}{dx}=-\frac{1}{\sqrt{1-u^2}}\cdot e^x=-\frac{e^x}{\sqrt{1-e^{2x}}}$$

(2) $u(x)=x^2$라 두면 $\dfrac{du}{dx}=2x$이다. 따라서 연쇄법칙을 쓰면 다음과 같다.

$$\frac{d}{dx}(\operatorname{cosec}^{-1}x^2)=\frac{d}{du}(\operatorname{cosec}^{-1}u)\frac{du}{dx}=-\frac{1}{|u|\sqrt{u^2-1}}\cdot 2x=-\frac{2}{|x|\sqrt{x^4-1}}$$

(3) $u(x)=2x+1$라 두면 $\dfrac{du}{dx}=2$이다. 따라서 연쇄법칙을 쓰면 다음과 같다.

$$\frac{d}{dx}(\cot^{-1}(2x+1))=\frac{d}{du}(\cot^{-1}u)\frac{du}{dx}=-\frac{1}{1+u^2}\cdot 2=-\frac{2}{1+(2x+1)^2}$$
$$=\frac{1}{2x^2+2x+1}$$

정리 5.6 쌍곡선함수의 미분공식

쌍곡선함수의 미분공식은 다음과 같다.

(1) $\dfrac{d}{dx}\sinh x=\cosh x$ (2) $\dfrac{d}{dx}\cosh x=\sinh x$

(3) $\dfrac{d}{dx}\tanh x=\operatorname{sech}^2 x$ (4) $\dfrac{d}{dx}\coth x=-\operatorname{cosech}^2 x$

(5) $\dfrac{d}{dx}\operatorname{sech} x=-\operatorname{sech} x\tanh x$ (6) $\dfrac{d}{dx}\operatorname{cosech} x=-\operatorname{cosech} x\coth x$

증명 쌍곡선함수의 정의 및 지수함수의 미분공식에 의하여 쉽게 증명될 수 있다. ▫

예제 8

다음 도함수를 구하여라.

(1) $\dfrac{d}{dx}\sinh(x^2+1)$ (2) $\dfrac{d}{dx}\cos^{-1}(\operatorname{sech} x)$

풀이

(1) $u(x)=x^2+1$라 두면 $\dfrac{du}{dx}=2x$이다. 따라서 연쇄법칙을 쓰면 다음과 같다.

$$\frac{d}{dx}\sinh(x^2+1)=\frac{d}{du}\sinh u\ \frac{du}{dx}=\cosh u\cdot 2x=2x\cosh(x^2+1)$$

(2) $u(x)=\text{sech}\,x$라 두면 $\frac{du}{dx}=-\text{sech}\,x\tanh x$이다. 따라서 연쇄법칙을 쓰면 다음과 같다.

$$\frac{d}{dx}\cos^{-1}(\text{sech}\,x)=\frac{d}{du}\cos^{-1}u\ \frac{du}{dx}=-\frac{1}{\sqrt{1-u^2}}\cdot(-\text{sech}\,x\tanh x)$$

$$=\frac{\text{sech}x\tanh x}{\sqrt{1-\text{sech}^2x}}=\frac{r\text{sech}x\tanh x}{\tanh x}=\text{sech}\,x$$

정리 5.7 **역쌍곡선함수의 미분공식**

역쌍곡선함수의 미분공식은 다음과 같다.

(1) $\frac{d}{dx}\sinh^{-1}x=\frac{1}{\sqrt{x^2+1}}\ (-\infty<x<\infty)$ (2) $\frac{d}{dx}\cosh^{-1}x=\frac{1}{\sqrt{x^2-1}}\ (x>1)$

(3) $\frac{d}{dx}\tanh^{-1}x=\frac{1}{1-x^2}\ (|x|<1)$ (4) $\frac{d}{dx}\coth^{-1}x=-\frac{1}{x^2-1}\ (|x|>1)$

(5) $\frac{d}{dx}\text{sech}^{-1}x=-\frac{1}{x\sqrt{1-x^2}}\ (0<x<1)$

(6) $\frac{d}{dx}\text{cosech}^{-1}x=-\frac{1}{x\sqrt{1+x^2}}\ (|x|>1)$

증명

(1) $y=\sinh^{-1}x$라고 두고 y'를 구해보자. $x=\sinh y$이므로 양변을 x에 대해서 미분하면 $1=(\cosh y)y'$이다. 따라서 $y'=\frac{1}{\cosh y}$이다.

그리고 $\cosh^2y-\sinh^2y=1$이므로 $\cosh y=\pm\sqrt{\sinh^2y+1}$이다.

그런데 $\cosh y\geq 1$이기 때문에 $\cosh y=\sqrt{\sinh^2y+1}=\sqrt{x^2+1}$이다.

그러므로 $y'=\frac{1}{\sqrt{x^2+1}}$가 된다.

(2) $y=\cosh^{-1}x$라고 두고 y'를 구해보자. $x=\cosh y$이므로 양변을 x에 대해서 미분하면 $1=(\sinh y)y'$이다. 따라서 $\frac{d}{dx}\sec^{-1}x=\frac{-1}{|x|\sqrt{x^2-1}}\,y'=\frac{1}{\sinh y}$이다.

그리고 $\cosh^2y-\sinh^2y=1$이므로 $\sinh y=\pm\sqrt{\cosh^2y-1}$이다.

그런데 $x>1$이면 $y>0$이기 때문에 $\sinh y>0$이다.

따라서 $\sinh y = \sqrt{\cosh^2 y - 1} = \sqrt{x^2-1}$ 이다. 그러므로 $y' = \dfrac{1}{\sqrt{x^2-1}}$ 가 된다.

나머지는 연습문제로 남긴다. ▣

예제 9

(1) $\dfrac{d}{dx}\sinh^{-1}(\tan x)$ (2) $\dfrac{d}{dx}\tanh^{-1}(\sec x^2)$

풀이

(1) $u(x) = \tan x$ 라 두면 $\dfrac{du}{dx} = \sec^2 x$ 이다. 연쇄법칙을 사용하면 다음과 같다.

$$\frac{d}{dx}\sinh^{-1}(\tan x) = \frac{d}{du}\sinh^{-1}u\,\frac{du}{dx} = \frac{1}{\sqrt{u^2+1}}\cdot\sec^2 x = \frac{\sec^2 x}{\sqrt{\tan^2 x+1}} = |\sec x|$$

(2) $u(x) = \sec x^2$ 라 두면 $\dfrac{du}{dx} = 2x\sec x^2\tan x^2$ 이다. 연쇄법칙을 사용하면 다음과 같다.

$$\frac{d}{dx}\tanh^{-1}(\sec x^2) = \frac{d}{du}\tanh^{-1}u\,\frac{du}{dx} = \frac{1}{1-u^2}\cdot(2x\sec x^2\tan x^2)$$

$$= \frac{2x\sec x^2\tan x^2}{1-\sec^2 x^2} = -\frac{2x\sec x^2}{\tan x^2} = -2x\operatorname{cosec} x^2$$

연습문제 3.5

1. 다음 함수를 미분하시오.

(1) $f(x)=\sin(\cos(\tan x))$　　(2) $f(x)=\dfrac{\cos^2 x}{1+\tan x}+\dfrac{\sin^2 x}{1+\cot x}$

(3) $f(x)=\sqrt{\sin\sqrt{x}}$　　(4) $f(x)=\sin(\tan\sqrt{1+x})$

(5) $f(x)=\dfrac{1}{\sin(x-\sin x)}$　　(6) $f(x)=\sqrt[3]{x\tan x}$

2. $\sin(x+y)=y^2\cos x$일 때 $\dfrac{dy}{dx}$를 구하여라.

3. 다음 함수에 대하여 $\dfrac{dy}{dx}$를 구하여라.

(1) $y=e^{-4x}\sin 5x$　　(2) $y=\dfrac{x\sqrt{2x+1}}{\sqrt[3]{3x+1}}$　　(3) $y=x+\tan^{-1}y$

4. 다음 함수의 도함수를 구하시오.

(1) $y=\ln(\sin x)$　　(2) $y=\log_a(\tan^3 x+e^x)$　　(3) $y=\ln(\ln x)$

(4)$y=\sin(\ln x)$　　(5) $y=\dfrac{x^{\frac{3}{4}}\sqrt{x^2+1}}{(3x+2)^5}$　　(6) $y=\dfrac{x\sqrt{2x+1}}{\sqrt[3]{(3x+1)}}$

5. 다음을 미분하여라.

(1) $f(x)=\sin^{-1}(x^2-1)$　　(2) $f(x)=\cos(\tan^{-1}x)$　　(3) $f(x)=x\tan^{-1}\sqrt{x}$

6. 다음 함수의 도함수를 구하여라.

(1) $y=\ln(\tanh x)$　　(2) $y=x^3e^{\sinh x}$　　(3) $y=\sinh^{-1}3x$

(4) $y=\cosh^{-1}(\sec x)$　　(5) $y=\operatorname{csch}^{-1}(\tan x)$　　(6) $y=\tanh^{-1}e^x$

7. $y=e^x\ln x$의 3계도함수를 구하여라.

8. 본문 중에 생략된 정리의 증명을 마무리하여라.

3.6 접선의 기울기

함수 $y=f(x)$의 그래프 위의 점 $P(x,f(x))$와 $Q(x+\Delta x,f(x+\Delta x))$을 생각하자. 그리고 두 점 P, Q에서 x축에 수선을 내리고 x축과의 교점을 각각 M, N이라 하자. 또 점 P에서 x축에 평행한 직선을 그어 선분 NQ와의 교점을 R이라 하자. 그러면

$$\overline{PR}=\overline{MN}=\Delta x$$
$$\overline{RQ}=\overline{NQ}-\overline{MP}=\Delta y$$

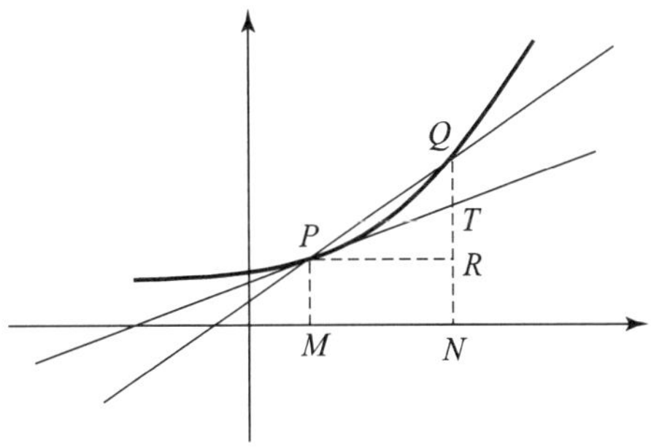

가 된다. 따라서 $\dfrac{\Delta y}{\Delta x}=\dfrac{\overline{RQ}}{\overline{PR}}$는 직선 PQ의 기울기를 나타낸다. 그리고 Δx가 한없이 작아지면 점 Q는 곡선을 따라 점 P에 한없이 접근하고, 따라서 직선 PQ는 P점에서 곡선에 접하는 접선 PT에 한없이 가까워진다. 그러므로 $f'(x)=\lim\limits_{\Delta x\to 0}\dfrac{\Delta y}{\Delta x}$는 P점에서 곡선의 접선 PT의 기울기가 된다. 즉 함수 $y=f(x)$의 도함수 $f'(x)$는 곡선 $y=f(x)$위의 점 $(x,f(x))$에서 접선의 기울기를 나타낸다.

예제 1

곡선 $y=\dfrac{1}{8}x^3-\dfrac{3}{2}x+2$에 대하여 다음에 답하여라.

(1) 곡선 위의 점 $(0,2)$에서 접선 및 법선의 방정식을 구하여라.

(2) 접선의 기울기가 $\dfrac{2}{9}$가 되는 곡선상의 점을 찾아보아라.

(3) 접선의 기울기가 x축과 평행하게 되는 곡선상의 점을 구하여라.

풀이

(1) $y=\dfrac{1}{8}x^3-\dfrac{3}{2}x+2$이므로 $\dfrac{dy}{dx}=\dfrac{3}{8}x^2-\dfrac{3}{2}$이다. 따라서 점 $(0,2)$에서 접선의 기울

기는 $f'(0)=\left.\frac{dy}{dx}\right|_{x=0}=-\frac{3}{2}$이다. 따라서 구하는 접선의 방정식은 $y=-\frac{3}{2}x+2$이다. 그리고 법선의 기울기 $m-\frac{2}{3}$이므로 법선의 방정식은 $y-\frac{2}{3}x+2$이다.

(2) 곡선상의 점 $(a,f(a))$에서 접선의 기울기를 $\frac{9}{2}$라 하면 $f'(a)=\left.\frac{dy}{dx}\right|_{x=a}=\frac{9}{2}$가 된다. 따라서 $a=\pm 4$이다. 즉, 점 $(-4,0)$와 $(4,4)$에서 접선의 기울기가 $\frac{9}{2}$이다.

(3) 접선이 x축과 평행하면 그 기울기가 0이므로 $f'(a)=\left.\frac{dy}{dx}\right|_{x=a}=0$인 a를 구하면 $a=\pm 2$이다 따라서 점 $(2,0)$와 $(-2,4)$에서의 접선이 x축과 평행하게 된다.

지금부터 주어진 두 곡선의 교각을 구하는 방법에 대해서 알아보자. 두 곡선 $y=f(x)$와 $y=g(x)$가 점 $P(x_1,y_1)$에서 만날 때 이 두 곡선의 교각은 $P(x_1,y_1)$에서 두 곡선의 접선이 이루는 각을 말한다. 만약 점 $P(x_1,y_1)$에서 두 접선과 x축 양의 방향과의 사잇각을 각각 θ_1, θ_2라 하고 두 곡선의 교각을 θ라 하면 $\theta=\theta_1-\theta_2$가 된다. 두 접선의 기울기를 각각 m_1, m_2라 하면

$$\tan\theta=\tan(\theta_1-\theta_2)=\frac{\tan\theta_1-\tan\theta_2}{1+\tan\theta_1\tan\theta_2}=\frac{m_1-m_2}{1+m_1m_2}$$

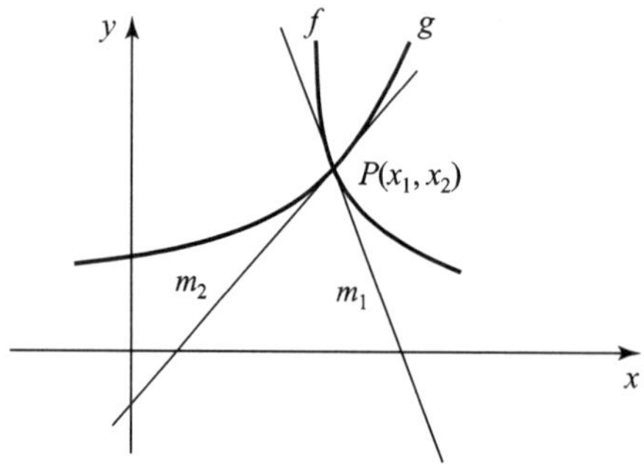

이다. 따라서 두 곡선 $y=f(x)$와 $y=g(x)$의 교각은 다음과 같다.

$$\theta=\tan^{-1}\left(\frac{m_1-m_2}{1+m_1m_2}\right)$$

예제 2

두 곡선 $x^2+y^2-4x=1$와 $x^2+y^2-2y=9$의 교각을 구하여라.

풀이

우선 두 곡선의 교점을 구하면 $(1,-2)$, $(3,2)$가 된다.

먼저 교점 $(1,-2)$에서 교각을 구하자.

$$m_1=\left.\frac{dy}{dx}\right|_{x=1,y=-2}=\left.\frac{2-x}{y}\right|_{x=1,y=-2}=-\frac{1}{2},$$

$$m_2=\left.\frac{dy}{dx}\right|_{x=1,y=-2}=\left.\frac{-x}{y-1}\right|_{x=1,y=-2}=\frac{1}{3}$$

이므로 $\tan\theta=\dfrac{m_1-m_2}{1+m_1m_2}=-1$이다. 따라서 $\theta=\dfrac{\pi}{4}$이다.

다음으로 교점 $(3,2)$에서 교각을 구하자.

$$m_1=\left.\frac{dy}{dx}\right|_{x=3,y=2}=\left.\frac{2-x}{y}\right|_{x=3,y=2}=-\frac{1}{2},$$

$$m_2=\left.\frac{dy}{dx}\right|_{x=3,y=2}=\left.\frac{-x}{y-1}\right|_{x=3,y=2}=-3$$

이므로 $\tan\theta=\dfrac{m_1-m_2}{1+m_1m_2}=1$이다. 따라서 $\theta=\dfrac{\pi}{4}$이다.

연습문제 3.6

1. 다음 곡선에서 접선이 x축과 평행한 모든 점을 구하여라.

(1) $y = 2x^2 - 4x + 1$ (2) $x^2 + y^2 - 4x = 0$

2. 다음 주어진 점에서 곡선의 접선의 방정식과 법선의 방정식을 구하여라.

(1) $y = x^3 - 3x, \quad (2, 2)$ (2) $y = \dfrac{2x+1}{3-x}, \quad (2, 5)$

(3) $x^3 + y^3 = 9, \quad (1, 2)$ (4) $y + \sqrt{x+y} = x, \quad (3, 1)$

(5) $x^5 + y^5 = 2, \quad (1, 1)$ (6) $\sqrt{x} + \sqrt{y} = 1, \ (1, 0)$

3. 다음 두 곡선의 교점 및 교각을 구하여라.

(1) $x^2 + y^2 = 25, \ y = \dfrac{1}{2}x + \dfrac{5}{2}$ (2) $y = 2x, \quad x^5 + y^5 = 33$

(3) $xy + y = 1, \quad y^2 = (x+1)^2$ (4) $x^2 - y^2 = 5, \ 4x^2 + 9y^2 = 72$

4. 포물선 $y = x^2$위의 점 $P(x_1, y_1)$에서 접선의 방정식을 구하여라. 또 이 접선이 x-축 및 y-축과 만나는 점을 Q, R이라 하면 Q는 선분 PR의 중점이 됨을 보여라.

3.7 평균값 정리

이 절에서 소개하는 평균값 정리는 어떤 함수 f가 폐구간 $[a,b]$에서 연속이고 개구간 (a,b)에서 미분가능이면 두 점 $(a,f(a))$와 $(b,f(b))$를 잇는 선분과 곡선상의 점 $(c,f(c))$에서의 접선이 서로 평행하게 되는 점 $c\in(a,b)$가 적어도 하나 존재한다는 것이다. 다시 말하면

$$\frac{f(b)-f(a)}{b-a}=f'(c)$$

가 되는 점 $c\in(a,b)$가 존재한다는 것이다. 이 정리는 Joseph-Louis Lagrange(프랑스, 1736~1813)에 의해서 주장되었다.

정리 7.1 **Rolle의 정리**

함수 $f:[a,b]\to R$가 $[a,b]$에서 연속이고 (a,b)에서 미분가능이고 $f(a)=f(b)$이면 $f'(c)=0$인 $c\in(a,b)$가 존재한다.

정리 7.2 **평균값 정리**

f가 폐구간 $[a,b]$에서 연속이고 개구간 (a,b)에서 미분가능이면 $\dfrac{f(b)-f(a)}{b-a}=f'(c)$를 만족하는 점 $c\in(a,b)$가 존재한다.

증명 Roll의 정리와 평균값 정리의 증명은 기초해석학에서 자세하게 증명되어 있으므로 여기서는 생략한다. ▣

예제 1

방정식 $x^3+x-1=0$이 오직 하나의 실근을 가짐을 증명하여라.

풀이

$f(x)=x^3-x+1$이라 두면 이 함수는 $[0,1]$에서 연속이고 $(0,1)$에서 미분가능이므로 중간값정리와 평균값정리를 적용할 수 있다. 그런데 $f(0)=-1,\ f(1)=1$이므로 중간값정리에 의해서 $f(c)=0$인 $c\in(0,1)$가 존재한다. 따라서 주어진 방정식은 적어도 하나의 실근을 가진다. 그리고 만약 주어진 방정식이 서로 다른 두 개의 실근 a,b를

가진다고 가정하면 $f(a)=f(b)$이므로 평균값정리를 적용하면 $f'(c)=0$를 만족하는 $c\in(0,1)$가 존재한다. 그러나 모든 x에 대해서 $f'(x)=3x^2+1\geq 1$이므로 $f'(c)=0$를 만족하는 $c\in(a,b)$가 존재는 모순이다. 그러므로 방정식은 서로 다른 두 개의 실근을 가질 수 없다.

정리 7.2

함수 $f:(a,b)\to R$가 미분가능이고 모든 x에서 $f'(x)=0$이면 f는 상수함수이다

증명 $x_1, x_2\in(a,b)$이고 $x_1 < x_2$이면 평균값정리에 의해서

$$\frac{f(x_2)-f(x_1)}{x_2-x_1}=f'(c)$$

를 만족하는 $c\in(x_1,x_2)$가 존재한다.

그런데 $f'(c)=0$이므로 $f(x_2)=f(x_1)$이다. 그러므로 f는 상수함수이다. ■

예제 2

구간 $[e^{-1},e]$에서 함수 $f(x)=\ln x$를 평균값정리를 만족하는 점 c를 구하여라.

풀이

함수 $f(x)=\ln x$는 (e^{-1},e)에서 미분가능이고 $[e^{-1},e]$에서 연속이므로 평균값 정리에 의하여

$$\frac{f(e)-f(e^{-1})}{e-e^{-1}}=f'(c)$$

인 $c\in(e^{-1},e)$가 존재한다. 따라서

$$\frac{\ln e-\ln e^{-1}}{e-e^{-1}}=\frac{1-(-1)}{e-e^{-1}}=\frac{2}{e-e^{-1}}=\frac{1}{c}$$

이 된다. 그러므로 $c=\dfrac{e-e^{-1}}{2}$이다.

예제 3

$0<\alpha<\beta<\dfrac{\pi}{2}$일 때 $\sin\beta-\sin\alpha<\beta-\alpha<\tan\beta-\tan\alpha$를 증명해 보아라.

풀이

먼저 $f(x)=\sin x$라 두면 $f'(x)=\cos x$이다. 함수 f를 구간 $[\alpha,\beta]$에서 평균값정리를 적용시키면 $\sin\beta-\sin\alpha=(\beta-\alpha)\cos c_1$인 $c_1\in(\alpha,\beta)$이 존재한다.

또한 $0<\alpha<c_1<\beta<\dfrac{\pi}{2}$이므로 $0<\cos c_1<1$이다. 따라서 $\sin\beta-\sin\alpha<\beta-\alpha$이다.

만약 $g(x)=\tan x$라 두면 $g'(x)=\sec^2 x$이다. 함수 g를 구간 $[\alpha,\beta]$에서 평균값정리를 적용시키면 $\tan\beta-\tan\alpha=(\beta-\alpha)\sec^2 c_2$인 $c_2\in(\alpha,\beta)$가 존재한다.

또한 $0<c_2<\dfrac{\pi}{2}$이므로 $\sec^2 x=\dfrac{1}{\cos^2 x}>1$이다. 따라서 $\beta-\alpha<\tan\beta-\tan\alpha$이다.

예제 4

$c_0,c_1,\cdots,c_n\in R$ 이고 $c_0+\dfrac{c_1}{2}+\cdots+\dfrac{c_{n-1}}{n}+\dfrac{c_n}{n+1}=0$이면 방정식

$$c_0+c_1x+\cdots+c_{n-1}x^{n-1}+c_nx^n=0$$

는 0과 1사이에 적어도 하나의 실근을 가짐을 보여라.

풀이

$f(x)=c_0x+\dfrac{c_1}{2}x^2+\cdots+\dfrac{c_{n-1}}{n}x^n+\dfrac{c_n}{n+1}x^{n+1}$라고 두면 f는 구간 $[0,1]$에서 Rolle의 정리의 가정을 만족한다. 따라서 $f'(t)=0$인 $t\in(0,1)$가 존재한다.

예제 5

모든 실수 $x\in R$에 대하여 부등식 $e^x\geq 1+x$을 증명하여라.

증명 $f(x)=e^x$라 두면 f는 R에서 미분가능이다. 만약 $x>0$이면 평균값정리에 의하여

$$e^x-e^0=f(x)-f(0)=f'(c)(x-0)=e^c(x-0)$$

를 만족하는 점 $c\in(0,x)$가 존재한다. 따라서 $e^x=1+xe^c>1+x$가 된다.

만약 $x<0$이면 평균값 정리에 의하여

$$e^0 - e^x = f(0) - f(x) = f'(c)(0-x) = e^c(0-x)$$

를 만족하는 점 $c \in (x, 0)$가 존재한다. 따라서 $e^c < 1$이므로 $e^x = 1 + xe^c > 1 + x$가 된다. 그리고 만약 $x = 0$이면 $e^x \geq 1 + x$는 자명하다. ▣

연습문제 3.7

1. 다음 함수가 평균값 정리의 가정을 만족하는지 조사하고 그 이유를 설명하여라.

(1) $f(x) = x^{2/3}, \quad [-1, 8]$

(2) $f(x) = x^{4/3}, \quad [0, 1]$

(3) $f(t) = \sqrt{t(1-t)}, \quad [0, 1]$

(4) $f(x) = |2 - x|, \quad [0, 3]$

(5) $f(\theta) = \begin{cases} \dfrac{\sin\theta}{\theta}, & -\pi \leq \theta < 0 \\ 0, & \theta = 0 \end{cases}$

2. 구간 $[a, b]$에서 다음 함수의 평균값 정리를 만족하는 c를 찾아라. (단, $0 < a < b$)

(1) $f(x) = x^2$

(2) $f(x) = \dfrac{1}{x}$

3. 주어진 구간에서 다음 함수의 평균값 정리를 만족하는 c를 찾아라.

(1) $f(x) = x^2 + x, \quad [-4, 6]$

(2) $f(x) = x^2 + x - 4, \quad [-1, 2]$

(3) $f(x) = \sqrt{x+1}, \quad [0, 3]$

(4) $f(x) = x + \dfrac{1}{x}, \quad [3, 4]$

4. 다음 부등식을 증명하여라.

(1) $x \leq e^x - 1 \leq xe^x$

(2) $|\sin x - \sin y| \leq |x - y|$

5. 방정식 $x^3 + 3x - 1 = 0$은 단 한 개의 실근을 가짐을 보여라.

6. $f(x) = x^2$일 때 $f(a+h) - f(a) = hf'(a + \theta h)$를 만족하는 θ의 값을 구하라.

7. 모든 $x, y \in R$에 대해서 부등식 $|f(x) - f(y)| \leq (x-y)^2$를 만족하는 함수는 상수함수임을 보여라.

3.8 증가 · 감소구간, 극대 · 극소값, 최대 · 최소값

주어진 함수가 어느 구간에서 증가하고 또 어느 구간에서 감소하는지를 아는 것은 함수의 그래프를 추적하는데 꼭 필요하다. 지금부터 도함수를 이용하여 함수의 증가 또는 감소 구간을 알아볼 것이다.

정의 8.1 증가함수 및 감소함수

함수 f가 구간 I에서 정의되어 있다고 하자.
$x_1 < x_2$인 임의의 두 점 $x_1, x_2 \in I$에 대해서 $f(x_1) \le f(x_2)$ $[f(x_1) \ge f(x_2)]$을 만족할 때 f는 구간 I에서 단조증가(monotone increasing) [단조감소(monotone decreasing)] 한다고 한다. 또 $x_1 < x_2$인 임의의 두 점 $x_1, x_2 \in I$에 대해서 $f(x_1) < f(x_2)$ $[f(x_1) > f(x_2)]$을 만족할 때 f는 구간 I에서 순증가(strictly increasing) [순감소(strictly decreasing)] 한다고 한다.

정리 8.2 증가구간 및 감소구간

함수 f가 $[a, b]$에서 연속이고 (a, b)에서 미분가능일 때,

(1) 구간 (a, b)상의 모든 점 x에 대해서 $f'(x) \ge 0$이면 f는 구간 $[a, b]$에서 단조증가 한다. 특히 $[a, b]$상의 유한개의 점에서만 $f'(x) = 0$이고 나머지 모든 점에서는 $f'(x) > 0$이면 f는 구간 $[a, b]$에서 순증가 한다.

(2) 구간 (a, b)상의 모든 점 x에 대해서 $f'(x) \le 0$ 이면 f는 구간 $[a, b]$에서 단조감소 한다. 특히 $[a, b]$상의 유한개의 점에서만 $f'(x) = 0$이고 나머지 모든 점에서는 $f'(x) < 0$이면 f는 구간 $[a, b]$에서 순감소한다.

증명

(1) 개구간 (a, b)상의 모든 점 x에 대해서 $f'(x) \ge 0$이라 하자.
그리고 $x_1, x_2 \in [a, b]$이고 $x_1 < x_2$이라 하자.
그러면 가정에 의해서 f는 $[x_1, x_2]$에서 연속이고 (x_1, x_2)에서 미분가능이다.
따라서 평균값 정리에 의해서

$$f'(z) = \frac{f(x_2) - f(x_1)}{x_2 - x_1}$$

인 점 $z \in (x_1, x_2)$가 존재한다. 가정에 의해서 $f'(z) \ge 0$ 이고 $x_2 - x_1 > 0$ 이므로

$$f(x_2) - f(x_1) = f'(z)(x_2 - x_1) \geq 0$$

이다. 따라서 $f(x_2) \geq f(x_1)$이다. 그러므로 f는 $[a, b]$에서 단조증가한다.

다음으로 $[a, b]$상의 유한개의 점에서만 $f'(x) = 0$이고 나머지 모든 점에서는 $f'(x) > 0$이라고 하자. 이 때 f가 $[a, b]$에서 순증가함수임을 간접증명으로 증명하기 위하여, f가 $[a, b]$에서 순증가함수가 아니라고 가정하자. 그런데 f가 $[a, b]$에서 단조증가 함수임을 증명하였으므로 $u < v$이고 $f(u) = f(v)$인 $u, v \in [a, b]$가 존재한다. 따라서 f는 $[u, v]$에서 상수함수이다. 이것은 유한개의 점에서만 $f'(x) = 0$이라는 가정에 모순이 된다. 그러므로 f가 $[a, b]$에서 순증가함수이다.

(2)번의 증명은 (1)과 유사하므로 증명은 생략한다. ▣

참고 이 정리의 역도 성립한다. 즉 f가 구간 $[a, b]$에서 단조증가함수이면 (a, b) 상의 모든 점 c에 대해서 $f'(c) \geq 0$이다. 왜냐하면, 만약 $c \in (a, b)$이라 하자. 그러면 임의의 $x \in (a, b)$, $c \neq x$에 대해서, f가 $[a, b]$에서 단조증가함수이므로

$$\frac{f(x) - f(c)}{x - c} \geq 0$$

가 된다. 따라서

$$f'(c) = \lim_{x \to c} \frac{f(x) - f(c)}{x - c} \geq 0$$

가 된다. 같은 방법으로 f가 구간 $[a, b]$에서 단조감소함수이면 (a, b)상의 모든 점 c에 대해서 $f'(c) \leq 0$이다.

그런데 순증가 및 순감소함수의 경우 그 역이 성립하지 않는다. 즉 f가 구간 $[a, b]$에서 순증가(순감소)함수라고 해서 반드시 모든 $x \in (a, b)$에 대해서 $f'(x) > 0$가 성립하는 것은 아니다. 왜냐하면 함수

$$f(x) = x^3 \ \ (-1 < x < 1)$$

는 순증가함수이고

$$g(x) = -x^3 \ \ (-1 < x < 1)$$

는 순감소함수이지만 $f'(0) = g'(0) = 0$이기 때문이다. ■

예제 1

함수 $f(x) = x^2 + 1$의 증가구간과 감소구간을 구하여라.

풀이

$f'(x) = 2x$이므로 $x \geq 0$이면 $f'(x) \geq 0$이고 구간 $x \leq 0$이면 $f'(x) \leq 0$이다. 따라서 주어진 함수는 구간 $(-\infty, 0]$에서는 감소하고 구간 $[0, \infty)$에서는 증가한다.

예제 2

함수 $f(x) = x^3 - 3x + 1$의 증가구간과 감소구간을 구하여라.

풀이

$f'(x) = 3x^2 - 3$이므로 $c = \pm 1$이면 $f'(c) = 0$이다.
따라서 $-\infty < x \leq -1$ 또는 $1 \leq x < \infty$이면 $f'(x) \geq 0$이고 $-1 \leq x \leq 1$이면 $f'(x) \leq 0$이다. 그러므로 주어진 함수는 구간 $(-\infty, -1]$와 $[1, \infty)$에서는 증가하고 구간 $[-1, 1]$에서는 감소한다.

예제 3

함수 $f(x) = x - \sin x$의 증가구간과 감소구간을 구하여라.

풀이

$f'(x) = 1 - \cos x$이므로 $c = 2n\pi \quad (n = 0, \pm 1, \pm 2, \cdots)$이면 $f'(c) = 0$이다. 그러나 모든 실수 x에 대해서 $f'(x) \geq 0$이다. 따라서 주어진 함수는 $(-\infty, \infty)$에서 증가한다.

지금부터 미분가능한 함수의 도함수를 이용하여 함수의 극대값 및 극소값, 최대값 및 최소값 등을 구하는 문제에 대해서 알아보기로 한다.

정의 8.3 함수의 극대 극소

함수 f는 구간 I에서 정의되어 있고 $c \in I$이라 하자.
만약 $(c-\delta, c+\delta) \subset I$이고 $c - \delta < x < c + \delta$이면 $f(x) \leq f(c)$인 $\delta > 0$가 존재할 때 「f는 $x = c$에서 극대값(relative maximum value) $f(c)$를 갖는다.」라고 한다.
또 $(c-\delta, c+\delta) \subset I$이고 $c - \delta < x < c + \delta$이면 $f(x) \geq f(c)$인 $\delta > 0$가 존재할 때 「f는

$x=c$에서 극소값(relative minimum value) $f(c)$를 갖는다.」라고 한다.
또 f의 극대값 또는 극소값 $f(c)$를 극값(extreme value)이라 하고, 극대점 또는 극소점 $(c, f(c))$을 극점이라고 한다.

예제 4

(1) 함수 $f(x)=-x^2+3$은 $x=0$에서 극대값 $f(0)=3$을 갖고 극소값은 존재하지 않는다.

(2) 함수 $f(x)=x(x^2-3)$은 $x=-1$에서 극대값 $f(-1)=2$을 갖고 $x=1$에서 극소값 $f(1)=-2$를 갖는다.

(3) 함수 $f(x)=|x|$는 $x=0$에서 극소값 $f(0)=0$를 갖고 극대값은 존재하지 않는다.

정의 8.4 함수의 최대 최소

함수 f는 구간 I에서 정의되어 있고 $c \in I$이라 하자.
만약 모든 $x \in I$에 대해서 $f(x) \le f(c)$일 때 「f는 $x=c$에서 최대값(maximum value) $f(c)$를 갖는다」라고 한다.
또 모든 $x \in I$에 대해서 $f(x) \ge f(c)$일 때 「f는 $x=c$에서 최소값(minimum value) $f(c)$를 갖는다」라고 한다.

예제 5

구간 $[-2, 2]$에서 함수 $f(x)=x^2$의 극값 및 최대 최소값을 조사하여라.

풀이

함수 $f(x)=x^2$는 $x=0$에서의 극소값 $f(0)=0$을 갖고 극대값은 존재하지 않는다. 그리고 양 끝점의 함수값을 조사하여 극값과 비교하면 $f(-2)=f(2)=4$가 이 함수의 최대값이되고 극소값 $f(0)=0$이 함수의 최소값이 된다.

예제 6

실수 R에서 함수 $f(x)=\sin x$의 극값 및 최대 최소값을 조사하여라.

풀이

sin함수의 그래프에서 $x=2n\pi+\frac{\pi}{2}(n=0,\pm 1,\pm 2,\cdots)$일 때 함수 $\sin x=1$의 극대 및 최대값이 되고 $x=2n\pi+\frac{3\pi}{2}(n=0,\pm 1,\pm 2,\cdots)$일 때 함수 $\sin x=-1$의 극소 및 최소값이 된다.

예제 7

함수 $f(x)=\frac{1}{x}(x\neq 0)$의 극값 및 최대 최소값을 조사하여라.

풀이

함수 $f(x)=\frac{1}{x}(x\neq 0)$는 구간 $(-\infty,0)$와 $(0,\infty)$에서 각각 감소수열이므로 극값 및 최대값 최소값은 존재하지 않는다.

정리 8.5

함수 f가 개구간 (a,b)에서 연속이고 점 $c\in(a,b)$에서 극값을 가지면 $f'(c)=0$이든지 혹은 $f'(c)$가 존재하지 않는다.

증명 함수 f가 $x=c$에서 극댓값을 갖고 $f'(c)$가 존재한다고 하자. 그러면 극댓값의 정의에 의하여 $c-\delta<x<c+\delta$인 모든 x에 대해서 $f(x)\leq f(c)$를 만족하는 $\delta>0$가 존재한다. 따라서 $x\in(c,c+\delta)$이면 $\frac{f(x)-f(c)}{x-c}<0$이다. 그리고 $f'(c)$가 존재하므로

$$f'(c)=\lim_{x\to c^+}\frac{f(x)-f(c)}{x-c}\leq 0$$

가 된다. 같은 방법으로 $x\in(c-\delta,c)$이면 $\frac{f(x)-f(c)}{x-c}\geq 0$이고 따라서

$$f'(c)=\lim_{x\to c^-}\frac{f(x)-f(c)}{x-c}\geq 0$$

이 된다. 그러므로 $f'(c)=0$이다. 함수 f가 $x=c$에서 극소값을 갖고 $f'(c)$가 존재하는 경

우에도 같은 방법으로 $f'(c)=0$임을 증명할 수 있다. ▣

정의 8.6

f가 (a,b)에서 연속이고 $c\in(a,b)$이라 하자. 만일 $f'(c)=0$이든지 혹은 $f'(c)$가 존재하지 않을 때 $x=c$를 f의 임계점(critical point)이라 한다.

참고 정리 8.5에 의하면 함수 f의 극값은 반드시 그 함수의 임계점에서 얻어진다. 그런데 임계점이라고 해서 반드시 그 점에서 극값을 갖는 것은 아니다. 예를 들어, 점 $x=0$는 함수 $f(x)=x^3$의 임계점이지만 $f(0)=0$는 f의 극값은 아니다. ■

정리 8.7 **1차 도함수에 의한 극값판정**

함수 f가 개구간 I에서 미분가능이고 $c\in I$이라 하자.

(1) x가 c를 지날 때 $f'(x)$의 부호가 $+$에서 $-$로 변하면 f는 c에서 극대값을 갖는다.

(2) x가 c를 지날 때 $f'(x)$의 부호가 $-$에서 $+$로 변하면 f는 c에서 극소값을 갖는다.

(3) x가 c를 지날 때 $f'(x)$의 부호가 변하지 않으면 f는 c에서 극값을 갖지 않는다.

증명

(1) x가 c를 지날 때 $f'(x)$의 부호가 $+$에서 $-$로 변하므로 구간 $(c-\delta, c)$에서 $f'(x)>0$이고 구간 $(c, c+\delta)$에서 $f'(x)<0$인 $\delta>0$가 존재한다. 따라서 함수 f는 $[c-\delta, c]$에서 순증가하고 $[c, c+\delta]$에서 순감소한다. 그러므로 $c-\delta<x<c+\delta$인 모든 x에 대해서 $f(x)\le f(c)$가 된다. 즉, $f(c)$는 극대값이다.

(2) (1)번과 같은 방법으로 증명된다.

(3) x가 c를 지날 때 $f'(x)$의 부호가 $+$인 상태로 변하지 않는다고 가정하자. 그러면 구간 $(c-\delta, c)$와 $(c, c+\delta)$에서 동시에 $f'(x)>0$인 $\delta>0$가 존재한다. 따라서 함수 f는 $[c-\delta, c]$와 $[c, c+\delta]$에서 동시에 순증가한다. 그러므로 함수 f는 $[c-\delta, c+\delta]$에서 순증가함수가 되어 $f(c)$는 극값이 될 수 없다. 마찬가지로 $f'(x)$의 부호가 $-$인 상태로 변하지 않을 경우도 $f(c)$는 극값이 될 수 없음을 증명할 수 있다. ▣

참고 이 정리에서 f가 c에서 미분가능하지 않는 경우. 즉, $f'(c)$는 존재하지 않는 경우에도 이 정리는 성립한다. 정리의 증명과정을 잘 살펴보기 바란다. ■

예제 8

함수 $f(x)=x^3-2x+1$의 극값을 구하여라.

풀이

함수 f가 c에서 극값을 가진다면 반드시 c는 f의 임계점이 되어야 한다. 그리고 f는 c에서 미분가능이므로 $f'(c)=0$이다. 그런데 $f'(x)=3x^2-2$ 이므로 $f'(c)=0$이면 $c=\pm\sqrt{\frac{2}{3}}$ 이다. 임계점 c 근방에서 $f'(x)$의 부호를 조사해보면 다음과 같다.

x		$-\sqrt{\frac{2}{3}}$		$\sqrt{\frac{2}{3}}$	
$f'(x)$의 부호	$+$	0	$-$	0	$+$

따라서 f 는 $c=-\sqrt{\frac{2}{3}}$ 에서 극대값 $f\left(-\sqrt{\frac{2}{3}}\right)$, $c=\sqrt{\frac{2}{3}}$ 에서 극소값 $f\left(\sqrt{\frac{2}{3}}\right)$을 가진다.

예제 9

구간 $[-3, 2]$에서 정의된 함수 $f(x)=\sqrt[3]{x^2}(x^2-4)$의 극값 및 최대 최소값을 구하여라.

풀이

함수 f는 $x=0$에서 미분 불가능이고 $x\neq 0$이면 $f'(x)=\dfrac{8(x+1)(x-1)}{3\sqrt[3]{x}}$이다. 따라서 f의 임계점은 $x=-1,0,1$이다. 임계점 근방에서 $f'(x)$의 부호를 조사해보면 다음과 같다.

x		-1		0		1	
$f'(x)$	$-$	0	$+$	$\times$	$-$	0	$+$
$f(x)$		-3	$+$	0	$-$	-3	$+$

따라서 f는 $x=-1$ 또는 $x=1$일 때 극소값 $f(-1)=f(1)=-3$을 가지고 $x=0$일 때 극대값 $f(0)=0$을 갖는다. 그리고 양끝 점에서 함수값을 조사하면 $f(-3)=5\sqrt[3]{9}$, $f(2)=0$이므로 최대값은 $x=-3$일 때 $5\sqrt[3]{9}$, 최소값은 $x=-1$ 또는 $x=1$일 때 -3이 된다.

정리 8.8 **2계 도함수에 의한 극값판정**

함수 f는 개구간 I에서 정의되어 있고 $c \in I$에서 f'과 f''을 가지며 $f'(c)=0$일 때
(1) $f''(c)<0$이면 $f(c)$는 f의 극대값이다.
(2) $f''(c)>0$이면 $f(c)$는 f의 극소값이다

증명 (1) 가정으로부터

$$f''(c)=\lim_{x\to c}\frac{f'(x)-f'(c)}{x-c}<0$$

이므로, 함수의 극한의 성질에 의해서 적당한 구간 $(c-\delta,\ c+\delta)$가 존재하여

$$c-\delta<x<c+\delta,\ x\neq c \quad\Rightarrow\quad \frac{f'(x)-f'(c)}{x-c}<0$$

이다. 따라서 $c-\delta<x<c$이면 $f'(x)>f'(c)=0$이고 $c<x<c+\delta$이면 $f'(x)<f'(c)$ $=0$이다. 즉, x가 c를 지날 때 $f'(x)$의 부호가 $+$에서 $-$로 변한다.
그러므로 $f(c)$는 극대값이다. (2)의 증명은 연습문제로 남긴다. ■

예제 10

구간 $[0, 2\pi]$에서 $f(x)=\sin x+\cos x$ 의 극점을 구하여라.

풀이

$f'(x)=\cos x-\sin x$, $f''(x)=-\sin x-\cos x$ 이므로 $x=\frac{\pi}{4}$와 $x=\frac{5\pi}{4}$에서 $f'(x)=0$ 이다. 그리고 모든 실수 x 에서 함수 f 는 미분가능이므로 임계점은 $x=\frac{\pi}{4},\ \frac{5\pi}{4}$이다.
또 $f''\left(\frac{\pi}{4}\right)=-\sqrt{2}<0$, $f''\left(\frac{5\pi}{4}\right)=\sqrt{2}>0$ 이므로 극대값은 $f\left(\frac{\pi}{4}\right)=\sqrt{2}$ 이고 극소값은 $f\left(\frac{5\pi}{4}\right)=-\sqrt{2}$ 이다.

연습문제 3.8

1. 함수 $f(x)=3x^4-4x^3-12x^2+5$ 가 증가하는 구간과 감소하는 구간을 조사하여라.

2. 구간 $[0,\pi]$ 에서 함수 $y=\sin^2 x$ 의 증감 상태를 조사하여라.

3. 함수 $f(x)=ax^3+bx^2+cx+d\,(a\neq 0)$ 가 단조증가 함수가 되기 위한 조건을 구하여라.

4. $x^3-3x^2-9x+a=0$ 가 서로 다른 양의 근을 갖기 위한 실수 a 의 범위를 구하여라.

5. 함수 $f(x)=2x^3-15x^2+36x+10$ 의 극값을 구하여라.

6. 다음 함수의 최대 및 최소값을 구하여라.

(1) $f(x)=\sqrt{1+x}+\sqrt{1-x}$ (2) $f(x)=\dfrac{1-x}{2+x^2}$

7. 다음 함수의 극값을 구하여라.

(1) $f(x)=\cos 2x-4\cos x$ (2) $f(x)=e^x+e^{-x}+2\cos x$

(3) $f(x)=\sqrt[3]{(x-1)^2}$ (4) $f(x)=\sin x(1+\cos x)$

8. 함수 $f(x)=x^3-2ax^2-3a^2x$ 가 $-1<x<1$ 에서 극대값을 갖고 $x>1$ 에서 극소값을 갖도록 실수 a 의 범위를 구하여라.

9. 구간 $[0,2\pi]$ 에서 $y=\sin x(1+\cos x)$ 의 극대값 및 극소값을 구하여라.

10. 반지름이 6인 원에 내접하는 이등변삼각형의 최대면적을 구하여라.

3.9 볼록성과 그래프의 개형

정의 9.1 함수의 볼록성

함수 f는 $x=c$에서 미분가능하고 $c\in I$인 적당한 개구간 I가 존재하여 $x\neq c$인 모든 $x\in I$에 대하여 곡선상의 점 $(x,f(x))$가 점 $(c,f(c))$에서 곡선에 접하는 접선의 위쪽에 있을 때 곡선 $y=f(x)$는 $(c,f(c))$에서 아래로볼록 또는 위로오목하다고 하며, 반대로 곡선상의 점 $(x,f(x))$가 $(c,f(c))$에서 곡선에 접하는 접선의 아래쪽에 있을 때 곡선 $y=f(x)$는 $(c,f(c))$에서 위로볼록 또는 아래로오목하다고 한다.

그리고 개구간 I에서 정의된 함수 f에 대해서, 임의의 $x_1,x_2\in I$에 대하여 $(x_1,f(x_1))$와 $(x_2,f(x_2))$를 잇는 현 $\overline{P_1P_2}$ 가 f의 그래프의 아래쪽에 있으면 f는 I에서 위로볼록 또는 아래로오목이라고 하며, 반대로 현 $\overline{P_1P_2}$ 가 f의 그래프의 위쪽에 있으면 f는 I에서 아래로볼록 또는 위로오목이라고 한다.

정의 9.2 변곡점

함수 $y=f(x)$의 그래프가 곡선상의 점$(c,f(c))$를 경계로 아래로(위로)볼록과 위로(아래로)볼록이 서로 바뀔 때 점 $(c,f(c))$를 곡선 $y=f(x)$의 변곡점이라 한다

정리 9.3 2계 도함수를 이용한 볼록성 판정

함수 f가 점 c를 포함하는 적당한 개구간 I에서 미분가능이이고 $f''(c)$가 존재할 때,

(1) $f''(c)>0$이면 곡선 $y=f(x)$는 점 $(c,f(c))$에서 아래로볼록이고,

(2) $f''(c)<0$이면 곡선 $y=f(x)$는 점 $(c,f(c))$에서 위로볼록이다.

증명 (1) 가정으로부터

$$f''(c)=\lim_{x\to c}\frac{f'(x)-f'(c)}{x-c}>0$$

이므로, 함수의 극한의 성질에 의해서 적당한 구간 $(c-\delta,c+\delta)$가 존재하여

$$c-\delta<x<c+\delta,\ x\neq c\ \Rightarrow\ \frac{f'(x)-f'(c)}{x-c}>0$$

이다. 그런데 점 $(c,f(c))$에서 곡선에 접하는 접선의 방정식은

$$y=f'(c)(x-c)+f(c)$$

이다. 그리고 $c-\delta < x < c+\delta$, $x \neq c$인 임의의 x에 대하여 구간 $[x, c]$ 또는 $[c, x]$에서 평균값 정리를 적용하면

$$\exists\, t\ (t \in (x, c)\ \text{ or }\ t \in (c, x))\quad \text{s.t.}\quad f(x) - f(c) = f'(t)(x-c)$$

이다. 따라서 $c-\delta < x < c+\delta$, $x \neq c$인 점 x에서 접선 $y = f'(c)(x-c) + f(c)$의 높이와 곡선 $y = f(x)$의 높이를 비교하기 위하여

$$\begin{aligned} f(x) - (f'(c)(x-c) + f(c)) &= (f(x) - f(c)) - f'(c)(x-c) \\ &= f'(t)(x-c) - f'(c)(x-c) = (f'(t) - f'(c))(x-c) \end{aligned}$$

의 부호를 결정하면 된다. 그런데 이 값의 부호는

① $x-c$와 $t-c$의 부호가 같고

② $c-\delta < t < c+\delta,\ t \neq c \Rightarrow \dfrac{f'(t) - f'(c)}{t-c} > 0$

이므로 $(f'(t) - f'(c))(x-c) > 0$가 된다. 따라서 곡선 $y = f(x)$는 점 $(c, f(c))$에서 아래로 볼록하다.

(2)의 증명은 (1)의 증명과 유사하므로 연습문제로 남긴다. ▢

정리 9.4 **2계 도함수를 이용한 변곡점 판정**

함수 f가 $x=c$에서 연속일 때, 곡선 위의 점 $(c, f(c))$가 변곡점이면 $f''(c) = 0$이거나 $f''(c)$가 존재하지 않는다.

증명 정리 9.3의 결과로부터 바로 얻어진다. ▢

예제 1

곡선 $f(x) = x + \sin x\ (-2\pi \leq x \leq 2\pi)$에서 오목 볼록 구간과 변곡점을 구하여라.

풀이

$f'(x) = 1 + \cos x$, $f''(x) = -\sin x$ 이므로 $f''(c) = 0$인 c는 $\pm\pi$ 와 0뿐이다.

x	-2π		$-\pi$		0		π		2π
$f''(x)$의 부호	0	−	0	+	0	−	0	+	0

이차도함수 $f''(x)$의 부호변화가 이와 같으므로 위로 볼록구간은 $(-2\pi, -\pi)$ 와 $(0, \pi)$이고 아래로볼록인 구간은 $(-\pi, 0)$와 $(\pi, 2\pi)$이다. 그리고 변곡점은 이차도함수 $f''(c)$

의 부호가 변하는 점인

$$(-\pi, f(-\pi)) = (-\pi, -\pi),\ \ (0, f(0)) = (0, 0), (\pi, f(0)) = (\pi, \pi)$$

가 된다.

함수의 증가 및 감소구간, 극점, 곡선의 볼록성, 변곡점 등을 토대로 함수의 그래프를 추적해 보자. 곡선의 개형을 알아보기 위하여 다음 사항들이 고려되어야 한다.

[(*) $y = f(x)$의 그래프를 그리는데 고려되어야 할 점]

1. **정의역과 치역**: 함수 $y = f(x)$의 정의역 및 치역을 조사하여야 그래프의 범위를 알 수 있다.
2. **좌표축과의 교점**: y-절편은 $f(0)$이고 x-절편은 $y = 0$일 때 x의 값이 된다.
3. **y축 및 원점에 관한 대칭성**: 함수 $y = f(x)$가 우함수인지 또는 기함수인지를 확인한다.
4. **임계점**: 함수 $y = f(x)$의 극값을 알기 위하여 임계점을 먼저 구한다. 임계점에서 극값이 될 가능성이 있고 그 외의 점에서는 극값이 될 수 없다.
5. **증가 및 감소구간**: 일차 도함수를 이용하여 함수 $y = f(x)$의 증가, 감소구간을 결정한다.
6. **극대 및 극소점**: 일차도함수 또는 2계도함수를 이용하여 함수 $y = f(x)$의 극값을 구한다.
7. **곡선의 볼록성 및 변곡점**: 2계도함수를 이용하여 함수 $y = f(x)$의 볼록구간을 결정하고 변곡점을 구한다.
8. **점근선**: 수직점근선, 수평점근선 및 그 외의 점근선을 알아본다.

   $\lim_{x \to a} f(x) = \pm\infty$ 이면 $x = a$는 수직 점근선

   $\lim_{x \to \pm\infty} f(x) = k$ 이면 $y = k$는 수평 점근선

   $\lim_{x \to \pm\infty} \frac{f(x)}{x} = m$, $\lim_{x \to \infty} (f(x) - mx) = b$일 때 $y = mx + b$가 그래프의 사선점근선

예제 2

함수 $f(x) = \frac{x}{(1+x)^2}$의 그래프를 그려라.

풀이

(1) 정의역은 $x \neq -1$인 모든 실수.

(2) 이 함수 그래프는 원점을 지난다.

(3) y축 및 원점에 관한 대칭성은 없음

(4) 임계점 : $f'(x) = \dfrac{1-x}{(1+x)^3}$이므로 임계점은 $x = \pm 1$이다.

(5) 증가 및 감소구간 : 증가구간은 $(-1, 1)$, 감소구간은,$(-\infty, -1)$와 $(1, \infty)$

(6) 극대, 극소점 : 극대점은 $(1, f(1)) = \left(1, \dfrac{1}{4}\right)$

(7) 곡선의 볼록성 및 변곡점 : $f''(x) = \dfrac{2(x-2)}{(1+x)^4}$이므로

① 변곡점은 $(2, f(2)) = \left(2, \dfrac{2}{9}\right)$

② 위로볼록구간은 $(-\infty, -1)$와$(-1, 2)$,

③ 아래로볼록구간은 $(2, \infty)$

(8) 점근선 :

① 수평점근선은 $\lim\limits_{x\to\infty} f(x) = \lim\limits_{x\to\infty} \dfrac{x}{(1+x)^2} = 0$, $\lim\limits_{x\to-\infty} f(x) = \lim\limits_{x\to-\infty} \dfrac{x}{(1+x)^2} = 0$ 이므로 $y = 0$ 이다.

② 수직점근선은 $\lim\limits_{x\to-1} f(x) = \lim\limits_{x\to-1} \dfrac{x}{(1+x)^2} = -\infty$ 이므로 $x = -1$이다.

이상을 종합하여 곡선을 그릴 수 있다.

예제 3

곡선 $f(x) = \dfrac{x^2+2x-2}{2x}$의 점근선을 구하여라.

풀이

함수 f는 $x = 0$에서 정의되지 않으므로 $x = 0$가 수직 점근선인지를 알아보자.

$$\lim_{x\to0^+} f(x) = \lim_{x\to0^+} \frac{x^2+2x-2}{2x} = -\infty, \quad \lim_{x\to0^-} f(x) = \lim_{x\to0^-} \frac{x^2+2x-2}{2x} = \infty$$

이므로 $x = 0$는 수직 점근선이다. 다음으로 수평점근선이 존재하는지를 알아보자.

$$\lim_{x\to\infty} f(x) = \lim_{x\to\infty} \frac{x^2+2x-2}{2x} = \infty, \quad \lim_{x\to-\infty} f(x) = \lim_{x\to-\infty} \frac{x^2+2x-2}{2x} = -\infty$$

이므로 수평점근선은 존재하지 않는다. 그 외의 점근선에 대해서 알아보자.

$$\lim_{x\to\pm\infty} \frac{f(x)}{x} = \lim_{x\to\pm\infty} \frac{x^2+2x-2}{2x^2} = \frac{1}{2},$$

$$\lim_{x\to\infty} (f(x)-mx) = \lim_{x\to\infty} \left(\frac{x^2+2x-2}{2x} - \frac{1}{2}x\right) = 1$$

이므로 $y = \frac{1}{2}x + 1$ 이 그래프의 사선점근선이 된다.

연습문제 3.9

1. 다음 함수의 변곡점을 구하여라.

(1) $f(x) = x^5 - 5x^4 + 10x^3 - 10x^2 + 5x - 1$

(2) $f(x) = x - \sin x$

(3) $f(x) = e^x \sin x$

(4) $(y+1)^5 = (x-2)^3$

2. 곡선 $y = ax^3 + bx^2$ 이 $(1, 2)$ 에서 변곡점을 가지도록 a, b 를 결정하여라.

3. 다음 함수의 볼록성을 조사하고, 변곡점을 구하여라.

(1) $f(x) = x^3 - x^2$

(2) $(y-2)^3 = x - 1$

(3) $f(x) = x^3 + 6x^2 - 15x - 20$

(4) $f(x) = e^{-x^2}$

4. 다음 곡선의 점근선을 구하여라.

(1) $y = \frac{x^2+1}{4x}$

(2) $xy = x^2 - \ln x$

5. 다음 각 함수의 그래프를 그려라.

(1) $y = 2x^3 - 6x^2 - 1$

(2) $y = \dfrac{2-x}{x^2}$

(3) $y = \dfrac{x}{(x-1)(x-2)}$

(4) $y = \ln \cos x$

(5) $x^{\frac{2}{3}} + y^{\frac{2}{3}} = a^{\frac{2}{3}}\ (a < 0)$

(6) $y = \dfrac{e^x}{x}$

(7) $y = \tan^2 x$

(8) $y^2(x-a) = x^3\ (a > 0)$

Chapter

04

부정적분

4.1 부정적분

정의 1.1

함수 f와 F가 어떤 같은 구간에서 정의되어 있고 $\frac{d}{dx}F(x)=f(x)$일 때 F를 f의 원시함수(primitive function) 또는 역도함수(anti derivative)라 한다. 이 때 $F(x)$를 $\int f(x)dx$로 표기하고 $f(x)$의 부정적분(indefinite integral)이라 한다. 그리고 f를 피적분함수(integrand)라 하고 x를 적분변수(integral variable)라 한다. 또 원시함수 $F(x)$를 구하는 것을 "$f(x)$를 x에 관하여 부정적분한다"라고 하며 그 구하는 과정을 적분법(intergation)이라 한다.

참고 (1) $F(x)$가 $f(x)$의 원시함수이고 c가 상수이면 $G(x)=F(x)+c$도 역시 $f(x)$의 원시함수이다. 또 $F(x)$와 $G(x)$가 모두 $f(x)$의 원시함수이면 $F'(x)=G'(x)$이므로

$$G'(x)-F'(x)=(G(x)-F(x))'=0$$

이다. 즉 $G(x)=F(x)+c$가 된다. 따라서 $F(x)$가 $f(x)$의 원시함수중 하나이면

$$\int f(x)dx=F(x)+c$$

로 나타나며 이 때 c를 적분상수(integral constant)라 한다.

(2) 적분법은 미분법의 역 과정이므로 $f(x)$의 원시함수의 도함수는 다시 $f(x)$가 된다. 따라서 $F(x)$가 $f(x)$의 원시함수, 즉 $\frac{d}{dx}F(x)=f(x)$이라 할 때

$$\int \frac{d}{dx}F(x)dx=\int f(x)dx=F(x)+c,$$

$$\frac{d}{dx}\int f(x)dx=\frac{d}{dx}(F(x)+c)=f(x)$$

가 된다. ■

예제 1

$\int f(x)dx=x^2+x+c$를 만족하는 $f(x)$를 구하여라.

풀이

$\frac{d}{dx}\int f(x)dx=f(x)$이므로 $f(x)=2x+1$이다.

정리 1.2

다음 적분의 기본공식이 성립한다.

(1) $\int af(x)dx = a\int f(x)dx$ (단, a는 상수)

(2) $\int (f(x) \pm g(x))dx = \int f(x)dx \pm \int g(x)dx$

증명

(1) 미분공식에 의해서

$$\frac{d}{dx}\left(a\int f(x)dx\right) = a\frac{d}{dx}\int f(x)dx = af(x)$$

이므로

$$\int af(x)dx = a\int f(x)dx$$

이다.

(2) 미분공식에 의해서

$$\frac{d}{dx}\left(\int f(x)\, dx + \int g(x)\, dx\right) = \frac{d}{dx}\int f(x)\, dx + \frac{d}{dx}\int g(x)\, dx = f(x) + g(x)$$

이므로

$$\int (f(x) + g(x))dx = \int f(x)dx + \int g(x)dx$$

이다. ▣

정리 1.3

다음 부정적분의 기본공식이 성립한다.

(1) $\int k\, dx = kx + c$ (c : 상수)

(2) $\int x^{\alpha} dx = \frac{1}{\alpha+1}x^{\alpha+1} + c$ $(\alpha \neq -1)$

(3) $\int \frac{1}{x}dx = \ln|x| + c$ $(x \neq 0)$

(4) $\int \frac{f'(x)}{f(x)}dx = \ln|f(x)| + c$

증명 이 적분공식의 증명은 우변함수를 미분하여 피적분함수가 됨을 보이면 된다.

(1) $\frac{d}{dx}(kx+c)=k$이므로 $\int k\,dx = kx+c$임이 증명되었다.

(2) $\frac{d}{dx}\left(\frac{1}{\alpha+1}x^{\alpha+1}+c\right)=x^{\alpha}$이므로 $\int x^{\alpha}dx=\frac{1}{\alpha+1}x^{\alpha+1}+c\ (\alpha\neq -1)$이다.

(3) $x>0$이면 $\frac{d}{dx}(\ln|x|+c)=\frac{d}{dx}(\ln x+c)=\frac{1}{x}$이고

$x<0$이면 $\frac{d}{dx}(\ln|x|+c)=\frac{d}{dx}(\ln(-x)+c)=\frac{-1}{-x}=\frac{1}{x}$이므로

$$\int \frac{1}{x}dx=\ln|x|+c$$

■

예제 2

다음 부정적분을 구하여라.

(1) $\int x(x+1)(x+2)dx$

(2) $\int\left(\frac{1}{1+\tan^2\theta}+\frac{1}{1+\cot^2\theta}\right)d\theta$

풀이

(1)은 생략하고 (2)번만 증명할 것이다.

$$\int\left(\frac{1}{1+\tan^2\theta}+\frac{1}{1+\cot^2\theta}\right)d\theta=\int(\cos^2\theta+\sin^2\theta)d\theta=\int d\theta=\theta+c$$

정리 1.4

다음 부정적분의 기본공식이 성립한다.

(1) $\int a^x dx=\frac{a^x}{\ln a}+c\ (a>0,\ a\neq 1)$

(2) $\int e^{kx}dx=\frac{1}{k}e^{kx}+c$

(3) $\int \sin x\ dx=-\cos x+c$

(4) $\int \cos x\ dx=\sin x+c$

(5) $\int \tan x\,dx=-\ln|\cos x|+c$

(6) $\int \cot x\,dx=\ln|\sin x|+c$

(7) $\int \sec^2 x\,dx=\tan x+c$

(8) $\int \mathrm{cosec}^2 x\,dx=-\cot x+c$

(9) $\int \sec x\tan x\,dx=\sec x+c$

(10) $\int \mathrm{cosec}\,x\cot x\,dx=-\mathrm{cosec}\,x+c$

(11) $\int \sec x\,dx=\ln|\sec x+\tan x|+c$

(12) $\int \mathrm{cosec}\,x\,dx=\ln|\mathrm{cosec}\,x-\cot x|+c$

증명 적분공식의 증명은 우변함수를 미분하여 피적분함수가 됨을 보이면 된다.

(1) $\frac{d}{dx}\left(\frac{a^x}{\ln a}+c\right)=\frac{1}{\ln a}a^x\ln a=a^x$ 이므로 $\int a^x dx=\frac{a^x}{\ln a}+c\ (a>0,\ a\neq 1)$이다.

(2) $\frac{d}{dx}\left(\frac{1}{k}e^{kx}+c\right)=(\frac{1}{k}e^{kx})k=e^{kx}$ 이므로 $\int e^{kx}dx=\frac{1}{k}e^{kx}+c$이다.

(3), (4) 생략.

(5) $\frac{d}{dx}(-\ln|\cos x|+c)=\frac{\sin x}{\cos x}=\tan x$ 이므로 $\int \tan x\, dx=-\ln|\cos x|+c$이다.

나머지는 생략한다. ▣

정리 1.5

다음 부정적분의 기본공식이 성립한다.

(1) $\int \sinh x\ dx=\cosh x+c$

(2) $\int \cosh x\ dx=\sinh x+c$

(3) $\int \mathrm{sech}^2 x\, dx=\tanh x+c$

(4) $\int \mathrm{cosech}^2 x\, dx=-\coth x+c$

(5) $\int \mathrm{sech}x\tanh x\, dx=-\mathrm{sech}x+c$

(6) $\int \mathrm{cosech}x\coth x\, dx=-\mathrm{cosech}x+c$

증명 연습문제로 남긴다. ▣

정리 1.6

다음 부정적분의 기본공식이 성립한다.

(1) $\int \frac{dx}{a^2+x^2}=\frac{1}{a}\tan^{-1}\frac{x}{a}+c$

(2) $\int \frac{dx}{x^2-a^2}=\frac{1}{2a}\ln\frac{x-a}{x+a}+c\ (|x|>|a|)$

(3) $\int \frac{dx}{\sqrt{a^2-x^2}}=\sin^{-1}\frac{x}{a}+c$

(4) $\int \frac{dx}{\sqrt{x^2+a^2}}=\ln(x+\sqrt{x^2+a^2})+c$

증명 적분공식의 증명은 우변함수를 미분하여 피적분함수가 됨을 보이면 된다.

(1) $\frac{d}{dx}\left(\frac{1}{a}\tan^{-1}\frac{x}{a}+c\right)=\frac{1}{a}\left(\frac{1}{1+\left(\frac{x}{a}\right)^2}\frac{1}{a}\right)=\frac{1}{a^2+x^2}$ 이므로

$$\int \frac{dx}{a^2+x^2} = \frac{1}{a}\tan^{-1}\frac{x}{a} + c$$

(2) $\frac{d}{dx}\left(\frac{1}{2a}\ln\frac{x-a}{x+a}+c\right) = \frac{1}{2a}\frac{d}{dx}(\ln(x-a)-\ln(x+a))$

$$= \frac{1}{2a}\left(\frac{1}{x-a} - \frac{1}{x+a}\right) = \frac{1}{x^2-a^2}$$

이므로 $\int \frac{dx}{x^2-a^2} = \frac{1}{2a}\ln\frac{x-a}{x+a} + c \ (|x| > |a|)$

(3) $\frac{d}{dx}\left(\sin^{-1}\frac{x}{a}+c\right) = \frac{1}{\sqrt{1-\left(\frac{x}{a}\right)^2}}\frac{1}{a} = \frac{1}{\sqrt{a^2-x^2}}$ 이므로

$$\int \frac{dx}{\sqrt{a^2-x^2}} = \sin^{-1}\frac{x}{a} + c$$

(4) $\frac{d}{dx}\left(\ln(x+\sqrt{x^2+a^2})+c\right) = \frac{1}{x+\sqrt{x^2+a^2}}\frac{d}{dx}(x+\sqrt{x^2+a^2})$

$$= \frac{1}{x+\sqrt{x^2+a^2}}\left(1+\frac{x}{\sqrt{x^2+a^2}}\right) = \frac{1}{\sqrt{x^2+a^2}}$$

이므로 $\int \frac{dx}{\sqrt{x^2+a^2}} = \ln(x+\sqrt{x^2+a^2}) + c$ ■

정리 1.7

다음 부정적분의 기본공식이 성립한다.

(1) $\int \sqrt{a^2-x^2}\,dx = \frac{1}{2}\left(x\sqrt{a^2-x^2} + a^2\sin^{-1}\frac{x}{a}\right) + c$

(2) $\int \sqrt{a^2+x^2}\,dx = \frac{1}{2}\left(x\sqrt{a^2+x^2} + a^2\ln\left(x+\sqrt{a^2+x^2}\right)\right) + c$

증명 생략한다. ■

연습문제 4.1

1. 다음 함수의 부정적분을 구하여라.

(1) $\displaystyle\int \frac{(1+\sqrt{3x})^2}{\sqrt{x}}dx$

(2) $\displaystyle\int x\sqrt{x}\,dx$

(3) $\displaystyle\int \left(x^2+\frac{1}{x\sqrt{x}}+3\right)dx$

(4) $\displaystyle\int (2+x^2)^2\,dx$

(5) $\displaystyle\int \frac{2x^2-1}{\sqrt{x}}dx$

(6) $\displaystyle\int \frac{1}{x^2(x^2+1)}dx$

2. 다음을 구하여라.

(1) $\displaystyle\int \frac{\sin 2x}{\cos x}dx$

(2) $\displaystyle\int \sec x(\tan x+\cos x)dx$

(3) $\displaystyle\int \cot^2 x\,dx$

(4) $\displaystyle\int \frac{1}{\sin x}dx$

3. 다음 함수의 원시함수를 구하여라.

(1) $x^2(x^2+1)^2$

(2) $\sqrt{5x}-\dfrac{3}{x}+7$

(3) $\left(e^{x/2}-e^{-x/2}\right)^2+3$

(4) $\cot^2 x-3\sin^2\dfrac{x}{2}$

4. 다음을 만족하는 함수 f를 구하여라.

$$f''(x)=x+\cos x\ ,\ \ f(0)=1,\ f'(0)=2$$

5. $\displaystyle\int f(x)dx=xf(x),\ f(0)=1$일 때 $f(x)$를 구하여라.

6. $f'(x)=\sqrt[3]{x}-\dfrac{2}{\sqrt{1-x^2}},\ f(0)=1$을 만족하는 함수 $f(x)$를 구하여라.

7. 직선상을 움직이는 점 P가 출발한지 t초 후의 속도가 $t^2+\dfrac{1}{1+t^2}$로 주어질 때, P가 이동한 거리 s를 t의 함수로 나타내어라.

8. 본문에서 증명되지 않은 부정적분의 기본공식을 모두 증명하여라.

4.2 치환적분법(integration by substitution)

여기서는 피적분함수가 합성함수 $f(\varphi(x))\varphi'(x)$의 형태로 표현되어 있는 경우 치환을 통하여 단순한 형태의 함수로 바꾸고 적분하는 방법에 대해서 알아볼 것이다.

정리 2.1

$t=\varphi(x)$는 x에 관하여 미분가능이고 $f(t)=f(\varphi(x))$는 t에 관하여 미분가능이면 다음 적분공식이 성립한다.

$$\int f(\varphi(x))\varphi'(x)dx = \int f(t)dt$$

증명 $\int f(t)dt = F(t)$라고 하면 합성함수의 미분법에 의하여

$$\frac{d}{dx}F(t) = \frac{d}{dt}F(t)\frac{dt}{dx} = f(t)\frac{dt}{dx} = f(\varphi(x))\frac{d}{dx}\varphi(x) = f(\varphi(x))\varphi'(x)$$

이다. 따라서 $\int f(\varphi(x))\varphi'(x)dx = F(t) = \int f(t)dt$이다. ▣

예제 1

$\int x(x^2+1)^3dx$를 구하여라.

풀이

$\varphi(x)=x^2+1=t$, $f(t)=t^3$으로 치환하면 $f(\varphi(x))\varphi'(x)=2x(x^2+1)^3$이므로

$$\begin{aligned}\int x(x^2+1)^3dx &= \frac{1}{2}\int 2x(x^2+1)^3dx \\ &= \frac{1}{2}\int f(\varphi(x)\varphi'(x)dx \\ &= \frac{1}{2}\int f(t)dt = \frac{1}{2}\int t^3dt = \frac{1}{2}\left(\frac{1}{4}t^4+c\right) = \frac{1}{8}(x^2+1)^4+C\end{aligned}$$

이다. 쉽게 생각해서 $x^2+1=t$로 치환하면 $2xdx=dt$이다. 따라서

$$\int x(x^2+1)^3dx = \frac{1}{2}\int t^3dt = \frac{1}{8}t^4+c = \frac{1}{8}(x^2+1)^4+C$$

를 구할 수 있다.

예제 2

$\int e^{5x}dx$를 구하여라.

풀이

$\varphi(x)=5x=t$, $f(t)=e^t$으로 치환하면 $f(\varphi(x))\varphi'(x)=5e^{5x}$이므로

$$\begin{aligned}\int e^{5x}dx &= \frac{1}{5}\int 5e^{5x}dx \\ &= \frac{1}{5}\int f(\varphi(x)\varphi'(x)dx \\ &= \frac{1}{5}\int f(t)dt = \frac{1}{2}\int e^t dt = \frac{1}{5}(e^t+c) = \frac{1}{5}e^{5x}+C\end{aligned}$$

이다.

예제 3

$\int \frac{1}{\sqrt{1+x}}dx$를 구하여라

풀이

$1+x=t$로 치환하면 $dx=dt$이다. 따라서

$$\int \frac{1}{\sqrt{1+x}}dx = \int \frac{1}{\sqrt{t}}dt = \int t^{-\frac{1}{2}}dt = 2t^{\frac{1}{2}}+c = 2\sqrt{1+x}+c$$

예제 4

$\int \sin(2x+9)dx$를 구하여라

풀이

$2x+9=t$로 치환하면 $2dx=dt$이다. 따라서

$$\int \sin(2x+9)dx = \frac{1}{2}\int \sin t\, dt = -\frac{1}{2}\cos t + c = -\frac{1}{2}\cos(2x+9)+c$$

예제 5

$\int x^2\sqrt{x-1}\,dx$를 구하여라.

풀이

$x-1=t$로 치환하면 $dx=dt$이다. 따라서

$$\begin{aligned}\int x^2\sqrt{x-1}\,dx &= \int (t+1)^2\sqrt{t}\;dt = \int (t^2+2t+1)\sqrt{t}\;dt \\ &= \int (t^{\frac{5}{2}}+2t^{\frac{3}{2}}+t^{\frac{1}{2}})dt = \frac{2}{7}t^{\frac{7}{2}}+\frac{4}{5}t^{\frac{5}{2}}+\frac{2}{3}t^{\frac{3}{2}}+c \\ &= \frac{2}{7}(x-1)^{\frac{7}{2}}+\frac{4}{5}(x-1)^{\frac{5}{2}}+\frac{2}{3}(x-1)^{\frac{3}{2}}+c\end{aligned}$$

예제 6

$\int \frac{\cos\sqrt{x}}{2\sqrt{x}}dx$를 구하여라

풀이

$\sqrt{x}=t$로 치환하면 $\frac{1}{2\sqrt{x}}dx=dt$이다. 따라서

$$\int \frac{\cos\sqrt{x}}{2\sqrt{x}}dx = \int \cos t\;dt = \sin t + c = \sin\sqrt{x}+c$$

예제 7

$\int \sec x dx$를 구하여라

풀이

$$\sec x = \sec x\frac{\sec x+\tan x}{\sec x+\tan x} = \frac{\sec^2 x+\sec x\tan x}{\sec x+\tan x} = \frac{1}{\sec x+\tan x}\frac{d}{dx}(\sec x+\tan x)$$

이므로 $\sec x+\tan x=t$로 치환하면 $(\sec^2 x+\sec x\tan x)dx=dt$이다. 따라서

$$\int \sec x dx = \int \frac{\sec^2 x+\sec x\tan x}{\sec x+\tan x}dx$$

$$= \int \frac{dt}{t} = \ln|t| + c = \ln|\sec x + \tan x| + c$$

참고 $\sec x$의 적분을 다른 방법으로 생각해보자.

$$\int \sec x dx = \int \frac{1}{\cos x} dx = \int \frac{\cos x}{\cos^2 x} dx = \int \frac{\cos x}{1 - \sin^2 x} dx$$

이므로 $\sin x = t$로 치환하면 $\cos x\, dx = dt$이므로

$$\begin{aligned}\int \sec x dx &= \int \frac{1}{1-t^2} dt = \frac{1}{2} \int \left(\frac{1}{1+t} + \frac{1}{1-t} \right) dt \\ &= \frac{1}{2} (\ln|1+t| - \ln|1-t| + c) \\ &= \frac{1}{2} \ln\left| \frac{1+t}{1-t} \right| + c = \frac{1}{2} \ln\left| \frac{1+\sin x}{1-\sin x} \right| + c\end{aligned}$$

이다. 이것은 예제5의 결과와 실제로 같은 것이다. 왜냐하면

$$\begin{aligned}\frac{1+\sin x}{1-\sin x} &= \frac{(1+\sin x)^2}{(1-\sin x)(1+\sin x)} = \frac{1 + 2\sin x + \sin^2 x}{\cos^2 x} \\ &= \sec^2 x + 2\sec x \tan x + \tan^2 x = (\sec x + \tan x)^2\end{aligned}$$

이므로

$$\begin{aligned}\int \sec x\, dx &= \frac{1}{2} \ln\left| \frac{1+\sin x}{1-\sin x} \right| + c = \frac{1}{2} \ln|(\sec x + \tan x)^2| + c \\ &= \ln|\sec x + \tan x| + c\end{aligned}$$

이다. 따라서 두 결과는 일치한다. ■

연습문제 4.2

1. 다음 함수 $f(x)$의 부정적분을 구하여라.

(1) $f(x)=\sin(\sin x)\cos x$

(2) $f(x)=\sin^n(3x+6)\cos(3x+6)$

(3) $f(x)=x^3\sqrt{(x^2+5)^2}$

(4) $f(x)=(x^2-6x+9)^{\frac{5}{3}}$

2. 다음을 구하여라.

(1) $\displaystyle\int \frac{\cos x}{\sin^2 x}\,dx$

(2) $\displaystyle\int x\sqrt{x^2-9}\,dx$

(3) $\displaystyle\int \frac{(\ln x)^n}{x}\,dx$

(4) $\displaystyle\int \frac{1}{\sqrt{a^2-x^2}}\,dx$

(5) $\displaystyle\int \frac{\sqrt{x^2-1}}{x}\,dx$

(6) $\displaystyle\int \sqrt{a^2+x^2}\,dx$

(7) $\displaystyle\int \frac{1}{\sqrt{x^2-a^2}}\,dx$

(8) $\displaystyle\int \frac{1}{\sqrt{x^2+a}}\,dx$

(9) $\displaystyle\int \frac{\sqrt{x^2-1}}{x}\,dx$

3. 다음을 구하여라.

(1) $\displaystyle\int \frac{1}{x\sqrt{2ax-x^2}}\,dx$ ($x=2a\cdot\sin^2\theta$로 치환)

(2) $\displaystyle\int (ax+b)^n dx$ $(a\neq 0)$

(3) $\displaystyle\int \sqrt{a^2-x^2}\,dx$ $(a>0)$

(4) $\displaystyle\int \sin x\, e^{\cos x}dx$

4. $\displaystyle\int \sin^3 x\,dx$를 구하여라.

5. $\displaystyle\int \frac{dx}{ax^2+2bx+c}$ $(a\neq 0)$를 구하여라.

6. $\displaystyle\int \frac{dx}{x^2\sqrt{1+x^2}}$ 를 구하여라.

4.3 부분적분법(integration by parts)

정리 3.1

두 함수 f, g가 미분가능일 때 다음 적분공식이 성립한다.

(1) $\int f(x)g'(x)dx = f(x)g(x) - \int f'(x)g(x)dx$

(2) $\int f(x)dx = xf(x) - \int xf'(x)dx$

증명 이 정리를 증명하기 위하여

$$\frac{d}{dx}\left(f(x)g(x) - \int f'(x)g(x)\,dx\right) = f(x)g'(x)$$

임을 보이면 된다. 미분공식 및 부정적분의 정의에 의하여

$$\frac{d}{dx}f(x)g(x) = f'(x)g(x) + f(x)g'(x),\quad \frac{d}{dx}\left(\int f'(x)g(x)\,dx\right) = f'(x)g(x)$$

이므로

$$\frac{d}{dx}\left(f(x)g(x) - \int f'(x)g(x)\,dx\right) = f'(x)g(x) + f(x)g'(x) - f'(x)g(x) = f(x)g'(x)$$

가 된다. 따라서 위의 (1)번 적분공식이 구해진다. 여기서 $g(x) = x$라고 두면 (2)번 식이 된다.

■

예제 1

다음 부정적분을 구하여라.

(1) $\int xe^x dx$ (2) $\int \ln x\, dx$

(3) $\int x \ln x\, dx$ (4) $\int e^x \sin x\ dx$

풀이

(1) $f(x) = x,\ g'(x) = e^x$라고 두면 $g(x) = e^x$이므로 부분적분법에 의해서

$$\int xe^x dx = xe^x - \int e^x dx = xe^x - e^x + c$$

가 된다.

(2) $f(x)=\ln x$, $g'(x)=1$로 두면 $g(x)=x$이므로 부분적분법에 의해서

$$\int \ln x\, dx = x\ln x - \int x\frac{1}{x}dx = x\ln x - x + c$$

(3) $f(x)=\ln x$, $g'(x)=x$로 두면 $g(x)=\frac{1}{2}x^2$이므로 부분적분법에 의해서

$$\int x\ln x\, dx = \frac{x^2}{2}\ln x - \int \frac{x^2}{2}\frac{1}{x}dx = \frac{1}{2}x^2\ln x - \frac{1}{4}x^2 + c$$

(4) $f(x)=\sin x$, $g'(x)=e^x$라고 두면 $g(x)=e^x$이므로 부분적분법에 의해서

$$\int e^x\sin x dx = e^x\sin x - \int e^x\cos x dx = e^x\sin x - \left(e^x\cos x + \int e^x\sin x\, dx\right)$$

이다. 이 식에서 $\int e^x\sin x\, dx$ 좌변으로 이항하면

$$2\int e^x\sin x dx = e^x\sin x - e^x\cos x + c$$

가 된다. 따라서

$$\int e^x\sin x dx = \frac{1}{2}(e^x\sin x - e^x\cos x) + c$$

이다.

예제 2

$\int x^2e^{-x}\, dx$를 구하여라.

풀이

$f(x)=x^2$, $g'(x)=e^{-x}$이라고 두면 $f'(x)=2x$, $g(x)=-e^{-x}$이므로 부분적분법에 의해서

$$\begin{aligned}\int x^2e^{-x}\, dx &= x^2(-e^{-x}) + \int (2x)e^{-x}\, dx \\ &= -x^2e^{-x} + 2x(-e^{-x}) + \int 2e^{-x}\, dx \\ &= -e^{-x}(x^2+2x+2) + c\end{aligned}$$

이다.

예제 3

$\int \tan^{-1}x\, dx$를 구하여라.

풀이

$f(x)=\tan^{-1}x,\ g'(x)=1$이라고 두면 $f'(x)=\dfrac{1}{1+x^2},\ g(x)=x$이므로 부분적분법에 의해서

$$\int \tan^{-1}x\, dx = x\tan^{-1}x - \int \frac{x}{1+x^2}dx = x\tan^{-1}x - \frac{1}{2}\ln(1+x^2)+c$$

이다.

예제 4

$I_n = \int \sin^n x\, dx\ (n>0)$를 구하여라.

풀이

$f(x)=\sin^{n-1}x,\ g'(x)=\sin x$라고 두면

$f'(x)=(n-1)\sin^{n-2}x\cos x,\ g(x)=-\cos x$이다. 부분적분법 공식을 적용하면

$$\begin{aligned}
I_n &= \int \sin^n x\, dx = \int \sin^{n-1}x \sin x\, dx \\
&= \sin^{n-1}(-\cos x) - \int (n-1)(\sin^{n-2}x\cos x)(-\cos x)\, dx \\
&= -\sin^{n-1}x\cos x + (n-1)\int \sin^{n-2}x\cos^2 x\, dx \\
&= -\sin^{n-1}x\cos x + (n-1)\int \sin^{n-2}x(1-\sin^2 x)\, dx \\
&= -\sin^{n-1}x\cos x + (n-1)\int \sin^{n-2}x\, dx - (n-1)\int \sin^n x\, dx \\
&= -\sin^{n-1}x\cos x + (n-1)I_{n-2} - (n-1)I_n
\end{aligned}$$

그러므로 $I_n = -\dfrac{1}{n}\sin^{n-1}x\cos x + \dfrac{n-1}{n}I_{n-2}$이다. $\left(\text{단, } I_{n-2} = \int \sin^{n-2}x\, dx\right)$

연습문제 4.3

1. 다음을 구하여라.

(1) $\int e^x x^3\, dx$　　(2) $\int x^2 \ln x\, dx$

(3) $\int x \sec^2 x\, dx$　　(4) $\int e^{2x} \cos 3x\, dx$

2. $\int x \cos x\, dx$ 를 구하여라.

3. $\int \dfrac{x^3}{\sqrt{1-x^2}}\, dx$ 를 구하여라.

4. $\int e^{ax} \cos bx\, dx$ 를 구하여라.

5. 다음 함수의 원시함수를 구하여라.

(1) $x^n \log x$　　(2) $x^3 \tan^{-1} x$

(3) $x^2 e^{ax}$　　(4) $\sin^{-1} x$

(5) $\sin(\ln x)$　　(6) $x a^x$

4.4 삼각함수의 적분법

○ 점화식을 이용한 적분법

예제 1

$\int \sin^n x\, dx$ (n은 자연수)를 구하여라.

풀이

$$\begin{aligned} I_n &= \int \sin^n x\, dx = \int \sin^{n-1} x \sin x\, dx \\ &= \sin^{n-1} x(-\cos x) - \int (-\cos x)(n-1)\sin^{n-2} x \cos x\, dx \\ &= -\sin^{n-1} x \cos x + (n-1)\left(\int \sin^{n-2} x \cos^2 x\, dx\right) \\ &= -\sin^{n-1} x \cos x + (n-1)\left(\int \sin^{n-2} x\, dx - \int \sin^n x\, dx\right) \\ &= -\sin^{n-1} x \cos x + (n-1)I_{n-2} - (n-1)I_n \end{aligned}$$

따라서 $I_n = -\frac{1}{n}\sin^{n-1} x \cos x + \frac{n-1}{n} I_{n-2}$이다.

참고 (1) 위와 같은 식을 점화식(reduction formula)이라고 부른다. 이 식에서 I_0와 I_1을 먼저 구한 후 모든 I_n을 구할 수 있다.

(2) 위의 공식에서 $x = \frac{\pi}{2} - y$이라고 두면

$$\sin\left(\frac{\pi}{2} - y\right) = \sin\left(\frac{\pi}{2} + y\right) = \cos y,\ \cos\left(\frac{\pi}{2} - y\right) = -\cos\left(\frac{\pi}{2} + y\right) = \sin y,$$

$$dx = -dy$$

이므로

$$\int \cos^n y\, dy = \frac{1}{n}\cos^{n-1} y \sin y + \frac{n-1}{n}\int \cos^{n-2} y\, dy$$

를 얻는다. ■

예제 2

점화식을 이용하여 다음 구하여라.

(1) $\int \sin^4 x\,dx$ (2) $\int \cos^4 x\,dx$

풀이

(1) $$\int \sin^4 x\,dx = -\frac{1}{4}\sin^3 x\cos x + \frac{3}{4}\int \sin^2 x\,dx$$

$$= -\frac{1}{4}\sin^3 x\cos x + \frac{3}{4}\left(-\frac{1}{2}\sin x\cos x + \frac{1}{2}x\right) + c$$

$$= -\frac{1}{4}\sin^2 x\sin x\cos x - \frac{3}{8}\sin x\cos x + \frac{3}{8}x + c$$

$$= -\frac{1}{4}\left(\frac{1-\cos 2x}{2}\right)\frac{1}{2}\sin 2x - \frac{3}{16}\sin 2x\cos x + \frac{3}{8}x + c$$

$$= -\frac{1}{16}\sin 2x + \frac{1}{16}\sin 2x\cos 2x - \frac{3}{16}\sin 2x + \frac{3}{8}x + c$$

$$= -\frac{1}{4}\sin 2x + \frac{1}{32}\sin 4x + \frac{3}{8}x + c$$

(2) $$\int \cos^4 x\,dx = \frac{1}{4}\cos^3 x\sin x + \frac{3}{4}\int \cos^2 x\,dx$$

$$= \frac{1}{4}cos^3 x\sin x + \frac{3}{4}\left(\frac{1}{2}\cos x\sin x + \frac{1}{2}x\right) + c$$

$$= \frac{1}{4}cos^2 x\sin x\cos x + \frac{3}{8}\cos x\sin x + \frac{3}{8}x + c$$

$$= \frac{1}{4}\left(\frac{1+\cos 2x}{2}\right)\frac{1}{2}\sin 2x + \frac{3}{16}\sin 2x + \frac{3}{8}x + c$$

$$= \frac{1}{4}\sin 2x + \frac{1}{32}\sin 4x + \frac{3}{8}x + c$$

예제 3

$\int \sec^n x\,dx$와 $\int \tan^n x\,dx$의 점화공식을 구하여라.

풀이

$$I_n = \int \sec^n x\,dx = \int \sec^2 x\sec^{n-2} x\,dx$$

$$= \sec^{n-2}x\tan x - (n-2)\int \sec^{n-2}x\tan^2 x\,dx$$

$$= \sec^{n-2}x\tan x - (n-2)\int \sec^{n-2}x(\sec^2 x - 1)\,dx$$

$$= \sec^{n-2}x\tan x - (n-2)(I_n - I_{n-2})$$

따라서 $I_n = \dfrac{1}{n-1}\sec^{n-2}x\tan x + \dfrac{n-2}{n-1}I_{n-2}$이다.

$$I_n = \int \tan^n x\,dx = \int \tan^{n-2}x\tan^2 x\,dx$$

$$= \int \tan^{n-2}x(\sec^2 x - 1)dx = \int \tan^{n-2}x\sec^2 x\,dx - I_{n-2}$$

$$= \frac{1}{n-1}\tan^{n-1}x - I_{n-2}$$

○ $\sin^m x\cos^n x$형으로 주어진 함수의 적분법

1) n이 홀수인 경우 $\sin x = t$로 치환하여 적분한다.
2) m이 홀수인 경우 $\cos x = t$로 치환하여 적분한다.
3) m, n이 모두 짝수인 경우 cosine배각공식 이용한다.

$$\cos^2 x = \frac{1+\cos 2x}{2}, \quad \sin^2 x = \frac{1-\cos 2x}{2}$$

예제 4

$\int \sin^4 x\cos^5 x\,dx$를 구하여라.

풀이

$\sin x = t$로 치환하면 $\cos x\,dx = dt$이므로

$$\int \sin^4 x\cos^5 x\,dx = \int \sin^4 x\cos^4 x\cos x\,dx = \int \sin^4 x(1-\sin^2 x)^2\cos x\,dx$$

$$= \int t^4(1-t^2)^2 dt = \int (t^4 - 2t^6 + t^8)dt = \frac{1}{5}t^5 - \frac{2}{7}t^7 + \frac{1}{9}t^9 + c$$

$$= \frac{1}{5}\sin^5 x - \frac{2}{7}\sin^7 x + \frac{1}{9}\sin^9 x + c$$

예제 5

$\int \sin^3 x \cos^{4/3} x\, dx$를 구하여라.

풀이

$\cos x = t$로 치환하면 $-\sin x\, dx = dt$이다. 그리고

$$\sin^3 x \cos^{\frac{4}{3}} x = (\sin^2 x)\sin x \cos^{\frac{4}{3}} x = (1-\cos^2 x)\cos^{\frac{4}{3}} x \sin x$$

이므로

$$\begin{aligned}\int \sin^3 x \cos^{\frac{4}{3}} x\, dx &= \int (1-\cos^2 x)\cos^{\frac{4}{3}} x \sin x\, dx \\ &= -\int (1-t^2)t^{\frac{4}{3}} dt \\ &= -\int \left(t^{\frac{4}{3}} - t^{\frac{10}{3}}\right)dt = -\left(\frac{3}{7}t^{\frac{7}{3}} + \frac{3}{13}t^{\frac{13}{3}}\right) + c \\ &= -\left(\frac{3}{7}\cos^{\frac{7}{3}} x + \frac{3}{13}\cos^{\frac{13}{3}} x\right) + c\end{aligned}$$

예제 6

$\int \sin^2 x \cos^2 x dx$를 구하여라

풀이

$$\begin{aligned}\int \sin^2 x \cos^2 x\ \ dx &= \frac{1}{4}\int (1-\cos 2x)(1+\cos 2x)dx \\ &= \frac{1}{4}\int (1-\cos^2 2x)dx = \frac{1}{4}\int dx - \frac{1}{4}\int \cos^2 2x\, dx \\ &= \frac{x}{4} - \frac{1}{8}\int (1+\cos 4x)dx = \frac{x}{4} - \frac{1}{8}\left(x + \frac{\sin 4x}{4}\right) + c\end{aligned}$$

예제 7

$\int \sin^4 x \cos^4 x dx$를 구하여라

풀이

$$\int \sin^4 x \cos^4 x\, dx = \int (\sin^2 x)^2 (\cos^2 x)^2\, dx$$

$$= \int\left(\frac{1}{2}(1-\cos 2x)\right)^2\left(\frac{1}{2}(1+\cos 2x)\right)^2 dx$$

$$= \frac{1}{16}\int(1-\cos^2 2x)^2 dx$$

$$= \frac{1}{16}\int \sin^4 2x\, dx = \frac{1}{32}\int \sin^4 t\, dt$$

$$= \frac{1}{32}\left(\frac{3}{8}t - \frac{1}{4}\sin 2t + \frac{1}{32}\sin 4t\right) + c$$

$$= \frac{3}{128}x - \frac{1}{128}\sin 4x + \frac{1}{1024}\sin 8x + c$$

○ $\sin mx \cos nx$, $\sin mx \sin nx$, $\cos mx \cos nx$ 형으로 주어진 함수의 적분법

다음 3개의 항등식을 이용하여 적분한다.

$$\sin mx \cos nx = \frac{1}{2}(\sin[(m+n)x] + \sin[(m-n)x])$$
$$\sin mx \sin nx = \frac{1}{2}(\cos[(m-n)x] - \cos[(m+n)x])$$
$$\cos mx \cos nx = \frac{1}{2}(\cos[(m-n)x] + \cos[(m+n)x])$$

예제 8

$\int \sin mx \cos nx\, dx$를 구하여라.

풀이

$\sin mx \cos nx = \frac{1}{2}(\sin[(m+n)x] + \sin[(m-n)x])$이므로

$$\int \sin mx \cos nx dx = \frac{1}{2}\int \{\sin[(m+n)x] + \sin[(m-n)x]\} dx$$

$$= -\frac{\cos[(m+n)x]}{2(m+n)} - \frac{\cos[(m-n)x]}{2(m-n)} + c$$

예제 9

$\int \sin 7x \cos 3x\, dx$를 구하여라.

풀이

$\sin 7x \cos 3x = \frac{1}{2}(\sin 10x + \sin 4x)$이므로

$$\begin{aligned}\int \sin 7x \cos 3x dx &= \frac{1}{2}\int (\sin 10x + \sin 4x) dx \\ &= \frac{1}{2}\left(-\frac{\cos 10x}{10} - \frac{\cos 4x}{4}\right) + c \\ &= -\frac{1}{20}\cos 10x - \frac{1}{8}\cos 4x + c\end{aligned}$$

○ $\tan^n x$, $\sec^n x$, $\tan^m x \sec^n x$형으로 주어진 함수의 적분법

1) $\tan^n x$의 경우 항등식 $1 + \tan^2 x = \sec^2 x$를 이용하여 적분한다.
2) $\sec^n x$의 경우 $\tan x = t$로 치환하고 $1 + \tan^2 x = \sec^2 x$를 이용하여 적분한다.
3) $\tan^m x \sec^n x$이고 n이 짝수인 경우 $\tan x = t$로 치환하여 적분한다.
4) $\tan^m x \sec^n x$이고 m, n이 모두 홀수인 경우 $\sec x = t$로 치환하여 적분한다.
5) $\tan^m x \sec^n x$이고 m은 짝수 n은 홀수인 경우 $\tan^2 x = \sec^2 x - 1$로 치환

예제 10

$\int \tan^2 x dx$를 구하라.

풀이

$$\int \tan^2 x\, dx = \int (\sec^2 x - 1) dx = \tan x - x + c$$

예제 11

$\int \sec^4 x dx$를 구하여라.

풀이

$\sec^4 x = \sec^2 x (1 + \tan^2 x)$이므로 $\tan x = t$로 치환하면 $\sec^2 x\, dx = dt$이다.

$$\int \sec^4 x dx = \int (1+\tan^2 x)\sec^2 x\, dx = \int (1+t^2)dt$$
$$= t + \frac{1}{3}t^3 + c = \tan x + \frac{\tan^3 x}{3} + c$$

예제 12

$\int \tan^7 x \sec^4 x dx$를 구하여라

풀이

$$\int \tan^7 x \sec^4 x dx = \int \tan^7 x(1+\tan^2 x)\sec^2 x dx$$
$$= \int \tan^7 x \sec^2 x dx + \int \tan^9 x \sec^2 x dx$$
$$= \frac{\tan^8 x}{8} + \frac{\tan^{10} x}{10} + c$$

예제 13

$\int \tan^3 x \sec^5 x\, dx$를 구하여라.

풀이

$$\tan^3 x \sec^5 x = (\sec^2 x - 1)\sec^4 x \sec x \tan x = (\sec^6 x - \sec^4 x)\sec x \tan x$$

이다. $\sec x = t$로 치환하면 $\sec x \tan x\, dx = dt$이므로

$$\int \tan^3 x \sec^5 x \;\; dx \equiv \int (\sec^6 x - \sec^4 x)\sec x \tan x\, dx$$
$$= \int (t^6 - t^4)\, dt = \frac{1}{7}t^7 - \frac{1}{5}t^5 + c$$
$$= \frac{\sec^7 x}{7} - \frac{\sec^5 x}{5} + c$$

예제 14

$\int \tan^2 x \sec x\, dx$를 구하여라.

풀이

$$\int \tan^2 x \sec x\, dx = \int (\sec^2 x - 1)\sec x \;\; dx = \int \sec^3 x \;\; dx - \int \sec x \;\; dx$$

$$= \frac{1}{2}(\sec x \tan x + \ln|\sec x + \tan x|) - \ln|\sec x + \tan x| + c$$
$$= \frac{1}{2}(\sec x \tan x - \ln|\sec x + \tan x|) + c$$

연습문제 4.4

1. 다음 함수 $f(x)$의 부정적분을 구하여라.

(1) $f(x) = \sin^6 x \cos x$

(2) $f(x) = \sin^3 x \cos^2 x$

(3) $f(x) = \sin x \cos 2x$

(4) $f(x) = \sin 2x \cos 3x$

(5) $f(x) = \sin^4 3x \cos 3x$

(6) $f(x) = \sin^2 2x \cos^4 3x$

(7) $f(x) = \sin 2x \sin \frac{x}{2}$

(8) $f(x) = \cos 2x \cos 3x$

(9) $f(x) = \tan^3 4x \sec^4 4x$

(10) $f(x) = \cot^2 x \operatorname{cosec}^6 x$

(11) $f(x) = \cot^3 x \operatorname{cosec}^3 x$

(12) $f(x) = \cot^5 x \sin x$

2. 다음을 구하여라.

(1) $\int \sin^3 x\, dx$

(2) $\int \cos^4 2x\, dx$

(3) $\int \tan^2 x\, dx$

(4) $\int \cot^3 x\, dx$

(5) $\int \sec^3 5x\, dx$

(6) $\int \sec^6 \frac{x}{2}\, dx$

(7) $\int \operatorname{cosec}^2 x\, dx$

(8) $\int \operatorname{cosec}^3 3x\, dx$

3. 다음 적분을 구하여라.

(1) $\int \frac{1}{x^2} \sin \frac{\pi}{x}\, dx$

(2) $\int \sqrt{\tan x}\, \sec^4 x\, dx$

(3) $\int \cos^3 x \sqrt{\operatorname{cosec} x}\, dx$

(4) $\int \sin \sqrt{x} \cos \frac{x}{\sqrt{2}}\, dx$

4.5 삼각치환법

삼각함수로 된 변수로의 변환

(1) f가 $\sqrt{a^2-x^2}$를 포함하는 경우 $x=a\sin\theta\left(a>0,\ -\frac{\pi}{2}\le\theta\le\frac{\pi}{2}\right)$로 치환.

이 때 $\sqrt{a^2-x^2}=a\cos\theta,\ \theta=\sin^{-1}\frac{x}{a}$가 된다.

(2) f가 $\sqrt{a^2+x^2}$를 포함하는 경우 $x=a\tan\theta\left(a>0,\ -\frac{\pi}{2}<\theta<\frac{\pi}{2}\right)$로 치환.

이 때 $\sqrt{a^2+x^2}=a\sec\theta,\ \theta=\tan^{-1}\frac{x}{a}$가 된다.

(3) f가 $\sqrt{x^2-a^2}$를 포함하는 경우 $x=a\sec\theta\left(a>0,\ 0\le\theta\le\pi,\ \theta\ne\frac{\pi}{2}\right)$로 치환.

이 때 $\sqrt{x^2-a^2}=a\tan\theta,\ \theta=\sec^{-1}\frac{x}{a}$가 된다.

예제 1

$\int\sqrt{1-x^2}\,dx$를 구하여라.

풀이

$x=\sin\theta$로 치환하면 $dx=\cos\theta\,d\theta$이다. 따라서 $\sqrt{1-x^2}=\sqrt{1-\sin^2\theta}=\cos\theta$이다.

$$\begin{aligned}\int\sqrt{1-x^2}\,dx&=\int\cos^2\theta d\theta=\frac{1}{2}\int(1+\cos2\theta)d\theta\\&=\frac{1}{2}\left(\theta+\frac{\sin2\theta}{2}\right)+c=\frac{1}{2}\theta+\frac{1}{2}\sin\theta\cos\theta+c\\&=\frac{\sin^{-1}x}{2}+\frac{x\sqrt{1-x^2}}{2}+c\end{aligned}$$

예제 2

$\int\frac{dx}{(a^2+x^2)\sqrt{a^2+x^2}}$를 계산하라.

풀이

$x=a\tan\theta$로 치환하면 $dx=a\sec^2\theta d\theta$이다. 따라서

$$\sqrt{a^2+x^2}=a\sqrt{1+\tan^2\theta}=a\sec\theta$$

이다. 그러므로

$$\int\frac{dx}{(a^2+x^2)^{3/2}}=\int\frac{a\sec^2\theta d\theta}{a^3\sec^3\theta}=\frac{1}{a^2}\int\frac{d\theta}{\sec\theta}=\frac{1}{a^2}\int\cos\theta d\theta$$

$$=\frac{\sin\theta}{a^2}+c=\frac{x}{a^2\sqrt{a^2+x^2}}+c$$

예제 3

$\displaystyle\int\frac{dx}{x\sqrt{x^2-a^2}}$ 를 구하여라.

풀이

$x=a\sec\theta$ 로 치환하면 $dx=a\sec\theta\tan\theta\, d\theta$, $\sqrt{x^2-a^2}=a\tan\theta$ 이다.

$$\int\frac{dx}{x\sqrt{x^2-a^2}}=\int\frac{a\sec\theta\tan\theta}{(a\sec\theta)(a\tan\theta)}d\theta=\frac{1}{a}\theta+c=\frac{1}{a}\sec^{-1}\frac{x}{a}+c$$

예제 4

$\displaystyle\int\frac{dx}{x^2\sqrt{4-x^2}}$ 를 구하여라.

풀이

$x=2\sin\theta$ 로 치환하면 $dx=2\cos\theta\, d\theta$ 이다. 따라서 $\sqrt{4-x^2}=2\cos\theta$ 이다. 따라서

$$\int\frac{dx}{x^2\sqrt{4-x^2}}=\int\frac{2\cos\theta}{(4\sin^2\theta)(2\cos\theta)}d\theta=\frac{1}{4}\int\frac{d\theta}{\sin^2\theta}$$

$$=\frac{1}{4}\int\operatorname{cosec}^2\theta\, d\theta=-\frac{1}{4}\cot\theta+c$$

$$=-\frac{\sqrt{4-x^2}}{4x}+c$$

예제 5

$\displaystyle\int \frac{dx}{x^2\sqrt{1+x^2}}$ 를 구하여라.

풀이

$x=\tan\theta\left(-\frac{\pi}{2}<\theta<\frac{\pi}{2}\right)$로 치환하면 $dx=\sec^2\theta\, d\theta$, $\sqrt{1+x^2}=\sec\theta$이다. 따라서

$$\int \frac{dx}{x^2\sqrt{1+x^2}}=\int \frac{\sec^2\theta}{\tan^2\theta\sec\theta}d\theta=\int \frac{\cos\theta}{\sin^2\theta}d\theta$$

이다. 또 $\sin\theta=t$로 한번 더 치환하면

$$\int \frac{dx}{x^2\sqrt{1+x^2}}=\int \frac{dt}{t^2}=-\frac{1}{t}+c=-\frac{1}{\sin\theta}+c=-\frac{\sqrt{1+x^2}}{x}+c$$

예제 6

다음을 증명하여라.

(1) $\displaystyle\int \sqrt{a^2-x^2}\,dx=\frac{1}{2}\left(x\sqrt{a^2-x^2}+a^2\sin^{-1}\frac{x}{a}\right)+c$

(2) $\displaystyle\int \sqrt{x^2+a^2}\,dx=\frac{1}{2}\left(x\sqrt{x^2+a^2}+a^2\ln(x+\sqrt{x^2+a^2})\right)+c$

풀이

$x=a\sin t$로 치환하면 $dx=a\cos t\, dt$, $\sqrt{a^2-x^2}=\sqrt{a^2-a^2\sin^2 t}=a\cos t$이다.

$$\begin{aligned}\int \sqrt{a^2-x^2}\,dx&=\int (a\cos t)(a\cos t)dt=\frac{a^2}{2}\int (1+\cos 2t)dt\\&=\frac{a^2}{2}\left(t+\frac{1}{2}\sin 2t\right)+c=\frac{u^2}{2}(t+\sin t\ \cos t)+c\\&=\frac{a^2}{2}\left(\sin^{-1}\frac{x}{a}+\frac{x}{a}\frac{\sqrt{a^2-x^2}}{a}\right)+c\\&=\frac{1}{2}\left(x\sqrt{a^2-x^2}+a^2\sin^{-1}\frac{x}{a}\right)+c\end{aligned}$$

연습문제 4.5

1. 다음을 계산하라.

(1) $\int \frac{1}{\sqrt{4-x^2}}dx$

(2) $\int \frac{1}{4+x^2}dx$

(3) $\int \frac{\sqrt{x^2-25}}{x}dx$

(4) $\int \frac{y}{\sqrt{16-9y^4}}dy$

(5) $\int \frac{1}{t^2-t+2}dt$

2. 다음을 구하여라.

(1) $\int \frac{x^2}{\sqrt{9-x^2}}dx$

(2) $\int \frac{1}{x^2\sqrt{4x^2-9}}dx$

(3) $\int \frac{\sqrt{1+x^2}}{x}dx$

(4) $\int \frac{1}{(9x^2-1)^{3/2}}dx$

(5) $\int \frac{\cos x}{\sqrt{2-\sin^2 x}}dx$

3. 다음을 구하여라.

(1) $\int \frac{1}{x^2-4x+13}dx$

(2) $\int \frac{\cos x}{\sin^2 x-6\sin x+12}dx$

(3) $\int \frac{x^3}{\sqrt{1-x^2}}dx$

4. 다음에서 $\int f(x)dx$를 구하여라,

(1) $f(x)=x\sqrt{7x^2+12}$

(2) $f(x)=\frac{x^3}{\sqrt{1+x^2}}$

5. $f'(x)=\sqrt[3]{x}-\frac{2}{\sqrt{1-x^2}}$, $f(0)=1$일 때 f를 구하여라.

4.6 유리함수의 적분법

분모가 1차식인 경우

예제 1

$\int \frac{dx}{ax+b}$를 구하여라.

풀이

$u = ax+b$라 하면 $du = a\,dx$이고

$$\int \frac{dx}{ax+b} = \frac{1}{a}\int \frac{a}{ax+b}dx = \frac{1}{a}\int \frac{du}{u} = \frac{1}{a}\ln|u|+c = \frac{1}{a}\ln|ax+b|+c$$

분모가 1차식이 없는 2차식인 경우

예제 2

$a \neq 0$일 때 다음을 부정적분하여라.

(1) $\int \frac{dx}{a^2+x^2}$　　　(2) $\int \frac{dx}{a^2-x^2}$

풀이

(1) $x = a\tan\theta$로 놓으면 $a^2+x^2 = a^2\sec^2\theta$, $dx = a\sec^2\theta$이므로

$$\int \frac{dx}{a^2+x^2} = \int \frac{a\sec^2\theta}{a^2\sec^2\theta}d\theta = \frac{1}{a}\int d\theta = \frac{1}{a}\theta + c$$

이다. 그리고 $\tan\theta = \frac{x}{a}$이므로 $\theta = \tan^{-1}\frac{x}{a}$이다. 따라서 $\int \frac{dx}{a^2+x^2} = \frac{1}{a}\tan^{-1}\frac{x}{a}+c$ 이다.

(2) [풀이 1] $x = a\sin\theta$로 치환하여 적분한다.

[풀이 2] 부분분수의 방법에 의하면

$$\frac{1}{a^2-x^2} = \frac{1}{(a-x)(a+x)} = \frac{A}{a-x} + \frac{B}{a+x}$$

$$= \frac{A(a+x)+B(a-x)}{(a-x)(a+x)} = \frac{(A-B)x+(A+B)a}{(a-x)(a+x)}$$

에서 분자가 x에 대한 항등식이므로 $(A-B)x+(A+B)a=1$이다. 따라서

$$A=B=\frac{1}{2a}$$

이다. 그래서

$$\int \frac{dx}{a^2-x^2} = \int \frac{dx}{(a-x)(a+x)} = \int \left[\frac{1/2a}{a-x} + \frac{1/2a}{a+x} \right] dx$$

$$= -\frac{1}{2a}\ln|a-x| + \frac{1}{2a}\ln|a+x| + c = \frac{1}{2a}\ln\left|\frac{a+x}{a-x}\right| + c$$

○ 분모가 1차식이 있는 2차식인 경우

1) 분모를 인수분해한 후 부분분수로 변환하여 적분
2) 분모를 완전제곱으로 변환하여 적분
3) 분자가 일차식인 경우 분모의 미분이 분자가 되도록 변환하여 적분

예제 3

$\int \frac{1}{x^2+4x-5} dx$를 적분하여라.

풀이1 $\frac{1}{x^2+4x-5} = \frac{1}{(x+5)(x-1)} = \frac{A}{x+5} + \frac{B}{x-1}$에서 예제 2와 같이 A, B의 값을 구하면 $A=-\frac{1}{6}$, $B=\frac{1}{6}$이다. 그래서

$$\int \frac{dx}{x^2+4x-5} = \frac{1}{6}\int \left(\frac{-1}{x+5} + \frac{1}{x-1} \right) dx$$

$$= \frac{1}{6}(-\ln|x+5| + \ln|x-1|) + c = \frac{1}{6}\ln\left|\frac{x-1}{x+5}\right| + c$$

풀이2 $\int \frac{dx}{x^2+4x-5} = \int \frac{dx}{(x+2)^2-9}$로 고치고 $u=x+2$로 치환한다.

$$\int \frac{dx}{x^2+4x-5} = \int \frac{du}{u^2-9} = \int \frac{du}{u^2-3^2}$$

이다. 여기서 예제 2의 풀이를 이용하면

$$\int \frac{du}{u^2-3^2} = \frac{1}{2\cdot 3}\ln\left|\frac{u-3}{u+3}\right| + c$$

$$= \frac{1}{6}\ln\left|\frac{(x+2)-3}{(x+2)+3}\right| + c = \frac{1}{6}\ln\left|\frac{x-1}{x+5}\right| + c$$

예제 4

$\int \frac{1}{2x^2-4x+12}dx$를 적분하여라.

풀이

$\int \frac{dx}{2x^2-4x+12} = \frac{1}{2}\int \frac{dx}{x^2-2x+6} = \frac{1}{2}\int \frac{dx}{(x-1)^2+5}$로 고친 후 $u=x-1$로 치환하면 $du=dx$가 된다. 따라서

$$\int \frac{dx}{2x^2-4x+12} = \frac{1}{2}\int \frac{du}{u^2+5} = \frac{1}{2}\int \frac{du}{u^2+(\sqrt{5})^2}$$

이다. 여기서 예제 2를 이용하면

$$\int \frac{dx}{2x^2-4x+12} = \frac{1}{2}\frac{1}{\sqrt{5}}\tan^{-1}\frac{u}{\sqrt{5}} + c = \frac{1}{2\sqrt{5}}\tan^{-1}\frac{x-1}{\sqrt{5}} + c$$

예제 5

$\int \frac{x+8}{x^2+6x-7}dx$를 적분하여라.

풀이

$\frac{d}{dx}(x^2+6x-7) = 2x+6$이므로 분자를 $2x+6$으로 변환한다.

$$\int \frac{x+8}{x^2+6x-7}dx = \frac{1}{2}\int \frac{2x+16}{x^2+6x-7}dx = \frac{1}{2}\int \frac{2x+6+10}{x^2+6x-7}dx$$

$$= \frac{1}{2}\int \frac{2x+6}{x^2+6x-7}dx + \frac{1}{2}\int \frac{10}{x^2+6x-7}dx$$

$$= \frac{1}{2}\ln|x^2+6x-7| + 5\int \frac{dx}{x^2+6x-7}$$

$$= \frac{1}{2}\ln|x^2+6x-7| + 5\int \frac{dx}{(x+3)^2-16}$$

여기서 $u = x+3$이라고 치환하면 $du = dx$이다. 따라서

$\int \frac{dx}{(x+3)^2-16} = \int \frac{du}{u^2-16} = \frac{1}{8}ln\left|\frac{u-4}{u+4}\right| + c = \frac{1}{8}ln\left|\frac{(x+3)-4}{(x+3)+4}\right| + c$이므로

$$\int \frac{x+8}{x^2+6x-7}dx = \frac{1}{2}\ln|x^2+6x-7| + \frac{5}{8}\ln\left|\frac{x-1}{x+7}\right| + c$$

◎ 여러 가지 유리함수의 경우

예제 6

$\int \frac{dx}{(x-1)(x-2)(x-3)}$를 구하여라.

풀이

$\frac{1}{(x-1)(x-2)(x-3)} = \frac{A_1}{x-1} + \frac{A_2}{x-2} + \frac{A_3}{x-3}$라고 두고 A_1, A_2, A_3를 구하면

$A_1 = \frac{1}{2}$, $A_2 = -1$, $A^3 = \frac{1}{2}$이므로

$$\frac{1}{(x-1)(x-2)(x-3)} = \frac{\frac{1}{2}}{x-1} + \frac{-1}{x-2} + \frac{\frac{1}{2}}{x-3}$$

이다.

$$\int \frac{dx}{(x-1)(x-2)(x-3)} = \frac{1}{2}\ln|x-1| - \ln|x-2| + \frac{1}{2}\ln|x-3| + c$$

$$= \ln\left|\frac{\sqrt{(x-1)(x-3)}}{x-2}\right| + c$$

예제 7

$\displaystyle\int \frac{dx}{x(x-1)^2}$ 를 구하여라.

풀이

$\displaystyle\frac{1}{x(x-1)^2} = \frac{A_1}{x} + \frac{A_2}{x-1} + \frac{A_3}{(x-1)^2}$ 라고 두고 A_1, A_2, A_3를 구하면

$A_1 = 1,\ A_2 = -1,\ A^3 = 1$이다. 따라서

$$\begin{aligned}\int \frac{dx}{x(x-1)^2} &= \int \left(\frac{1}{x} - \frac{1}{x-1} + \frac{1}{(x-1)^2}\right)dx \\ &= \ln|x| - \ln|x-1| - \frac{1}{x-1} + c \\ &= \ln\left|\frac{x}{x-1}\right| - \frac{1}{x-1} + c\end{aligned}$$

예제 8

$\displaystyle\int \frac{dx}{x^3+x}$ 를 구하여라

풀이

$\displaystyle\frac{1}{x^3+x} = \frac{1}{x(x^2+1)} = \frac{A_1}{x} + \frac{A_2x+B_2}{x^2+1}$ 라고 두고 A_1, A_2, A_3를 구하면

$A_1 = 1,\ A_2 = -1,\ B_2 = 0$이다. 따라서

$$\int \frac{dx}{x(x^2+1)} = \int \left(\frac{1}{x} - \frac{x}{x^2+1}\right)dx = \ln|x| - \frac{1}{2}\ln|x^2+1| = \ln\left|\frac{x}{\sqrt{x^2+1}}\right| + c$$

예제 9

$\displaystyle\int \frac{x^3+x+2}{x(x^2+1)^2}dx$ 를 구하여라.

풀이

$\displaystyle\frac{x^3+x+2}{x(x^2+1)^2} = \frac{A}{x} + \frac{Bx+C}{x^2+1} + \frac{Dx+E}{(x^2+1)^2}$ 라고 두고 A, B, C, D, E를 구하면

$A = 1,\ B = -2,\ C = 1,\ D = -2,\ E = 0$

$$\int \frac{x^3+x+2}{x(x^2+1)^2}dx = 2\int \frac{1}{x}dx + \int \frac{-2x+1}{x^2+1}dx - \int \frac{2xdx}{(x^2+1)^2}$$

$$= 2\ln|x| - \ln(x^2+1) + \tan^{-1}x + \frac{1}{x^2+1} + c$$

연습문제 4.6

1. 다음을 구하여라.

(1) $\displaystyle\int \frac{2x^2+4x-8}{x^3-4x}dx$

(2) $\displaystyle\int \frac{2x^2+3}{x(x-2)^2}dx$

(3) $\displaystyle\int \frac{\cos x}{\sin^2 x+4\sin x-5}dx$

(4) $\displaystyle\int \frac{e^x}{e^{2x}-4}dx$

(5) $\displaystyle\int \frac{2x^2-1}{4x^3-x^2+4x-1}dx$

(6) $\displaystyle\int \frac{1}{1+e^x}dx$

(7) $\displaystyle\int \frac{1}{x^2(x^2+1)}dx$

2. 다음 함수의 원시함수를 구하여라.

(1) $\dfrac{4}{x^4-1}$

(2) $\dfrac{2x^3+1}{x^2+3x+2}$

(3) $\dfrac{1}{(x^2+1)^3}$

(4) $\dfrac{(x-1)^2}{(x+1)(x^2+1)}$

(5) $\dfrac{x^2+2}{x^3-1}$

(6) $\dfrac{1}{(x-1)^2(x+2)^3}$

(7) $\dfrac{\sin x}{1+\sin x}$

(8) $\dfrac{1}{1+\cos x}$

4.7 여러가지 치환법

○ $f\left(x, (ax+b)^{1/n}\right)$ 또는 $f\left(x, \left(\frac{ax+b}{cx+d}\right)^{1/n}\right)$ 형태의 적분

이 경우에는 $\sqrt[n]{ax+b}=t$, $\sqrt[n]{\frac{ax+b}{cx+d}}=t$로 치환하면

$$x=\frac{dt^n-b}{a-ct^n}, \qquad dx=\frac{n(ad-bc)t^{n-1}}{(a-ct^n)^2}dt$$

이므로

$$\int f\left(x, \sqrt[n]{\frac{ax+b}{cx+d}}\right)dx=\int f\left(\frac{dt^n-b}{a-ct^n}, t\right)\frac{n(ad-bc)t^{n-1}}{(a-ct^n)^2}dt$$

이다. 즉 t에 관한 유리함수의 적분에 귀착된다.

예제 1

$\displaystyle\int \frac{dx}{\sqrt{x}+\sqrt[4]{x^3}}$를 구하여라.

풀이

$x^{\frac{1}{4}}=t$로 치환하면 $dx=4t^3dt$이므로

$$\begin{aligned}\int \frac{dx}{\sqrt{x}+\sqrt[4]{x^3}}&=\int \frac{4t^3}{t^2+t^3}dt=4\int \frac{t}{1+t}dt\\&=4\int\left(1-\frac{1}{1+t}\right)dt=4t-4\ln(1+t)+c\\&=4\sqrt[4]{x}-4\ln(1+\sqrt[4]{x})+c\end{aligned}$$

예제 2

$\displaystyle\int \frac{dx}{2+2\sqrt{x}}$를 구하여라.

풀이

$\sqrt{x}=t$로 치환하면 $x=t^2$, $dx=2t\,dt$이므로

$$\int \frac{dx}{2+2\sqrt{x}} = \int \frac{2t}{2+2t}dt = \int \left(1-\frac{1}{1+t}\right)dt$$

$$= t - \ln|1+t| + c = \sqrt{x} - \ln(1+\sqrt{x}) + c$$

예제 3

$\int \frac{\sqrt{x}}{1+\sqrt[3]{x}}dx$를 구하여라.

풀이

$\sqrt[6]{x} = t$로 치환하면 $x = t^6$, $dx = 6t^5\,dt$이므로

$$\int \frac{\sqrt{x}}{1+\sqrt[3]{x}}dx = 6\int \frac{t^8}{1+t^2}dt = 6\int \left(t^6 - t^4 + t^2 - 1 + \frac{1}{1+t^2}\right)dt$$

$$= \frac{6}{7}t^7 - \frac{6}{5}t^5 + 2t^3 - 6t + 6\tan^{-1}t + c$$

$$= \frac{6}{7}x^{\frac{7}{6}} - \frac{6}{5}x^{\frac{5}{6}} + 2x^{\frac{1}{2}} - 6x^{\frac{1}{6}} + 6\tan^{-1}x^{\frac{1}{6}} + c$$

예제 4

$\int \frac{1}{x+3}\sqrt{\frac{x+1}{x+2}}\,dx$를 구하여라.

풀이

$\sqrt{\frac{x+1}{x+2}} = t$로 치환하면

$$x = \frac{2t^2-1}{1-t^2} = \frac{1}{1-t^2} - 2, \quad x+3 = \frac{2-t^2}{1-t^2}, \quad dx = \frac{2t}{(1-t^2)^2}dt$$

이다. 따라서

$$\int \frac{1}{x+3}\sqrt{\frac{x+1}{x+2}}\,dx = \int \frac{1-t^2}{2-t^2}t\ \frac{2t}{(1-t^2)^2}dt$$

$$= \int \frac{2t^2}{(2-t^2)(1-t^2)}dt$$

$$= 2\left\{\frac{1}{\sqrt{2}}\ln\left|\frac{t-\sqrt{2}}{t+\sqrt{2}}\right| - \frac{1}{2}\ln\left|\frac{t-1}{t+1}\right|\right\} + c$$

$$= \sqrt{2}\ln\left|\frac{\sqrt{\frac{x+1}{x+2}}-\sqrt{2}}{\sqrt{\frac{x+1}{x+2}}+\sqrt{2}}\right|-\ln\left|\frac{\sqrt{\frac{x+1}{x+2}}-1}{\sqrt{\frac{x+1}{x+2}}+1}\right|+c$$

◎ $f(x, \sqrt{ax^2+bx+c})\,(x\neq 0)$형태의 적분

1) $a>0$인 경우에는 $\sqrt{ax^2+bx+c}=t-\sqrt{a}\,x$로 치환한다. 그러면

$$x=\frac{t^2-c}{2\sqrt{a}\,t+b}$$

$$dx=\frac{2(\sqrt{a}\,t^2+bt+c\sqrt{a})}{(2\sqrt{a}\,t+b)^2}dt$$

$$\sqrt{ax^2+bx+c}=t-\sqrt{a}\,x=\frac{\sqrt{a}\,t^2+bt+c\sqrt{a}}{2\sqrt{a}\,t+b}$$

이다. 따라서

$$\int f\left(x, \sqrt{ax^2+bx+c}\right)dx$$

$$=\int f\left(\frac{t^2-c}{2\sqrt{a}\,t+b}, \frac{\sqrt{a}\,t^2+bt+c\sqrt{a}}{2\sqrt{a}\,t+b}\right)\frac{2(\sqrt{a}\,t^2+bt+c\sqrt{a})}{(2\sqrt{a}\,t+b)^2}dt$$

가 되어 t에 관한 유리함수의 적분으로 바뀐다.

2) $a<0$ 인 경우에는 $\sqrt{\frac{x-\alpha}{\beta-x}}=t$로 치환한다. (단, $\alpha, \beta\ (\alpha<\beta)$는 $ax^2+bx+c=0$의 근)

$$x=\frac{\alpha+\beta t^2}{1+t^2}, \qquad dx=\frac{2(\beta-\alpha)t}{(1+t^2)^2}dt, \quad ax^2+bx+c=-a(x-\alpha)(\beta-x)$$

$$\sqrt{ax^2+bx+c}=\sqrt{-a}\,(\beta-x)\sqrt{\frac{x-\alpha}{\beta-x}}=\frac{\sqrt{-a}\,(\beta-a)t}{1+t^2}$$

이다. 따라서

$$\int f\left(x, \sqrt{ax^2+bx+c}\right)dx=\int\left(\frac{\alpha+\beta t^2}{1+t^2}, \frac{\sqrt{-a}\,(\beta-a)t}{1+t^2}\right)\frac{2(\beta-\alpha)t}{(1+t^2)^2}dt$$

가 되어 t에 관한 유리함수의 적분으로 바뀐다.

예제 5

$\int \frac{dx}{\sqrt{x^2+3}}$ 를 구하여라.

풀이

$\sqrt{x^2+3}=t-x$로 치환하면 $x^2+3=t^2-2xt+x^2$ 이므로 $x=\frac{t^2-3}{2t}$ 이다. 따라서

$$\sqrt{x^2+3}=t-\frac{t^2-3}{2t}=\frac{t^2+3}{2t},\quad dx=\frac{t^2+3}{2t^2}dt$$

이다. 그러므로

$$\int \frac{dx}{\sqrt{x^2+3}}=\int \frac{2t}{t^2+3}\,\frac{t^2+3}{2t^2}dt=\int \frac{dt}{t}=\ln t+c=\ln(x+\sqrt{x^2+3})+c$$

예제 6

$\int \frac{1}{(x-1)\sqrt{2+x-x^2}}dx$를 구하여라.

풀이

$2+x-x^2=(x+1)(2-x)$이므로 $\sqrt{\frac{x+1}{2-x}}=t$로 놓으면

$$x+1=(2-x)t^2,\quad x=\frac{2t^2-1}{1+t^2}$$

이다. 따라서

$$x-1=\frac{2t^2-1}{1+t^2}-1=\frac{t^2-2}{1+t^2},\quad dx=\frac{6t}{(1+t^2)^2}dt$$

이다. 그러므로

$$\sqrt{2+x-x^2}=(2-x)\sqrt{\frac{x+1}{2-x}}=\left(2-\frac{2t^2-1}{1+t^2}\right)t=\frac{3t}{1+t^2}$$

가 된다. 따라서

$$\int \frac{dx}{(x-1)\sqrt{2+x-x^2}}=\int \frac{1+t^2}{t^2-2}\cdot\frac{1+t^2}{3t}\cdot\frac{6t}{(1+t^2)^2}dt$$

$$= \int \frac{2}{t^2-2}dt = \frac{1}{\sqrt{2}}\ln\left|\frac{t-\sqrt{2}}{t+\sqrt{2}}\right|+c$$

$$= \frac{1}{\sqrt{2}}\ln\left|\frac{\sqrt{x+1}-\sqrt{2}\sqrt{2-x}}{\sqrt{x+1}+\sqrt{2}\sqrt{2-x}}\right|+c$$

○ $R(\sin x, \cos x)$의 적분법(R은 유리함수)

삼각함수의 배각공식에 의하여

$$\sin x = 2\sin\frac{x}{2}\cos\frac{x}{2} = \frac{2\sin\frac{x}{2}\cos\frac{x}{2}}{\cos^2\frac{x}{2}+\sin^2\frac{x}{2}} = \frac{2\tan\frac{x}{2}}{1+\tan^2\frac{x}{2}}$$

$$\cos x = \cos^2\frac{x}{2}-\sin^2\frac{x}{2} = \frac{\cos^2\frac{x}{2}-\sin^2\frac{x}{2}}{\cos^2\frac{x}{2}+\sin^2\frac{x}{2}} = \frac{1-\tan^2\frac{x}{2}}{1+\tan^2\frac{x}{2}}$$

이므로 $t=\tan\frac{x}{2}$로 치환하면

$$\sin x = \frac{2t}{1+t^2},\ \cos x = \frac{1-t^2}{1+t^2},\ \tan x = \frac{2t}{1-t^2}$$

가 된다. 또한 $x=2\tan^{-1}t$이므로 $dx=\frac{2}{1+t^2}dt$이다. 따라서

$$\int R(\sin x, \cos x)dx = \int R\left(\frac{2t}{1+t^2}, \frac{1-t^2}{1+t^2}\right)\frac{2}{1+t^2}dt$$

가 되어 삼각함수의 유리함수는 t에 관한 함수가 된다.

예제 1

$\int \frac{1}{1-\sin x}dx$를 구하여라.

풀이

$t=\tan\frac{x}{2}$로 치환하면 $dx=\frac{2}{1+t^2}dt,\ \sin x=\frac{2t}{1+t^2}$이므로

$$\int \frac{1}{1-\sin x}dx = \int \frac{1}{1-\frac{2t}{1+t^2}} \frac{2}{1+t^2}dt = \int \frac{2}{t^2-2t+1}dt$$

$$= \int \frac{2}{(t-1)^2}dt = -2(t-1)^{-1} + c = -2\left(\tan\frac{x}{2} - 1\right)^{-1} + c$$

예제 2

$\int \frac{dx}{3+5\cos x}$를 구하여라.

풀이

$t = \tan\frac{x}{2}$로 치환하면 $dx = \frac{2}{1+t^2}dt$, $\cos x = \frac{1-t^2}{1+t^2}$이므로

$$\int \frac{dx}{3+5\cos x} = \int \frac{1}{3+5\left(\frac{1-t^2}{1+t^2}\right)} \frac{2}{1+t^2}dt = \int \frac{1}{4-t^2}dt$$

$$= \frac{1}{4}\ln\left|\frac{2+t}{2-t}\right| + c = \frac{1}{4}\ln\left|\frac{2+\tan\frac{x}{2}}{2-\tan\frac{x}{2}}\right| + c$$

예제 3

$\int \frac{dx}{1-\tan x}$를 구하여라.

풀이

$t = \tan\frac{x}{2}$로 치환하면 $\tan x = \frac{2t}{1-t^2}$이고 $dx = \frac{2}{1+t^2}dt$이므로

$$\int \frac{dx}{1-\tan x} = \int \frac{1}{1-\frac{2t}{1-t^2}} \frac{2}{1+t^2}dt = \int \frac{2(1-t^2)}{(1-t^2-2t)(1+t^2)}dt$$

이 되고

$$\frac{(t^2-1)}{(t^2+2t-1)(1+t^2)} = \frac{At+B}{t^2+2t-1} + \frac{Ct+D}{t^2+1}$$

라 두면

$$A=B=-\frac{1}{2},\quad C=D=\frac{1}{2}$$

이다. 따라서

$$2\int\frac{(1-t^2)}{(1-t^2-2t)(1-t^2)}dt=2\left(-\frac{1}{4}\int\frac{(2t+2)}{t^2+2t-1}dt+\frac{1}{2}\int\frac{t}{t^2+1}dt+\frac{1}{2}\int\frac{dt}{t^2+1}\right)$$

$$=-\frac{1}{2}\ln(t^2+2t-1)+\frac{1}{2}\ln(t^2+1)+\tan^{-1}t+c$$

$$=-\frac{1}{2}\ln\left(\tan^2\frac{x}{2}+2\tan\frac{x}{2}-1\right)+\frac{1}{2}\ln\left(\tan^2\frac{x}{2}+1\right)+\frac{x}{2}+c$$

예제 4

$\displaystyle\int\frac{dx}{\sin x+\cos x}$ 를 구하여라.

풀이

$t=\tan\dfrac{x}{2}$ 라 두면 $dx=\dfrac{2}{1+t^2}dt,\ \sin x=\dfrac{2t}{1+t^2},\ \cos x=\dfrac{1-t^2}{1+t^2}$ 이므로

$$\int\frac{dx}{\sin x+\cos x}=\int\frac{1}{\dfrac{2t}{1+t^2}+\dfrac{1-t^2}{1+t^2}}\,\frac{2}{1+t^2}dt$$

$$=\int\frac{2}{1+2t-t^2}dt=2\int\frac{1}{2-(t-1)^2}dt$$

$$=\frac{1}{\sqrt{2}}\ln\left|\frac{\sqrt{2}+(t-1)}{\sqrt{2}-(t-1)}\right|+c$$

$$=\frac{1}{\sqrt{2}}\ln\left|\frac{\sqrt{2}-1+\tan\dfrac{x}{2}}{\sqrt{2}+1-\tan\dfrac{x}{2}}\right|+c$$

연습문제 4.7

1. 다음 정적분을 구하여라.

(1) $\displaystyle\int \frac{dx}{\sqrt{7+6x-x^2}}$ (2) $\displaystyle\int \sqrt{2x-x^2}\,dx$

(3) $\displaystyle\int \frac{dx}{\sqrt{x^2-6x+10}}$ (4) $\displaystyle\int \frac{e^x}{\sqrt{1+e^x+e^{2x}}}dx$

2. 다음에서 $\int f(x)dx$를 구하여라.

(1) $f(x)=\dfrac{1}{\sqrt{x}+\sqrt[3]{x}}$ (2) $f(x)=\dfrac{1+\sqrt{x}}{1-\sqrt{x}}$ (3) $f(x)=\dfrac{x\sqrt{x}}{x+1}$

(4) $f(x)=\dfrac{1}{x+\sqrt{x-1}}$ (5) $f(x)=\dfrac{1}{\sqrt{x}(1+\sqrt[3]{x})}$ (6) $f(x)=\dfrac{1}{x\sqrt{3x-2-x^2}}$

3. 다음을 구하여라.

(1) $\displaystyle\int \frac{1}{1+\sin x}dx$ (2) $\displaystyle\int e^x\sqrt{1-e^{2x}}\,dx$

4. 다음 함수의 부정적분을 구하여라.

(1) $f(x)=\dfrac{1}{2+\sin x}$ (2) $f(x)=\dfrac{1}{1+\sin x+\cos x}$

(3) $f(x)=\dfrac{1}{4\sin x-3\cos x}$ (4) $f(x)=\dfrac{\cos x}{2-\cos x}$

5. $\displaystyle\int \frac{dx}{a^2+x^2}=\frac{1}{a}\tan^{-1}\frac{x}{a}+c$ 임을 보여라.

6. $\displaystyle\int \sec^{-1}x\,dx = x\sec^{-1}x-\log|x+\sqrt{x^2-1}|+c$ 임을 보여라.

7. $\displaystyle\int \sin^{-1}x\,dx = x\sin^{-1}x+\sqrt{1-x^2}+c$ 임을 보여라.

8. 다음을 구하여라.

(1) $\displaystyle\int \sinh^{-1}x\,dx$ (2) $\displaystyle\int \mathrm{sech}^{-1}x\,dx$ (3) $f(x)=\dfrac{1+\cos x}{\sin^2 x}$

Chapter

05

정적분

5.1 리만적분의 정의

닫힌구간 $[1, 2]$에서 함수 $f(x)= x^2$을 생각해 보자. 그리고 $1 = x_0 < x_1 <\cdots< x_n = 2$와 $x_1 - x_0 = x_2 - x_1 = \cdots = x_n - x_{n-1} = \frac{1}{n}$의 조건을 만족하는 $n+1$ 개의 점들의 집합 $\{x_0, x_1, \cdots, x_n\}$을 생각하자. 그리고 $m_i = f(x_{i-1})$, $M_i = f(x_i)$라고 두고

$$\sum_{i=1}^{n} m_i(x_i - x_{i-1}) \text{ 및 } \sum_{i=1}^{n} M_i(x_i - x_{i-1})$$

을 생각하면, $\sum_{i=1}^{n} m_i(x_i - x_{i-1})$은 구간 $[1, 2]$을 소구간 $\{[x_{i-1}, x_i] : i = 1, 2, \cdots, n\}$으로 나누고 각 소구간에서 함수 $f(x)$의 아래쪽에 있는 사각형의 면적의 합과 같고 $\sum_{i=1}^{n} M_i(x_i - x_{i-1})$은 각 소구간에서 함수 $f(x)$의 위쪽에 있는 사각형의 면적의 합과 같게 될 것이다. 예를 들어 $\{x_0, x_1, \cdots, x_n\}$을 $\left\{1, \frac{4}{3}, \frac{5}{3}, 2\right\}$로 선택하면

$$\sum_{i=1}^{n} m_i(x_i - x_{i-1}) = 1 \cdot \frac{1}{3} + \frac{16}{9} \cdot \frac{1}{3} + \frac{25}{9} \cdot \frac{1}{3} = \frac{50}{27}$$

이고

$$\sum_{i=1}^{n} M_i(x_i - x_{i-1}) = \frac{16}{9} \cdot \frac{1}{3} + \frac{25}{9} \cdot \frac{1}{3} + 4 \cdot \frac{1}{3} = \frac{77}{27}$$

가 된다. 그리고 $\frac{7}{3}$이 다음의 성질을 갖는다는 것을 알 수 있다. 모든 자연수 n에 대해서도

$$\sum_{i=1}^{n} m_i(x_i - x_{i-1}) \le \frac{7}{3} \le \sum_{i=1}^{n} M_i(x_i - x_{i-1})$$

가 성립한다. 더욱이 자연수 n을 충분히 크게 택함으로써 위쪽 사각형의 합과 아래쪽 사각형의 합을 원하는 만큼 $\frac{7}{3}$에 접근시킬 수 있음을 알 수 있다. 따라서 이 곡선의 아래의 면적을 $\frac{7}{3}$이라고 정의하는 것은 타당할 것이다.

도함수와 적분에 관하여 두 개념 사이의 관계를 엄밀하게 정립한 사람은 영국의 수학자 뉴턴(Newton, 1642~1727)과 독일의 수학자 라이프니츠(Leibnitz, 1642~1716)였다. 그리고 적분기호 $\int$은 1675년 라이프니츠(Leibnitz)에 의하여 처음 사용되었으며 합을 의미하는 라틴어 "summa"의 첫 글자 s에서 유래되었다고 한다.

정의 1.1

실수집합 R에서 유계인 폐구간 $[a, b]$를 생각하자. 여기서

$$a = x_0 < x_1 < x_2 < \cdots < x_n = b$$

를 만족하는 유한순서집합 $P = \{x_0, x_1, \cdots, x_n\}$를 $[a,b]$의 분할(partition)이라 한다. 구간 $[a,b]$의 분할 $P = \{x_0, x_1, \cdots, x_n\}$에서 소구간 $[x_{i-1}, x_i]$의 길이를 Δx_i로 표기한다. 그리고 구간 $[a,b]$의 분할 $P = \{x_0, x_1, \cdots, x_n\}$가 $\Delta x_1 = \Delta x_2 = \cdots = \Delta x_n$일 때 P를 정규분할(regular partition)이라한다. P가 정규분할일 때 Δx_i를 Δx로 나타낸다. 구간 $[a, b]$의 두 분할 P, Q에 대해서 $P \subset Q$이면 Q를 P의 세분(refinement)이라 한다.

정의 1.2

유계함수 $f : [a, b] \to R$와 구간 $[a, b]$의 분할 $P = \{x_0, x_1, \cdots, x_n\}$가 주어져 있을 때, 모든 $i = 1, 2, \cdots, n$에 대해서

$$M_i = \sup \{f(x) | x_{i-1} \le x \le x_i\}$$
$$m_i = \inf \{f(x) | x_{i-1} \le x \le x_i\}$$

이라고 둘 때 $U(f; P) = \sum_{i=1}^{n} M_i \Delta x_i$를 f의 분할 P에 대한 위쪽합(상합, upper sum)이라 하고, $L(f; P) = \sum_{i=1}^{n} m_i \Delta x_i$를 f의 분할 P에 대한 아래쪽합(하합, lower sum)이라 한다.

참고 (1) 구간 $[a, b]$에서 유계인 함수 f에 대해서

$$M = \sup \{f(x) | a \le x \le b\}, \quad m = \inf \{f(x) | a \le x \le b\}$$

라 하고, P를 $[a, b]$의 임의의 분할이라 하면 다음 부등식이 성립한다.

$$m(b-a) \le L(f; P) \le U(f; P) \le M(b-a)$$

(2) 구간 $[a, b]$의 임의의 두 분할 P_1과 P_2에 대해서 $P = P_1 \cup P_2$라고 두면

$$L(f; P_1) \le L(f; P) \le U(f; P) \le U(f; P_2)$$

■

정의 1.3

유계함수 $f : [a, b] \to R$에 대해서

$$\sup \{L(f; P) | P\text{는 } [a, b]\text{의 분할}\}$$

을 f의 $[a,b]$에서의 하적분(lower integral)이라 하고 $\underline{\int_a^b} f(x)dx$로 나타낸다. 그리고

$$\inf\ \{U(f;P) | P\text{는 } [a,b]\text{의 분할}\}$$

을 f의 $[a,b]$에서의 상적분(upper integral)이라 하고 $\overline{\int_a^b} f(x)dx$ 로 나타낸다.
만약 $\underline{\int_a^b} f(x)dx = I = \overline{\int_a^b} f(x)dx$인 실수 I가 존재하면 함수 f는 $[a,b]$에서 적분가능(integrable)이라고 하고 I를 $x=a$에서 $x=b$까지 함수 f의 정적분(definite integral) 또는 Riemann적분이라고 하며

$$I = \int_a^b f(x)dx$$

로 나타낸다. 이 때 f를 피적분함수이라 하고 a를 이 정적분의 하단(lower limit) b를 상단(upper limit)이라고 부른다.

참고 (1) 구간 $[a,b]$의 임의의 두 분할 P_1와 P_2에 대해서 $L(f;P_1) \le U(f;P_2)$이므로 $[a,b]$에서의 모든 분할 P에 대한 집합 $\{L(f;P) | P\text{는 } [a,b]\text{의 분할}\}$은 위로유계이고 $\{U(f;P) | P\text{는 } [a,b]\text{의 분할}\}$은 아래로 유계이다. 그러므로 f의 하적분(lower integral)

$$\underline{\int_a^b} f(x)dx = sup\ \{L(f;P) | P\text{는 } [a,b]\text{의 분할}\}$$

와 상적분(upper integral)

$$\overline{\int_a^b} f(x)dx = inf\ \{U(f;P) | P\text{는 } [a,b]\text{의 분할}\}$$

는 잘 정의된다.

(2) 구간 $[a,b]$의 임의의 분할 P에 대하여

$$L(f,P) \le \underline{\int_a^b} f(x)dx \le \overline{\int_a^b} f(x)dx \le U(f,P)$$

가 성립함은 정의에 의해서 명백하다. ■

예제 1

상수함수 $f(x) = k$ (k는 상수)일 때 $\int_a^b k\,dx = k(b-a)$임을 증명하여라.

증명 구간 $[a, b]$의 임의의 분할 $P = \{x_0, x_1, \cdots, x_n\}$를 잡더라도

$$U(f\,;P) = \sum_{i=1}^{n} M_i \Delta x_i = \sum_{i=1}^{n} k\,\Delta x_i = k\sum_{i=1}^{n} \Delta x_i = k(b-a)$$

이고

$$L(f\,;P) = \sum_{i=1}^{n} m_i \Delta x_i = \sum_{i=1}^{n} k\,\Delta x_i = k\sum_{i=1}^{n} \Delta x_i = k(b-a)$$

이다. 따라서

$$\overline{\int_a^b} f\,dx = k(b-a), \quad \underline{\int_a^b} f\,dx = k(b-a)$$

가 된다. 그러므로 f는 적분가능이고 $\int_a^b k\,dx = k(b-a)$이다. ▣

예제 2

$f(x) = x \ (0 \le x \le 1)$일 때 $\int_0^1 f(x)dx = \frac{1}{2}$임을 증명하여라.

증명 구간 $[0, 1]$의 정규분할 $P_n = \{x_0,\, x_1,\, \cdots,\, x_n\}$를 생각하자. 그러면

$$M_i = \frac{i}{n}, \quad m_i = \frac{i-1}{n}, \quad \Delta x_i = \frac{1}{n}$$

이다. 따라서

$$L(f\,;P_n) = \sum_{i=1}^{n} m_i\, \Delta x_i = \frac{0+1+\cdots+(n-1)}{n^2} = \frac{(n-1)n}{2n^2} = \frac{1}{2}\left(1-\frac{1}{n}\right)$$

$$U(f\,;P_n) = \sum_{i=1}^{n} M_i\, \Delta x_i = \frac{1+2+\cdots+n}{n^2} = \frac{n(n+1)}{2n^2} = \frac{1}{2}\left(1+\frac{1}{n}\right)$$

이다. 또 상적분과 하적분의 정의에 의하여

$$\inf\ \{U(f\,;P_n)\,|\,n = 1, 2, \cdots\} \ge \overline{\int_0^1} f(x)\,dx$$

$$\sup\ \{L(f\,;P_n)\,|\,n = 1, 2, \cdots\} \le \underline{\int_0^1} f(x)\,dx$$

이다. 여기서 $\{L(f;P_n)\}$은 단조증가수열이고 $\{U(f;P_n)\}$은 단조감소수열이므로

$$\inf\ \{U(f;P_n) \mid n=1,2,\cdots\} = \lim_{n\to\infty} U(f;P_n) = \lim_{n\to\infty} \frac{1}{2}\left(1+\frac{1}{n}\right) = \frac{1}{2}$$

$$\sup\ \{L(f;P_n) \mid n=1,2,\cdots\} = \lim_{n\to\infty} L(f;P_n) = \lim_{n\to\infty} \frac{1}{2}\left(1-\frac{1}{n}\right) = \frac{1}{2}$$

이다. 따라서 $\overline{\int_0^1} f(x)dx \le \frac{1}{2} \le \underline{\int_0^1} f(x)dx$ 이다. 즉 $\int_0^1 f(x)dx = \frac{1}{2}$ 이다. ■

예제 3

함수 $f:[a,b]\to R$가 다음과 같이 정의되어 있다고 하자.

$$f(x) = \begin{cases} 1 & \text{if } x\text{는 유리수} \\ 0 & \text{if } x\text{는 무리수} \end{cases}$$

이 때 함수 f가 $[a,b]$에서 리만적분가능이 아님을 보여라.

증명 구간 $[a,b]$의 임의의 분할 $P=\{x_0,\ x_1,\cdots,x_n\}$를 잡더라도 모든 $i=1,2,\cdots,n$에 대해서 $M_i=1,\ m_i=0$이다. 따라서

$$U(f;P) = \sum_{i=1}^{n} M_i \Delta x_i = \sum_{i=1}^{n} \Delta x_i = b-a\ ,\quad L(f;P) = \sum_{i=1}^{n} m_i \Delta x_i = \sum_{i=1}^{n} 0\,\Delta x_i = 0$$

이다. 따라서

$$\underline{\int_a^b} f\,dx \ne \overline{\int_a^b} f\,dx$$

가 된다. 그러므로 f는 리만적분가능이 아니다. ■

정리 1.4

유계함수 $f:[a,b]\to R$가 정적분가능할 필요충분조건은 다음과 같다.

「임의의 $\epsilon>0$에 대해서 분할 P가 존재하여 $U(f;P)-L(f;P)<\epsilon$를 만족한다.」

참고 (1) 이 정리는 어떤 함수가 정적분 가능한지를 알아보는 중요한 정리로서 코시 판정법이라 부른다. 증명은 기초해석학에서 다루어진다.

(2) 닫힌구간 $[a,b]$에서 정의된 연속함수나 유계단조함수는 정적분 가능하다. 이 정리의 증명도 해석학에서 상세히 다루어진다. ■

정리 1.5

함수 $f:[a,b]\to R$가 연속이고, 모든 $k=1,2,\cdots,n$에 대해서

$$a+\frac{(b-a)(k-1)}{n}\le \xi_k \le a+\frac{(b-a)k}{n}$$

이면 $\int_a^b f(x)dx = \lim_{n\to\infty}\frac{b-a}{n}\sum_{k=1}^{n} f(\xi_k)$이다.

증명 $P_n=\{x_0,x_1,\cdots,x_n\}$을 $[a,b]$의 정규분할이라 하자. 그러면 모든 $k=1,2,\cdots,n$에 대해서

$$x_{k-1}=a+\frac{(b-a)(k-1)}{n},\quad x_k=a+\frac{(b-a)k}{n}$$

이다. 그리고 f가 $[a,b]$에서 연속이므로 균등연속이다.

임의의 $\epsilon>0$이 있다고 하자. 이 때 $\epsilon'=\dfrac{\epsilon}{b-a}$이라 하자.

그러면 $\delta>0$가 존재하여 $|x-y|<\delta$이면 $|f(x)-f(y)|<\epsilon$이다. 그리고

$$M_i=\sup\ \{f(x)|\,x_{i-1}\le x\le x_i\},\quad m_i=\inf\ \{f(x)|x_{i-1}\le x\le x_i\}$$

라고 두면, 모든 $k=1,2,\cdots,n$에 대해서 함수 f가 $[x_{k-1},x_k]$에서 연속이므로

$$f(\hat{x}_k)=M_k,\ f(\tilde{x}_k)=m_k$$

를 만족하는 $\hat{x}_k,\ \tilde{x}_k\in[x_{k-1},x_k]$가 존재한다. 따라서 모든 $k=1,2,\cdots,n$에 대해서

$$|\hat{x}_k-\xi_k|\le x_k-x_{i-1}=\frac{b-a}{n},\quad |\tilde{x}_k-\xi_k|\le x_k-x_{k-1}=\frac{b-a}{n}$$

이다. 여기서 $\dfrac{b-a}{K}<\delta$인 $K\in N$을 택하자. 이 때 $n\ge K$이면 $\dfrac{b-a}{n}\le\dfrac{b-a}{K}<\delta$이므로 $|\hat{x}_k-\xi_k|<\delta$이다. 따라서

$$\begin{aligned}\left|\frac{b-a}{n}\sum_{k=1}^{n}f(\xi_k)-U(f;P_n)\right| &= \left|\frac{b-a}{n}\sum_{k=1}^{n}f(\xi_k)-\frac{b-a}{n}\sum_{k=1}^{n}M_k\right| \\ &= \frac{b-a}{n}\left|\sum_{k=1}^{n}(f(\xi_k)-M_k)\right| \\ &= \frac{b-a}{n}\left|\sum_{k=1}^{n}\big(f(\xi_k)-f(\hat{x}_k)\big)\right| < \frac{b-a}{n}\sum_{k=1}^{n}\epsilon'=\epsilon \\ &\Rightarrow -\epsilon<\frac{b-a}{n}\sum_{k=1}^{n}f(\xi_k)-U(f;P_n)<\epsilon\end{aligned}$$

$$\Rightarrow U(f;P_n)-\epsilon < \frac{b-a}{n}\sum_{k=1}^{n} f(\xi_k)$$

같은 방법으로 $n \ge K$이면

$$\frac{b-a}{n}\sum_{k=1}^{n} f(\xi_k) < L(f;P_n)+\epsilon$$

을 보일 수 있다. 그러므로

$$n \ge K \Rightarrow U(f;P_n)-\epsilon < \frac{b-a}{n}\sum_{k=1}^{n} f(\xi_k) < L(f;P_n)+\epsilon$$

그리고 항상

$$L(f;P_n) \le \int_a^b f(x)\,dx \le U(f;P_n)$$

이므로

$$(U(f;P_n)-\epsilon)-U(f;P_n) < \frac{b-a}{n}\sum_{k=1}^{n} f(\xi_k) - \int_a^b f(x)dx < (L(f;P_n)+\epsilon)-L(f;P_n)$$

따라서 $n \ge K$이면

$$\left|\frac{b-a}{n}\sum_{k=1}^{n} f(\xi_k) - \int_a^b f(x)\,dx\right| < \epsilon$$

이다. 그러므로 $\int_a^b f(x)dx = \lim_{n\to\infty}\frac{b-a}{n}\sum_{k=1}^{n} f(\xi_k)$이다. ■

참고 이 정리의 덕택으로 연속함수 $f:[a,b]\to R$의 정적분은 다음과 같이 계산가능하다. 이 정리의 결과를 정적분의 정의로 사용하기도 한다. 즉

(1) $\int_a^b f(x)dx = \lim_{n\to\infty}\frac{b-a}{n}\sum_{k=1}^{n} f(\xi_k)\left(a+\frac{(b-a)(k-1)}{n} \le \xi_k \le a+\frac{(b-a)k}{n}\right)$

(2) $\int_a^b f(x)dx = \lim_{n\to\infty}\frac{b-a}{n}\sum_{k=1}^{n} f\left(a+\frac{(b-a)(k-1)}{n}\right) = \lim_{n\to\infty}\frac{b-a}{n}\sum_{k=1}^{n} f(x_{k-1})$

(3) $\int_a^b f(x)dx = \lim_{n\to\infty}\frac{b-a}{n}\sum_{k=1}^{n} f\left(a+\frac{(b-a)k}{n}\right) = \lim_{n\to\infty}\frac{b-a}{n}\sum_{k=1}^{n} f(x_k)$ ■

예제 4

다음 극한값을 정적분으로 표시하여라.

$$\lim_{n\to\infty}\frac{1}{n}\left(1+\sqrt{1+\frac{1}{n}}+\sqrt{1+\frac{2}{n}}+\cdots+\sqrt{1+\frac{n-1}{n}}\right)$$

풀이

$$\frac{1}{n}\left(1+\sqrt{1+\frac{1}{n}}+\sqrt{1+\frac{2}{n}}+\cdots+\sqrt{1+\frac{n-1}{n}}\right)=\frac{1}{n}\left(\sum_{k=1}^{n}\sqrt{1+\frac{k-1}{n}}\right)$$

이므로 $a=0,\ b=1, \Delta x=\dfrac{b-a}{n}=\dfrac{1}{n},\ f(x)=\sqrt{1+x}$ 로 잡으면

$$\begin{aligned}\lim_{n\to\infty}\frac{1}{n}\left(1+\sqrt{1+\frac{1}{n}}+\sqrt{1+\frac{2}{n}}+\cdots+\sqrt{1+\frac{n-1}{n}}\right)&\\ =\lim_{n\to\infty}\frac{1}{n}\left(\sum_{k=1}^{n}\sqrt{1+\frac{k-1}{n}}\right)&\\ =\lim_{n\to\infty}\frac{b-a}{n}\left(\sum_{k=1}^{n}f\left(a+\frac{(b-a)(k-1)}{n}\right)\right)&\\ =\int_0^1\sqrt{1+x}\,dx&\end{aligned}$$

예제 5

정적분의 정의에 의해서 $\int_0^1 x^2dx$를 구하여라.

풀이

$$a-0,\ b=1,\ \Delta x=\frac{1-0}{n}=\frac{1}{n},\ \xi_k=0+k\Delta x=\frac{k}{n},\ f(x)=x^2$$

이라고 두면

$$\sum_{k=1}^{n}f(\xi_k)\Delta x=\sum_{k=1}^{n}\left(\frac{k}{n}\right)^2\frac{1}{n}=\frac{1}{6}\left(1+\frac{1}{n}\right)\left(2+\frac{1}{n}\right)$$

이다. 따라서

$$\int_0^1 f(x)dx=\lim_{n\to\infty}\sum_{k=1}^{n}f(\xi_k)\Delta x=\frac{1}{3}$$

이다.

예제 6

정적분 $\int_1^4 (2x^3-5x)dx$을 계산하여라.

풀이

$f(x)=2x^3-5x$, $a=1$이고 $b=4$이라고 두면 함수 f가 연속이므로 적분가능이다. 여기서 $\Delta x=\dfrac{b-a}{n}=\dfrac{3}{n}$, $\xi_k=a+k\Delta x=1+\dfrac{3k}{n}$이므로

$$\int_1^4(2x^3-5x)dx=\lim_{n\to\infty}\left(\sum_{k=1}^{n}f(1+\frac{3k}{n})\right)\frac{3}{n}=\lim_{n\to\infty}\frac{3}{n}\sum_{k=1}^{n}\left(2\left(1+\frac{3k}{n}\right)^3-5\left(1+\frac{3k}{n}\right)\right)$$

$$=\lim_{n\to\infty}\frac{3}{n}\sum_{k=1}^{n}\left(-3+3\frac{k}{n}+54\frac{k^2}{n^2}+54\frac{k^3}{n^3}\right)$$

$$=\lim_{n\to\infty}\left[\frac{3}{n}\sum_{k=1}^{n}(-3)+\frac{9}{n^2}\sum_{k=1}^{n}k+\frac{162}{n^3}\sum_{k=1}^{n}k^2+\frac{162}{n^4}\sum_{i=1}^{n}k^3\right)$$

$$=\lim_{n\to\infty}\left\{\frac{3}{n}(-3)n+\frac{9}{n^2}\frac{n(n+1)}{2}+\frac{162}{n^3}\frac{n(n+1)(2n+1)}{6}+\frac{162}{n^4}\left[\frac{n(n+1)}{2}\right]^2\right\}$$

$$=\lim_{n\to\infty}\left\{-9+\frac{9}{2}\cdot1\cdot\left(1+\frac{1}{n}\right)+27\cdot1\cdot\left(1+\frac{1}{n}\right)\left(2+\frac{1}{n}\right)+\frac{81}{2}\left[1\left(1+\frac{1}{n}\right)^2\right]\right\}$$

$$=-9+\frac{9}{2}+27\cdot2+\frac{81}{2}=90$$

정의 1.6

함수 f가 구간 $[a,b]$에서 적분가능하면 다음과 같이 정의한다.

(i) $\int_a^b f(x)dx=-\int_b^a f(x)dx$

(ii) $\int_a^a f(x)dx=0$

연습문제 5.1

1. 다음 함수의 $L(f;P)$와 $U(f;P)$를 구하여라.

(1) $f(x)=2x,\ x\in[0,1]:\ P=\left\{0,\frac{1}{4},\frac{1}{2},1\right\}$

(4) $f(x)=1-x^2,\ x\in[0,1]:\ P=\left\{0,\frac{1}{4},\frac{1}{2},1\right\}$

2. 임의의 상수 c와 임의의 수 $a,b\ (a<b)$에 대하여 다음을 증명하여라.

(1) $\int_a^b cx\,dx=\frac{c}{2}(b^2-a^2)$　　(2) $\int_a^b cx^2\,dx=\frac{c}{3}(b^3-a^3)$

3. 문제2번을 이용하여 다음 정적분을 구하여라.

(1) $\int_2^6 -\frac{1}{2}x\,dx$　　(2) $\int_0^1 \pi x^2\,dx$

4. 주어진 함수 f와 주어진 구간 위의 x축과 이루는 영역의 면적 A를 구하여라.

(1) $f(x)=x^{\frac{1}{2}};\ [1,4]$　　(2) $f(x)=\frac{1}{x};\ \left[\frac{1}{e},1\right]$

5. n 이 홀수의 자연수일 때 $\int_{-1}^{1} x^n dx=0$ 임을 증명하여라.

6. n 이 짝수의 자연수일 때 $\int_{-1}^{1} x^n dx=\frac{2}{n+1}$ 임을 증명하여라.

7. 다음 극한값을 정적분으로 표시하여라.

(1) $\lim_{n\to\infty}\frac{1}{n^{2/3}}(1+\sqrt{2}+\sqrt{3}+\cdots+\sqrt{n})$

(2) $\lim_{n\to\infty}\left(\frac{1}{\sqrt{n^2+n}}+\frac{1}{\sqrt{n^2+2n}}+\cdots+\frac{1}{\sqrt{n^2+n^2}}\right)$

(3) $\lim_{n\to\infty}\left(1+\sqrt{1+\frac{1}{n}}+\sqrt{1+\frac{2}{n}}+\cdots+\sqrt{1+\frac{n-1}{n}}\right)$

5.2 리만적분의 성질

정리 2.1

만약 함수 f와 g가 구간 $[a, b]$에서 적분가능이고 k가 상수이면 $kf(x)$와 $f(x) \pm g(x)$도 적분가능이고 다음 적분공식이 성립한다.

$$\int_a^b kf(x)dx = k\int_a^b f(x)dx \quad (k\text{는 상수})$$

$$\int_a^b (f(x) \pm g(x))dx = \int_a^b f(x)dx \pm \int_a^b g(x)dx$$

증명 $P_n = \{x_0, x_1, \cdots, x_n\}$을 $[a, b]$의 정규분할이라 하면 $\Delta x = \dfrac{b-a}{n}$, $x_i = a + \dfrac{i(b-a)}{n}$ 이므로

$$\int_a^b f(x)dx = \lim_{n\to\infty} \frac{b-a}{n} \sum_{i=1}^n f(x_i)$$

이다. 따라서

$$\int_a^b kf(x)dx = \lim_{n\to\infty} \frac{b-a}{n} \sum_{i=1}^n kf(x_i) = k\lim_{n\to\infty} \frac{b-a}{n} \sum_{i=1}^n f(x_i) = k\int_a^b f(x)dx$$

$$\begin{aligned}\int_a^b (f(x) \pm g(x))dx &= \lim_{n\to\infty} \frac{b-a}{n} \sum_{i=1}^n (f(x_i) \pm g(x_i)) \\ &= \lim_{n\to\infty} \frac{b-a}{n} \sum_{i=1}^n f(x_i) \pm \lim_{n\to\infty} \frac{b-a}{n} \sum_{i=1}^n g(x_i) \\ &= \int_a^b f(x)dx \pm \int_a^b g(x)dx\end{aligned}$$

■

정리 2.2

함수 f가 구간 $[a, b]$에서 리만적분가능이고 $a \le c < d \le b$이면 f는 $[c, d]$에서 리만적분가능이다.

증명 함수 f가 구간 $[a, b]$에서 리만적분가능이므로 임의로 주어진 $\epsilon > 0$에 대해서

$$U(f\,;P) - L(f\,;P) < \epsilon$$

를 만족하는 $[a, b]$의 분할 P가 존재한다. 여기서 $P^* = P \cup \{c, d\}$라고 두면 P^*는 P의 세분이 된다. 따라서

$$U(f,P^*)-L(f,P^*) \le U(f,P)-L(f,P)$$

가 된다. 여기서 $P_\epsilon = [c,d] \cap P^*$라고 두면 P_ϵ는 $[c,d]$의 분할이고

$$U(f,P_\epsilon)-L(f,P_\epsilon) \le U(f,P^*)-L(f,P^*)$$

이다. 그러므로 $U(f,P_\epsilon)-L(f,P_\epsilon) < \epsilon$이고, 리만판정법에 의해서 f는 $[c,d]$에서 리만적분가능이다. ▣

정리 2.3

함수 f가 구간 $[a,b]$에서 리만적분가능이고 $a<c<b$이면 다음이 성립한다.

$$\int_a^b f(x)dx = \int_a^c f(x)dx + \int_c^b f(x)dx$$

증명 함수 f가 구간 $[a,c]$와 $[c,b]$에서 리만적분가능이므로, 임의의 $\epsilon>0$에 대해서 $[a,c]$의 분할 P_1과 $[c,b]$의 분할 P_2가 존재해서

$$U(f\,;P_1)-L(f\,;P_1) < \frac{\epsilon}{2},\ \ U(f\,;P_2)-L(f\,;P_2) < \frac{\epsilon}{2}$$

를 만족한다. 여기서 $P=P_1\cup P_2$라고 두면 P는 $[a,b]$의 분할이고

$$U(f\,;P)=U(f\,;P_1)+U(f\,;P_2),\quad L(f\,;P)=L(f\,;P_1)+L(f\,;P_2)$$

이므로

$$U(f\,;P)-L(f\,;P) < \frac{\epsilon}{2}+\frac{\epsilon}{2}=\epsilon$$

이다. 그리고 리만적분의 정의에 의해서

$$L(f\,;P_1) \le \int_a^c f(x)dx \le U(f\,;P_1),\quad L(f\,;P_2) \le \int_c^b f(x)dx \le U(f\,;P_2)$$

이므로

$$\begin{aligned} L(f;P) &= L(f\,;P_1)+L(f\,;P_2) \\ &\le \int_a^c f(x)dx + \int_c^b f(x)dx \le U(f\,;P_1)+U(f\,;P_2) = U(f;P) \end{aligned}$$

이다. 또한 정적분의 정의에 의해서

$$L(f\,;P) \le \int_a^b f(x)dx \le U(f\,;P)$$

이므로

$$\left|\left(\int_a^c f(x)dx + \int_c^b f(x)dx\right) - \int_a^b f(x)dx\right| \le U(f\,;P) - L(f\,;P) < \epsilon$$

가 된다. 그러므로 $\int_a^b f(x)dx = \int_a^c f(x)dx + \int_c^b f(x)dx$ 이다. ▣

참고 f는 $[a,b]$에서 리만적분가능이고 $a<c<b$일 때 다음이 성립한다.

$$\int_c^b f(x)dx = \int_c^a f(x)dx + \int_a^b f(x)dx, \quad \int_a^c f(x)dx = \int_a^b f(x)dx + \int_b^c f(x)dx$$

왜야하면 정리 2.3에서 $\int_a^b f(x)dx = \int_a^c f(x)dx + \int_c^b f(x)dx$ 이므로

$$\int_c^b f(x)dx = \int_a^b f(x)dx - \int_a^c f(x)dx = \int_c^a f(x)dx + \int_a^b f(x)dx$$
$$\int_a^c f(x)dx = \int_a^b f(x)dx - \int_c^b f(x)dx = \int_a^b f(x)dx + \int_b^c f(x)dx$$

임을 알 수 있다. ■

예제 1

함수 $f(x) = \begin{cases} x & (1 \le x \le 2) \\ 2 & (2 \le x \le 3) \end{cases}$ 일 때 $\int_a^b f(x)dx$를 계산하여라.

풀이

함수 f가 구간 $[1,3]$에서 연속이므로 적분가능이다. 정리2.2에 의해서

$$\int_1^3 f(x)dx = \int_1^2 f(x)dx + \int_2^3 f(x)dx$$

이다. 또한

$$\int_1^2 f(x)dx = \int_1^2 xdx = \lim_{n\to\infty}\frac{1}{n}\sum_{k=1}^{n}\left(1+\frac{k}{n}\right) = \lim_{n\to\infty}\frac{1}{n}\left(n+\frac{1+2+\cdots+n}{n}\right) = \frac{3}{2},$$
$$\int_2^3 f(x)dx = \int_2^3 2dx = 2(3-2) = 2$$

이므로

$$\int_1^3 f(x)dx = \int_1^2 f(x)dx + \int_2^3 f(x)dx = \frac{3}{2} + 2 = \frac{7}{2}$$

이다.

예제 2

$\int_{1}^{-2}|x|dx$를 계산하여라.

풀이

$$\begin{aligned}\int_{1}^{-2}|x|dx &= \int_{1}^{0}|x|dx+\int_{0}^{-2}|x|dx = \int_{1}^{0}xdx+\int_{0}^{-2}-xdx \\ &= \int_{1}^{0}xdx+\int_{0}^{-2}-xdx = -\int_{0}^{1}xdx+\int_{-2}^{0}xdx \\ &= -\lim_{n\to\infty}\frac{1}{n}\sum_{k=1}^{n}\frac{k}{n}+\lim_{n\to\infty}\frac{2}{n}\sum_{k=1}^{n}\left(-2+\frac{2k}{n}\right)= -\frac{1}{2}-2=-\frac{5}{2}\end{aligned}$$

정리 2.4

만약 함수 $f(x)$와 $g(x)$가 구간 $[a,b]$에서 적분가능이고 $f(x)\ge g(x)$이면

$$\int_{a}^{b}f(x)dx \ge \int_{a}^{b}g(x)dx$$

이다. 특히 $[a,b]$에서 $f(x)\ge 0$이면 $\int_{a}^{b}f(x)dx \ge 0$이다.

증명 만약 $f(x)\ge g(x)$이면 $f(x)-g(x)\ge 0$이므로 정적분의 정의에 의해서

$$\int_{a}^{b}(f(x)-g(x))\,dx \ge 0$$

이다. 따라서 정리 2.1에 의해서

$$\int_{a}^{b}f(x)dx \ge \int_{a}^{b}g(x)\,dx$$

이다. ■

예제 3

부등식 $\int_{0}^{\frac{\pi}{2}}e^{-x}dx \le \int_{0}^{\frac{\pi}{2}}e^{-\sin x}dx$를 증명하여라.

풀이

$0\le x\le\frac{\pi}{2}$에서는 $0\le \sin x\le x$이므로 $e^{\sin x}\le e^{x}$이고 $e^{-x}\le e^{-\sin x}$이다. 따라서

$$\int_0^{\frac{\pi}{2}} e^{-x}dx \le \int_0^{\frac{\pi}{2}} e^{-\sin x}dx$$

다음 정리의 증명은 기초해석학에서 상세하게 다루고 여기서는 그 결과를 활용하기로 한다.

정리 2.5

$f:[a,b]\to R$가 적분가능이고 $g:[\alpha,\beta]\to R$가 연속이고 $f([a,b])\subset[\alpha,\beta]$이면 합성함수 $g\circ f:[a,b]\to R$에서 적분가능이다.

정리 2.6

만약 함수 f가 구간 $[a,b]$에서 적분가능이면 $|f|$도 적분가능이고

$$\left|\int_a^b f(x)dx\right| \le \int_a^b |f(x)|dx$$

이다.

증명 가정에서 f가 $[a,b]$에서 적분가능이고 $||:R\to R$은 연속함수이므로 합성함수 $|f|:[a,b]\to R$은 적분가능임을 알 수 있다.

다음으로 부등식 $\left|\int_a^b f(x)dx\right| \le \int_a^b |f(x)|dx$을 증명해보자.

모든 x에 대해서 $-|f(x)|\le f(x)\le |f(x)|$이므로 정리 2.4에 의해서

$$-\int_a^b |f(x)|dx \le \int_a^b f(x)dx \le \int_a^b |f(x)|dx$$

이다. 따라서

$$\left|\int_a^b f(x)dx\right| \le \int_a^b |f(x)|dx$$

이다. ■

정리 2.7 **적분의 평균값 정리**

함수 $f(x)$가 구간 $[a,b]$에서 연속이면 다음 등식을 만족하는 점 c가 적어도 하나 존재한다.

$$\int_a^b f(x)dx = f(c)(b-a),\ \ a\le c\le b$$

증명 $f(x)$가 구간 $[a, b]$에서 연속이므로 $f(x)$는 $[a, b]$에서 적분가능이며, 또한 $[a, b]$에서 $f(x)$의 상한 M과 하한 m을 갖는다.

따라서 모든 $x \in [a, b]$에 대해서 $m \le f(x) \le M$이다. 정리 2.3에 의해서

$$m(b-a) \le \int_a^b f(x)dx \le M(b-a)$$

이다. 따라서

$$m \le \frac{1}{(b-a)} \int_a^b f(x)\,dx \le M$$

이다. $f(x)$가 $[a, b]$에서 연속이므로 중간값의 정리에 의해서

$$\frac{1}{(b-a)} \int_a^b f(x)\,dx = f(c), \quad (a \le c \le b)$$

를 만족하는 점 c가 적어도 하나 존재한다. ▣

참고 두 함수 f와 g가 구간 $[a, b]$에서 적분가능이면 fg는 적분가능이고, g의 하한은 양수인 경우 $\frac{f}{g}$도 적분가능이다. 이 정리의 증명도 기초해석학에서 다루어진다. ■

정리 2.8

함수 f가 $[a, b]$에서 적분가능이면, $[a, b]$에서

$$F(x) = \int_a^x f(t)dt \quad (a \le x \le b)$$

로 정의된 함수 $F : [a, b] \to R$은 연속이다.

증명 x와 $x+h$가 폐구간 $[a, b]$에 속하면

$$\begin{aligned} F(x+h) - F(x) &= \int_a^{x+h} f(t)dt - \int_a^x f(t)dt \\ &= \int_a^{x+h} f(t)dt + \int_x^a f(t)dt = \int_x^{x+h} f(t)dt \end{aligned}$$

이다. 구간 $[a, b]$에서 $|f(x)|$의 상한을 M이라 하면

$$\left| \int_x^{x+h} f(t)\,dt \right| \le \int_x^{x+h} |f(t)|\,dt \le M|h|$$

이다. 그러므로

$$\lim_{h \to 0} F(x+h) = F(x)$$

이다. ■

정리 2.9

함수 f가 폐구간 $[a, b]$에서 연속이면, 함수

$$F(x) = \int_a^x f(t)dt \quad (a \leq x \leq b)$$

는 개구간 (a, b)에서 미분가능이고 $F'(x) = f(x)$이다.

증명 x와 $x+h$가 개구간 (a, b)에 속하면,

$$\begin{aligned} F(x+h) - F(x) &= \int_a^{x+h} f(t)dt - \int_a^x f(t)dt \\ &= \int_a^{x+h} f(t)dt + \int_x^a f(t)dt \\ &= \int_x^{x+h} f(t)dt \end{aligned}$$

이다. 적분의 평균값 정리에 의해서 0과 1사이에 적당한 θ가 존재하여

$$\int_x^{x+h} f(t)dt = hf(x+\theta h)$$

이다. 즉

$$F(x+h) - F(x) = hf(x+\theta h)$$

이다. 여기서 f가 연속이므로

$$F'(x) = \lim_{h \to 0} \frac{F(x+h) - F(x)}{h} = \lim_{h \to 0} f(x+\theta h) = f(x)$$

이다. ■

정리 2.10 **미적분학의 기본정리**

함수 f가 폐구간 $[a, b]$ 위에서 연속이고 함수 F가 f의 원시함수 중 하나이면

$$\int_a^b f(t)dt = F(b) - F(a)$$

이다.

증명 정리 2.9에 의하여 $G(x)=\int_a^x f(t)dt$ 가 $[a,b]$에서 f의 원시함수 중 하나이므로 만약 F가 $[a,b]$에서 f의 원시함수이면 $G(x)$와 $F(x)$는 $[a,b]$에서 연속이고 $G'(x)=F'(x)$이다. 그러므로 $G(x)=F(x)+C$이다. (C는 상수)
한편 $G(a)=0$이므로 $F(a)+C=0$이다. 따라서 $F(a)=-C$이다.
그러므로 임의의 $x\in[a,b]$에 대하여

$$G(x)=F(x)+C=F(x)-F(a)$$

이다. 특히, $x=b$일 때

$$G(b)=F(b)-F(a) \ \ \text{즉,}\ \ G(b)=\int_a^b f(t)dt$$

이므로 위 정리는 증명되었다. □

참고 위 정리에서 $F(b)-F(a)$를 $[F(x)]_a^b$ 또는 $F(x)|_a^b$ 등으로 쓰기도 한다. ■

예제 4

다음 정적분을 구하여라.

(1) $\int_{-1}^{2} e^x dx$ (2) $\int_0^{\pi} 3\cos x dx$

풀이

(1) $\int_{-1}^{2} e^x dx=[e^x]_{-1}^2=e^2-e^{-1}$

(2) $\int_0^{\pi} 3\cos x dx=3[\sin x]_0^{\pi}=0$

예제 5

$n\ge 2$인 양의 정수일 때 다음 부등식을 증명하여라.

$$\ln(n+1)<1+\frac{1}{2}+\cdots+\frac{1}{n}<1+\ln n$$

증명 $k-1<x<k$이면 $\frac{1}{k}<\frac{1}{x}<\frac{1}{k-1}$ $(k=2,3,\cdots)$이므로

$$\int_{k-1}^{k}\frac{1}{k}dx<\int_{k-1}^{k}\frac{1}{x}dx<\int_{k-1}^{k}\frac{1}{k-1}dx$$

이다. 따라서 모든 $k=2,3,\cdots$에 대해서 $\frac{1}{k}<\ln\frac{k}{k-1}<\frac{1}{k-1}$이다. 그러므로

$$1+\frac{1}{2}+\cdots+\frac{1}{n}=1+\sum_{k=2}^{n}\frac{1}{k}<1+\sum_{k=2}^{n}\ln\frac{k}{k-1}=1+\ln n$$

$$\sum_{k=2}^{n+1}\ln\frac{k}{k-1}=\ln(n+1)<\sum_{k=2}^{n+1}\frac{1}{k-1}=1+\frac{1}{2}+\cdots+\frac{1}{n}$$

가 성립한다. ▣

예제 6

$f(x)=\sin^2x+\int_{-\pi}^{\pi}f(x)dx$를 만족하는 함수 $f(x)$를 구하여라.

풀이

$\int_{-\pi}^{\pi}f(x)dx$는 상수이므로 양변을 미분하면 $f'(x)=2\sin x\cos x=\sin 2x$이다.

$f(x)=\int\sin 2x dx=-\frac{1}{2}\cos 2x+C$이다. 이것을 위식에 대입하면

$$-\frac{1}{2}\cos 2x+C=\sin^2x+\int_{-\pi}^{\pi}\left(-\frac{1}{2}\cos 2x+C\right)dx=\sin^2x-\frac{1}{2}\int_{-\pi}^{\pi}(\cos 2x-2C)dx$$
$$=\sin^2x-\frac{1}{2}\left[\frac{1}{2}\sin 2x-2Cx\right]_{-\pi}^{\pi}=\sin^2x+2\pi C$$

이다. 따라서

$$C=\frac{-\frac{1}{2}\cos 2x-\sin^2x}{2\pi-1}=\frac{-\frac{1}{2}(1-2\sin^2x)-\sin^2x}{2\pi-1}=-\frac{1}{2(2\pi-1)}$$

이다. 그러므로

$$\begin{aligned}f(x)&=-\frac{1}{2}\cos 2x-\frac{1}{2(2\pi-1)}\\&=-\frac{1}{2}(\cos^2x-\sin^2x)-\frac{1}{2(2\pi-1)}\\&=-\frac{1}{2}+\sin^2x-\frac{1}{2(2\pi-1)}\\&=\sin^2x-\frac{\pi}{2\pi-1}\end{aligned}$$

이다.

연습문제 5.2

1. 다음을 계산하여라.

(1) $\displaystyle\int_0^1 (x-1)(x-2)(x-3)dx$

(2) $\displaystyle\int_0^1 \frac{6\sqrt{x+1}}{5}dx$

(3) $\displaystyle\int_4^6 f(x)dx,\ \left(\text{단},\ f(x)=\begin{cases}2x, & 4\le x\le 5\\ 20-2x, & 5<x\le 6\end{cases}\right)$

(4) $\displaystyle\int_1^{-1} (|2x|-2x)dx$

2. 다음을 만족시키는 α 를 구하여라.

(1) $\displaystyle\int_0^1 (t-\alpha t^2)dt=0$

(2) $\displaystyle\int_1^0 (t+\alpha t^2)dt=0$

3. $H'(x)$를 구하여라.

(1) $\displaystyle H(x)=\int_1^{x^2}\frac{dt}{t}$

(2) $\displaystyle H(x)=\int_1^{1+x^2}\frac{dt}{\sqrt{2t+5}}$

4. 다음을 증명하여라.

(1) $\displaystyle 0\le\int_0^1 \sin x^2 dx\le\frac{1}{3}$

(2) $\displaystyle 0\le\int_0^{\frac{\pi}{6}} \sin^{\frac{3}{2}}x\, dx\le\frac{2}{5}\left(\frac{\pi}{6}\right)^{\frac{5}{2}}$

5. $[0,a]$에서 함수 f는 적분가능이고 $f(x)=f(a-x)$일 때 다음을 증명하여라.

$$\int_0^a f(x)dx=2\int_0^{\frac{a}{2}} f(x)dx$$

6. $[-a,a]$에서 적분가능인 함수 f에 대하여 다음을 증명하여라.

(1) f가 우함수이면 $\displaystyle\int_{-a}^a f(x)dx=2\int_0^a f(x)dx$

(2) f가 기함수이면 $\displaystyle\int_{-a}^a f(x)dx=0$

7. $[a,b]$에서 적분가능인 함수 f에 f^+와 f^-를 다음과 같이 정의하자.

$$f^+(x)=\begin{cases} f(x) & (f(x)>0) \\ 0 & (f(x)\le 0) \end{cases}, \quad f^-(x)=\begin{cases} 0 & (f(x)\ge 0) \\ -f(x) & (f(x)<0) \end{cases}$$

이 때 f^+와 f^-가 적분가능임을 증명하여라.

8. $\int_a^x f(t)dt = e^{2x}+3e^x+2$를 만족하는 상수 a를 구하여라.

9. $F(x)=\int_{-1}^x (1-|t|)dt$를 구하여라.

10. 다음 정적분 값을 구하여라.

(1) $\int_1^4 (1+\sqrt[3]{x})dx$

(2) $\int_0^{\frac{\pi}{2}} \frac{\cos\theta}{1+\sin^2\theta}d\theta$

(3) $\int_{-1}^1 |x(x-2)|dx$

(4) $\int_0^{\pi} (|\sin\theta|+|\cos 2\theta|)d\theta$

5.3 이상적분

정적분 $\int_a^b f(x)dx$를 정의할 때 적분한계 a와 b는 유한이고 피적분함수 f는 $[a,b]$에서 유계임을 가정하였다 적분한계 a 또는 b가 유한이 아니거나 f가 $[a,b]$에서 유한개의 점에서 유한이 아닌 경우까지 정적분의 정의를 확장하고 이러한 경우의 정적분을 이상적분(improper integral) 또는 특이적분(singular integral)이라 한다.

정의 3.1

함수 f가 구간 $[a,\infty)$에서 연속이고 극한값 $\lim_{b\to\infty}\int_a^b f(x)dx$가 존재하면

$$\int_a^\infty f(x)dx = \lim_{b\to\infty}\int_a^b f(x)dx$$

로 정의한다. 같은 방법으로

$$\int_{-\infty}^b f(x)dx = \lim_{a\to-\infty}\int_a^b f(x)dx,\quad \int_{-\infty}^\infty f(x)dx = \lim_{b\to\infty,\,a\to-\infty}\int_a^b f(x)dx$$

로 정의한다. 우변의 극한값이 존재하면 그 특이적분은 수렴한다(converge)고 하고 극한값이 존재하지 않으면 발산한다(diverge)고 한다.

예제 1

다음 이상적분을 구하여라.

(1) $\int_{-\infty}^0 e^x dx$ (2) $\int_2^\infty \frac{dx}{x}$ (3) $\int_0^\infty \cos x dx$

풀이

(1) $\int_a^0 e^x dx = [e^x]_a^0 = 1-e^a$이므로

$$\int_{-\infty}^0 e^x dx = \lim_{a\to-\infty}\int_a^0 e^x dx = \lim_{a\to-\infty}(1-e^a) = 1$$

(2) $\int_2^b \frac{dx}{x} = [\ln x]_2^b = \ln b - \ln 2$이므로 $\int_2^\infty \frac{dx}{x} = \lim_{b\to\infty}\int_2^b \frac{dx}{x} = \lim_{b\to\infty}(\ln b - \ln 2) = \infty$

(3) $\int_0^b \cos x dx = [\sin x]_0^b = \sin b$ 이다. 그러나 극한값

$$\int_0^\infty \cos x dx = \lim_{b\to\infty}\int_0^b (\cos x)dx = \lim_{b\to\infty}\sin b$$

는 존재하지 않는다. 따라서 이상적분은 발산한다.

예제 2

다음 이상적분을 구하여라.

(1) $\int_0^\infty \frac{2}{y^2+1}dy$ (2) $\int_{-\infty}^0 e^{-x}dx$ (3) $\int_0^\infty \sin x\, dx$

풀이

(1) $\int_0^\infty \frac{2}{y^2+1}dy = \lim_{b\to\infty}\int_0^b \frac{2}{y^2+1}dy = \lim_{b\to\infty} 2[\tan^{-1}y]_0^b$

$$= 2\lim_{b\to\infty}[\tan^{-1}b - \tan^{-1}0] = \pi$$

(2) $\int_{-\infty}^0 e^{-x}dx = \lim_{a\to-\infty}\int_a^0 e^{-x}dx = \lim_{a\to-\infty}(1-e^{-a}) = \infty$

(3) $\int_0^\infty \sin x\, dx = -\lim_{b\to\infty}\cos b$ 는 존재하지 않으므로 이상적분은 발산한다.

정의 3.2

함수 f가 구간 $[a,b)$에서 연속이고 극한값 $\lim_{\epsilon\to0}\int_a^{b-\epsilon} f(x)dx$가 존재하면

$$\int_a^b f(x)dx = \lim_{\epsilon\to0}\int_a^{b-\epsilon} f(x)dx$$

로 정의한다. 같은 방법으로 $(a,b]$ 또는 (a,b)에서는

$$\int_a^b f(x)dx = \lim_{\epsilon\to0}\int_{a+\epsilon}^b f(x)dx, \quad \int_a^b f(x)dx = \lim_{\epsilon\to0,\epsilon'\to0}\int_{a+\epsilon}^{b-\epsilon'} f(x)dx$$

로 정의한다. 우변의 극한값이 존재하면 그 특이적분은 수렴한다(converge)고 하고 극한값이 존재하지 않으면 발산한다(diverge)고 한다.

예제 3

다음 이상적분을 구하여라.

(1) $\displaystyle\int_0^1 \frac{1}{\sqrt{1-x^2}}dx$ (2) $\displaystyle\int_{-1}^1 \frac{1}{\sqrt{1-x^2}}dx$

(3) $\displaystyle\int_{-1}^0 \frac{1}{x^2}dx$ (4) $\displaystyle\int_0^a \frac{dx}{\sqrt{a^2-x^2}}$

풀이

$\dfrac{1}{\sqrt{1-x^2}}$는 $x=1$에서 유계가 아니므로

(1) $$\int_0^1 \frac{1}{\sqrt{1-x^2}}dx = \lim_{\epsilon\to 0}\int_0^{1-\epsilon}\frac{1}{\sqrt{1-x^2}}dx = \lim_{\epsilon\to 0}[\sin^{-1}x]_0^{1-\epsilon}$$
$$= \lim_{\epsilon\to 0}\sin^{-1}(1-\epsilon) = \frac{\pi}{2}$$

(2) $\dfrac{1}{\sqrt{1-x^2}}$는 $x=\pm 1$에서 유계가 아니므로

$$\int_{-1}^1 \frac{1}{\sqrt{1-x^2}}dx = \lim_{\epsilon\to 0,\epsilon'\to 0}\int_{-1+\epsilon}^{1-\epsilon'}\frac{1}{\sqrt{1-x^2}}dx = \lim_{\epsilon\to 0,\epsilon'\to 0}[\sin^{-1}x]_{-1+\epsilon}^{1-\epsilon'}$$
$$= \lim_{\epsilon\to 0,\epsilon'\to 0}(\sin^{-1}(1-\epsilon')-\sin^{-1}(-1+\epsilon)) = \frac{\pi}{2}+\frac{\pi}{2} = \pi$$

(3) $\displaystyle\int_{-1}^0 \frac{dx}{x^2} = \lim_{x\to 0-}\left(\frac{-1}{x}-1\right) = \infty$ 이므로 이상적분은 발산한다.

(4) $\displaystyle\int_0^a \frac{dx}{\sqrt{a^2-x^2}} = \lim_{x\to a-}\left(\sin^{-1}\frac{x}{a}\right) = \frac{1}{2}\pi$

정의 3.3

함수 f가 임의의 $\epsilon>0$에 대해서 구간 $[a,c-\epsilon]\cup[c+\epsilon,b]$에서 연속이고 극한값

$$\lim_{\epsilon\to 0}\int_a^{c-\epsilon}f(x)dx,\ \lim_{\epsilon'\to 0}\int_{c+\epsilon'}^b f(x)dx$$

가 존재하면

$$\int_a^b f(x)dx = \lim_{\epsilon\to 0}\int_a^{c-\epsilon}f(x)dx + \lim_{\epsilon'\to 0}\int_{c+\epsilon'}^b f(x)dx$$

로 정의한다.

예제 4

다음 이상적분을 구하여라.

(1) $\displaystyle\int_{-1}^{1} \frac{dx}{x^2}$ (2) $\displaystyle\int_{0}^{3a} \frac{2x}{(x^2-a^2)^{2/3}}dx$

풀이

(1) 피적분함수 $f(x)=\dfrac{1}{x^2}$은 $x=0$에서 무한대이므로

$$\int_{-1}^{1}\frac{dx}{x^2}=\lim_{\epsilon\to 0}\int_{-1}^{-\epsilon}\frac{dx}{x^2}+\lim_{\epsilon'\to 0}\int_{\epsilon'}^{1}\frac{dx}{x^2}=\lim_{\epsilon\to 0}\left(-\frac{1}{x}\right)_{-1}^{-\epsilon}+\lim_{\epsilon'\to 0}\left(-\frac{1}{x}\right)_{\epsilon'}^{1}$$

$$=\lim_{\epsilon\to 0}\left(\frac{1}{\epsilon}-1\right)+\lim_{\epsilon'\to 0}\left(-1+\frac{1}{\epsilon'}\right)=\infty+\infty=\infty$$

(2) 피적분함수 $f(x)=\dfrac{2x}{(x^2-a^2)^{2/3}}$은 $x=a$에서 불연속이므로

$$D=\int_{0}^{3a}\frac{2x}{(x^2-a^2)^{2/3}}dx=\lim_{\epsilon\to 0}\int_{0}^{a-\epsilon}\frac{2x}{(x^2-a^2)^{2/3}}dx+\lim_{\epsilon'\to 0}\int_{a+\epsilon'}^{3a}\frac{2x}{(x^2-a^2)^{2/3}}dx$$

$$=\lim_{\epsilon\to 0}\left[3(x^2-a^2)^{1/3}\right]_{0}^{a-\epsilon}+\lim_{\epsilon'\to 0}\left[3(x^2-a^2)^{1/3}\right]_{a+\epsilon'}^{3a}=3a^{2/3}+6a^{2/3}=9a^{2/3}$$

연습문제 5.3

1. 다음 특이적분을 구하여라.

(1) $\displaystyle\int_{0}^{1}\frac{1}{\sqrt{1-x^2}}dx$ (2) $\displaystyle\int_{-1}^{1}\frac{1}{\sqrt{1-x^2}}dx$

(3) $\displaystyle\int_{0}^{3}\frac{2x}{\sqrt[3]{x^2-1}}dx$ (4) $\displaystyle\int_{0}^{1}\frac{1}{x\sqrt{x}}dx$

(5) $\displaystyle\int_{0}^{1}\frac{1}{\sqrt{x(1-x)}}dx$ (6) $\displaystyle\int_{-1}^{1}\frac{1}{\sqrt[3]{x^2}}dx$

2. 다음 적분값을 구하여라.

(1) $\int_{0}^{\infty} e^{-x}dx$

(2) $\int_{-1}^{\infty} \frac{x}{1+x^2}dx$

(3) $\int_{-\infty}^{0} \frac{1}{(2x-1)^3}dx$

(4) $\int_{1}^{\infty} \frac{1}{x^4}dx$

(5) $\int_{-1}^{8} x^{-\frac{1}{3}}dx$

(6) $\int_{0}^{\frac{\pi}{2}} \cos\frac{\theta}{\sqrt{1-\sin\theta}}d\theta$

(7) $\int_{-\infty}^{\infty} \frac{1}{1+x^2}dx$

(8) $\int_{-\infty}^{\infty} \frac{1}{x^2+2x+2}dx$

3. $G'(x)$를 구하여라.

(1) $x>0$에 대해 $G(x)=\int_{1}^{x}\frac{1}{t}dt$라 하자. $G'(x)$를 구하여라.

(2) 모든 x에 대하여 $G(x)=\int_{0}^{x} t\sin t^3\, dt$로 정의될 때 $G'(x)$를 구하여라.

5.4 치환적분과 부분적분

정리 4.1

함수 $f(x)$가 $[a, b]$에서 연속이고 $\varphi(t)$및 $\varphi'(t)$도 연속이며, t가 α에서 β까지 변할 때 $x=\varphi(t)$가 a에서 b까지 단조로 변한다고 하면

$$\int_a^b f(x)dx = \int_\alpha^\beta f(\varphi(t))\varphi'(t)dt$$

이다.

증명 $f(x)$의 원시함수의 하나를 $F(x)$라 하면 미적분학의 기본정리에 의해서

$$\int_a^b f(x)dx = F(b) - F(a)$$

이다. 또한 $f(x)$, $\varphi(x)$가 연속이므로 $f(\varphi(t))$도 $[\alpha, \beta]$에서 연속이며 적분가능이고 $\varphi'(t)$도 $[\alpha, \beta]$에서 적분가능하므로 $f(\varphi(t))\varphi'(t)$ 역시 $[\alpha, \beta]$에서 적분가능하다.
여기서 $F(x) = \int_a^x f(t)dt$라 하면

$$\frac{d}{dt}F(x) = \frac{d}{dx}F(x)\frac{dx}{dt} = f(x)\frac{d}{dt}\varphi(t) = f(x)\varphi'(t) = f(\varphi(t))\varphi'(t)$$

이다. 따라서 $F(x)$ 즉 $F(\varphi(t))$는 $f(\varphi(t))\varphi'(t)$의 원시함수이고 $f(\varphi(t))\varphi'(t)$는 $[\alpha, \beta]$에서 연속이고 적분가능하므로

$$\begin{aligned}\int_\alpha^\beta f(\varphi(t))\varphi'(t)dt &= [F(\varphi(t))]_\alpha^\beta = F(\varphi(\beta)) - F(\varphi(\alpha)) \\ &= F(b) - F(a)\end{aligned}$$

이다. 따라서

$$\int_a^b f(x)dx = \int_\alpha^\beta f(\varphi(t))\varphi'(t)dt$$

이다. ▣

예제 1

$\int_0^1 (1+x)\sqrt{1-x}\,dx$의 값을 구하여라.

풀이

$1-x=t$라 하면 $x=1-t$이고 $dx=-dt$이다.

또한 $x=0$일 때 $t=1$, $x=1$일 때 $t=0$이고 $x=1-t$는 단사이므로

$$\begin{aligned}\int_0^1 (1+x)\sqrt{1-x}\,dx &= \int_1^0 (2-t)\sqrt{t}\,(-dt) = \int_0^1 (2\sqrt{t}-t\sqrt{t})dt \\ &= \left[2\cdot\frac{2}{3}t\sqrt{t}-\frac{2}{5}t^2\sqrt{t}\right]_0^1 = \frac{4}{3}-\frac{2}{5}=\frac{14}{15}\end{aligned}$$

예제 2

정적분 $\int_0^1 x^3\cos(x^4+2)dx$를 구하여라.

풀이

$u=x^4+2$라고 두면 $du=4x^3dx$이고 $x^3dx=\frac{1}{4}du$이다. 따라서

$$\begin{aligned}\int_0^1 x^3\cos(x^4+2)dx &= \int_2^3 (\cos u)\frac{1}{4}du = \frac{1}{4}\int_2^3 \cos u\,du \\ &= \frac{1}{4}[\sin u]_2^3 = \frac{1}{4}(\sin 3-\sin 2)\end{aligned}$$

예제 3

정적분 $\int_0^4 \sqrt{3x+4}\,dx$를 구하여라.

풀이

$u=3x+4$라 두면 $du=3dx$이다. 따라서

$$\begin{aligned}\int_0^4 \sqrt{3x+4}\,dx &= \int_4^{16} \sqrt{u}\,\frac{du}{3} = \frac{1}{3}\int_4^{16} u^{\frac{1}{2}}du \\ &= \left[\frac{2}{9}u^{\frac{3}{2}}\right]_4^{16} = \frac{2}{9}(64-8) = \frac{112}{9}\end{aligned}$$

예제 4

정적분 $\int_{-1}^{3} \frac{1}{\sqrt{1+x^2}} dx$를 구하여라.

풀이

$x = \tan\theta$로 두면 $dx = \sec^2\theta \, d\theta$이다. 따라서

$$\int_{-1}^{3} \frac{1}{\sqrt{1+x^2}} dx = \int_{\tan^{-1}(-1)}^{\tan^{-1}(3)} \sec\theta \, d\theta = (\ln|\sec\theta + \tan\theta|)_{\tan^{-1}(-1)}^{\tan^{-1}(3)}$$

$$= \ln|\sqrt{10}+3| - \ln|\sqrt{2}-1| = \ln\frac{\sqrt{10}+3}{\sqrt{2}} - 1$$

정리 4.2

$[a, b]$에서 f, g가 미분가능이고 f', g'가 적분가능이면

$$\int_a^b f(x)g'(x)dx = [f(x)g(x)]_a^b - \int_a^b f'(x)g(x)dx$$

이다.

증명 $F(x) = f(x)g(x)$라고 두면 $F'(x) = f'(x)g(x) + f(x)g'(x)$이므로 F와 F'은 적분가능이고 F는 연속이다. 미적분학의 기본정리에 의해서

$$F(b) - F(a) = \int_a^b (f'(x)g(x) + f(x)g'(x))dx$$

$$= \int_a^b f'(x)g(x)\,dx + \int_a^b f(x)g'(x)\,dx$$

이다. 따라서

$$\int_a^b f(x)g'(x)dx = [f(x)g(x)]_a^b - \int_a^b f'(x)g(x)dx$$

이다. ▣

예제 5

정적분 $\int_0^{\pi} e^x \sin x\, dx$를 구하여라.

풀이

정리 4.2에 의하여

$$\int_0^{\pi} e^x \sin x\, dx = \left[e^x \sin x\right]_0^{\pi} - \int_0^{\pi} e^x \cos x\, dx = -\int_0^{\pi} e^x \cos x\, dx$$

$$\int_0^{\pi} e^x \cos x\, dx = \left[e^x \cos x\right]_0^{\pi} + \int_0^{\pi} e^x \sin x\, dx$$

이다. 따라서 $\int_0^{\pi} e^x \sin x\, dx = \frac{1}{2}(e^{\pi}+1)$이다.

예제 6

$I_n = \int_0^{\frac{\pi}{2}} \sin^n x\, dx$ (n은 양의 정수)를 구하여라.

풀이

$$I_n = \left[-\frac{\sin^{n-1}x \cos x}{n}\right]_0^{\frac{\pi}{2}} + \frac{n-1}{n}\int_0^{\frac{\pi}{2}} \sin^{n-2}x\, dx = \frac{n-1}{n}\int_0^{\frac{\pi}{2}} \sin^{n-2}x\, dx$$

이므로 $I_n = \frac{n-1}{n} I_{n-2}$이다. 그런데

$$I_0 = \int_0^{\frac{\pi}{2}} dx = \frac{\pi}{2},\ I_1 = \int_0^{\frac{\pi}{2}} \sin x\, dx = \left[-\cos x\right]_0^{\frac{\pi}{2}} = 1$$

이므로

$$I_{2m} = \frac{2m-1}{2m} \cdot \frac{2m-3}{2m-2} \cdots \frac{3}{4} \cdot \frac{1}{2} \cdot \frac{\pi}{2}$$

$$I_{2m+1} = \frac{2m}{2m+1} \cdot \frac{2m-2}{2m-1} \cdots \frac{4}{5} \cdot \frac{2}{3} \cdot 1$$

가 된다.

연습문제 5.4

1. 다음 정적분을 구하여라.

(1) $\displaystyle\int_0^2 (x+1)^7 dx$

(2) $\displaystyle\int_0^{\frac{\pi}{4}} \tan^2 x \sec^2 x \, dx$

(3) $\displaystyle\int_0^1 x^3 \sqrt{x^2+3}\, dx$

(4) $\displaystyle\int_5^3 (x+2)(x-3)^{20} dx$

(5) $\displaystyle\int_0^2 2x\,(x^2+1)^3 dx$

(6) $\displaystyle\int_0^a \sqrt{a^2-x^2}\, dx$

(7) $\displaystyle\int \sqrt{4x-5}\, dx$

(8) $\displaystyle\int \cos \pi x dx$

(9) $\displaystyle\int \cos^{-4} t \sin t \, dt$

(10) $\displaystyle\int \frac{2t-3}{(t^2-3t+1)^{\frac{7}{2}}} dt$

(11) $\displaystyle\int \sec x \tan x \sqrt{3+\sec x}\, dx$

(12) $\displaystyle\int x e^{x^2} dx$

Chapter

06

정적분의 응용

6.1 평면도형의 면적

정리 1.1

연속함수 $f:[a,b]\to R$가 모든 $x\in[a,b]$에서 $f(x)\ge 0$일 때, 곡선 $y=f(x)$와 직선 $x=a$, $x=b$ 및 x축으로 둘러싸인 도형의 면적을 S라 하면 $S=\int_a^b f(x)dx$이다.

증명 $t\in[a,b]$인 임의의 t에 대하여 곡선 $y=f(x)$와 직선 $x=a$, $x=t$ 및 x축으로 둘러싸인 부분의 면적을 $F(t)$라 하면 $F(a)=0$, $F(b)=S$가 된다.

$t+h\le b$인 임의의 $h>0$에 대하여

$$M(h)=\sup\{f(x)\mid x\in[t,t+h]\},\ m(h)=\inf\{f(x)\mid x\in[t,t+h]\}$$

라 두면 $m(h)h\le F(t+h)-F(t)\le M(h)h$이다. 따라서

$$m(h)\le\frac{F(t+h)-F(t)}{h}\le M(h)$$

가 된다. 함수 f가 $[a,b]$에서 연속이므로 $\lim_{h\to 0}m(h)=\lim_{h\to 0}M(h)=f(t)$이다.(?)

따라서 $\frac{d}{dt}F(t)=\lim_{h\to 0}\frac{F(t+h)-F(t)}{h}=f(t)$이다. 즉 $F(t)$는 $f(t)$의 원시함수이다.

그러므로 $S=F(b)-F(a)=\int_a^b f(x)dx$가 된다. ■

참고 닫힌구간 $[t,t+h]$에서 f가 연속이므로 $M(h)=f(t+h_0)$인 $h_0(0\le h_0\le h)$가 존재한다. 따라서 $\lim_{h\to 0}M(h)=\lim_{h_0\to 0}f(t+h_0)=f(t)$이다. ■

참고 (1) 함수 $f(x)$가 $[a,b]$에서 연속일 때 곡선 $y=f(x)$와 직선 $x=a$, $x=b$및 x축으로 둘러싸인 영역의 면적을 S라 하면 $S=\int_a^b|f(x)|dx$이다.

(2) 함수 $f(x)$, $g(x)$가 $[a,b]$에서 연속이고 $f(x)\ge g(x)$일 때 곡선 $y=f(x)$, $y=g(x)$와 직선 $x=a$, $x=b$로 둘러싸인 부분의 면적을 S라 하면 $S=\int_a^b(f(x)-g(x))dx$이다.

(3) 함수 $f(x)$가 $[a,b]$에서 연속이고 모든 $x\in[a,b]$에 대해서 $f(x)\le 0$일 때 곡선 $y=f(x)$와 직선 $x=a$, $x=b$ 및 x축으로 둘러싸인 부분의 면적을 S라 하면 $S=-\int_a^b f(x)dx$이다.

(4) x가 y의 함수이고 $x=g(y)$로 표현될 때 이 함수가 구간 $[c,d]$에서 연속이면 곡선 $x=g(y)$, 직선 $y=c$, $y=d$및 y축으로 둘러싸인 부분의 면적을 S라 하면 $S=\int_c^d |g(y)|dy$이다.

(5) 곡선 $y=f(x)$ 와 $y=g(x)$, 직선 $x=a$와 $x=b$사이에 있는 영역의 면적을 S라 하면 $S=\int_a^b |f(x)-g(x)|dx$이다. ■

예제 1

포물선 $y^2=x$와 직선 $x-y=1$로 둘러싸인 부분의 넓이를 구하여라.

풀이

두 곡선의 교점을 구하기 위하여 위의 방정식을 연립으로 풀면

$$y=\frac{1\pm\sqrt{5}}{2}$$

이다. 따라서 구하는 넓이를 S라고 하면

$$S=\int_{\frac{1-\sqrt{5}}{2}}^{\frac{1+\sqrt{5}}{2}}\left((y+1)-y^2\right)dy=\left[\frac{1}{2}y^2+y-\frac{1}{3}y^3\right]_{\frac{1-\sqrt{5}}{2}}^{\frac{1+\sqrt{5}}{2}}=\frac{5\sqrt{5}}{6}$$

예제 2

타원 $\frac{x^2}{a^2}+\frac{y^2}{b^2}=1,(a>0,b>0)$의 내부 면적을 구하여라.

풀이

이 타원은 x축과 y축에 대해서 대칭이므로 타원의 면적을 S라고 하면 S는 제1사분면이 면적이 4배이다. 따라서 타원의 면적 S는

$$S=\frac{4b}{a}\int_0^a\sqrt{a^2-x^2}\,dx$$

이다. 여기서 $x=a\sin\theta$라 두면, $dx=a\cos\theta\,d\theta$이고 $\sqrt{a^2-x^2}=a\cos\theta$이므로

$$S=\frac{4b}{a}\int_0^{\frac{\pi}{2}}a^2\cos^2\theta\,d\theta=4ab\int_0^{\frac{\pi}{2}}\frac{1+\cos 2\theta}{2}\,d\theta=2ab\left[\theta+\frac{1}{2}\sin 2\theta\right]_0^{\frac{\pi}{2}}=\pi ab$$

가 된다.

예제 3

포물선 $y=x^2$과 $y=2x-x^2$으로 둘러싸인 영역의 면적을 구하여라.

풀이

먼저 두 포물선의 교점을 구하기 위하여 포물선의 방정식을 연립으로 풀면 $x=0$또는 $x=1$이고 교점의 좌표는 $(0,0)$과 $(1,1)$이다.

그리고 $0 \le x \le 1$인 모든 x에 대하여 $2x-x^2 \ge x^2$이므로 구하는 면적을 S라 하면

$$S=\int_0^1 [(2x-x^2)-x^2]dx=\int_0^1 2(x-x^2)dx=2\left[\frac{x^2}{2}-\frac{x^3}{3}\right]_0^1=2\left[\frac{1}{2}-\frac{1}{3}\right]=\frac{1}{3}$$

예제 4

곡선 $y=\sin x$ $(0 \le x \le 2\pi)$ 및 x축으로 둘러싸인 부분의 면적을 구하여라.

풀이

구하는 면적을 S라 하면

$$S=\int_0^{2\pi} |\sin x| dx=\int_0^{\pi} \sin x dx+\int_{\pi}^{2\pi}(-\sin x)dx=[-\cos x]_0^{\pi}+[\cos x]_{\pi}^{2\pi}=4$$

예제 5

곡선 $x^{1/2}+y^{1/2}=a^{1/2}$과 좌표축으로 둘러싸인 도형의 면적을 구하여라.

풀이

$x^{1/2}+y^{1/2}=a^{1/2}$이면 $y=(a^{1/2}-x^{1/2})^2$이다. 여기서 x의 범위는 $0 \le x \le a$이므로 구하는 도형의 면적을 S라 하면

$$S=\int_0^a \left(a^{\frac{1}{2}}-x^{\frac{1}{2}}\right)^2 dx=\int_0^a \left(a-a^{\frac{1}{2}}x^{\frac{1}{2}}+x\right)dx$$

$$=\left[ax-\frac{4}{3}\sqrt{a}\,x^{\frac{3}{2}}+\frac{1}{2}x^2\right]_0^a=a^2-\frac{4}{3}a^2+\frac{1}{2}a^2=\frac{1}{6}a^2$$

예제 6

곡선 $y=\sin x$, $y=\cos x$와 직선 $x=0$ 및 $x=\frac{\pi}{2}$로 둘러싸인 영역의 면적을 구하여라.

풀이

두 곡선의 교점을 구하기 위해서 $\sin x=\cos x$를 풀면 $x=\frac{\pi}{4}$이다. 따라서 $x=\frac{\pi}{4}$일 때 두 곡선은 교점을 갖는다. 그리고 $0 \le x \le \frac{\pi}{4}$일 때 $\cos x \ge \sin x$이고 $\frac{\pi}{4} \le x \le \frac{\pi}{2}$일 때 $\sin x \ge \cos x$이다. 따라서 구하는 면적 S는

$$
\begin{aligned}
S &= \int_0^{\frac{\pi}{2}} |\cos x-\sin x|\, dx = \int_0^{\frac{\pi}{4}} (\cos x-\sin x)\, dx + \int_{\frac{\pi}{4}}^{\frac{\pi}{2}} (\sin x-\cos x)\, dx \\
&= [\sin x+\cos x]_0^{\frac{\pi}{4}} + [-\cos x-\sin x]_{\frac{\pi}{4}}^{\frac{\pi}{2}} \\
&= \left(\frac{1}{\sqrt{2}}+\frac{1}{\sqrt{2}}-0-1\right)+\left(-0-1+\frac{1}{\sqrt{2}}+\frac{1}{\sqrt{2}}\right) \\
&= 2\sqrt{2}-2
\end{aligned}
$$

연습문제 6.1

1. 다음 곡선과 x축 및 두 직선 $x=a$, $x=b$으로 둘러싸인 도형의 면적을 구하여라.

(1) $y=x^4-2x^3+2$; $a=-1$, $b=2$

(2) $y=x^4-2x^3+2$; $a--1$, $b-2$

(3) $y=1+\sqrt{x}$; $a=0$, $b=4$

2. 다음 주어진 곡선으로 둘러싸인 영역의 면적을 구하여라.

(1) $y=x^2$, $y=x$, $x=0$, $x=\frac{1}{2}$

(2) $y=\cos 2x$, $y=0$, $x=\frac{\pi}{4}$, $x=\frac{\pi}{2}$

(3) $x=y^2-4y$, $x=0, y=0$, $y=4$

(4) $y=x^3$, $y=-x$, $y=8$

3. 포물선 $y^2 = 4x$와 직선 $y = \frac{4}{3}x - \frac{4}{3}$로 둘러싸인 영역의 면적을 구하여라.

4. 곡선 $2x^2 + 2xy + y^2 = 1$로 둘러싸인 도형의 넓이를 구하여라.

5. 다음 두 곡선으로 둘러싸인 도형의 넓이를 구하여라.

(1) $y = x(3-x),\ y = x - 4\sqrt{x}$

(2) $y = x^4,\ y = 2x - x^2$

6. 다음 곡선과 x축으로 둘러싸인 도형의 넓이를 구하여라.

(1) $(y-x)^2 = x^3$

(2) $y = x\sin x \quad (0 \le x \le \pi)$

7. 곡선 $y = \sin x,\ y = -\cos x,\ x = 0,\ x = \pi$로 둘러싸인 영역의 면적을 구하여라.

6.2 입체의 체적

정리 2.1

어떤 입체도형을 평면 $x=t$로 잘라서 그 단면의 면적을 $A(t)$라고 하자. 만약 $A(t)$가 $[a,b]$에서 연속함수이면 주어진 입체도형에서 두 평면 $x=a$와 $x=b$사이에 있는 부분의 체적을 V라 하면 $V=\int_a^b A(t)dt$이다.

증명 $t\in[a,b]$에 대하여 두 평면 $x=a$, $x=t$사이에 있는 입체의 부피를 $V(t)$라고 두면 $V(a)=0$, $V(b)=V$가 된다.

$t+h\le b$를 만족하는 임의의 $h>0$에 대하여

$$M(h)=\sup\{A(x)|x\in[t,t+h]\},\ m(h)=\inf\ \{A(x)|x\in[t,t+h]\}$$

라 두면

$$m(h)\le\frac{V(t+h)-V(t)}{h}\le M(h)$$

가 된다. 함수 $A(t)$가 $[a,b]$에서 연속이므로 $\lim_{h\to0}m(h)=\lim_{h\to0}M(h)=A(t)$이다.

따라서 이다. 그러므로 $V=V(b)-V(a)=\int_a^b A(t)dt$가 된다. ■

참고 편의상 입체를 평면으로 잘랐으나 경우에 따라서는 입체를 곡면으로 자르는 것이 편리할 때도 있다. 예를 들면, 반지름이 a인 구의 체적을 구할 때 반지름 $t\in[0,a]$에서 구의 표면적을 $A(t)$라 하면 $A(t)=4\pi t^2$이고 체적 V는

$$V=\int_0^a 4\pi t^2dt=\frac{4}{3}\pi a^3$$

가 된다. ■

예제 1

밑면의 반지름이 a인 직원기둥을 밑면의 지름을 지나고, 밑면과 45°이루는 평면으로 잘라서 되는 입체의 부피 V를 구하라.

풀이

x에서 입체의 단면적은

$$S(x) = \frac{1}{2}\sqrt{a^2 - x^2}\sqrt{a^2 - x^2}\tan\frac{\pi}{4} = \frac{1}{2}(a^2 - x^2)$$

이다. 따라서 입체의 부피는

$$V = 2\int_0^a \frac{1}{2}(a^2 - x^2)dx = \left[a^2 x - \frac{1}{3}x^3\right]_0^a = \frac{2}{3}a^3$$

이다.

예제 2

밑면의 한 변의 길이가 a인 정사각형이고 높이가 h인 직사각뿔의 체적을 구하여라.

풀이

높이 y에서 입체의 단면적을 $A(y)$라고 하면 단면은 정사각형이고 한 변의 길이가 $\frac{a}{h}(h-y)$이므로

$$A(y) = \frac{a^2}{h^2}(h - y)^2$$

이다. 따라서 구하고자 하는 체적 V는

$$V = \int_0^h \frac{a^2}{h^2}(h-y)^2 dy = \frac{a^2}{h^2}\left[-\frac{1}{3}(h-y)^3\right]_0^h = \frac{1}{3}a^2 h$$

이다.

정리 2.2

함수 $y = f(x)$가 구간 $[a,b]$에서 연속일 때, 곡선 $y = f(x)$와 직선 $x = a$, $x = b$ 및 x축으로 둘러싸인 영역을 x축 둘레로 회전하여 생기는 회전체(solid of revolution)의 체적 V는 $V = \pi\int_a^b [f(x)]^2 dx = \pi\int_a^b y^2 dx$ 이다.

증명 일반 입체의 경우와는 달리 회전체의 단면은 항상 원이다. 따라서 $x = t$에서 입체의 단면적을 $S(t)$라 두면 $S(t) = \pi y^2 = \pi[f(t)]^2$이 된다. 정리 2.1에 대입하면 체적 V는

$$V = \pi\int_a^b [f(t)]^2 dt = \pi\int_a^b [f(x)]^2 dx$$

가 된다. ■

예제 3

타원 $\frac{x^2}{a^2}+\frac{y^2}{b^2}=1$, $(a>b>0)$를 x축의 둘레로 회전하여 생기는 회전체의 체적을 구하여라.

풀이

타원의 방정식을 y^2에 관하여 풀면 $y^2=\frac{b^2}{a^2}(a^2-x^2)$이다. 따라서 구하는 회전체의 체적은

$$V=\pi\int_{-a}^{a}\frac{b^2}{a^2}(a^2-x^2)\,dx=\frac{\pi b^2}{a^2}\left[a^2x-\frac{x^3}{3}\right]_{-a}^{a}=\frac{4}{3}\pi a b^2$$

이다.

예제 4

원 $(x-a)^2+(y-b)^2=r^2$, $(b>r)$를 x-축으로 회전해서 생기는 원환체(torus)의 체적을 구하여라.

풀이

주어진 방정식을 y에 대해서 풀면

$$y_1=b+\sqrt{r^2-(x-a)^2},\quad y_2=b-\sqrt{r^2-(x-a)^2}$$

이다. 따라서 구하는 부분의 체적을 V라 하면

$$V=\int_{a-r}^{a+r}\pi(y_1^2-y_2^2)dx=4\pi b\int_{a-r}^{a+r}\sqrt{r^2-(x-a)^2}\,dx$$

이다. 여기서 $x-a=t$라고 두면 $dx=dt$이다. 그러므로

$$\begin{aligned}V&=4\pi b\int_{a-r}^{a+r}\sqrt{r^2-(x-a)^2}\,dx=4\pi b\int_{-r}^{r}\sqrt{r^2-t^2}\,dt\\&=4\pi\frac{b}{2}\left[t\sqrt{r^2-t^2}+r^2\sin^{-1}\frac{t}{r}\right]_{-r}^{r}=2\pi^2br^2\end{aligned}$$

이다.

참고 (1) 곡선 $x=g(y)$와 직선 $y=c$, $y=d$ 및 y축으로 둘러싸인 영역을 y축으로 회전시킨 회전체의 체적은

$$V = \pi \int_c^d (g(y))^2 \, dy$$

가 된다.

(2) 일반적으로 곡선 $y = f(x)$, $y = g(x)$ $(f(x) \geq g(x))$와 직선 $x = a$, $x = b$로 둘러싸인 영역을 x축으로 회전시켰을 때 생기는 회전체의 체적을 V라고 하면

$$V = \pi \int_c^d ((f(x))^2 - (g(x))^2) dx$$

이다. ■

예제 5

곡선 $y = \sqrt{x}$와 $y = 2$, $x = 0$로 둘러싸인 영역을 y 축을 중심으로 회전했을 때 회전체의 체적을 구하여라.

풀이

$$V = \pi \int_0^2 x^2 dy = \pi \int_0^2 y^4 dy = \pi \left[\frac{y^5}{5} \right]_0^2 = \frac{32}{5}\pi$$

예제 6

곡선 $y = \sqrt{x+1}$과 x축, y축으로 둘러싸인 부분을 x축 주위로 회전시킨 입체의 부피 V_x와 y축 주위로 회전시킨 입체의 부피 V_y를 구하여라.

풀이

정리 2.2에 위식을 대입하면

$$V_x = \pi \int_{-1}^0 y^2 dx = \pi \int_{-1}^0 (\sqrt{x+1})^2 dx = \pi \int_{-1}^0 (x+1) dx = \pi \left[\frac{1}{2}x^2 + x \right]_{-1}^0 = \frac{\pi}{2}$$

$$V_y = \pi \int_0^1 x^2 dy = \pi \int_0^1 (y^2 - 1)^2 dy = \pi \int_0^1 (y^4 - 2y^2 + 1) dy$$

$$= \pi \left[\frac{1}{5}y^5 - \frac{2}{3}y^3 + y \right]_0^1 = \frac{8}{15}\pi$$

예제 7

곡선 $y = x^2 + 2$와 직선 $y = x + 8$에 둘러싸인 부분을 x축에 대하여 회전하여 생기는 입체의 체적을 구하여라.

풀이

두 곡선의 교점은 $(-2,6)$, $(3,11)$이다. 두 곡선으로 둘러싸인 영역을 x 축에 관하여 회전시키면 원형의 고리가 나타난다. 이 고리의 체적은 큰 원판 (반지름이 $x+8$)의 체적에서 작은 원판 (반지름이 x^2+2)의 체적을 빼면 얻어진다. 따라서 구하는 체적은

$$V = \pi\int_{-2}^{3}[(x+8)^2 - (x^2+2)^2]dx = \pi\int_{-2}^{3}(x^2+16x+64-x^4-4x^2-4)dx = 250\pi$$

가 된다.

정리 2.3

$y=f(x)$가 구간 $[a,b]$에서 연속일 때, 곡선 $y=f(x)$와 직선 $x=a$ $(a \geq 0)$, $x=b$ 및 x축에 의해서 둘러싸인 도형을 y축으로 회전시킬 때 생기는 회전체의 체적을 V라 하면

$$V = 2\pi\int_a^b xf(x)dx$$

이다.

증명 $a < t < t+h < b$일 때 곡선 $y=f(x)$와 직선 $x=a$ $(a \geq 0)$, $x=t$ 및 x축에 의해서 둘러싸인 도형이 y축으로 회전하여 생기는 입체의 체적을 $V(t)$라고 하고

$$M = \sup\{f(x) | t \leq x \leq x+h\},\ m = \inf\{f(x) | t \leq x \leq x+h\}$$

라고 두면

$$m(\pi(t+h)^2 - \pi t^2) \leq V(t+h) - V(t) \leq M(\pi(t+h)^2 - \pi t^2)$$

이다. 따라서

$$V'(t) = 2\pi t f(t)$$

이다. 그러므로

$$V = 2\pi\int_a^b xf(x)dx$$

가 된다. ▣

예제 8

원 $(x-2)^2+y^2=1$를 y축으로 회전해서 생기는 원환체(torus)의 체적을 구하여라.

풀이

반원 $y=\sqrt{1-(x-2)^2}$를 y축으로 회전시켜 생기는 입체의 체적을 2배하면 구하는 원환체의 체적 V를 얻는다. 따라서

$$V=2\left(2\pi\int_1^3 x\sqrt{1-(x-2)^2}\,dx\right)$$

이다. 여기서 $x-2=\sin\theta$라고 두면 $dx=\cos\theta\,d\theta$이므로

$$\begin{aligned} V &= 4\pi\int_{-\frac{\pi}{2}}^{\frac{\pi}{2}}(\sin\theta+2)\cos^2\theta d\theta = 4\pi\left(\int_{-\frac{\pi}{2}}^{\frac{\pi}{2}}\sin\theta\cos^2\theta d\theta+\pi\int_{-\frac{\pi}{2}}^{\frac{\pi}{2}}2\cos^2\theta d\theta\right) \\ &= 4\pi\left(\left[-\frac{1}{3}cos^3\theta\right\}_{-\frac{\pi}{2}}^{\frac{\pi}{2}}+\left[\theta+\frac{1}{2}sin2\theta\right]_{-\frac{\pi}{2}}^{\frac{\pi}{2}}\right)=4\pi^2 \end{aligned}$$

이다.

예제 9

$y=x$, $y=x^2$으로 둘러싸인 도형을 y축으로 회전해서 생기는 회전체의 체적 V를 구하여라.

풀이

$$\begin{aligned} V &= \int_0^1 2\pi x(x-x^2)dx=2\pi\int_0^1(x^2-x^3)dx \\ &= 2\pi\left[\frac{1}{3}x^3-\frac{1}{4}x^4\right]_0^1=\frac{\pi}{6} \end{aligned}$$

예제 10

안쪽 반지름이 r_1이고 바깥쪽 반지름이 r_2이며 높이가 h인 원주피의 체적 V는 $\Delta=r_2-r_1$(원주피의 두께)이고 $r=\frac{1}{2}(r_2+r_1)$로 두면 $V=2\pi rh\Delta r$이다.

풀이

외부 원기둥의 체적 V_2에서 내부 원기둥의 체적 V_1을 빼면

$$V = V_2 - V_1 = \pi r_2^2 h - \pi r_1^2 h = \pi(r_2^2 - r_1^2)h = \pi(r_2 + r_1)(r_2 - r_1)h$$

$$= 2\pi \frac{r_2 + r_1}{2} h(r_2 - r_1) = 2\pi r h \Delta r$$

예제 11

곡선 $y = x(x-1)^2$과 직선 $y = 0$로 둘러싸인 영역을 y축의 주위로 회전시킬 때 생기는 입체의 체적을 구하여라.

풀이

위의 공식에 의하여

$$V = \int_0^1 2\pi x[x(x-1)^2]dx = 2\pi \int_0^1 (x^4 - 2x^3 + x^2)dx = 2\pi \left[\frac{x^5}{5} - 2\frac{x^4}{4} + \frac{x^3}{3}\right]_0^1 = \frac{\pi}{15}$$

이다.

예제 12

곡선 $y = \sin x \ (0 \le x \le \pi)$를 x축으로 회전시킬 때 생기는 입체의 체적과 y축으로 회전시킬 때 생기는 입체의 체적을 구하여라.

풀이

$y = \sin x \ (0 \le x \le \pi)$를 x축으로 회전시킬 때 생기는 입체의 체적을 V_x라 하면

$$V_x = \pi \int_0^\pi \sin^2 x dx = \frac{\pi}{2} \int_0^\pi (1 - \cos 2x)dx = \frac{\pi}{2}\left[x - \frac{\sin 2x}{2}\right]_0^\pi = \frac{\pi^2}{2}$$

이다. 또 $y = \sin x \ (0 \le x \le \pi)$를 y축으로 회전시킬 때 생기는 입체의 체적을 V_y라 하면 $V_y = 2\pi \int_0^\pi x \sin x dx$이다. 이것을 부분적분법으로 계산하면

$$V_y = 2\pi\left([-x\cos x]_0^\pi + \int_0^\pi \cos x dx\right) = 2\pi[\pi + \sin x]_0^\pi = 2\pi^2$$

이다.

연습문제 6.2

1. 다음 영역을 x축을 회전축으로 하여 회전할 때 생기는 입체의 부피를 구하여라.

(1) $y=1-|x|$ 와 x축으로 둘러싸인 영역

(2) $y=\sqrt{x}$ 와 x축 및 $x=4$로 둘러싸인 영역

(3) $y=x^2$과 $y^2=8x$로 둘러싸인 영역

(4) $y=x$와 $y=x^2$으로 둘러싸인 영역

(5) $y=1-\dfrac{3}{x}$, $y=0$, $x=1$로 둘러싸인 영역

2. 다음 영역을 y축을 회전축으로 하여 회전할 때 생기는 입체의 부피를 구하여라.

(1) $y=e^{-x^2}$, $y=0$, $x=0$, $x=1$로 둘러싸인 영역

(2) $y=x^3$, y축 및 $y=3$으로 둘러싸인 영역

(3) $y=x$와 $y=x^2$으로 둘러싸인 영역

3. $x=\sqrt{1-y^2}$과 y축으로 둘러싸인 영역을 $x=-1$을 회전축으로 하여 회전할 때 생기는 입체의 부피를 구하여라.

4. 밑면적이 S, 높이가 h인 각뿔의 체적 V를 구하여라.

5. 밑면의 반지름의 길이가 r, 높이가 h인 원뿔의 체적 V를 구하여라.

6. 두 곡선 $y=x^3$과 $y=2x-x^2$으로 둘러싸인 제1사분면에 있는 영역을 S라고 하자. 다음을 구하여라.

(1) S의 면적

(2) x축의 주위로 S를 회전시킬 때 생기는 입체의 체적

(3) y축의 주위로 S를 회전시킬 때 생기는 입체의 체적

7. 곡선 $y=-x^2+2x+3$와 x축으로 둘러싸인 영역을 다음을 회전축으로 회전시킬 때 생기는 입체의 부피를 구하여라.

(1) x축

(2) y축

(3) 직선 $y=-1$

(4) 직선 $x=4$

8. 기념물의 높이는 $20\,m$ 이다. 이 기념물의 꼭대기로부터 $x\,m$ 인 지점에서 밑면에 평행한 절단면은 한 변의 길이가 $\frac{x}{4}\,m$ 인 정삼각형이다. 이 기념물의 체적을 구하여라.

9. 곡선 $x^{\frac{2}{3}}+y^{\frac{2}{3}}=a^{\frac{2}{3}}$ 으로 둘러싸인 부분이 y축을 회전축으로 하여 회전할 때 생기는 회전체의 체적을 구하여라.

6.3 곡선의 길이

함수 $f(x)$가 구간 $[a, b]$에서 연속일 때 구간 $[a, b]$를 $n-1$개의 분점

$$a = x_0 < x_1 < \cdots < x_n = b$$

에 의해서 n개의 소구간으로 분할하고 $y = f(x)$가 나타내는 곡선 C위에서 $x = x_k$에 대응하는 점을 각각 $P_k (k = 1, 2, \cdots, n)$라고 하면,

$$\overline{P_{k-1}P_k} = \sqrt{(x_k - x_{k-1})^2 + (f(x_k) - f(x_{k-1}))^2}$$

가 된다.

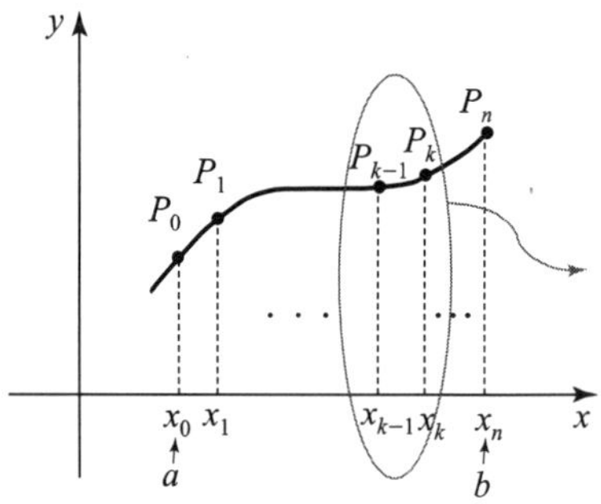

정의 3.1

함수 $f(x)$가 닫힌구간 $[a, b]$에서 연속이라 하자. 이 때 $y = f(x)$의 그래프가 나타내는 곡선을 C라고 하자. 이 때 $P = \{x_0, x_1, \cdots, x_n\}$는 $[a, b]$의 정규분할이고 그래프상의 두 점 $P_{k-1} = (x_{k-1}, f(x_{k-1}))$ 와 $P_k = (x_k, f(x_k))$ 사이의 거리를 $\overline{P_{k-1}P_k}$라 할 때, 극한값

$$s = \lim_{n \to \infty} \sum_{k=1}^{n} \overline{P_{k-1}P_k}$$

가 존재하면, s를 곡선 C의 $x = a$에서 $x = b$까지 곡선의 길이라고 한다.

정리 3.2

$[a, b]$에서 $f(x)$가 미분가능이고 $f'(x)$가 연속일 때, $y = f(x)$가 나타내는 곡선 C의 $x = a$에서 $x = b$까지의 길이를 s 라고 하면

$$s = \int_a^b \sqrt{1 + (f'(x))^2}\, dx = \int_a^b \sqrt{1 + \left(\frac{dy}{dx}\right)^2}\, dx$$

이다.

증명 $P = \{x_0, x_1, \cdots, x_n\}$을 구간 $[a, b]$의 정규분할이라 하자.

$f(x)$가 소구간 $[x_{k-1}, x_k]$에서 미분가능이므로, 평균값 정리에 의해서

$$\frac{f(x_k) - f(x_{k-1})}{x_k - x_{k-1}} = f'(\xi_k), \quad (x_{k-1} < \xi_k < x_k)$$

를 만족하는 ξ_k가 존재한다. 그러므로

$$\overline{P_{k-1}P_k} = \sqrt{1 + (f'(\xi_k))^2}\,\Delta x_k = \frac{b-a}{n}\sqrt{1 + (f'(\xi_k))^2}$$

이다. 따라서

$$\sum_{k=1}^{n} \overline{P_{k-1}P_k} = \frac{b-a}{n}\sum_{k=1}^{n}\sqrt{1 + (f'(\xi_k))^2} \quad (x_{k-1} < \xi_k < x_k)$$

이다. 그리고 f'이 $[a, b]$에서 연속이므로 함수 $\sqrt{1 + f'^2}$도 $[a, b]$에서 연속이다. 따라서 $\sqrt{1 + f'^2}$은 $[a, b]$에서 적분가능하다. 그러므로 정적분의 정의에 의하여

$$\lim_{n \to \infty} \frac{b-a}{n} \sum_{k=1}^{n} \sqrt{1 + (f'(\xi_k))^2} = \int_a^b \sqrt{1 + (f'(x))^2}\, dx$$

이다. 그러므로 $x = a$ 에서 $x = b$까지의 곡선 C의 길이는

$$s = \int_a^b \sqrt{1 + (f'(x))^2}\, dx \quad \text{또는} \quad \int_a^b \sqrt{1 + \left(\frac{dy}{dx}\right)^2}\, dx$$

이다. ■

예제 1

곡선 $3y = 2(x-1)^{\frac{2}{3}}$ 의 $x = 1$에서 $x = 4$까지 길이를 구하여라.

풀이

$y' = \sqrt{x \quad 1}$ 이므로 곡선의 길이는

$$s = \int_1^4 \sqrt{1 + (x-1)}\, dx = \int_1^4 \sqrt{x}\, dx = \frac{14}{3}$$

예제 2

두 점 $(1,1)$, $(4,8)$사이의 반 쌍곡선 $y^2 = x^3$의 호의 길이를 구하여라.

풀이

곡선의 상부는 $y = x^{\frac{3}{2}}$ 이므로 $\dfrac{dy}{dx} = \dfrac{3}{2}x^{\frac{1}{2}}$ 이다. 따라서 곡선의 길이 s는

$$s = \int_1^4 \sqrt{1+\left(\frac{dy}{dx}\right)^2}\,dx = \int_1^4 \sqrt{1+\frac{9}{4}x}\,dx$$

이다. 여기서 $u = 1+\dfrac{9}{4}x$ 라 두면 $du = \dfrac{9}{4}dx$ 이고 $x=1$일 때 $u = \dfrac{13}{4}$, $x=4$일 때 $u=10$이므로

$$s = \frac{4}{9}\int_{\frac{13}{4}}^{10} \sqrt{u}\,du = \left[\frac{4}{9}\cdot\frac{2}{3}u^{\frac{3}{2}}\right]_{\frac{13}{4}}^{10} = \frac{8}{27}\left(10^{\frac{3}{2}} - \left(\frac{13}{4}\right)^{\frac{3}{2}}\right) = \frac{80\sqrt{10} - 13\sqrt{13}}{27}$$

이다.

예제 3

곡선 $y = x^2 - \dfrac{\ln x}{8}$에서 시점 $P_0(1,1)$로부터 종점 $\left(x,\, x^2 - \dfrac{\ln x}{8}\right)$까지의 호의 길이를 구하여라.

풀이

$f(x) = x^2 - \dfrac{\ln x}{8}$이라 두면 $f'(x) = 2x - \dfrac{1}{8x}$이다. 따라서

$$1+[f'(x)]^2 = 1+\left(2x-\frac{1}{8x}\right)^2 = 1+4x^2-\frac{1}{2}+\frac{1}{64x^2} = 4x^2+\frac{1}{2}+\frac{1}{64x^2} = \left(2x+\frac{1}{8x}\right)^2$$

이고 $\sqrt{1+[f'(x)]^2} = 2x+\dfrac{1}{8x}$가 된다. 그러므로

$$s(x) = \int_1^x \sqrt{1+[f'(t)]^2}\,dt = \int_1^x \left(2t+\frac{1}{8t}\right)dt = \left[t^2+\frac{1}{8}\ln t\right]_1^x = x^2+\frac{1}{8}\ln x - 1$$

이다.

예제 4

현수현(catenary) $y = a\cosh\dfrac{x}{a}\ (a>0)$의 $x=0$에서 $x=k\ (k>0)$까지의 길이 s를 구하여라.

풀이

$y' = \sinh\dfrac{x}{a} = \dfrac{1}{2}\left(e^{\frac{x}{a}} - e^{-\frac{x}{a}}\right)$이므로

$$s = \int_0^k \sqrt{1+y'^2}\,dx = \int_0^k \cosh\frac{x}{a}\,dx = a\left[\sinh\frac{x}{a}\right]_0^k = a\sinh\frac{k}{a}$$

이다.

참고 곡선의 방정식이 $x = g(y)$ 형으로 주어졌을 때의 $y = y_1$에서 $y = y_2$까지의 곡선의 길이는

$$s = \int_{y_1}^{y_2} \sqrt{1+[g'(y)]^2}\,dy = \int_{y_1}^{y_2} \sqrt{1+\left(\frac{dy}{dx}\right)^2}\,dy$$ ■

예제 5

타원 $\dfrac{x^2}{a^2} + \dfrac{y^2}{b^2} = 1\ (a>b>0)$의 둘레 s를 구하여라.

풀이

제1사분면에서 타원의 방정식을 정리하면 $y = \dfrac{b}{a}\sqrt{a^2-x^2}$ 이다. 미분하면

$$y' = -\frac{b}{a}\frac{x}{\sqrt{a^2-x^2}}$$

이므로

$$\sqrt{1+y'^2} = \frac{1}{a}\sqrt{\frac{a^4-(a^2-b^2)x^2}{a^2-x^2}}$$

이다. 따라서

$$s = \frac{4}{a}\int_0^a \sqrt{\frac{a^4-(a^2-b^2)x^2}{a^2-x^2}}\,dx$$

이다. 여기서 $x = a\sin\theta$라 두고 $e = \dfrac{\sqrt{a^2-b^2}}{a}$라고 두면

$$s = 4a\int_0^{\frac{\pi}{2}} \sqrt{1-e^2\sin^2\theta}\, d\theta$$

이다. 그런데 $\int \sqrt{1-e^2\sin^2\theta}\, d\theta$는 그 원시함수를 초등함수로써 나타낼 수 없음이 알려져 있다. 이것은 소위 타원적분(eliptic integral)의 일종이다. 그러나 e가 아주 작은 수이면 $\sqrt{1-e^2\sin^2\theta} = 1-\dfrac{e^2}{2}\sin^2\theta$가 된다. 따라서 $s = 2\pi a\left(1-\dfrac{e^2}{4}\right)$이다. 또 $e=0$일 때는 $s = 2\pi a$이고, 이것은 원의 둘레이다.

연습문제 6.3

1. 다음 곡선의 길이를 구하여라.

(1) $y = 2x\sqrt{x}$, $\dfrac{1}{3} \le x \le 7$

(2) $y = x\sqrt{x}$, $0 \le x \le 4$

(3) $y = \dfrac{2}{3}(x^2-1)^{\frac{3}{2}}$, $1 \le x \le 3$

(4) $y = 1+6x^{\frac{3}{2}}$, $0 \le x \le 1$

(5) $x = \dfrac{1}{3}\sqrt{y}\,(y-3)$, $1 \le y \le 9$

(6) $x = \ln y$, $\dfrac{3}{4} \le y \le \dfrac{4}{3}$

(7) $y = e^x$, $0 \le x \le 1$

(8) $y = \left(4-x^{\frac{2}{3}}\right)^{\frac{3}{2}}$, $1 \le x \le 8$

2. 반지름이 a인 원의 둘레는 $2\pi a$임을 밝혀라.

3. 곡선 $3y = 2(x-1)^{\frac{3}{2}}$의 $x=1$ 에서 $x=4$까지의 길이를 구하여라.

4. 곡선 $y = \int_1^x \sqrt{t^3-1}\,dt$, $1 \le t \le 4$의 길이를 구하여라.

5. 곡선 $x = \dfrac{y^4}{16}+\dfrac{1}{2y^2}$의 $y=-2$에서 $y=-1$까지의 길이를 구하여라.

6.4 회전면의 표면적

함수 $f(x)$가 구간 $[a, b]$에서 연속이고 $f(x) \geq 0$일 때 구간 $[a, b]$를 $n-1$개의 분점

$$a = x_0 < x_1 < \cdots < x_n = b$$

에 의해서 n개의 소구간으로 분할하고 $y = f(x)$가 나타내는 곡선 C위에서 $x = x_k$에 대응하는 점을 각각 $P_k (k = 1, 2, \cdots, n)$라고 하면, 선분 $\overline{P_{i-1}P_i}$가 x축의 둘레로 회전하였을 때 생기는 직원뿔대의 옆넓이는

$$2\pi f(\eta_i)\overline{P_{i-1}P_i}, \ \left(\eta_i = \frac{x_{i-1}+x_i}{2}\right)$$

가 된다.

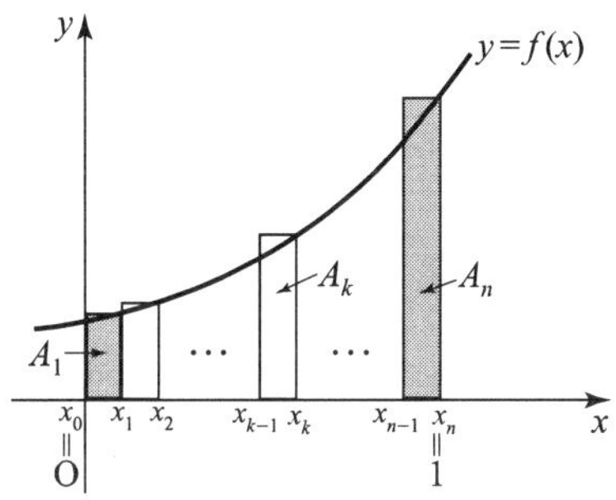

정의 4.1

함수 $f(x)$가 구간 $[a, b]$에서 연속이고 $f(x) \geq 0$이라하자. 구간 $[a, b]$의 정규분할

$$P : a = x_0 < x_1 < \cdots < x_n = b$$

에 대해서 $\Delta x = \dfrac{b-a}{n}$이라고 할 때, 극한값

$$S = \lim_{n \to \infty} 2\pi \sum_{i=1}^{n} f(\eta_i)\overline{P_{i-1}P_i}, \quad \left(\eta_i = \frac{x_{i-1}+x_i}{2}\right)$$

가 존재하면, S를 곡선 $y = f(x)$, $(a \leq x \leq b)$가 x축 둘레로 회전해서 생기는 회전체의 표면적이라고 한다.

정리 4.2

연속 곡선 $y=f(x)\ (a \le x \le b)$가 x축 둘레로 회전해서 생기는 회전체의 표면적 S는 $f'(x)$가 $[a,b]$에서 연속일 때,

$$S=2\pi\int_a^b f(x)\sqrt{1+(f'(x))^2}\,dx=2\pi\int_a^b y\sqrt{1+(y')^2}\,dx$$

이다.

증명 $P=\{x_0, x_1, \cdots, x_n\}$을 구간 $[a,b]$의 정규분할이라 하자. $y=f(x)$가 나타내는 곡선 C 위에 $x=x_i$에 대응하는 점을 P_i라 하면, 선분 $\overline{P_{i-1}P_i}$의 길이는

$$\overline{P_{i-1}P_i}=\sqrt{(x_i-x_{i-1})^2+(f(x_i)-f(x_{i-1}))^2}$$

이다. 평균값 정리에 의하여

$$f(x_i)-f(x_{i-1})=f'(\xi_i)(x_i-x_{i-1}),\quad (x_{i-1}<\xi_i<x_i)$$

를 만족하는 ξ_i가 존재한다. 따라서

$$\overline{P_{i-1}P_i}=\sqrt{1+(f'(\xi_i))^2}\,\Delta x=\frac{b-a}{n}\sqrt{1+(f'(\xi_i))^2}$$

가 된다. 또 $\eta_i=\dfrac{x_{i-1}+x_i}{2}$라 하면, 평균값 정리에 의하여

$$f(\eta_i)=f(\xi_i)+(\eta_i-\xi_i)f'(\theta_i),\ (\eta_i \lesseqgtr \theta_i \lesseqgtr \xi_i)$$

를 만족하는 θ_i가 존재한다. 따라서

$$\begin{aligned}S&=\lim_{n\to\infty}2\pi\sum_{i=1}^{n}f(\eta_i)\overline{P_{i-1}P_i}=\lim_{n\to\infty}2\pi\sum_{i=1}^{n}f(\eta_i)\sqrt{1+(f'(\xi_i))^2}\,\frac{b-a}{n}\\&=\lim_{n\to\infty}2\pi\,\frac{b-a}{n}\sum_{i=1}^{n}\left(f(\xi_i)\sqrt{1+(f'(\xi_i))^2}+(\eta_i-\xi_i)f'(\theta_i)\sqrt{1+(f'(\xi_i))^2}\right)\end{aligned}$$

가 된다. 그런데 $f'(x)$가 $[a,b]$에서 연속이므로 $[a,b]$에서 $f'(x)$의 최대값 M이 존재한다. 또 $|\eta_i-\xi_i| \le x_i-x_{i-1}=\dfrac{b-a}{n}$이므로

$$\begin{aligned}\lim_{n\to\infty}\left|2\pi\frac{b-a}{n}\sum_{i=1}^{n}(\eta_i-\xi_i)f'(\theta_i)\sqrt{1+(f'(\xi_i))^2}\,x\right|&\le\lim_{n\to\infty}2\pi\left(\frac{b-a}{n}\right)^2\sum_{i=1}^{n}M\sqrt{1+M^2}\\&\le\lim_{n\to\infty}2\pi M\sqrt{1+M^2}\,\frac{(b-a)^2}{n}=0\end{aligned}$$

이다. 그러므로

$$S = \lim_{n\to\infty} 2\pi \frac{b-a}{n} \sum_{i=1}^{n} f(\xi_i)\sqrt{1+(f'(\xi_i))^2} = 2\pi \int_a^b f(x)\sqrt{1+(f'(x))^2}\,dx$$

이다. ■

참고 만약 함수 $x = g(y)$가 구간 $[c, d]$에서 $g(y) \geq 0$이고 연속인 도함수를 가진다면, y축을 중심으로 회전한 회전면의 표면적은

$$S = 2\pi \int_c^d g(y)\sqrt{1+(g'(y))^2}\,dy$$

이 된다. ■

예제 1

반지름이 r인 구의 표면적을 구하여라.

풀이

반지름이 r인 원의 중심을 원점으로 택하면 x축 위쪽의 반원의 방정식은 $y = \sqrt{r^2 - x^2}$이다. 따라서

$$y' = -\frac{x}{\sqrt{r^2 - x^2}}, \quad \sqrt{1+(y')^2} = \frac{r}{\sqrt{r^2 - x^2}}$$

이다. 반지름이 r인 구의 표면적을 S라 하면

$$S = 2\left(2\pi \int_0^r \sqrt{r^2 - x^2} \cdot \frac{r}{\sqrt{r^2 - x^2}}\,dx\right) = 4\pi r^2$$

이다.

예제 2

다음 곡선을 x축 둘레로 회전하여 생기는 회전체의 표면적을 구하여라.

$$y = \sqrt{1 - x^2}, \quad \left(0 \leq x \leq \frac{1}{2}\right)$$

풀이

$y' = -\frac{x}{\sqrt{1-x^2}}$이므로 $\sqrt{1+(y')^2} = \sqrt{1 + \frac{x^2}{1-x^2}}$이다. 따라서 회전체의 표면적은

$$S=2\pi\int_{0}^{\frac{1}{2}}\sqrt{1-x^2}\sqrt{1+\frac{x^2}{1-x^2}}\,dx=2\pi\int_{0}^{\frac{1}{2}}dx=2\pi[x]_{0}^{\frac{1}{2}}=\pi$$

예제 3

곡선 $y=\sin x$, $\left(0\le x\le\frac{\pi}{2}\right)$를 x축으로 회전시켰을 때 만들어지는 입체의 표면적을 구하여라.

풀이

$f'(x)=\cos x$ 이므로

$$S=2\pi\int_{0}^{\frac{\pi}{2}}\sin x\sqrt{1+\cos^2 x}\,dx$$

이다. 여기서 $u=\cos x$로 치환하면 $du=-\sin x dx$이다. 따라서

$$S=-2\pi\int_{1}^{0}\sqrt{1+u^2}\,du=2\pi\int_{0}^{1}\sqrt{1+u^2}\,du$$

이 된다. 또 $u=\tan\theta$로 치환하면

$$\begin{aligned}S&=2\pi\int_{0}^{1}\sqrt{1+u^2}\,du=2\pi\int_{0}^{\frac{\pi}{4}}\sec^3\theta\,d\theta\\&=\pi\left[\sec\theta\tan\theta+\ln|\sec\theta+\tan\theta|\right]_{0}^{\frac{\pi}{4}}\\&=\pi(\sqrt{2}+\ln(\sqrt{2}+1))\end{aligned}$$

가 된다.

연습문제 6.4

1. 다음 곡선을 x축 둘레로 회전하였을 때 생기는 곡면의 표면적을 구하여라.

(1) $y=3x \quad (1 \le x \le 2)$

(2) $y=\sqrt{x} \ (0 \le x \le 4)$

(3) $y=\sqrt{25-x^2} \ (-2 \le x \le 3)$

(4) $y=\dfrac{1}{2}(e^x+e^{-x}) \quad (0 \le x \le x_1)$

(5) $x^2+(y-b)^2=r^2 \quad (b>r)$

(6) $y^2=4px \ (0 \le x \le a)$

2. 다음 곡선을 y축 주위로 회전했을 때 생기는 곡면의 표면적을 구하여라.

(1) $y=\dfrac{2}{3}(1+x^2)^{\frac{3}{2}}$ 의 $x=0$ 에서 $x=2$ 까지

(2) $y=\ln(x^2-1)$의 $x=2$ 에서 $x=3$ 까지

(3) $y=\dfrac{1}{2}x^2-1 \quad (0 \le x \le 2\sqrt{2})$

(4) $x=y^3 \ (0 \le x \le 1)$

3. 다음 각 곡선을 x축 둘레에 회전했을 때 생기는 회전체의 표면적을 구하여라.

(1) $y=x, \quad 0 \le x \le \dfrac{6}{5}$

(2) $4y=2x^2-\ln x, \quad 1 \le x \le 4$

4. $\dfrac{x^2}{4}+y^2+z^2=1$ 인 타구의 겉넓이를 구하여라.

5. 원 $x^2+(y-b)^2=a^2$을 x축의 둘레로 회전해서 생긴 입체의 체적과 표면적을 구하여라.

Chapter

07

매개변수방정식과 극방정식

7.1 매개변수 방정식

xy-평면상에 곡선 C가 주어져 있다고 하자. 곡선 C상의 점 $P(x,y)$의 y좌표를 x의 함수로 나타내어 곡선을 표현하는 대신 $P(x,y)$의 x, y좌표를 제삼변수의 함수 f, g에 의해 표시할 수 있다. 즉 모든 $t \in I$에 대해서

$$x = f(t),\ y = g(t)$$

로 나타낼 수 있다. 이 방정식을 매개방정식 또는 매개변수방정식(parametric equation)이라 하며 t를 매개변수(parameter)라 한다. 이 때 곡선 C는 매개방정식

$$x = f(t),\ y = g(t)$$

에 의해 매개화 되었다고 한다. 예를 들어 초당 32피트 속력으로 공을 수평으로 던질 때 공이 떨어지는 경로를 곡선 C라 할 때(공기저항은 무시) t초 후에 공의 위치는 $x = 32t$, $y = -16t^2$로 주어진다고 하자. 여기서 곡선 C의 매개방정식은

$$x = 32t\ ,\quad y = -16t^2$$

이다. 이 때 매개변수는 시간 t가 된다. 만약 이 매개방정식에서 매개변수 t를 소거하면

$$y = -16\left(\frac{x}{32}\right)^2 = -\frac{1}{64}x^2$$

이다. 따라서 떨어지는 공의 경로는 $y = -\frac{1}{64}x^2$ 의 일부이다.

예제 1

매개변수방정식 $x = \frac{1}{2}t^3 - 6t,\ y = \frac{1}{2}t^2\ (0 \le t \le 4)$로 나타나는 평면곡선을 그려라.

풀이

곡선의 개형을 추적하기 위하여 매개변수 t의 특정값에서 x, y값을 구해서 그래프를 그리면 다음과 같다.

t	0	1	2	3	4
x	0	$-\frac{11}{2}$	-8	$-\frac{9}{2}$	8
y	0	$\frac{1}{2}$	2	$\frac{9}{2}$	8

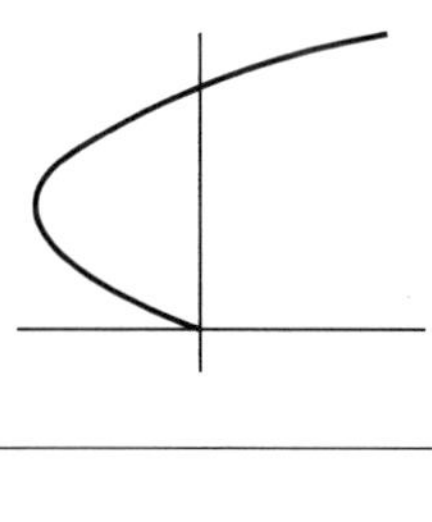

예제 2

매개변수방정식 $x=\cos 2\theta,\ y=\sin\theta\,(0\le\ \theta\le\ 2\pi)$로 나타나는 평면곡선을 찾고 x와 y의 관계식으로 고쳐 보아라.

풀이

매개변수 θ에 상관없이 $|x|\le 1,\ |y|\le 1$이다.

곡선의 개형을 추적하기 위하여 매개변수 θ의 특정값에서 x, y 값을 구해보면

θ	0	$\frac{\pi}{4}$	$\frac{\pi}{2}$	$\frac{3\pi}{4}$	π	$\frac{5\pi}{4}$	$\frac{3\pi}{2}$	$\frac{7\pi}{4}$	2π
x	1	0	-1	0	1	0	-1	0	1
y	0	$\frac{\sqrt{2}}{2}$	1	$\frac{\sqrt{2}}{2}$	0	$-\frac{\sqrt{2}}{2}$	-1	$-\frac{\sqrt{2}}{2}$	0

와 같다. 따라서 $[0.2\pi]$에 속하는 θ에 대한 좌표는 아래 그래프 위를 두 번 지나간다. 만약 θ를 소거하면

$$x\ =\ \cos 2\theta=\ \cos^2\theta-\sin^2\theta=\ 1-2\sin^2\theta=\ 1-2y^2$$

이다. 따라서 경로는 포물선 $x\ =\ 1-2y^2$의 일부이다. 여기서 매개변수는 0와 2π사이에 있는 각 θ이다.

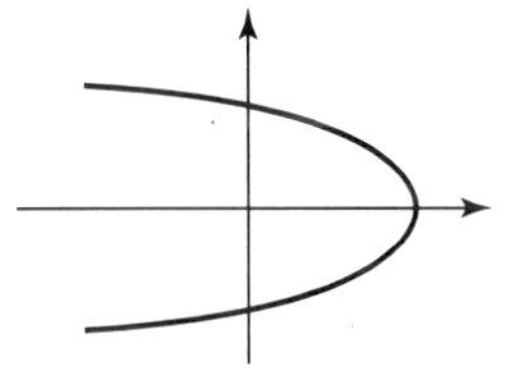

예제 3

매개변수방정식 $x=\cos\theta,\ y=\sin\theta\,(0\le\ \theta\le\ 2\pi)$에 의해 나타나는 곡선을 설명하여라.

풀이

$x^2+y^2=\sin^2\theta+\cos^2\theta=1$로 매개변수 t가 소거된다. 따라서 점 (x,y)는 단위원 $x^2+y^2=1$ 위를 움직인다. 또 매개변수 t가 0에서 2π로 증가할 때 (x,y)는 점 $(0,1)$로부터 반시계방향으로 원주를 한바퀴 돈다.

예제 4

반지름이 a인 원을 직선상에 미끄러지지 않게 굴릴 때, 원 위의 고정점 $P(x,y)$가 그리는 곡선의 매개변수방정식을 구하여라. [이 곡선을 사이클로이드(Cycloid) 곡선이라 한다.]

풀이

반지름이 a인 원이 x축을 따라 구르기 시작할 때 원주상의 고정점 $P(x,y)$가 원점 $(0,0)$에 위치한다고 하자. 원의 회전각 θ를 매개변수로 두고 점 $P(x,y)$의 자취를 구하면

$$|OT| = \text{arc}\,\widehat{PT} = a\theta$$

이고 원의 중심은 $C(a\theta, a)$이다. 따라서

$$x = |OT| - |PQ| = a\theta - a\sin\theta = a(\theta - \sin\theta)$$
$$y = |TC| - |QC| = a - a\cos\theta = a(1 - \cos\theta)$$

이다. 그러므로 사이클로이드 곡선의 매개변수방정식은

$$x = a(\theta - \sin\theta),\ \ y = a(1 - \cos\theta)$$

이다. 만약 원이 1회전하면 매개변수 θ의 범위는 $0 \le \theta \le 2\pi$이고 이 때 사이클로이드 곡선은 한 개의 반원형이 된다.

예제 5

하이포사이클로이드(Hypocycloid), 에피사이클로이드(Epicycloid) 및 성망형(Asteroid) 곡선의 매개변수방정식을 구하여라.

풀이

반지름이 a인 원 C_a에 내접하면서 반지름 r인 원 C_r이 반시계방향으로 굴러갈 때 원 C_r 위의 고정점 P가 그리는 곡선 C를 하이포사이클로이드(hypocycloid)라 한다. 하이포사이클로이드곡선의 방정식을 구해보자.

매개변수 θ를 양의 x축으로부터 두 원 C_a와 C_r의 중심을 연결하는 선분까지의 각이라 하자. 아래 그림에서 $rt = a\theta - 2\pi r$이므로 $\theta - t = \theta - \dfrac{a\theta}{r} + 2\pi$가 되다. 따라서 C에 대한 매개변수방정식은

$$x = -(a-r)\cos(\pi - \theta) + r\cos(\theta - t) = (a-r)\cos\theta + r\cos\left(\theta - \frac{a\theta}{r}\right),$$

$$y=(a-r)\sin(\pi-\theta)+r\sin(\theta-t)=(a-r)\sin\theta+r\sin\left(\theta-\frac{a\theta}{r}\right)$$

로 주어진다. 하이포사이클로이드가 C_a와 만나는 점을 첨점(cusp)이라고 부른다.

만약 $r=\frac{a}{4}$이면

$$x=\frac{3}{4}a\cos\theta+\frac{1}{4}a\sin\left(\frac{\pi}{2}-3\theta\right)=\frac{1}{4}a(3\cos\theta+\cos3\theta)=a\cos^3\theta$$

$$y=\frac{3}{4}a\sin\theta-\frac{1}{4}a\cos\left(\frac{\pi}{2}-3\theta\right)=\frac{1}{4}a(3\sin\theta-\sin3\theta)=a\sin^3\theta$$

이다. 따라서 구하는 곡선의 매개방정식은

$$x=a\cos^2\theta,\quad y=a\sin^3\theta\quad(a>0)$$

이다. 이 곡선을 성망형(asteroid)이라고 부른다. 성망형의 매개방정식에서 매개변수 θ를 소거하면 직교좌표에 의한 방정식

$$x^{\frac{2}{3}}+y^{\frac{2}{3}}=a^{\frac{2}{3}}\quad(a>0)$$

를 얻는다.

반지름이 a인 원 C_a에 외접하면서 반지름 r인 원 C_r이 반시계방향으로 굴러갈 때 원 C_r 위의 고정점 P가 그리는 곡선 C를 에피사이클로이드(epicycloid)라 한다.

에피사이클로이드 곡선의 방정식을 구해보자. 하이포사이클로이드 곡선의 경우와 마찬가지로 매개변수 θ를 양의 x축으로부터 두 원 C_a와 C_r의 중심을 연결하는 선분까지의 각이라 하자. 그러면 C에 대한 매개변수방정식은

$$x=(a+r)\cos\theta-r\cos\left(\frac{a+r}{r}\theta\right),\quad y=(a+r)\sin\theta-r\sin\left(\frac{a+r}{r}\theta\right)$$

로 주어진다.

만약 $a=r$이면 에피사이클로이드 곡선은 cardioid가 되고 매개방정식은

$$x=2a\cos\theta-a\cos2\theta,\ y=2a\sin\theta-a\sin2\theta$$

이다.

참고 (1) $\sin3\theta=3\sin\theta-4\sin^3\theta$ (2) $\cos3\theta=4\cos^3\theta-3\cos\theta$

(3) $\sin\left(\frac{\pi}{2}-\theta\right)=\cos\theta$ (4) $\cos\left(\frac{\pi}{2}-\theta\right)=\sin\theta$ ■

연습문제 7.1

1. 다음 매개변수방정식으로 나타나는 곡선의 직교방정식을 구하여라.

(1) $x=3t-4,\quad y=6t+2$　　(2) $x=2t+3,\quad y=4t^2-9$

(3) $x=3+2\cos t,\quad y=2+4\sin t$　　(4) $x=t-\sin t,\quad y=1-\cos t$

(5) $x=\cos 2t,\quad y=\sin t$　　(6) $x=\cos t,\quad y=\sin 2t$

(7) $x=t^2,\quad y=2\log t$　　(8) $x=t^3,\quad y=t^2$

2. 다음 곡선의 매개변수 방정식을 구하여라.

(1) $x^2+y^3=4xy$　　(2) $x^2+2xy+4y^2=8x$　　(3) $x^3+y^3-3axy=0$

3. 다음 매개변수방정식으로 나타나는 곡선 C를 그려라. 그리고 t가 증가함에 따라 C를 따라 움직이는 $P(t)$방향을 나타내어라.

(1) $x=2\cos t,\quad y=2\sin t,\quad 0\le t\le \dfrac{\pi}{2}$

(2) $x=2-\cos t,\quad y=-1-\sin t,\quad 0\le t\le 2\pi$

(3) $x=-2+3t,\quad y=2-3t$

(4) $x=3,\quad y=-1-t,\quad 0\le t\le 1$

(5) $x=e^{-1},\quad y=e^{3t}$

4. 모든 t에 대해서 $x=1-2t$와 $y=-3+4t$에 의해서 매개변수화된 곡선 C를 그려라. 그리고 t가 증가함에 따라 C를 따라 움직이는 $P(t)$방향을 나타내어라.

5. 다음 매개방정식의 직교방정식을 구하고 그 곡선의 개형을 그려라.

(1) $x=t^2+2t,\quad y=t-3\quad (-2\le t\le 3)$

(2) $x=\dfrac{2t}{1+t^2},\ y=\dfrac{1-t^2}{1+t^2}\quad (-\infty<t<\infty)$

(3) $x=a\sin t,\quad y=b\cos t\quad (0\le t\le 2\pi)$

6. 다음 매개방정식의 곡선의 개형을 그리고, 서로 비교하여라.

(1) $x=\sqrt{1-t^2},\quad y=t\quad (-1\le t\le 1)$

(2) $x=\cos t,\quad y=\sin t\quad \left(-\dfrac{\pi}{2}\le t\le \dfrac{\pi}{2}\right)$

(3) $x=\dfrac{1-t^2}{1+t^2},\ y=\dfrac{2t}{1+t^2}\quad (-1<t<1)$

7.2 접선과 평면적

접선

매개변수방정식 $x=f(t)$와 $y=g(t)$로 정의된 곡선들은 매개변수 t를 제거하여 $y=F(x)$형태로 나타낼 수 있다. 방정식 $y=F(x)$에 $x=f(t)$와 $y=g(t)$를 대입하면

$$g(t)=F(f(t))$$

가 되고, g, F, f가 미분가능이면

$$g'(t)=F'(f(t))f'(t)=F'(x)f'(t)$$

를 얻는다. 여기서 $f'(t)\neq 0$이면

$$F'(x)=\frac{g'(t)}{f'(t)}$$

가 된다. 곡선 $y=F(x)$상의 점 $(x,F(x))$에서의 접선의 기울기가 $F'(x)$이기 때문에 위의 방정식은 매개변수를 제거하지 않고 매개변수곡선에 대한 접선의 기울기 구하는 공식이 된다. 라이프니츠 표기법을 사용하여 정리하면 다음과 같다.

정리 2.1

매개변수방정식 $x=f(t)$와 $y=g(t)$로 정의된 곡선상의 점 $(f(t),g(t))$에서의 접선의 기울기는 f,g가 미분가능이고 $\frac{dx}{dt}\neq 0$이면

$$\frac{dy}{dx}=\frac{dy/dt}{dx/dt}$$

이다.

참고 (1) $\frac{dy}{dt}=0,\ \frac{dx}{dt}\neq 0$이면 곡선은 수평접선을 갖는다.

(2) $\frac{dy}{dt}\neq 0,\ \frac{dx}{dt}=0$이면 곡선은 수직접선을 갖는다.

(3) $$\frac{d^2y}{dx^2}=\frac{d}{dx}\left(\frac{dy}{dx}\right)=\frac{\frac{d}{dt}\left(\frac{dy}{dx}\right)}{\frac{dx}{dt}}\qquad \text{if } \frac{dx}{dt}\neq 0$$ ■

예제 1

(1) cycloid곡선 $x=a(t-\sin t)$, $y=a(1-\cos t)$에 대하여 $\dfrac{dy}{dx}$와 $\dfrac{d^2y}{dx^2}$를 구하여라.

(2) $t=\dfrac{\pi}{3}$일 때 cycloid곡선상의 접선을 구하여라.

(3) 어느 점에서 수평접선을 갖는가?

(4) 오목 볼록구간을 구하여라.

풀이

(1) $\dfrac{dy}{dx}=\dfrac{dy/dt}{dx/dt}=\dfrac{a\sin t}{a(1-\cos t)}=\dfrac{\sin t}{1-\cos t}$

$$\frac{d}{dt}\left(\frac{dy}{dx}\right)=\frac{d}{dt}\left(\frac{\sin t}{1-\cos t}\right)=\frac{\cos t(1-\cos t)-\sin^2 t}{(1-\cos t)^2}$$

$$=\frac{\cos t-1}{(1-\cos t)^2}=-\frac{1}{1-\cos t}$$

$$\frac{d^2y}{dx^2}=\frac{\dfrac{d}{dt}\left(\dfrac{dy}{dx}\right)}{\dfrac{dx}{dt}}=\frac{-\dfrac{1}{1-\cos t}}{a(1-\cos t)}=-\frac{1}{a(1-\cos t)^2}$$

(2) $t=\dfrac{\pi}{3}$일 때

$$x=a\left(\frac{\pi}{3}-\sin\frac{\pi}{3}\right)=a\left(\frac{\pi}{3}-\frac{\sqrt{3}}{2}\right),\quad y=a\left(1-\cos\frac{\pi}{3}\right)=\frac{a}{2},$$

$$\frac{dy}{dx}=\frac{\sin\dfrac{\pi}{3}}{1-\cos\dfrac{\pi}{3}}=\sqrt{3}$$

이므로 구하는 접선은 점 $\left(a\left(\dfrac{\pi}{3}-\dfrac{\sqrt{3}}{2}\right), \dfrac{a}{2}\right)$을 지나고 기울기가 $\sqrt{3}$인 직선이 된다.

따라서 접선의 방정식은 $y-\dfrac{a}{2}=\sqrt{3}\left(x-\dfrac{a\pi}{3}+\dfrac{a\sqrt{3}}{2}\right)$이다.

(3) $\dfrac{dy}{dx}=0$일 때 접선은 수평이다. 즉 "$t=(2n-1)\pi$, n은 정수"일 때 수평접선을 갖는다.

(4) $\dfrac{d^2y}{dx^2}=-\dfrac{1}{a(1-\cos t)^2}<0 \quad \text{if} \cos t \neq 1$

이므로 cycloid곡선은 구간 $(2n\pi, 2(n+1)\pi)$에서 아래로 오목이다.

예제 2

매개변수방정식 $x(t)=t^2$, $y(t)=t^3-3t$ 로 주어지는 곡선을 C라 하자.

(1) C는 점 $(3,0)$에서 두 개의 접선을 가짐을 보이고 그 접선의 방정식을 구하여라.

(2) 수평접선 및 수직접선을 가지는 C상의 점을 구하여라.

(3) 곡선의 증가 감소구간, 오목 볼록구간을 구하고 곡선의 개형을 그려라.

풀이

(1) $t=\pm\sqrt{3}$ 일 때 곡선상의 점은 $(3,0)$가 된다. 따라서

$$\frac{dy}{dx}=\frac{\frac{dy}{dt}}{\frac{dx}{dt}}=\frac{3t^2-3}{2t}=\frac{3}{2}\left(t-\frac{1}{t}\right)$$

이므로 $t=\pm\sqrt{3}$ 일 때 접선의 기울기는 $\frac{dy}{dx}=\pm\frac{6}{2\sqrt{3}}=\pm\sqrt{3}$ 이고 접선의 방정식은

$$y=\sqrt{3}(x-3)\text{과 } y=-\sqrt{3}(x-3)$$

이다.

(2) $\frac{dx}{dt}=2t=0$일 때 C는 수직접선을 갖는다. 즉 $t=0$일 때 수직접선을 갖는다.

$\frac{dy}{dt}=3t^2-3=0$일 때 C는 수평접선을 갖는다. 즉 $t=\pm 1$일 때 수평접선을 갖는다.

(3) $\frac{dx}{dt}=2t$ 이고 $\frac{dy}{dt}=3t^2-3=3(t-1)(t+1)$이므로 곡선의 증감상태는 다음과 같다.

	$t<-1$	$-1<t<0$	$0<t<1$	$t>1$
dx/dt	$-$	$-$	$+$	$+$
dy/dt	$+$	$-$	$-$	$+$
x	←	←	→	→
y	↑	↓	↓	↑
curve	↖	↙	↘	↗

t	-2	$-\sqrt{3}$	-1	$-\frac{1}{2}$	0	$\frac{1}{2}$	1	$\sqrt{3}$	2
x	4	3	1	$\frac{1}{4}$	0	$\frac{1}{4}$	1	3	4
y	-2	0	2	$\frac{11}{8}$	0	$-\frac{11}{8}$	-2	0	2

오목 볼록구간을 결정하기 위해서 2차 도함수를 구하면

$$\frac{d^2y}{dx^2} = \frac{\frac{d}{dt}\left(\frac{dy}{dx}\right)}{\frac{dx}{dt}} = \frac{\frac{3}{2}\left(1+\frac{1}{t^2}\right)}{2t} = \frac{3(t^2+1)}{4t^3}$$

이다. 따라서 이 곡선은 $t>0$이면 위로 오목이고 $t<0$이면 아래로 오목이다.

○ 면적

폐구간 $[a,b]$에서 함수 $F(x)$가 연속이고 $F(x) \geq 0$일 때 곡선 $y=F(x)$, 직선 $x=a$, $x=b$ 및 x축으로 둘러싸인 부분의 면적을 S라 하면 $S=\int_a^b F(x)dx$이다. 만약 곡선이 매개변수방정식 $x=f(t)$, $y=g(t)$ $(\alpha<t<\beta)$로 주어지면 다음 정리를 얻을 수 있다.

정리 2.2

함수 $y=F(x)$가 매개변수방정식 $x=f(t)$, $y=g(t)$ $(\alpha \leq t \leq \beta)$로 주어지고 $a=f(\alpha)$, $b=f(\beta)$일 때 곡선 $y=F(x)$, 직선 $x=a$, $x=b$ 및 x축으로 둘러싸인 부분의 면적을 S라 하면

$$S=\int_a^b F(x)dx = \int_\alpha^\beta g(t)f'(t)dt$$

이다.

증명 $x=f(t)$이므로 $dx=f'(t)dt$이다. 따라서 치환적분법에 의하여

$$\int_a^b F(x)dx = \int_\alpha^\beta yf'(t)dt = \int_\alpha^\beta g(t)f'(t)dt$$

가 된다. ■

예제 3

사이클로이드곡선 $x=a(t-\sin t)$, $y=a(1-\cos t)$ $(0 \leq t \leq 2\pi,\ a>0)$와 x축으로 둘러싸인 도형의 면적을 구하여라.

풀이

$dx=a(1-\cos t)dt$이고 t가 0에서 2π까지 변할 때 x는 0에서 $2\pi a$까지 변하고

$y \geq 0$이므로

$$S = \int_0^{2\pi a} y\,dx = \int_0^{2\pi} a(1-\cos t)\,a(1-\cos t)dt$$
$$= a^2\int_0^{2\pi}(1-\cos t)^2 dt$$

이다. 그런데

$$(1-\cos t)^2 = 1 - 2\cos t + \cos^2 t = 1 - 2\cos t + \frac{1+\cos 2t}{2}$$
$$= \frac{3}{2} - 2\cos t + \frac{1}{2}\cos 2t$$

이므로

$$S = a^2\int_0^{2\pi}\left(\frac{3}{2} - 2\cos t + \frac{1}{2}\cos 2t\right)dt$$
$$= a^2\left(\frac{3}{2}t - 2\sin t + \frac{1}{4}\sin 2t\right)\Big|_0^{2\pi} = 3\pi a^2$$

이다.

예제 4

성망형곡선 $x = a\cos^3\theta,\ y = a\sin^3\theta\,(0 \leq \theta \leq 2\pi,\ a > 0)$ 내부 면적을 구하여라.

풀이

$dx = 3a\cos^2\theta\,(-\sin\theta)d\theta$이고 $x = 0$이면 $\theta = \frac{\pi}{2}$, $x = a$이면 $\theta = 0$이므로

$$S = 4\int_0^a y\,dx$$
$$= 4\int_{\frac{\pi}{2}}^0 (a\sin^3\theta)(3a\cos^2\theta)(-\sin\theta)\,d\theta$$
$$= 12a^2\int_0^{\frac{\pi}{2}}\sin^4\theta\cos^2\theta\,d\theta$$
$$= 12a^2\left(\int_0^{\frac{\pi}{2}}\sin^4\theta\,d\theta - \int_0^{\frac{\pi}{2}}\sin^6\theta\,d\theta\right)$$
$$= \frac{3}{8}\pi a^2$$

이다.

연습문제 7.2

1. 다음 곡선에서 $\frac{dy}{dx}$ 및 $\frac{d^2y}{dx^2}$을 구하여라.

(1) $x=t^3+1, \quad y=t^2+1$

(2) $x=\frac{1}{t-1}, \quad y=\frac{t}{t^2-1}$

(3) $x=1-\ln t, \quad y=t-\ln t$

(4) $x=t-\sin t, \quad y=1-\cos t$

(5) $x=5\cos t,\ y=4\sin t\ (0<t<3)$

2. $x=2t-1, \quad y=t^2+1$일 때 다음 적분값을 구하여라.

(1) $\int_1^3 y\,dx$

(2) $\int_1^3 xy^2\,dx$

3. $x=t+1, \quad y=t^2+4$일 때 적분값 $\int_0^1 (x^2-4y)\,dx$을 구하여라.

4. $t=\frac{\pi}{3}$에서 사이클로이드 곡선 $x=a(t-\sin t),\ y=a(1-\cos t)\ (0\le t\le 2\pi,\ a>0)$에 대한 접선을 구하여라.

5. 점 $(0,3)$에서 곡선 $x=t^2-t,\ y=t^2+t+1$에 대한 접선의 방정식을 구하고, 이 곡선과 접선을 그려라.

6. 다음 곡선의 주어진 점에서 접선 및 법선의 방정식을 구하여라.

(1) $x=t^2,\ y=t^3\ ;\ \ t=2$

(2) $x=t^2-2t,\ y=t^3-3t\ ;\ \ t=2$

(3) $x=e^t,\ y=e^{-t}\ ;\ \ t=2$

(4) $x=2\sec t,\ y=2\tan t\ \left(t=-\frac{\pi}{6}\right)$

7. 다음 곡선과 x 축으로 둘러싸인 도형의 넓이를 구하여라.

(1) $x = t^3 + 1,\ y = 2t - t^2$　　　　(2) $x = t + 1,\ y = t^2 + t - 2$

(3) $x = e^{2t},\ y = e^{-t}\quad (0 \le t \le \ln 5)$

8. 곡선 $x = a\cos t,\ y = a\sin t\ (0 \le t \le 2\pi)$로 둘러싸인 도형의 넓이를 구하여라.

7.3 곡선의 길이, 회전체의 체적 및 표면적

○ 곡선의 길이

함수 $y = F(x)$, $a \le x \le b$의 그래프로 주어지는 곡선 C의 길이를 s라고 $y = F(x)$가 연속인 도함수를 가지면

$$s = \int_a^b \sqrt{1+[f'(x)]^2}\, dx = \int_a^b \sqrt{1+\left(\frac{dy}{dx}\right)^2}\, dx$$

임을 알고 있다. 곡선 C가 매개변수방정식 $x = f(t)$, $y = g(t)$ $(\alpha \le t \le \beta)$로 주어질 때 곡선의 길이는 다음 정리에 의해 구해진다.

정리 3.1

곡선 C가 매개변수방정식 $x = f(t)$, $y = g(t)$ $(\alpha \le t \le \beta)$로 주어지고 $f'(t)$, $g'(t)$가 $[\alpha, \beta]$에서 연속이고 t가 α에서 β로 증가할 때 정확히 한번 C가 그려지면 곡선 C의 길이는

$$s = \int_\alpha^\beta \sqrt{\left(\frac{dx}{dt}\right)^2 + \left(\frac{dy}{dt}\right)^2}\, dt = \int_\alpha^\beta \sqrt{(f'(t))^2 + (g'(t))^2}\, dt$$

이다.

증명 $y = F(x)$가 매개함수로 주어져있으므로 $\dfrac{dy}{dx} = \dfrac{dy/dt}{dx/dt}$이다. 또한 $x = f(t)$에서 $dx = f'(t)dt = \dfrac{dx}{dt}dt$이고 $x = a$일 때 $t = \alpha$, $x = b$일 때 $t = \beta$이므로

$$s = \int_a^b \sqrt{1+\left(\frac{dy}{dx}\right)^2}\, dx = \int_\alpha^\beta \sqrt{1+\left(\frac{dy/dt}{dx/dt}\right)^2}\, \frac{dx}{dt}dt$$

$$= \int_\alpha^\beta \sqrt{\left(\frac{dx}{dt}\right)^2 + \left(\frac{dy}{dt}\right)^2}\, dt = \int_\alpha^\beta \sqrt{(f'(t))^2 + (g'(t))^2}\, dt$$ ■

예제 1

사이클로이드곡선 $x = a(t - \sin t)$, $y = a(1 - \cos t)$ $(0 \le t \le 2\pi)$의 길이 s를 구하여라.

풀이

$\dfrac{dx}{dt} = a(1 - \cos t)$, $\dfrac{dy}{dt} = a\sin t$이므로

$$\left(\frac{dx}{dt}\right)^2+\left(\frac{dy}{dt}\right)^2=a^2(1-\cos t)^2+a^2\sin^2 t=4a^2\sin^2\frac{t}{2}$$

이다. 따라서 곡선의 길이 s는

$$s=\int_0^{2\pi}2\,a\sin\frac{t}{2}dt=2a\left[-2\cos\frac{t}{2}\right]_0^{2\pi}=8a$$

이다.

예제 2

성망형(asteriod) $x^{\frac{2}{3}}+y^{\frac{2}{3}}=a^{\frac{2}{3}}\,(a>0)$의 길이 s를 구하여라.

풀이

성망형의 방정식을 매개방정식으로 고치면

$$x=a\cos^3\theta,\ \ y=a\sin^3\theta\ \ (0\le\theta\le 2\pi)$$

이다. 또 성망형의 길이 s는 θ가 0에서 $\frac{\pi}{2}$까지 변할 때 생기는 곡선의 길이의 4배가 된다.

$$\frac{dx}{d\theta}=3a\cos^2\theta(-\sin\theta),\ \ \frac{dy}{d\theta}=3a\sin^2\theta\cos\theta$$

이므로

$$\begin{aligned}s&=4\int_0^{\frac{\pi}{2}}\sqrt{\left(\frac{dx}{d\theta}\right)^2+\left(\frac{dy}{d\theta}\right)^2}\,d\theta=4\int_0^{\frac{\pi}{2}}3a\sin\theta\cos\theta\,d\theta\\&=6a\int_0^{\frac{\pi}{2}}2\sin\theta\cos\theta d\theta=6a\int_0^{\frac{\pi}{2}}\sin 2\theta\,d\theta=3a\left[-\cos 2\theta\right]_0^{\frac{\pi}{2}}=6a\end{aligned}$$

이다.

○ 회전체의 체적

연속곡선 $y=F(x)\ (a\le x\le b)$가 x축 둘레로 회전해서 생긴 회전체의 체적 V는

$$V=\pi\int_a^b[f(x)]^2dx=\pi\int_a^b y^2dx$$

임을 알고 있다. 곡선이 매개변수방정식 $x=f(t),\, y=g(t)\ (\alpha \le t \le \beta)$로 주어질 때 이 곡선을 x축에 관하여 회전해서 생기는 회전체의 체적은 다음 정리에 의해 구해진다.

정리 3.2

곡선이 매개변수방정식 $x=f(t),\, y=g(t)\ (\alpha \le t \le \beta)$로 주어지고 $f'(t)$와 $g(t)$가 $[\alpha, \beta]$에서 연속이면 이 곡선을 x축에 관하여 회전하여 생기는 회전체의 체적 V는

$$V=\pi\int_{\alpha}^{\beta}[g(t)]^2 f'(t)\,dt$$

이다.

증명 $x=f(t)$이므로 $dx=f'(t)dt$이다. 여기서 $a=f(\alpha)$, $b=f(\beta)$라 두면

$$V=\pi\int_{a}^{b}y^2dx=\pi\int_{\alpha}^{\beta}[g(t)]^2 f'(t)\,dt$$

가 된다. ■

예제 3

사이클로이드 곡선 $x=a(\theta-\sin\theta)$, $y=a(1-\cos\theta)$ $(0\le\theta\le 2\pi)$와 x축으로 둘러싸인 부분을 x축 둘레로 회전하여 생기는 입체의 체적 V를 구하여라.

풀이

$dx=a(1-\cos\theta)d\theta$이므로

$$\begin{aligned}V&=\pi\int_0^{2\pi}(a(1-\cos\theta))^2 a(1-\cos\theta)d\theta\\&=\pi a^3\int_0^{2\pi}(1-\cos\theta)^3\,d\theta\\&=\pi a^3\int_0^{2\pi}\left(2\sin^2\frac{\theta}{2}\right)^3 d\theta\end{aligned}$$

여기서 $\dfrac{\theta}{2}=t$로 두면

$$V=16\pi a^3\int_0^{\pi}\sin^6 t\,dt=32\pi a^3\int_0^{\frac{\pi}{2}}\sin^6 t\,dt=32\pi a^3\cdot\frac{5}{6}\cdot\frac{3}{4}\cdot\frac{1}{2}\cdot\frac{\pi}{2}=5\pi^2a^3$$

가 된다.

◯ 회전체의 표면적

연속곡선 $y = F(x)$ $(a \le x \le b)$가 x축 둘레로 회전해서 생기는 회전체의 표면적 S는 $F'(x)$가 $[a, b]$에서 연속일 때,

$$S = 2\pi \int_a^b f(x)\sqrt{1+(f'(x))^2}\, dx = 2\pi \int_a^b y\,\sqrt{1+(y')^2}\, dx$$

임을 알고 있다. 곡선이 매개변수방정식 $x = f(t)$, $y = g(t)$ $(\alpha \le t \le \beta)$로 주어질 때 이 곡선을 x축에 관하여 회전하여 생기는 회전체의 표면적은 다음 정리에 의해 구해진다.

정리 3.3

곡선이 매개변수방정식 $x = f(t)$, $y = g(t)$ $(\alpha \le t \le \beta)$로 주어지고 $f'(t)$, $g'(t)$가 $[\alpha, \beta]$에서 연속이고 $g(t) > 0$일 때 이 곡선을 x축에 관하여 회전하여 생기는 회전체의 표면적을 S라 하면

$$S = 2\pi \int_\alpha^\beta y\,\sqrt{\left(\frac{dx}{dt}\right)^2 + \left(\frac{dy}{dt}\right)^2}\, dt$$

이다.

증명 $y = F(x)$가 매개함수로 주어져 있으므로 $\dfrac{dy}{dx} = \dfrac{dy/dt}{dx/dt}$이다.

또한 $x = f(t)$이므로 $dx = f'(t)dt = \dfrac{dx}{dt}dt$이다.

그리고 $a = f(\alpha)$, $b = f(\beta)$라 두면

$$S = 2\pi \int_a^b y\,\sqrt{1+(y')^2}\, dx = 2\pi \int_\alpha^\beta g(t)\sqrt{1+\left(\frac{dy/dt}{dx/dt}\right)^2}\,\frac{dx}{dt}dt$$

$$= 2\pi \int_\alpha^\beta y\,\sqrt{\left(\frac{dx}{dt}\right)^2 + \left(\frac{dy}{dt}\right)^2}\, dt$$

이다. ■

예제 4

타원 $x = a\cos\theta$, $y = b\sin\theta$ $(a < b)$가 x축 둘레를 회전했을 때 생기는 곡면의 표면적을 구하여라.

풀이

$\dfrac{dx}{d\theta} = -a\sin\theta$, $\dfrac{dy}{d\theta} = b\cos\theta$ 이므로

$$\sqrt{\left(\frac{dx}{d\theta}\right)^2+\left(\frac{dy}{d\theta}\right)^2} = \sqrt{a^2\sin^2\theta+b^2\cos^2\theta}$$
$$= a\sqrt{1-e^2\cos^2\theta}\ ,\ \left(e^2=\frac{a^2-b^2}{a^2}\right)$$

이다. 따라서 구하는 표면적을 S라 하면

$$S=2\pi\int_0^{\pi} b\sin\theta \cdot a\sqrt{1-e^2\cos^2\theta}\,d\theta = 2\pi ab\int_0^{\pi}\sin\theta\sqrt{1-e^2\cos^2\theta}\,d\theta$$

이다. 여기서 $\cos\theta = t$로 놓으면

$$S = 2\pi ab\int_1^{-1}\sqrt{1-e^2t^2}\,(-dt) = 2\pi abe\int_{-1}^{1}\sqrt{\frac{1}{e^2}-t^2}\,dt$$
$$= 4\pi abe\int_0^1\sqrt{\frac{1}{e^2}-t^2}\,dt = 4\pi abe\left[\frac{1}{2}t\sqrt{\frac{1}{e^2}-t^2}+\frac{1}{2e^2}\sin^{-1}et\right]_0^1$$
$$= \frac{2\pi ab}{e}\left(e\sqrt{1-e^2}+\sin^{-1}e\right)$$

가 된다.

예제 5

성망형(asteriod) $x=a\cos^3\theta,\ y=a\sin^3\theta\ (a>0,\ 0\le\theta\le\pi)$를 x축으로 회전해서 생기는 입체의 표면적 S를 구하여라.

풀이

$\frac{dx}{d\theta}=3a\cos^2\theta(-\sin\theta),\ \frac{dy}{d\theta}=3a\sin^2\theta\cos\theta$이므로

$$\sqrt{\left(\frac{dx}{d\theta}\right)^2+\left(\frac{dy}{d\theta}\right)^2} = \sqrt{9a^2\cos^4\theta\sin^2\theta+9a^2\sin^4\theta\cos^2\theta} = 3a\sin\theta\cos\theta$$

이다. 그러므로

$$S = 2\left(2\pi\int_0^{\frac{\pi}{2}}(a\sin^3\theta)(3a\sin\theta\cos\theta)d\theta\right)$$
$$= 12\pi a^2\left[\frac{\sin^5\theta}{5}\right]_0^{\frac{\pi}{2}} = \frac{12}{5}\pi a^2$$

가 된다.

예제 6

사이클로이드곡선 $x=a(\theta-\sin\theta)$, $y=a(1-\cos\theta)$를 x축으로 회전해서 생기는 회전체의 표면적 S를 구하여라.

풀이

$\dfrac{dx}{d\theta}=a(1-\cos\theta)$, $\dfrac{dy}{d\theta}=a\sin\theta$ 이므로

$$\sqrt{\left(\frac{dx}{d\theta}\right)^2+\left(\frac{dy}{d\theta}\right)^2}=\sqrt{a^2(1-\cos\theta)^2+a^2\sin^2\theta}=\sqrt{2a^2(1-\cos\theta)}$$

이다. 그러므로 구하는 표면적을 S라 하면

$$\begin{aligned}S&=2\pi\int_0^{2\pi}a(1-\cos\theta)\sqrt{\left(\frac{dx}{d\theta}\right)^2+\left(\frac{dy}{d\theta}\right)^2}\,d\theta\\&=2\pi\int_0^{2\pi}a(1-\cos\theta)\sqrt{2a^2(1-\cos\theta)}\,d\theta\\&=2\sqrt{2}\,a^2\pi\int_0^{2\pi}(1-\cos\theta)^{\frac{3}{2}}\,d\theta\\&=2\sqrt{2}\,a^2\pi\int_0^{2\pi}\left(2\sin^2\frac{\theta}{2}\right)^{\frac{3}{2}}d\theta\\&=8a^2\pi\int_0^{2\pi}\sin^3\frac{\theta}{2}\,d\theta\\&=\frac{64}{3}\pi a^2\end{aligned}$$

이다.

연습문제 7.3

1. 다음 매개변수화된 곡선의 길이를 구하여라.

(1) $x = 1 + 3e^2, \quad y = 4 + 2t^2 \quad (1 \le t \le 1)$

(2) $x = \dfrac{t}{1+t}, \quad y = \ln(1+t) \quad (0 \le t \le 2)$

(3) $x = \sin^{-1} t, \quad y = \dfrac{1}{2}\ln(1-t^2) \quad \left(0 \le t \le \dfrac{1}{2}\right)$

(4) $x = e^t \sin t, \quad y = e^t \cos t \quad (0 \le t \le \pi)$

(5) $x = e^t \cos t, \quad y = e^t \sin t \quad (0 \le t \le \pi)$

(6) $x = e^t - t, \quad y = 4e^{\frac{t}{2}} \quad (-8 \le t \le 3)$

(7) $x = 6t^2, \ y = t^3 - 12t \quad (0 \le t \le 1)$

(8) $x = 3t(t-2), \ y = 8t^{\frac{3}{2}} \quad (0 \le t \le 1)$

(9) $x = a\cos\theta, \ y = b\sin\theta \quad (a > b > 0, \ 0 \le \theta \le \pi)$

2. 다음 곡선을 x축으로 회전시켰을 때 생기는 회전체의 표면적을 구하여라.

(1) $x = \dfrac{1}{2}t^2, \quad y = t \quad (\sqrt{3} \le t \le 2\sqrt{2})$

(2) $x = t^3, \quad y = t^2 \quad (0 \le t \le 1)$

(3) $x = \sin^2 t, \quad y = \sin t \cos t \quad \left(0 \le t \le \dfrac{\pi}{2}\right)$

(4) $x = a\cos^3 t, \quad y = a\sin^3 t \quad \left(0 \le t \le \dfrac{\pi}{2}\right)$

3. 반지름이 a인 구의 표면적이 $4\pi a^2$임을 보여라.

4. 다음 곡선을 y축으로 회전시킬 때 생기는 도형의 표면적을 구하여라.

$$x = 3t^2, \quad y = 2t^3 \quad (0 \le t \le 5)$$

7.4 극좌표

평면내의 한 점을 잡아서 점 O라고 쓰고 극점(pole)이라 부른다. 극점 O에서 시작하여 오른쪽으로 수평하게 반직선을 그리고 이 직선을 극축(polar axis)이라 한다. P가 평면내의 점이면 원점 O에서 점 P까지 거리를 r이라 하고 극축으로부터 선분 OP까지의 유향각(radian 각으로 표시)을 θ라 하자. 이 때 점 P를 (r, θ)로 표시하고 이것을 점 P의 극좌표(polar coordinate)라 부른다. 극축으로부터 반시계방향으로 측정되는 각 θ를 양의 각이라 하고 시계방향으로 측정되는 각 θ를 음의각이라 한다. $P=0$이면 $r=0$이고 $(0, \theta)$는 θ의 임의의 값에 대한 극점을 나타내는 것으로 한다. 점 (r, θ)의 극점에 대칭인 점을 $(-r, \theta)$로 쓰기로 한다.

예제 1

극좌표로 표현된 다음 점들을 평면상에 표시하여라.

(1) $\left(1, \dfrac{5\pi}{4}\right)$　　(2) $(2, 3\pi)$

(3) $\left(2, -\dfrac{2\pi}{3}\right)$　　(4) $\left(-3, \dfrac{3\pi}{4}\right)$

풀이

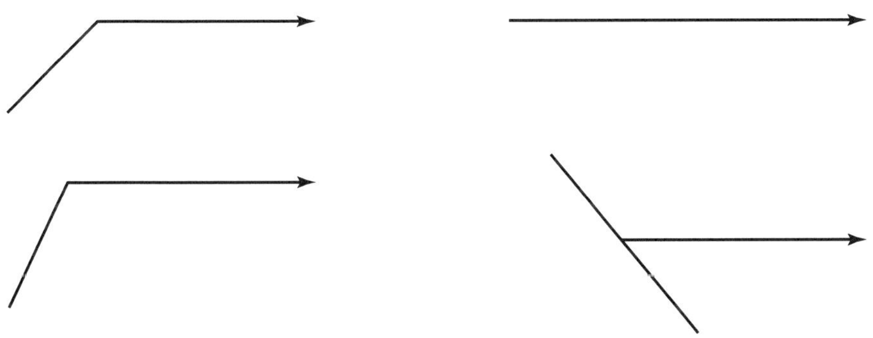

참고 (1) 직교좌표계에서 각 점은 오직 한가지로 표현되지만 극좌표계에서의 각점은 많은 표현을 갖는다. 예를들어, $\left(1, \dfrac{5\pi}{4}\right)$, $\left(1, -\dfrac{3\pi}{4}\right)$, $\left(1, -\dfrac{11\pi}{4}\right)$, $\left(-1, \dfrac{\pi}{4}\right)$는 모두 같은 점이다. 결국 극좌표 (r, θ)로 표현되는 점은 $(r, \theta+2n\pi)$와 $(-r, \theta+(2n+1)\pi)$로도 표현된다(n은 정수)

(2) 극좌표와 직교좌표 사이의 관계는 극점과 원점을 일치시키고 극축은 양의 x축과 일치시킨다. 점 P의 직교좌표가 (x, y)이고 극좌표가 (r, θ)이면 이들 사이의 관계는

$$\cos\theta = \frac{x}{r}, \quad \sin\theta = \frac{x}{r}$$

이므로 다음 관계식이 성립한다.

$$x = r\cos\theta, \quad y = r\sin\theta$$
$$r = \sqrt{x^2 + y^2}, \quad \theta = \tan^{-1}\frac{y}{x}$$

이 때 구간 $[0, 2\pi]$에서 $\tan\theta$의 값이 두 번 나타나므로 직교좌표를 극좌표로 바꿀 때 그 점이 몇 사분면의 점인지를 확인하고 옳은 값 θ를 택해야 한다. ■

예제 2

(1) 극좌표 $\left(2, \frac{\pi}{3}\right)$를 갖는 점을 직교좌표로 나타내어라.

(2) 직교좌표 $(1, -1)$을 갖는 점을 극좌표로 나타내어라.

풀이

(1) $r = 2$이고 $\theta = \frac{\pi}{3}$이므로

$$x = r\cos\theta = 2\cos\frac{\pi}{3} = 1, \; y = r\sin\theta = 2\sin\frac{\pi}{3} = \sqrt{3}$$

이다. 따라서 극좌표 $\left(2, \frac{\pi}{3}\right)$는 직교좌표 $(1, \sqrt{3})$로 나타난다.

(2) $r > 0$라 하면

$$r = \sqrt{x^2 + y^2} = \sqrt{1^2 + (-1)^2} = \sqrt{2}, \; \tan\theta = \frac{y}{x} = -1$$

이다. 그리고 $(1, -1)$는 제4사분면에 있는 점이므로 $\theta = -\frac{\pi}{4}$ 또는 $\theta = \frac{7\pi}{4}$이다. 따라서 직교좌표 $(1, -1)$은 극좌표 $\left(\sqrt{2}, -\frac{\pi}{4}\right)$ 또는 $\left(\sqrt{2}, \frac{7\pi}{4}\right)$로 나타난다.

평면상의 극좌표 (r, θ)를 사용하여 $f(r, \theta) = 0$ 또는 $r = f(\theta)$로 표현되는 방정식을 극방정식이라 한다.

예제 3

(1) 극방정식 $r=2$가 나타내는 곡선을 말하여라.

(2) 극방정식 $\theta=1$이 나타내는 곡선을 말하여라.

풀이

(1) 이 곡선은 $r=2$를 만족하는 모든 점 (r,θ)로 이루어진다. 따라서 구하는 곡선은 극점으로부터 거리가 2인 모든 점들의 집합, 즉 중심이 원점이고 반지름이 2인 원이 된다.

(2) 이 곡선은 θ가 1라디안인 모든 점 (r,θ)로 이루어진다. 따라서 구하는 곡선은 극점을 지나고 극축과 1라디안의 각을 이루는 직선이 된다.

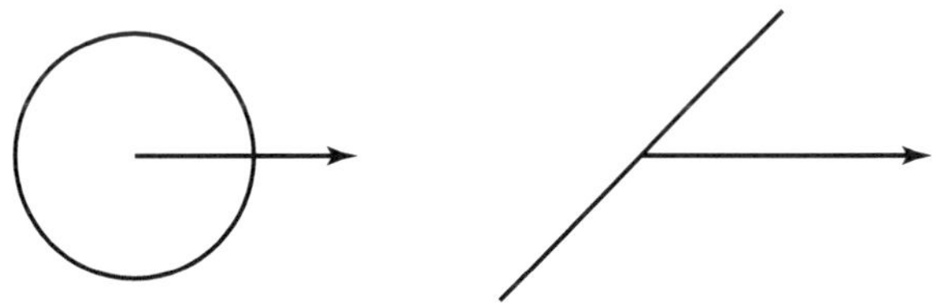

예제 4

반지름이 a이고 중심이 극좌표로 $C(b,\beta)$인 원의 극방정식을 구하여라.

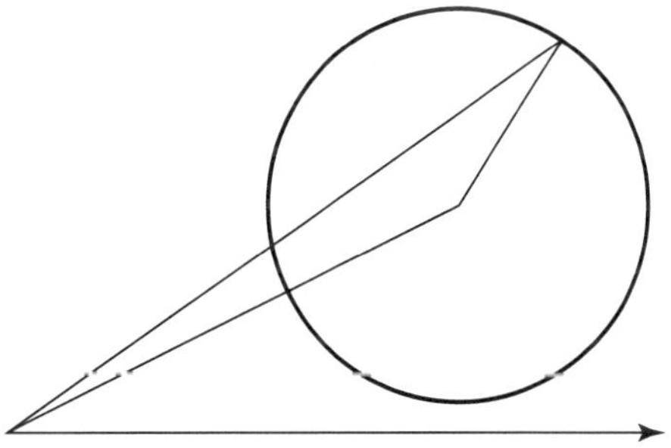

풀이

원 위의 임의의 점을 $P(r,\theta)$라고 하면

cosine정리에 의하여

$$a^2=b^2+r^2-2br\cos(\theta-\beta)$$

가 얻어진다. 이것이 구하는 원의 극방정식이다

참고 (1) 반지름이 a, 중심이 $C(b, \beta)$이고 원점을 지나는 원의 방정식은 $a=b$이므로

$$r = 2a\cos(\theta - \beta)$$

이다.

(2) 반지름이 a, 중심이 $C(b, 0)$이고 원점을 지나는 원의 방정식은 $r = 2a\cos\theta$이다.

(3) 반지름이 a, 중심이 $C\left(b, \frac{\pi}{2}\right)$이고 원점을 지나는 원의 방정식은

$$r = 2a\cos\left(\theta - \frac{\pi}{2}\right) = 2a\sin\theta$$

이다.

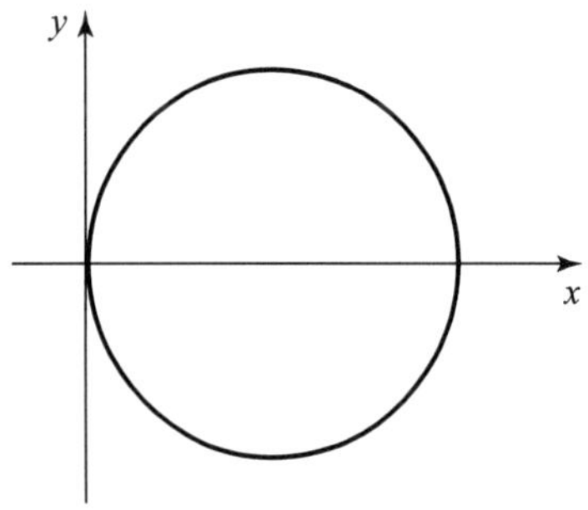

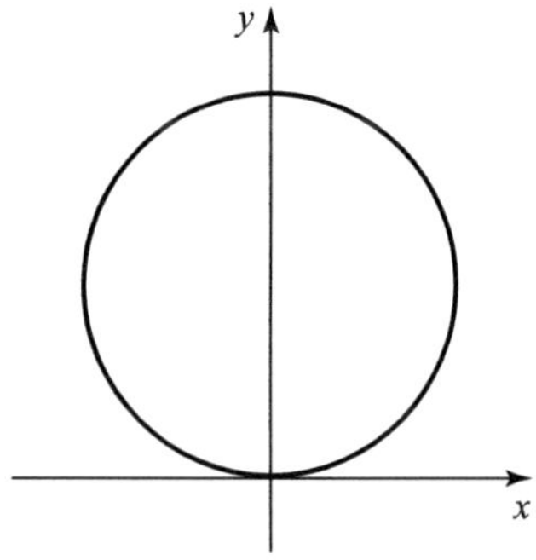

■

예제 5

원 $x^2 + y^2 = ax$의 극방정식을 구하여라.

풀이

$\sqrt{x^2+y^2} = r$, $x = r\cos\theta$이므로 $r^2 = x^2 + y^2 = ax = ar\cos\theta$가 된다.

따라서 구하는 식은 $r = a\cos\theta$가 된다.

참고 극방정식 $r = f(\theta)$가 나타내는 그래프의 성질에 대해서 알아보자.

Ⅰ. 대칭성

(1) $f(-\theta) = f(\theta)$일 때 곡선은 극축(x축)에 대칭이다.

(2) $f(\pi - \theta) = f(\theta)$일 때 곡선은 직선 $\theta = \frac{\pi}{2}$ (y축)에 대칭이다.

(3) $f(\pi + \theta) = f(\theta)$일 때 곡선은 극점(원점)에 대칭이다.

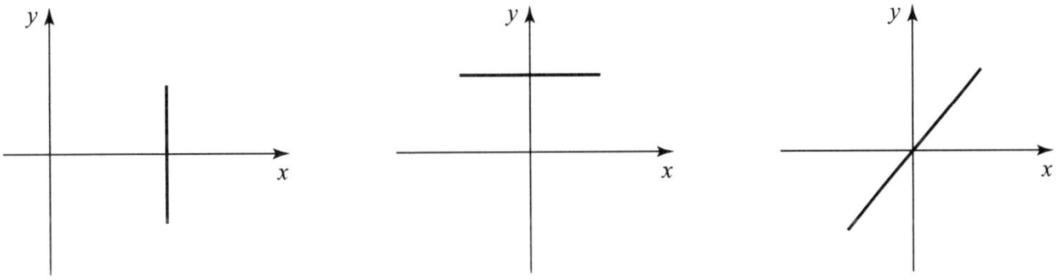

Ⅱ. 원점에 있어서의 접선

곡선 $r=f(\theta)$가 원점 O를 지날 때 f 가 $\theta=\theta_0$에서 연속이면

$$\lim_{\theta\to\theta_0} r=\lim_{\theta\to\theta_0} f(\theta)=f(\theta_0)$$

이므로 $\theta=\theta_0$일 때 $r=0$이면 $\theta=\theta_0$가 O에 있어서의 곡선의 접선이 된다. 특히, $\theta=0$일 때 $r=0$이면 x축이 원점 O에 있어서의 곡선의 접선이 된다.

Ⅲ. 곡선상의 점 P에 있어서의 접선과 OP가 이루는 각 φ를 조사한다.

함수 $r=f(\theta)$가 θ에 관하여 미분가능이면

$$x=r\cos\theta,\ \ y=r\sin\theta$$

는 θ에 관하여 미분가능이다. 따라서

$$\frac{dx}{d\theta}=-r\sin\theta+\cos\theta\frac{dr}{d\theta}$$

$$\frac{dy}{d\theta}=-r\cos\theta+\sin\theta\frac{dr}{d\theta}$$

이다. 곡선 $r=f(\theta)$상의 점 P에 접하는 접선이 극축과 이루는 각을 ϕ라 하고, OP와 이루는 각을 φ라 하면 $\varphi=\phi-\theta$이다. 또

$$\tan\phi-\frac{dy}{dx}-\frac{dy/d\theta}{dx/d\theta},\ \ \tan\theta=\frac{y}{x}$$

이므로

$$\tan\varphi=\tan(\phi-\theta)=\frac{\tan\phi-\tan\theta}{1+\tan\phi\tan\theta}=\frac{r\,d\theta}{dr}$$

이다. 이 공식에 의하여 특수한 점에서 φ를 구하여 곡선의 그래프를 그리는데 이용한다. 예를 들어, $\theta=0$일 때 $\varphi=\frac{\pi}{2}$이면 곡선이 x축과 만나는 점에서 y축에 평행한 접선을 가진다.

Ⅳ. r의 θ에 따른 증감

$\dfrac{dr}{d\theta} > 0 \quad (< 0)$일 때, θ가 증가함에 따라서 r은 증가(감소)한다.

Ⅴ. 점근선

$r \to \infty$ 일 때 곡선이 가까이 가는 직선이 있으면 그것이 곡선의 점근선이다. 예를 들면, $\lim\limits_{r \to \infty} r\cos\theta = a$일 때 직선 $x = a$는 곡선의 점근선이다. ■

예제 6

곡선 $r = a(1 - \cos\theta)$ $(a > 0)$의 그래프를 그려라.

풀이

(1) 대칭성

$r = f(\theta)$에서 $f(\theta) = f(-\theta)$이므로 곡선은 x축에 대칭이다.

(2) r의 θ에 따른 증감

$\dfrac{dr}{d\theta} = a\sin\theta > 0$ $(0 \le \theta \le \pi)$이므로 r은 $0 \le \theta \le \pi$에서 증가한다.

(3) θ에 따른 $r(0 \le \theta \le \pi)$의 값을 구해보면 다음과 같다.

θ	0	$\dfrac{\pi}{3}$	$\dfrac{\pi}{2}$	$\dfrac{2\pi}{3}$	π
$r = a(1 - \cos\theta)$	0	$\dfrac{a}{2}$	a	$\dfrac{3a}{2}$	$2a$

(4) 원점에 있어서의 접선

$\theta = 0$일 때 $r = 0$이므로 원점에서 x축에 접한다.

(5) 곡선상의 점 $P(r,\theta)$에 있어서의 접선과 OP가 이루는 각 φ를 조사

$$\tan\varphi = \frac{rd\theta}{dr} = \frac{a(1-\cos\theta)}{a\sin\theta} = \frac{1-\left(1-2\sin^2\dfrac{\theta}{2}\right)}{2\sin\dfrac{\theta}{2}\cos\dfrac{\theta}{2}} = \frac{\sin\dfrac{\theta}{2}}{\cos\dfrac{\theta}{2}} = \tan\frac{\theta}{2}$$

이므로 $\varphi = \dfrac{\theta}{2}$, $\phi = \dfrac{\theta}{2} + \theta = \dfrac{3\theta}{2}$ 이다. 따라서

(1) $\left(\dfrac{a}{2}, \dfrac{\pi}{3}\right)$, $(2a, \pi)$에서 곡선의 접선은 x축에 수직

(2) $(0,0)$, $\left(\dfrac{3a}{2}, \dfrac{2\pi}{3}\right)$에서 곡선의 접선은 y축에 수직

(3) $\left(a, \frac{\pi}{2}\right)$에서 곡선의 접선은 x축과 사이각이 $\frac{3}{4}\pi$ (y축과의 교각이 $\frac{\pi}{4}$)이다.

이 곡선을 심장형(cardioid)이라고 한다.

예제 7

극방정식 $r = a\cos\theta$의 그래프를 그리고 직교좌표상의 방정식으로 나타내어라.

풀이

몇 개의 알 수 있는 θ에 대해서 r값을 구하여 점 (r, θ)를 극좌표평면상에 표시한다. 이런 점들을 곡선으로 연결하여 곡선을 그린다.

θ	0	$\frac{\pi}{6}$	$\frac{\pi}{4}$	$\frac{\pi}{3}$	$\frac{\pi}{2}$	$\frac{2\pi}{3}$	$\frac{4\pi}{3}$	$\frac{5\pi}{6}$	π
$r = a\cos\theta$	a	$\frac{\sqrt{3}}{2}a$	$\frac{\sqrt{2}}{2}a$	$\frac{1}{2}a$	0	$-\frac{1}{2}a$	$-\frac{\sqrt{2}}{2}a$	$-\frac{\sqrt{3}}{2}a$	$-a$

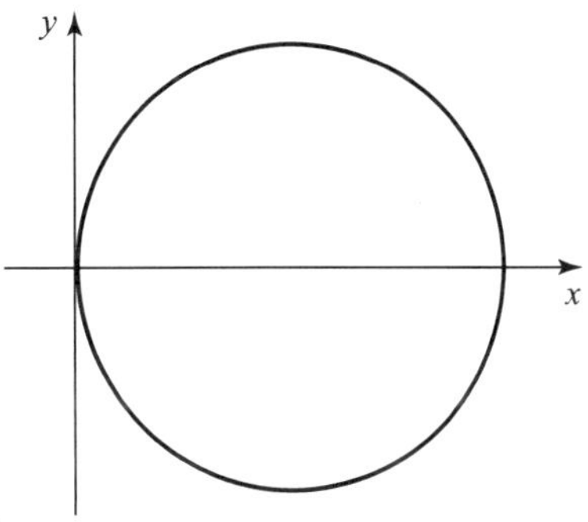

θ가 π보다 큰 값이면 같은 점이 반복되므로

θ를 0과 π사이의 값만 취하면 된다.

그리고 $x = r\cos\theta$, $r^2 = x^2 + y^2$이므로

$$r = a\cos\theta = \frac{ax}{r}$$

이다. 따라서 $x^2 + y^2 = r^2 = ax$가 된다.

구하는 곡선의 직교방정식은 $\left(x - \frac{a}{2}\right)^2 + y^2 = \frac{a^2}{4}$이다.

예제 8

$r = \cos 2\theta$의 그래프를 그려라.

풀이

$f(\theta) = \cos 2\theta$라고 두면

$$f(-\theta) = \cos(-2\theta) = \cos 2\theta = f(\theta), \quad f(\pi - \theta) = \cos 2(\pi - \theta) = \cos 2\theta = f(\theta)$$

이므로 곡선은 x축 및 y축에 대칭이다.

구간 $-\frac{\pi}{4} \le \theta \le \frac{\pi}{4}$에서 알 수 있는 몇 개의 θ에 대해서 r값을 구하여 점 (r, θ)를 극좌표평면상에 표시해 보면

θ	0	$\frac{\pi}{12}$	$\frac{\pi}{8}$	$\frac{\pi}{4}$	$\frac{3\pi}{8}$	$\frac{5\pi}{12}$	$\frac{\pi}{2}$
$r=\cos 2\theta$	1	$\frac{\sqrt{3}}{2}$	$\frac{\sqrt{2}}{2}$	0	$-\frac{\sqrt{2}}{2}$	$\frac{\sqrt{3}}{2}$	-1

가 된다. 이런 점들을 연결하여 곡선을 그리고 x축 및 y축에 대칭하여 곡선을 그리면 다음과 같다.

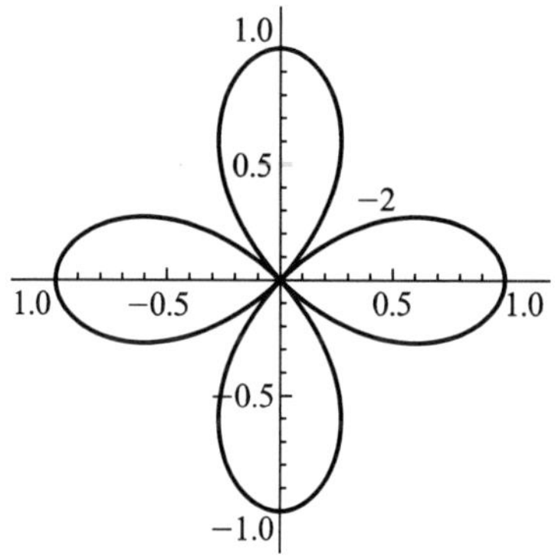

예제 9

$r=\sin 2\theta$의 그래프를 그려라.

풀이

몇 개의 알 수 있는 θ에 대해서 r값을 구하여 점 (r,θ)를 극좌표평면상에 표시한다. 이런 점들을 곡선으로 연결하여 곡선을 그린다. 우선 $0 \le \theta \le \frac{\pi}{2}$인 경우를 조사해 보면

θ	0	$\frac{\pi}{12}$	$\frac{\pi}{8}$	$\frac{\pi}{6}$	$\frac{\pi}{4}$	$\frac{\pi}{3}$	$\frac{3\pi}{8}$	$\frac{5\pi}{12}$	$\frac{\pi}{2}$
$r=\sin 2\theta$	0	$\frac{1}{2}$	$\frac{\sqrt{2}}{2}$	$\frac{\sqrt{3}}{2}$	1	$\frac{\sqrt{3}}{2}$	$\frac{\sqrt{2}}{2}$	$\frac{1}{2}$	0

가 된다. 나머지 구간 $\frac{\pi}{2} \le \theta \le \pi$, $\pi \le \theta \le \frac{3\pi}{2}$, $\frac{3\pi}{2} \le \theta \le 2\pi$에 대해서도 특정한 θ에 대한 (r,θ)를 조사한다. 이런 점들을 연결하여 곡선을 그리면 된다.

참고 $r=\sin 2\theta$의 그래프를 4잎장미(four pedar rose)라고 한다. 일반적으로

$$r=\sin n\theta,\ r=\cos n\theta$$

는 n이 짝수일 때 $2n$잎장미이고 n이 홀수일 때 n잎장미가 된다. ■

예제 10

카디오이드(cardioid) $r=1+\sin\theta$의 그래프를 그려라.

풀이

$f(\theta)=1+\sin\theta$이므로 $f(\pi-\theta)=1+\sin(\pi-\theta)=1+\sin\theta=f(\theta)$이다.

따라서 cardioid $r=1+\sin\theta$의 그래프는 y축에 대칭이다. 또 sin 함수의 주기가 2π이므로 구간 $\left[-\frac{\pi}{2}, \frac{\pi}{2}\right]$상의 점 θ에 대응하는 점 (r, θ)를 추적하여 곡선을 그리고 곡선의 대칭성을 이용하여 그래프를 완성한다.

θ	$-\frac{\pi}{2}$	$-\frac{\pi}{6}$	0	$\frac{\pi}{6}$	$\frac{\pi}{2}$
$r=1+\sin\theta$	0	$\frac{1}{2}$	1	$\frac{3}{2}$	2

예제 11

리마손(limacon) $r=\frac{1}{2}+\cos\theta$의 그래프를 그려라.

풀이 $f(\theta)=\frac{1}{2}+\cos\theta$이므로 $f(-\theta)=\frac{1}{2}+\cos(-\theta)=\frac{1}{2}+\cos\theta=f(\theta)$이다.

따라서 cardioid $r=\frac{1}{2}+\cos\theta$의 그래프는 x축에 대칭이다.

또 cos 함수의 주기가 2π이므로 구간 $[0, \pi]$상의 점 θ에 대응하는 점 (r, θ)를 추적하여 곡선을 그리고 곡선의 대칭성을 이용하여 그래프를 완성한다.

θ	0	$\frac{\pi}{3}$	$\frac{\pi}{2}$	$\frac{2\pi}{3}$	π
$r=\frac{1}{2}+\cos\theta$	$\frac{3}{2}$	1	$\frac{1}{2}$	0	$-\frac{1}{2}$

θ가 0에서 $\frac{2\pi}{3}$까지 증가하면 r은 $\frac{3}{2}$으로부터 0까지 감소한다.

같은 방법으로 θ가 $\frac{2\pi}{3}$에서 π까지 증가하면 r은 0으로부터 $-\frac{1}{2}$로 감소한다.

$\frac{2\pi}{3} \le \theta \le \pi$인 θ에 대응하는 r이 음수이므로 대응점은 제4사분면에 있게 된다.

참고 $a, b > 0$에 대하여

$$r = a + b\sin\theta, \quad r = a - b\sin\theta$$
$$r = a + b\cos\theta, \quad r = a - b\cos\theta$$

의 그래프를 Limacon이라고 한다. 특히 $a = b$일 때는 cardioid가 된다. ■

예제 12

연주형(lemniscate)곡선 $r^2 = a^2\cos 2\theta \ (a > 0)$의 그래프를 그려라.

풀이

(1) 대칭성 : $\cos 2(-\theta) = \cos 2\theta$이고 $\cos 2(\pi - \theta) = \cos 2\theta$이므로 곡선은 극축($x$축) 및 직선 $\theta = \frac{\pi}{2}$(y축)에 관하여 대칭이다. 따라서 $0 \le \theta \le \frac{\pi}{2}$일 때만 조사하면 되다.

또 $\frac{\pi}{4} < \theta \le \frac{\pi}{2}$일 때는 $\cos 2\theta < 0$이므로 그래프는 없다. 그러므로 $0 \le \theta \le \frac{\pi}{4}$일 때 $r = a\sqrt{\cos 2\theta}$의 그래프만 조사하면 된다.

θ	0	$\frac{\pi}{12}$	$\frac{\pi}{6}$	$\frac{\pi}{4}$
$r = a\sqrt{\cos 2\theta}$	a	$0.93a$	$0.707a$	0

(2) r의 증감상태 : $\frac{dr}{d\theta} = -\frac{a\sin 2\theta}{\sqrt{\cos 2\theta}} < 0 \left(0 < \theta < \frac{\pi}{4}\right)$이므로 r은 감소한다.

(3) 원점에서의 접선 : $\theta = \frac{\pi}{4}$일 때 $r = 0$이므로 직선 $\theta = \frac{\pi}{4}$는 원점에서 곡선의 접선이다.

(4) 수평,수직접선 : $\frac{dy}{d\theta} = 0$, $\frac{dx}{d\theta} \ne 0$일 때 수평접선을 가지므로 방정식

$$\frac{dy}{d\theta} = \frac{dr}{d\theta}\sin\theta + r\cos\theta = 0$$

를 풀어보자.

$$\frac{dy}{d\theta} = \frac{dr}{d\theta}\sin\theta + r\cos\theta = -\frac{a\sin 2\theta}{\sqrt{\cos 2\theta}}\sin\theta + a\sqrt{\cos 2\theta}\cos\theta$$

$$= -\frac{a}{\sqrt{\cos 2\theta}}(\sin 2\theta\sin\theta - \cos 2\theta\cos\theta)$$

$$= -\frac{a\cos\theta}{\sqrt{\cos 2\theta}}(4\sin^2\theta - 1)$$

$$= -\frac{a\cos\theta}{\sqrt{\cos 2\theta}}(2\sin\theta - 1)(2\sin\theta + 1) = 0$$

이고 $0 \le \theta \le \frac{\pi}{4}$ 범위에서 $\cos\theta \ne 0$, $\sin\theta > 0$이므로 $\sin\theta = \frac{1}{2}$이다. 즉 $\theta = \frac{\pi}{6}$이다.

따라서 곡선은 $\left(\frac{\sqrt{2}\,a}{2}, \frac{\pi}{6}\right)$에서 수평접선을 갖는다.

$\frac{dx}{d\theta} = 0$, $\frac{dy}{d\theta} \ne 0$일 때 수평접선을 가지므로 방정식

$$\frac{dx}{d\theta} = \frac{dr}{d\theta}\cos\theta - r\sin\theta = 0$$

를 풀어보자.

$$\frac{dx}{d\theta} = \frac{dr}{d\theta}\cos\theta + r\sin\theta = -\frac{a\sin 2\theta}{\sqrt{\cos 2\theta}}\cos\theta - a\sqrt{\cos 2\theta}\sin\theta$$

$$= -\frac{a}{\sqrt{\cos 2\theta}}(\sin 2\theta\cos\theta + \cos 2\theta\sin\theta)$$

$$= -\frac{a\sin\theta}{\sqrt{\cos 2\theta}}(4\cos^2\theta - 1)$$

$$= -\frac{a\sin\theta}{\sqrt{\cos 2\theta}}(2\cos\theta - 1)(2\cos\theta + 1) = 0$$

이고 $0 \le \theta \le \frac{\pi}{4}$ 범위에서 $\cos\theta \ne \pm\frac{1}{2}$이므로 $\sin\theta = 0$이다. 즉 $\theta = 0$이다.

따라서 곡선은 $(a, 0)$에서 수직접선을 갖는다. 이 곡선을 연주형(lemniscate)이라 한다.

연습문제 7.4

1. 다음 극좌표를 직교좌표로 나타내어라.

(1) $\left(3, \dfrac{\pi}{4}\right)$ (2) $\left(-2, -\dfrac{\pi}{6}\right)$ (3) $\left(3, \dfrac{7\pi}{3}\right)$

(4) $(5,0)$ (5) $\left(-2, \dfrac{\pi}{2}\right)$ (6) $\left(-2, \dfrac{3\pi}{2}\right)$

(7) $\left(4, \dfrac{3\pi}{4}\right)$ (8) $\left(0, \dfrac{6\pi}{7}\right)$ (9) $\left(-1, \dfrac{23\pi}{3}\right)$

(10) $\left(-1, -\dfrac{23\pi}{3}\right)$ (11) $\left(1, \dfrac{3\pi}{2}\right)$ (12) $\left(3, -\dfrac{5\pi}{6}\right)$

2. 다음 직교 방정식을 극방정식으로 나타내어라.

(1) $2x+3y=4$ (2) $x^2+9y^2=1$

(3) $(x^2+y^2)^2=x^2-y^2$ (4) $x^2+y^2=4y$

(5) $y^2=\dfrac{x^2(3-x)}{1+x}$

3. 다음 극방정식을 직교방정식으로 나타내어라.

(1) $r=3\cos\theta$ (2) $\cot t=3$ (3) $r=\sin 2\theta$

4. 다음 극방정식의 그래프를 그려라.

(1) $r=5$ (2) $r=0$

(3) $\theta=-\dfrac{7\pi}{6}$ (4) $r\sin\theta=5$

(5) $r=-\dfrac{3}{2}\cos\theta$ (6) $r\cos\left(\theta-\dfrac{\pi}{3}\right)=2$

(7) $r=2\cot\theta\csc\theta$ (8) $r(\sin\theta+\cos\theta)=1$

7.5 극방정식에서의 면적, 길이, 회전체의 표면적 및 체적

평면도형의 면적

정리 5.1

연속인 곡선의 방정식이 극형식(polar form) $r=f(\theta)$ $(\alpha \le \theta \le \beta)$로 주어질 때, 곡선 $r=f(\theta)$ 및 직선 $\theta=\alpha, \theta=\beta$로 둘러싸인 도형의 면적 S는

$$S=\frac{1}{2}\int_{\alpha}^{\beta} r^2\,d\theta=\frac{1}{2}\int_{\alpha}^{\beta}(f(\theta))^2\,d\theta$$

이다.

증명 곡선 $r=f(\theta)$ 및 직선 $\theta=\alpha$, $\theta=t$에 의해서 둘러싸인 도형의 넓이를 $F(t)$라고 하고, $[t, t+h]$에서 r의 상한, 하한을 각각 M, m이라고 하면

$$\frac{1}{2}m^2 \le \frac{F(t+h)-F(t)}{h} \le \frac{1}{2}M^2$$

이므로 $\dfrac{d}{dt}F(t)=\dfrac{1}{2}(f(t))^2$이다. 그러므로 $F(t)=\displaystyle\int\frac{1}{2}(f(t))^2dt$가 된다.

여기서 $F(\alpha)=0$, $F(\beta)=S$이고, f가 연속이므로 $F(t)$는 $\dfrac{1}{2}(f(t))^2$의 원시함수이다. 따라서

$$S=F(\beta)=F(\beta)-F(\alpha)=\frac{1}{2}\int_{\alpha}^{\beta}(f(t))^2\,dt$$

이다. ▣

예제 1

Archimedes의 와선(spiral) $r=a\theta\,(a>0)$의 $0\le\theta\le\dfrac{\pi}{2}$ 부분과 $\theta=\dfrac{\pi}{2}$로 둘러싸인 부분의 면적을 구하여라.

풀이

정리 5.1에 의하여 구하고자 하는 부분의 면적을 S라 하면

$$S=\frac{1}{2}\int_0^{\frac{\pi}{2}} r^2\,d\theta=\frac{a^2}{2}\int_0^{\frac{\pi}{2}}\theta^2\,d\theta=\frac{a^2}{2}\left[\frac{\theta^3}{3}\right]_0^{\frac{\pi}{2}}=\frac{1}{48}\pi^3a^2$$

이다.

예제 2

심장형(cardioid) $r = a(1+\cos\theta)\ (a>0)$로 둘러싸인 부분의 면적을 구하여라.

풀이

주어진 곡선은 $\theta=0$ 및 $\theta=\pi$에 관해서 대칭이므로 $0\le\theta\le\pi$에서 곡선의 그래프를 생각하고 구하고자 하는 부분의 면적을 S라 하면

$$\begin{aligned} S &= 2\left[\frac{1}{2}\int_0^{\pi} r^2\,d\theta\right] = \int_0^{\pi} a^2(1+\cos\theta)^2\,d\theta \\ &= a^2\int_0^{\pi}(1+2\cos\theta+\cos^2\theta)\,d\theta \\ &= a^2\int_0^{\pi}\left(1+2\cos\theta+\frac{1+\cos2\theta}{2}\right)d\theta \\ &= a^2\left[\theta+2\sin\theta+\frac{\theta}{2}+\frac{\sin2\theta}{4}\right]_0^{\pi} \\ &= \frac{3}{2}\pi a^2 \end{aligned}$$

이다.

예제 3

연주형 $r^2 = a^2\cos2\theta\ (a>0)$에 의해서 둘러싸인 부분의 면적을 구하여라.

풀이

그림과 같이 곡선은 2개의 loop로 되어 있다.
그리고 1개의 loop는 θ가 $-\frac{\pi}{4}$에서 $\frac{\pi}{4}$까지 있으므로
구하는 면적은

$$\begin{aligned} S &= 2\int_{-\frac{\pi}{4}}^{\frac{\pi}{4}}\frac{1}{2}r^2\,d\theta = 2a^2\int_0^{\frac{\pi}{4}}\cos2\theta\,d\theta \\ &= 2a^2\left[\frac{1}{2}\sin2\theta\right]_0^{\frac{\pi}{4}} = a^2 \end{aligned}$$

가 된다.

예제 4

곡선 $r=1+\sin\theta$로 둘러싸인 부분의 면적을 구하여라.

풀이

구하는 면적을 S라 하면

$$\begin{aligned}
S &= \frac{1}{2}\int_0^{2\pi} r^2 d\theta = \frac{1}{2}\int_0^{2\pi}(1+\sin\theta)^2 d\theta \\
&= \frac{1}{2}\left(2\int_{-\frac{\pi}{2}}^{\frac{\pi}{2}}(1+\sin\theta)^2 d\theta\right) \\
&= \int_{-\frac{\pi}{2}}^{\frac{\pi}{2}}(1+2\sin\theta+\sin^2\theta)d\theta \\
&= [\theta+(-2\cos\theta)]_{-\frac{\pi}{2}}^{\frac{\pi}{2}} + \int_{-\frac{\pi}{2}}^{\frac{\pi}{2}}\frac{1-\cos 2\theta}{2}d\theta \\
&= \pi+\frac{\pi}{2}=\frac{3}{2}\pi
\end{aligned}$$

이다.

예제 5

$r=1+2\cos\theta$의 작은 폐로에 의해서 둘러싸인 부분의 면적을 구하여라.

풀이

그래프의 곡선은 극축에 대칭이고 작은 폐로는 구간 $\left(\frac{2\pi}{3}, \frac{4\pi}{3}\right)$에 의해서 결정된다. 따라서 구하는 면적을 S라 하면

$$\begin{aligned}
S &= \int_{\frac{2\pi}{3}}^{\frac{4\pi}{3}}(1+2\cos\theta)^2 d\theta \\
&= \frac{1}{2}\int_{\frac{2\pi}{3}}^{\frac{4\pi}{3}}(1+4\cos\theta+4\cos^2\theta)d\theta \\
&= \frac{1}{2}\left[\theta+4\sin\theta+2\left(\theta+\frac{\sin 2\theta}{2}\right)\right]_{\frac{2\pi}{3}}^{\frac{4\pi}{3}} \\
&= \frac{2\pi-3\sqrt{3}}{2}
\end{aligned}$$

가 된다.

예제 6

곡선 $r=3\cos\theta$의 내부에 있고 곡선 $r=1+\cos\theta$의 외부에 있는 부분의 면적을 구하여라.

풀이

구하는 면적을 S라 하면

$$\begin{aligned} S &= 2\int_0^{\frac{\pi}{3}}\left[\frac{1}{2}(3\cos\theta)^2-\frac{1}{2}(1+\cos\theta)^2\right]d\theta \\ &= 2\int_0^{\frac{\pi}{3}}(8\cos^2\theta-2\cos\theta-1)d\theta \\ &= \left[8\left(\frac{1}{2}\theta+\frac{1}{4}\sin2\theta\right)-2\sin\theta-\theta\right]_0^{\frac{\pi}{3}}=\pi \end{aligned}$$

이다.

예제 7

$r=3+\cos\theta$에 의해서 둘러싸인 부분의 면적을 구하여라.

풀이

구하는 면적을 S라 하면

$$\begin{aligned} S &= \frac{1}{2}\int_0^{2\pi}(3+\cos\theta)^2d\theta \\ &= \frac{1}{2}\int_0^{2\pi}(9+6\cos\theta+\cos^2\theta)d\theta \\ &= \frac{1}{2}\left[9\theta+6\sin\theta+\frac{\theta}{2}+\frac{\sin^2\theta}{4}\right]_0^{2\pi} \\ &= \frac{19\pi}{2} \end{aligned}$$

가 된다.

○ 곡선의 길이

곡선 C가 매개변수방정식 $x=f(t),\ y=g(t)\ \ (\alpha \le t \le \beta)$로 주어지고 $f'(t),\ g'(t)$가 $[\alpha, \beta]$에서 연속이고 t가 α에서 β로 증가할 때 정확히 한번 C가 그려지면 곡선 C의 길이는

$$s=\int_{\alpha}^{\beta}\sqrt{\left(\frac{dx}{dt}\right)^2+\left(\frac{dy}{dt}\right)^2}\,dt=\int_{\alpha}^{\beta}\sqrt{(f'(t))^2+(g'(t))^2}\,dt$$

임을 알고 있다. 곡선 C가 극방정식 $r=f(\theta)\ \ (a \le \theta \le b)$로 주어질 때 곡선의 길이는 다음 정리에 의해 구해진다.

정리 5.2

평면곡선이 극방정식 $r=f(\theta)\ (a \le \theta \le b)$로 주어지고, $[a, b]$에서 미분가능이며, $f'(\theta)$가 연속일 때, $\theta=a$에서 $\theta=b$까지의 곡선의 길이 s는

$$s=\int_{a}^{b}\sqrt{r^2+\left(\frac{dr}{d\theta}\right)^2}\,d\theta$$

가 된다.

증명 극좌표와 직교좌표의 관계는 $x=r\cos\theta,\ y=r\sin\theta$이므로 θ를 매개변수로 하는 매개함수로 생각할 수 있다. 여기서

$$\frac{dx}{d\theta}=\frac{dr}{d\theta}\cos\theta-r\sin\theta,\quad \frac{dy}{d\theta}=\frac{dr}{d\theta}\sin\theta+r\cos\theta$$

이므로

$$\begin{aligned}\left(\frac{dx}{d\theta}\right)^2+\left(\frac{dy}{d\theta}\right)^2&=\left(\frac{dr}{d\theta}\cos\theta-r\sin\theta\right)^2+\left(\frac{dr}{d\theta}\sin\theta+r\cos\theta\right)^2\\&=\left(\frac{dr}{d\theta}\right)^2+r^2\end{aligned}$$

이다. 따라서

$$s=\int_{a}^{b}\sqrt{\left(\frac{dx}{d\theta}\right)^2+\left(\frac{dy}{d\theta}\right)^2}\,d\theta=\int_{a}^{b}\sqrt{r^2+\left(\frac{dr}{d\theta}\right)^2}\,d\theta$$

이다. ■

예제 8

심장형(cardioid) $r=a(1+\cos\theta)\ (a>0)$의 전체 길이를 구하여라.

풀이

$\dfrac{dr}{d\theta}=-a\sin\theta$이므로

$$r^2+\left(\frac{dr}{d\theta}\right)^2=a^2(1+\cos\theta)^2+a^2\sin^2\theta$$
$$=4a^2\cos^2\frac{\theta}{2}$$

이다. 따라서 구하는 곡선의 길이를 s라 하면

$$s=2\int_0^{\pi}2a\cos\frac{\theta}{2}d\theta=4a\left[2\sin\frac{\theta}{2}\right]_0^{\pi}=8a$$

이다.

예제 9

심장형(cardioid) $r=1+\sin\theta$의 길이를 구하여라.

풀이

극방정식 $r=1+\sin\theta$로 나타나는 곡선이 $\theta=\dfrac{\pi}{2}$에 관해서 대칭이므로 곡선의 오른쪽 절반의 길이를 2배로 하여 곡선 전체의 길이를 구한다. 구하는 곡선의 길이를 s라 하면

$$s=2\int_{-\frac{\pi}{2}}^{\frac{\pi}{2}}\sqrt{r^2+\left(\frac{dr}{d\theta}\right)^2}\,d\theta=2\int_{-\frac{\pi}{2}}^{\frac{\pi}{2}}\sqrt{(1+\sin\theta)^2+\cos^2\theta}\,d\theta$$
$$=2\int_{-\frac{\pi}{2}}^{\frac{\pi}{2}}\sqrt{2+2\sin\theta}\,d\theta=2\sqrt{2}\int_{-\frac{\pi}{2}}^{\frac{\pi}{2}}\sqrt{1+\sin\theta}\,d\theta$$
$$=2\sqrt{2}\int_{-\frac{\pi}{2}}^{\frac{\pi}{2}}\frac{\sqrt{1-\sin^2\theta}}{\sqrt{1-\sin\theta}}\,d\theta=2\sqrt{2}\int_{-\frac{\pi}{2}}^{\frac{\pi}{2}}\frac{\cos\theta}{\sqrt{1-\sin\theta}}\,d\theta=8$$

이다.

◎ 회전체의 표면적

곡선이 매개변수방정식 $x = f(t)$, $y = g(t)$ $(\alpha \le t \le \beta)$로 주어지고 $f'(t)$, $g'(t)$가 $[\alpha, \beta]$에서 연속이고 $g(t) > 0$일 때 이 곡선을 x축에 관하여 회전하여 생기는 회전체의 표면적을 S라 하면

$$S = 2\pi \int_{\alpha}^{\beta} y \sqrt{\left(\frac{dx}{dt}\right)^2 + \left(\frac{dy}{dt}\right)^2}\, dt$$

임을 알고 있다. 곡선이 극방정식 $r = f(\theta)$ $(a \le \theta \le b)$로 주어질 때 이 곡선을 기선을 축으로 회전시켜 생기는 회전체의 표면적은 다음 정리에 의해 구해진다.

정리 5.3

평면곡선이 극방정식 $r = f(\theta)$, $(a \le \theta \le b)$로 주어지고 $f'(\theta)$가 연속일 때, $\theta = a$에서 $\theta = b$까지의 곡선을 기선을 축으로 회전시켜 생기는 회전체의 표면적 S는

$$S = 2\pi \int_{a}^{b} r\sin\theta \sqrt{r^2 + \left(\frac{dr}{d\theta}\right)^2}\, d\theta$$

이다.

증명 $x = r\cos\theta$, $y = r\sin\theta$이므로

$$\frac{dx}{d\theta} = \frac{dr}{d\theta}\cos\theta - r\sin\theta, \quad \frac{dy}{d\theta} = \frac{dr}{d\theta}\sin\theta + r\cos\theta$$

이다. 따라서

$$\left(\frac{dx}{d\theta}\right)^2 + \left(\frac{dy}{d\theta}\right)^2 = r^2 + \left(\frac{dr}{d\theta}\right)^2$$

가 된다. 그러므로

$$S = 2\pi \int_{a}^{b} r\sin\theta \sqrt{r^2 + \left(\frac{dr}{d\theta}\right)^2}\, d\theta$$

이다. ■

예제 10

Cardioid $r=a(1+\cos\theta)$를 x축으로 회전 하였을 때 생기는 회전체의 표면적 S를 구하여라.

풀이

$\dfrac{dr}{d\theta}=-a\sin\theta$이므로

$$r^2+\left(\frac{dr}{d\theta}\right)^2=a^2(1+\cos\theta)^2+a^2\sin^2\theta=2a^2(1+\cos\theta)$$

이다. 그러므로

$$\begin{aligned} S&=2\pi\int_0^{\pi} r\sin\theta\sqrt{r^2+\left(\frac{dr}{d\theta}\right)^2}\,d\theta \\ &=2\pi\int_0^{\pi} a(1+\cos\theta)\sin\theta\sqrt{2}\,a\sqrt{1+\cos\theta}\,d\theta \\ &=2\sqrt{2}\,\pi a^2\int_0^{\pi}(1+\cos\theta)^{\frac{3}{2}}\sin\theta d\theta \\ &=2\sqrt{2}\,\pi a^2\left[-\frac{2}{5}(1+\cos\theta)^{\frac{5}{2}}\right]_0^{\pi} \\ &=2\sqrt{2}\,\pi a^2\frac{8\sqrt{2}}{5}=\frac{32}{5}\pi a^2 \end{aligned}$$

이다.

○ 회전체의 체적

연속곡선 $y=F(x)$ $(a\le x\le b)$가 x축 둘레로 회전해서 생기는 회전체의 체적 V는

$$V=\pi\int_a^b[F(x)]^2dx=\pi\int_a^b y^2dx$$

이다. 곡선이 매개변수방정식 $x=f(t)$, $y=g(t)$ $(\alpha\le t\le\beta)$로 주어지고 $f'(t)$와 $g(t)$가 $[\alpha,\beta]$에서 연속이면 이 곡선을 x축에 관하여 회전하여 생기는 회전체의 체적 V는

$$V=\pi\int_{\alpha}^{\beta}[g(t)]^2f'(t)\,dt$$

임을 알고 있다. 곡선이 매개변수방정식 극방정식 $r=f(\theta)$, $(a\le\theta\le b)$로 주어질 때 이 곡선을 기선을 축으로 회진시켜 생기는 회전체의 체적은 다음 정리에 의해 구해진다.

정리 5.4

평면곡선이 극방정식 $r=f(\theta)$, $(a \le \theta \le b)$로 주어지고 $f'(\theta)$가 연속일 때, $\theta=a$에서 $\theta=b$까지의 곡선을 기선을 축으로 회전시켜 생기는 회전체의 체적 V는

$$V=\pi\int_a^b [f(\theta)\sin\theta]^2 (f'(\theta)\cos\theta - f(\theta)\sin\theta)\,d\theta$$

이다.

증명 곡선이 극방정식 $r=f(\theta)$, $(a \le \theta \le b)$로 주어질 때는

$$x=f(\theta)\cos\theta,\ \ y=f(\theta)\sin\theta,\ \ (a \le \theta \le b)$$

와 같이 θ를 매개변수로 하는 매개방정식이 된다. 따라서

$$V=\pi\int_\alpha^\beta [y(\theta)]^2 x'(\theta)\,d\theta = \pi\int_a^b [f(\theta)\sin\theta]^2 (f'(\theta)\cos\theta - f(\theta)\sin\theta)\,d\theta$$

가 된다. ■

예제 11

심장형(cardioid) $r=a(1+\cos\theta)\ (a>0)$을 x축으로 회전하여 생기는 회전체의 체적 V를 구하여라.

풀이

$x=r\cos\theta=a(1+\cos\theta)\cos\theta$, $y=r\sin\theta=a(1+\cos\theta)\sin\theta$ 이므로
$dx=-a(\sin\theta+2\sin\theta\cos\theta)\,d\theta$이다.
따라서

$$\begin{aligned} V &= \pi\int_0^\pi [a^2(1+\cos\theta)^2\sin^2\theta]\,[a(-\sin\theta)(1+2\cos\theta)]d\theta \\ &= a^3\int_0^\pi (1+\cos\theta)^2(1-\cos^2\theta)(1+2\cos\theta)(-\sin\theta)\,d\theta \end{aligned}$$

이다. 여기서 $\cos\theta=t$로 두면 $-\sin\theta\,d\theta=dt$이고 $\theta=0$이면 $t=1$, $\theta=\pi$이면 $t=-1$ 이다. 따라서

$$\begin{aligned} V &= \pi a^3\int_1^{-1} (1+t)^2(1-t^2)(1+2t)dt \\ &= \pi a^3\int_{-1}^1 (1+t)^2(t^2-1)(1+2t)dt \\ &= \frac{8}{3}\pi a^3 \end{aligned}$$

가 된다.

연습문제 7.5

1. 다음 곡선의 길이를 구하여라.

(1) $r = a\sin^3\dfrac{\theta}{3}$ (2) $r = 1 - \cos\theta$

2. 원 $r = a\sin\theta + b\cos\theta$의 길이를 구하여라.

3. 심장형 $r = a(1-\cos\theta)$ $(a>0)$ 의 길이를 구하여라.

4. 다음 도형의 내부 넓이를 구하여라.

(1) $r = 1 + \sin\theta$ $\left(0 \le \theta \le \dfrac{\pi}{2}\right)$

(2) $r = 2 + \cos 2\theta$

(3) $r = 2a\sin\theta$

5. 곡선 $r = 3\cos\theta$와 $r = 1 + \cos\theta$으로 둘러싸인 부분의 넓이를 구하여라.

6. 곡선 $r = 4\sin 2\theta$ 와 $r = 4\cos 2\theta$에 의하여 둘러싸인 부분의 넓이를 구하여라.

7. 곡선 $r = 5\sin\theta$의 내부에 있고 $r = 2 + \sin\theta$의 외부에 있는 부분의 넓이를 구하여라.

8. 다음 곡선에 의해서 둘러싸인 도형의 면적을 구하여라.

(1) $r^2 = a^2\cos 2\theta$ (2) $r^2\cos\theta = a^2\sin 3\theta$

9. 심장형 $r = a(1-\cos\theta)$ $(a>0,\ 0\le\theta\le\pi)$를 x-축으로 회전시켰을 때 회전체의 표면적을 구하여라.

10. 다음 곡선을 x-축으로 회전시켰을 때 회전체의 표면적을 구하여라.

$$r^2 = a^2\cos 2\theta$$

11. 성망형(asteroid hypocycloid) $x = a\cos^3 t,\ y = a\sin^3 t$ $(0 \le t \le \pi,\ a > 0)$를 x축 둘레로 회전하여 생기는 회전체의 표면적 S를 구하여라.

Chapter

08

벡터의 내적과 외적

8.1 벡터

길이, 시간, 질량, 온도 등과 같이 그들의 크기에 특별한 단위가 주어져서 그들의 성질이 완전히 결정되는 량을 스칼라라고 한다. 스칼라와는 달리, 크기뿐만 아니라 방향까지 주어져야 그들의 성질이 완전히 결정되는 양을 벡터라고 한다. 예를 들어 힘, 속도, 가속도 등이 벡터이다. 벡터는 일반적으로 유향선분(화살표)으로 나타내며 크기는 선분의 길이로 나타나고 방향은 선분의 방향으로 표현된다. 공간상의 두 점 A와 B를 잡고 유향선분 $\overrightarrow{AB}$로 표현된 벡터에서 점 A를 이 벡터의 시점(initial point), 점 B를 이 벡터의 종점(end point)이라고 한다.

공간상에서 일반적인 벡터(화살표로 나타난 선분)를 직교좌표축을 이용해서 정형화시켜 해석적으로 표현해보자. 벡터 $\overrightarrow{AB}$의 시점 A를 좌표축상의 원점 O의 위치로 벡터를 평행이동시킬 때의 종점을 P라고 하면 벡터 $\overrightarrow{AB}$와 $\overrightarrow{OP}$는 크기와 방향이 같은 동등한 벡터가 된다. 이때 벡터 $\overrightarrow{OP}$ 를 종점 P의 좌표 (x, y, z)로 나타내고 이 벡터 $\mathbf{x} = (x, y, z)$를 $\overrightarrow{AB}$의 위치벡터(position vector)라고 한다.

정의 1.1

두 실수의 순서쌍 $\mathbf{a} = (a_1, a_2)$를 평면벡터라 하고, 세 실수의 순서쌍 $\mathbf{a} = (a_1, a_2, a_3)$를 공간벡터라 한다. 이 때 a_1, a_2, a_3를 벡터 $\mathbf{a}$의 성분이라 부른다.

참고 (1) 시점이 $A(x, y)$이고 종점이 $B(x + a_1, y + a_2)$인 평면벡터 $\overrightarrow{AB}$ 는 시점이 원점 O이고 종점이 $P(a_1, a_2)$인 벡터 $\overrightarrow{OP}$와 같은 벡터이고, 이 벡터의 위치벡터는 $\mathbf{a} = (a_1, a_2)$이다.

(2) 시점이 $A(x_1, y_1, z_1)$이고 종점이 $B(x_2, y_2, z_2)$인 공간벡터 $\overrightarrow{AB}$의 위치벡터를 $\mathbf{a} = (a_1, a_2, a_3)$라 하면 벡터 $\mathbf{a}$는 시점이 원점이고 종점이 $P(a_1, a_2, a_3)$인 벡터이므로

$$a_1 = x_2 - x_1, \quad a_2 = y_2 - y_1, \quad a_3 = z_2 - z_1$$

이다. 따라서 벡터 $\overrightarrow{AB}$의 위치벡터는 $\mathbf{a} = (x_2 - x_1, y_2 - y_1, z_2 - z_1)$이다. ■

예제 1

시점이 $A(2,-3,4)$이고 종점이 $B(-2,1,1)$인 벡터의 위치벡터를 찾아라.

풀이

$\overrightarrow{AB}$에 대응되는 벡터는 $\mathbf{a}=(-2-2,1-(-3),1-4)=(-4,4,-3)$이다.

정의 1.2

벡터 $\mathbf{a}$의 크기는 원점에서 $\mathbf{a}=(a_1,a_2)$ 또는 $\mathbf{a}=(a_1,a_2,a_3)$까지의 거리를 말하며 기호 $|\mathbf{a}|$ 또는 $\|\mathbf{a}\|$로 나타낸다.

참고 평면벡터 $\mathbf{a}=(a_1,a_2)$의 크기는 $\|\mathbf{a}\|=\sqrt{a_1^2+a_2^2}$이고, 공간벡터 $\mathbf{a}=(a_1,a_2,a_3)$의 크기는 $\|\mathbf{a}\|=\sqrt{a_1^2+a_2^2+a_3^2}$이다. ■

예제 2

시점이 $A(2,-3,4)$이고 종점이 $B(-2,1,1)$인 벡터의 길이를 구하여라.

풀이

벡터 $\overrightarrow{AB}$에 대응되는 위치벡터는 $\mathbf{a}=(-2-2,1-(-3),1-4)=(-4,4,-3)$이므로

$$\begin{aligned}\|\overrightarrow{AB}\|=\|\mathbf{a}\|&=\sqrt{(-2-2)^2+(1-(-3))^2+(1-4)^2}\\&=\sqrt{(-4)^2+4^2+(-3)^2}=\sqrt{41}\end{aligned}$$

이다.

정의 1.3

벡터 $\mathbf{a}=\overrightarrow{PQ}$에서 시점 P와 종점 Q가 같은 경우에도 이것을 벡터로 보고 영벡터(zero vector)라 부르며 $\mathbf{0}$로 나타낸다.

참고 (1) 영벡터 $\mathbf{0}$의 위치벡터는 $\mathbf{0}=(0,0)$ (또는 $\mathbf{0}=(0,0,0)$)이다.

(2) 길이가 0인 벡터는 영벡터 $\mathbf{0}$뿐이다.

(3) 영벡터 $\mathbf{0}$는 특정한 방향을 가지지 않는 유일한 벡터이다. ■

정의 1.4

두 벡터의 합과, 스칼라와 벡터의 곱은 다음과 같이 정의한다.

(1) 두 벡터 $\mathbf{a}=(a_1, a_2, a_3)$, $\mathbf{b}=(b_1, b_2, b_3)$의 합 벡터를 $\mathbf{a}+\mathbf{b}$로 표기하고

$$\mathbf{a}+\mathbf{b}=(a_1+b_1, a_2+b_2, a_3+b_3)$$

로 정의한다.

(2) 스칼라 c와 벡터 $\mathbf{a}=(a_1, a_2, a_3)$의 곱을 $c\mathbf{a}$로 쓰고 $c\mathbf{a}=(ca_1, ca_2, ca_3)$로 정의한다.

참고 (1) 공간벡터의 경우와 마찬가지로 평면벡터에서도 벡터합과 스칼라곱이 같은 방법으로 정의된다. 즉 두 벡터 $\mathbf{a}=(a_1, a_2, a_3)$, $\mathbf{b}=(b_1, b_2, b_3)$와 스칼라 c에 대해서

$$\mathbf{a}+\mathbf{b}=(a_1+b_1,\ a_2+b_2, a_3+b_3) \text{이고 } c\mathbf{a}=(ca_1,\ ca_2,\ ca_3)$$

로 정의된다.

(2) 공간벡터 $\mathbf{a}$에 스칼라 c를 곱한 스칼라곱벡터 $c\mathbf{a}$와 벡터 $\mathbf{a}$를 비교해 보자.
여기서 $\mathbf{a}=(a_1, a_2, a_3)$라 두면

$$\|c\mathbf{a}\|=\sqrt{(ca_1)^2+(ca_2)^2+(ca_3)^2}=\sqrt{c^2(a_1^2+a_2^2+a_3^2)}=|c|\,\|\mathbf{a}\|$$

이므로, $c\mathbf{a}$의 길이는 $\mathbf{a}$의 길이의 $|c|$배이다.
또 $c>0$이면 $\mathbf{a}$와 $c\mathbf{a}$는 같은 방향을 가지며 $c<0$이면 $\mathbf{a}$와 $c\mathbf{a}$는 반대방향을 가진다. 특별히 벡터 $-\mathbf{a}=(-1)\mathbf{a}$는 $\mathbf{a}$와 크기는 같고 방향은 반대이다.

(3) 평면벡터에서도 공간벡터에서와 마찬가지로 $c\mathbf{a}$의 길이는 $\mathbf{a}$의 길이의 $|c|$배이며, $c\mathbf{a}$의 방향은 $c>0$이면 $\mathbf{a}$의 방향과 같고, $c<0$이면 $\mathbf{a}$의 방향과 반대이다. ■

정의 1.5

두 벡터 $\mathbf{a}$와 $\mathbf{b}$가 어떤 스칼라 c에 대하여 $\mathbf{b}=c\mathbf{a}$이면 $\mathbf{a}$와 $\mathbf{b}$는 평행((parallel)이라고 말한다. 두 벡터의 차(difference)는 $\mathbf{a}-\mathbf{b}=\mathbf{a}+(-\mathbf{b})$로 정의한다.

예제 3

$\mathbf{a}=(4,0,3), \mathbf{b}=(-2,1,5)$일 때 $\|\mathbf{a}\|$, $\mathbf{a}+\mathbf{b}$, $\mathbf{a}-\mathbf{b}$, $3\mathbf{b}$, $2\mathbf{a}+5\mathbf{b}$를 구하여라.

풀이

$$\|\mathbf{a}\|=\sqrt{4^2+0^2+3^2}=\sqrt{25}=5$$

$$\mathbf{a}+\mathbf{b}=(4,0,3)+(-2,1,5)=(4,-2,0+1.3+5)=(2,1,8)$$

$$\mathbf{a}-\mathbf{b}=(4,0,3)-(-2,1,5)=(4-(-2),0-1,3-5)=(6,-1,-2)$$
$$3\mathbf{b}=3(-2,2,5)=(3(-2),3(1),3(5))=(-6,3,15)$$
$$2\mathbf{a}+5\mathbf{b}=2(4,0,3)+5(-2,1,5)=(8,0,6)+(-10,5,25)=(-2,5,31)$$

정의 1.6

(1) 평면벡터 전체의 집합을 R^2로 나타낸다.
(2) 공간벡터 전체의 집합을 R^3로 나타낸다.
(3) n 차원 벡터는 실수들의 순서쌍 $\mathbf{a}=(a_1, a_2, \cdots, a_n)$을 말하며, 이 때 $a_1, a_2, \cdots, a_n$을 $\mathbf{a}$의 성분이라 부른다.
(4) n차원 벡터 의 합과 스칼라 곱을 다음과 같이 정의한다.

$\mathbf{a}=(a_1, a_2, \cdots, a_n)$, $\mathbf{b}=(b_1, b_2, \cdots, b_n)$일 때 $\mathbf{a}+\mathbf{b}=(a_1+b_1, a_2+b_2, \cdots, a_n+b_n)$
$\mathbf{a}=(a_1, a_2, \cdots, a_n)$이고 c 가 스칼라일 때 $c\mathbf{a}=(ca_1, ca_2, \cdots, ca_n)$

(5) n차원 벡터 전체의 집합 R^n으로 나타낸다.

정리 1.7 벡터의 성질

$\mathbf{a}, \mathbf{b}, \mathbf{c}$가 R^n상의 벡터이고, c, d가 스칼라일 때 다음 성질이 성립한다.
(1) $\mathbf{a}+\mathbf{b}=\mathbf{b}+\mathbf{a}$
(2) $\mathbf{a}+(\mathbf{b}+\mathbf{c})=(\mathbf{a}+\mathbf{b})+\mathbf{c}$
(3) $\mathbf{a}+\mathbf{0}=\mathbf{a}$
(4) $\mathbf{a}+(-\mathbf{a})=0$
(5) $c(\mathbf{a}+\mathbf{b})=c\mathbf{a}+c\mathbf{b}$
(6) $(c+d)\mathbf{a}=c\mathbf{a}+d\mathbf{a}$
(7) $(cd)\mathbf{a}=c(d\mathbf{a})$
(8) $1\mathbf{a}=\mathbf{a}$

증명 정의 1.4를 이용하면 쉽게 확인된다. ■

예제 4

벡터 $\mathbf{a}$와 스칼라 c에 대하여 다음이 성립함을 보여라.
(1) $\mathbf{a}+\mathbf{a}=\mathbf{a}$이면 $\mathbf{a}=0$이다.
(2) $c\mathbf{a}=0$이면 $c=0$ 또는 $\mathbf{a}=0$이다.

풀이

(1) $\mathbf{a}+\mathbf{a}=\mathbf{a}$이므로 $(\mathbf{a}+\mathbf{a})+(-\mathbf{a})=\mathbf{a}+(-\mathbf{a})$이다. 그리고 정리 1.7에 의해서

$$\mathbf{a}=\mathbf{a}+\mathbf{0}=\mathbf{a}+(\mathbf{a}+(-\mathbf{a}))=(\mathbf{a}+\mathbf{a})+(-\mathbf{a})=\mathbf{a}+(-\mathbf{a})=\mathbf{0}$$

이다.

(2) $c\neq 0$라고 가정하자. 정리 1.7에 의해서 $\mathbf{a}=1\mathbf{a}=(c^{-1}c)\mathbf{a}=c^{-1}(c\mathbf{a})=c^{-1}\mathbf{0}=\mathbf{0}$이 된다.

$\mathbf{a}\neq\mathbf{0}$라고 가정하자. 그러면 $\|\mathbf{a}\|>0$이다. 따라서 $0=\|\mathbf{0}\|=\|c\mathbf{a}\|=|c|\|\mathbf{a}\|$ 이므로 $c=0$이다.

정의 1.8

길이가 1인 벡터를 단위벡터(unit vector)라 한다. 그리고 공간상의 세 벡터 $\mathbf{i},\mathbf{j},\mathbf{k}$를 $\mathbf{i}=(1,0,0)$, $\mathbf{j}=(0,1,0)$, $\mathbf{k}=(0,0,1)$로 정의하고 기본단위벡터(fundamental unit vector)라 한다. 마찬가지로 평면에서는 $\mathbf{i}=(1,0)$와 $\mathbf{j}=(0,1)$로 정의한다.

참고 (1) 기본단위벡터 $\mathbf{i},\mathbf{j},\mathbf{k}$는 각각 x-축, y-축, z-축 양의 방향을 가리키는 단위벡터이다.

(2) 임의의 $\mathbf{a}=(a_1,a_2,a_3)\in R^3$에 대해서

$$\begin{aligned}\mathbf{a}&=(a_1,a_2,a_3)=(a_1,0,0)+(0,a_2,0)+(0,0,a_3)\\&=a_1(1,0,0)+a_2(0,1,0)+a_3(0,0,1)\\&=a_1\mathbf{i}+a_2\mathbf{j}+a_3\mathbf{k}\end{aligned}$$

이므로 R^3상의 임의의 벡터는 기본단위벡터 $\mathbf{i},\mathbf{j},\mathbf{k}$의 결합으로 나타낼 수 있다. 마찬가지로 평면에서도 $\mathbf{a}=(a_1,a_2)=a_1\mathbf{i}+a_2\mathbf{j}$ 로 나타낼 수 있다.

(3) $\mathbf{a}\neq\mathbf{0}$인 벡터 $\mathbf{a}$와 같은 방향을 가지는 단위벡터를 $\mathbf{u}$라 하면 $\mathbf{u}=\dfrac{1}{\|\mathbf{a}\|}\mathbf{a}=\dfrac{\mathbf{a}}{\|\mathbf{a}\|}$ 이다. ■

예제 5

$\mathbf{a}=\mathbf{i}+2\mathbf{j}-3\mathbf{k}$, $\mathbf{b}=4\mathbf{i}+7\mathbf{k}$일 때 벡터 $2\mathbf{a}+3\mathbf{b}$를 $\mathbf{i},\mathbf{j},\mathbf{k}$의 결합으로 나타내어라.

풀이

$$2\mathbf{a}+3\mathbf{b}=2(\mathbf{i}+2\mathbf{j}-3\mathbf{k})+3(4\mathbf{i}+7\mathbf{k})=2\mathbf{i}+4\mathbf{j}-6\mathbf{k}+12\mathbf{i}+21\mathbf{k}=14\mathbf{i}+4\mathbf{j}+15\mathbf{k}$$

예제 6

벡터 2i−j−2k와 같은 방향을 가지는 단위벡터를 구하여라.

풀이

주어진 벡터의 길이는

$$\|2\mathrm{i}-\mathrm{j}-2\mathrm{k}\| = \sqrt{2^2+(-1)^2+(-2)^2} = \sqrt{9} = 3$$

이므로 같은 방향을 가지는 단위벡터는

$$\frac{1}{3}(2\mathrm{i}-\mathrm{j}-2\mathrm{k}) = \frac{2}{2}\mathrm{i} - \frac{1}{3}\mathrm{j} - \frac{2}{3}\mathrm{k}$$

이다.

물리학과 공학에서 벡터에 관한 많은 응용 가운데 하나를 다루어 보고 이 절을 마치기로 한다. 힘은 크기 (파운드 또는 뉴턴으로 측정된다.)와 방향 모두를 가지고 있기 때문에 벡터로 나타내어진다. 하나의 물체에 여러 힘이 작용한다면 이 물체에 영향을 주는 합성력(resultant)은 이들 힘의 벡터합이다.

예제 7

100파운드의 무게 물건이 두 개의 줄에 매달려 있을 때 두 줄에 걸리는 장력 $\mathrm{T}_1, \mathrm{T}_2$와 그 크기를 구하여라.

풀이

먼저 T_1과 T_2를 그들의 수평 및 수직성분으로 나타내자.

$$\mathrm{T}_1 = -|\mathrm{T}_1|\cos 50^\circ \mathrm{i} + |\mathrm{T}_1|\sin 50^\circ \mathrm{j}$$
$$\mathrm{T}_2 = |\mathrm{T}_2|\cos 32^\circ \mathrm{i} + |\mathrm{T}_2|\sin 32^\circ \mathrm{j}$$

임을 알 수 있다. 두 장력의 합성 $\mathrm{T}_1+\mathrm{T}_2$는 무게 w와 균형을 이루고 있으므로

$$\mathrm{T}_1 + \mathrm{T}_2 = -\mathrm{w} = 100\mathrm{j}$$

이다. 따라서

$$(-|\mathrm{T}_1|\cos 50^\circ + |\mathrm{T}_2|\cos 32^\circ)\mathrm{i} + (|\mathrm{T}_1|\sin 50^\circ + |\mathrm{T}_2|\sin 32^\circ)\mathrm{j} = 100\mathrm{j}$$

이다. 그러므로

$$-|\mathrm{T}_1|\cos 50^\circ + |\mathrm{T}_2|\cos 32^\circ = 0$$
$$|\mathrm{T}_1|\sin 50^\circ + |\mathrm{T}_2|\sin 32^\circ = 100$$

을 얻는다. 첫 번째 식을 $|\mathbf{T}_2|$에 관하여 푼 뒤, 이를 두 번째 식에 대입하면

$$|\mathbf{T}_1|\sin 50° + \frac{|\mathbf{T}_1|\cos 50°}{\cos 32°}\sin 32° = 100$$

을 얻는다. 따라서 각 장력의 크기는

$$|\mathbf{T}_1| = \frac{100}{\sin 50° + \tan 32° \cos 50°} \approx 85.64 \text{ lb}$$

$$|\mathbf{T}_2| = \frac{|\mathbf{T}_1|\cos 50°}{\cos 32°} \approx 64.91 \text{ lb}$$

이다. 이 값들을 (1)과 (2)에 대입하면 장력벡터

$$\mathbf{T}_1 \approx -55.05\mathbf{i} + 65.60\mathbf{j} \qquad \mathbf{T}_2 \approx 55.05\mathbf{i} + 34.40\mathbf{j}$$

를 얻는다.

연습문제 8.1

1. 다음 벡터와 같은 방향의 단위벡터를 구하여라.

(1) $\mathrm{i}+\mathrm{j}$　　(2) $2\mathrm{i}-3\mathrm{j}$

(3) $\sqrt{3}\,\mathrm{i}+\mathrm{j}$　　(4) $-2\mathrm{i}+3\mathrm{j}$

(5) $5\mathrm{i}+12\mathrm{j}$　　(6) $-5\mathrm{i}-12\mathrm{j}$

2. 두 점 A와 B에 대해서 벡터 $\overrightarrow{AB}$를 $a\mathrm{i}+b\mathrm{j}+c\mathbf{k}$의 형태로 나타내어라.

(1) $A(2,-3,4)$, $B(-2,1,1)$　　(2) $A(-2,1,1)$, $B(4,5,1)$

3. 두 점 P, Q의 위치벡터를 각각 $\mathbf{a}, \mathrm{b}$라고 할 때, 선분 $\overline{PQ}$를 $m : n$으로 내분분하는 점 S의 위치벡터 c를 $\mathbf{a}$와 b로 나타내어라.

4. 두 점 P, Q의 위치벡터를 각각 $\mathbf{a}, \mathrm{b}$라고 할 때, 선분 $\overline{PQ}$를 $m : n$으로 외분하는 점 S의 위치벡터 c를 $\mathbf{a}$와 b로 나타내어라.

5. 점 A, B, C, D의 위치벡터를 각각 $\mathbf{a}, \mathrm{b}, \mathrm{c}, \mathrm{d}$라고 할 때 $\mathrm{b}-\mathbf{a}=\mathrm{c}-\mathrm{d}$이면 사각형 $ABCD$가 평행사변형임을 보여라.

6. 사변형의 꼭지점을 A, B, C, D라 하고 변 AB, BC, CD, DA의 중점을 순서대로 A', B', C', D'라 하면 사각형 $A'B'C'D'$가 평행사변형임을 보여라.

7. 정오각형의 중심을 시점으로 하고 각 꼭지점을 종점으로 하는 벡터의 합을 구하여라.

8.2 벡터의 내적

지금까지 벡터의 합, 벡터의 스칼라곱을 공부하였다. 지금부터 두 벡터를 곱에 대해서 알아보고자 한다. 벡터의 곱은 두 종류가 있는데 하나는 다음에서 정의하게 될 내적(inner product)이고, 다른 하나는 다음절에서 설명하게 될 외적(cross product)이다.

정의 2.1

두 벡터 $\mathbf{a}=(a_1, a_2, a_3)$, $\mathbf{b}=(b_1, b_2, b_3)$에 대하여 $\mathbf{a}$와 $\mathbf{b}$의 내적을 $\mathbf{a}\cdot\mathbf{b}$로 쓰고

$$\mathbf{a}\cdot\mathbf{b}= a_1 b_1 + a_2 b_2 + a_3 b_3$$

로 정의한다.

참고 (1) 두 벡터의 내적은 벡터가 아니고 스칼라이다. 이 같은 이유로 내적을 때때로 스칼라곱(scalar product)이라 부른다.

(2) 공간벡터의 경우와 마찬가지로 두 평면벡터 $\mathbf{a}=(a_1, a_2)$, $\mathbf{b}=(b_1, b_2)$의 내적은

$$\mathbf{a}\cdot\mathbf{b}=(a_1, a_2)\cdot(b_1, b_2)= a_1 b_1 + a_2 b_2$$

로 정의된다. ■

예제 1

두 벡터 $\mathbf{a}, \mathbf{b}$의 내적 $\mathbf{a}\cdot\mathbf{b}$를 구하여라.

(1) $\mathbf{a}=(2, 4)$, $\mathbf{b}=(3, -1)$

(2) $\mathbf{a}=(-1, 7, 4)$, $\mathbf{b}=\left(6, 2, -\dfrac{1}{2}\right)$

(3) $\mathbf{a}=\mathbf{i}+2\mathbf{j}-3\mathbf{k}$, $\mathbf{b}=2\mathbf{j}-\mathbf{k}$

풀이

$$(2,4)\cdot(3,-1)=2(3)+4(-1)=2$$

$$(-1,7,4)\cdot\left(6, 2, -\frac{1}{2}\right)=(-1)(6)+7(2)+4\left(-\frac{1}{2}\right)=6$$

$$(\mathbf{i}+2\mathbf{j}-3\mathbf{k})\cdot(2\mathbf{j}-\mathbf{k})=1(0)+2(2)+(-3)(-1)=7$$

정리 2.2 내적의 성질

$\mathbf{a}, \mathbf{b}, \mathbf{c}$가 공간벡터이고, c가 스칼라이면

(1) $\mathbf{a} \cdot \mathbf{a} = \|\mathbf{a}\|^2$

(2) $\mathbf{a} \cdot \mathbf{b} = \mathbf{b} \cdot \mathbf{a}$

(3) $\mathbf{a} \cdot (\mathbf{b} + \mathbf{c}) = \mathbf{a} \cdot \mathbf{b} + \mathbf{a} \cdot \mathbf{c}$

(4) $(c\mathbf{a}) \cdot \mathbf{b} = c(\mathbf{a} \cdot \mathbf{b}) = \mathbf{a} \cdot (c\mathbf{b})$

(5) $\mathbf{0} \cdot \mathbf{a} = 0$

증명 이 성질들은 정의 2.1을 이용하면 쉽게 증명된다. 여기서는 (1), (2), (3)번만 증명하고 나머지는 연습문제로 남긴다. $\mathbf{a} = (a_1, a_2, a_3)$, $\mathbf{b} = (b_1, b_2, b_3)$, $\mathbf{c} = (c_1, c_2, c_3)$라고 두면

(1) $\mathbf{a} \cdot \mathbf{a} = a_1^2 + a_2^2 + a_3^2 = \|\mathbf{a}\|^2$

(2) $\mathbf{a} \cdot \mathbf{b} = (a_1, a_2, a_3) \cdot (b_1, b_2, b_3) = a_1b_1 + a_2b_2 + a_3b_3$

$$= b_1a_1 + b_2a_2 + b_3a_3 = (b_1, b_2, b_3) \cdot (a_1, a_2, a_3) = \mathbf{b} \cdot \mathbf{a}$$

(3) $\mathbf{a} \cdot (\mathbf{b} + \mathbf{c}) = (a_1, a_2, a_3) \cdot (b_1 + c_1, b_2 + c_2, b_3 + c_3)$

$$= a_1(b_1 + c_1) + a_2(b_2 + c_2) + a_3(b_3 + c_3)$$

$$= a_1b_1 + a_1c_1 + a_2b_2 + a_2c_2 + a_3b_3 + a_3c_3$$

$$= (a_1b_1 + a_2b_2 + a_3b_3) + (a_1c_1 + a_2c_2 + a_3c_3)$$

$$= (a_1, a_2, a_3) \cdot (b_1, b_2, b_3) + (a_1, b_1, c_1) \cdot (c_1, c_2, c_3)$$ □

참고 $\mathbf{a} \cdot \mathbf{b}$는 $\mathbf{a}$와 $\mathbf{b}$사이의 각 θ를 이용하여 기하학적으로 설명할 수 있다. 이 때 각 θ는 시점이 원점인 두 벡터 $\mathbf{a}$와 $\mathbf{b}$의 사잇각으로 $0 \le \theta \le \pi$이다. $\mathbf{a}$와 $\mathbf{b}$가 평행인 벡터이면, $\theta = 0$ 또는 π이다. 다음 정리에 나타나는 공식은 물리학자들이 내적의 정의로 사용하는 것이다. ■

정리 2.3

θ가 벡터 $\mathbf{a}$와 $\mathbf{b}$사이의 각이면 $\mathbf{a} \cdot \mathbf{b} = \|\mathbf{a}\| \|\mathbf{b}\| \cos\theta$이다.

증명 그림에서 삼각형 OAB에 코사인법칙을 적용하면,

$$|AB|^2 = |OA|^2 + |OB|^2 - 2|OA||OB|\cos\theta$$

(코사인법칙은 $\theta = 0$, $\theta = \pi$, $\mathbf{a} = \mathbf{0}$ 또는 $\mathbf{b} = \mathbf{0}$인 경우에도 적용된다)

그런데 $|OA| = \|\mathbf{a}\|$, $|OB| = \|\mathbf{b}\|$, $|AB| = \|\mathbf{a}-\mathbf{b}\|$이므로

$$\|\mathbf{a}-\mathbf{b}\|^2 = \|\mathbf{a}\|^2 + \|\mathbf{b}\|^2 - 2\|\mathbf{a}\|\,\|\mathbf{b}\|\cos\theta$$

이다. 정리 2.2(1)에 의하여

$$\begin{aligned}\|\mathbf{a}-\mathbf{b}\|^2 &= (\mathbf{a}-\mathbf{b})\cdot(\mathbf{a}-\mathbf{b})\\ &= \mathbf{a}\cdot\mathbf{a} - \mathbf{a}\cdot\mathbf{b} - \mathbf{b}\cdot\mathbf{a} + \mathbf{b}\cdot\mathbf{b}\\ &= \|\mathbf{a}\|^2 - 2\mathbf{a}\cdot\mathbf{b} + \|\mathbf{b}\|^2\end{aligned}$$

이므로

$$-2\mathbf{a}\cdot\mathbf{b} = -2\|\mathbf{a}\|\,\|\mathbf{b}\|\cos\theta$$

또는

$$\mathbf{a}\cdot\mathbf{b} = \|\mathbf{a}\|\,\|\mathbf{b}\|\cos\theta$$

이다. ■

정리 2.4

θ가 0아닌 두 벡터 $\mathbf{a}$와 $\mathbf{b}$의 사잇각이면 $\cos\theta = \dfrac{\mathbf{a}\cdot\mathbf{b}}{\|\mathbf{a}\|\,\|\mathbf{b}\|}$가 된다.

증명 〈정리 2.3〉에 의하여 명백하다. ■

예제 2

벡터 $\mathbf{a} = (2, 2, -1)$와 $\mathbf{b} = (5, -3, 2)$의 사이의 각을 구하여라.

풀이 $\|\mathbf{a}\| = \sqrt{2^2 + 2^2 + (-1)^2} = 3$, $\|\mathbf{b}\| = \sqrt{5^2 + (-3)^2 + 2^2} = \sqrt{38}$

이고

$$\mathbf{a}\cdot\mathbf{b} = 2(5) + 2(-3) + (-1)(2) = 2$$

이므로 두 벡터 $\mathbf{a}$와 $\mathbf{b}$ 사이 각을 θ라 하면

$$\cos\theta = \frac{\mathbf{a}\cdot\mathbf{b}}{\|\mathbf{a}\|\,\|\mathbf{b}\|} = \frac{2}{3\sqrt{38}}$$

가 된다. 따라서 $\mathbf{a}$와 $\mathbf{b}$ 사이의 각 θ는 $\theta = \cos^{-1}\left(\dfrac{2}{3\sqrt{38}}\right) \approx 1.46$ (또는 $84°$)이다.

정의 2.5

0이 아닌 두 벡터 **a**와 **b**사이의 각이 $\frac{\pi}{2}$일 때, **a**와 **b**는 수직(perpendicular) 또는 직교(orthogonal)한다고 한다. 그리고 0벡터는 임의의 벡터에 수직이라 한다.

참고 두 벡터 **a**와 **b**가 직교할 필요충분조건은 $\mathbf{a} \cdot \mathbf{b} = 0$이다. 왜냐하면 두 벡터 **a**와 **b**가 직교하면 사이각은 $\frac{\pi}{2}$이다. 따라서 $\mathbf{a} \cdot \mathbf{b} = \|\mathbf{a}\|\|\mathbf{b}\| \cos \frac{\pi}{2} = 0$이다. 역으로 $\mathbf{a} \cdot \mathbf{b} = 0$이고 두 벡터의 사이각을 θ라 두면 $\cos\theta = 0$이다. 따라서 $\theta = \frac{\pi}{2}$이다. ■

예제 3

두 벡터 $2\mathbf{i} + 2\mathbf{j} - \mathbf{k}$와 $5\mathbf{i} - 4\mathbf{j} + 2\mathbf{k}$가 직교함을 보여라.

풀이

$(2\mathbf{i} + 2\mathbf{j} - \mathbf{k}) \cdot (5\mathbf{i} - 4\mathbf{j} + 2\mathbf{k}) = 2(5) + 2(-4) + (-1)(2) = 0$이므로 벡터는 수직이다.

정의 2.6

0이 아닌 공간벡터 **a**가 양의 x-축, y-축, z-축과 이루는 각 α, β, γ를 **a**의 방향각(direction angles)이라 한다. 또 이들 방향각의 여현 $\cos\alpha$, $\cos\beta$, $\cos\gamma$를 벡터**a**의 방향여현이라 부른다.

참고 (1) 각 α, β, γ를 **a**의 방향각이라 할 때 $\mathbf{a} = (a_1, a_2, a_3)$의 방향여현은

$$\cos\alpha = \frac{a_1}{\|\mathbf{a}\|}, \ \cos\beta = \frac{a_2}{\|\mathbf{a}\|}, \ \cos\gamma = \frac{a_3}{\|\mathbf{a}\|}$$

이다. 왜냐하면 α는 **a**와 **i**의 사이각이므로

$$\cos\alpha = \frac{\mathbf{a} \cdot \mathbf{i}}{\|\mathbf{a}\|\|\mathbf{i}\|} = \frac{a_1}{\|\mathbf{a}\|}$$

이다. 같은 방법으로

$$\cos\beta = \frac{a_2}{\|\mathbf{a}\|}, \ \cos\gamma = \frac{a_3}{\|\mathbf{a}\|}$$

를 얻는다. 그리고 $\cos^2\alpha + \cos^2\beta + \cos^2\gamma = 1$이 됨을 알 수 있다. 또한

$$\begin{aligned} \mathbf{a} = (a_1, a_2, a_3) &= (\|\mathbf{a}\|\cos\alpha, \|\mathbf{a}\|\cos\beta. \|\mathbf{a}\|\cos\gamma) \\ &= \|\mathbf{a}\|(\cos\alpha, \cos\beta, \cos\gamma) \end{aligned}$$

로 나타나므로

$$\frac{\mathbf{a}}{\|\mathbf{a}\|}=(\cos\alpha,\ \cos\beta.\ \cos\gamma)$$

가 된다. 따라서 a의 방향여현은 a와 같은 방향의 단위벡터의 성분임을 알 수 있다. ■

예제 4

벡터 $\mathbf{a}=(1,2,3)$의 방향각을 구하여라.

풀이

$\|\mathbf{a}\|=\sqrt{1^2+2^2+3^2}=\sqrt{14}$ 이므로 a의 방향여현은

$$\cos\alpha=\frac{1}{\sqrt{14}}\qquad \cos\beta=\frac{2}{\sqrt{14}}\qquad \cos\gamma=\frac{3}{\sqrt{14}}$$

이다. 따라서

$$\alpha=\cos^{-1}\left(\frac{1}{\sqrt{14}}\right)\approx 74°,\ \beta=\cos^{-1}\left(\frac{2}{\sqrt{14}}\right)\approx 58°,\ \gamma=\cos^{-1}\left(\frac{3}{\sqrt{14}}\right)\approx 37°$$

이다.

정의 2.7

시점이 P인 두 벡터 $\overrightarrow{PQ}$와 $\overrightarrow{PR}$의 위치벡터를 a와 b라 하자. 점 R에서 $\overrightarrow{PQ}$를 포함하는 직선에 내린 수선의 발을 S라 할 때, 벡터 $\overrightarrow{PS}$를 a위로의 b의 벡터사영(vector projection)이라 한다. a위로의 b의 스칼라사영(scalar projection) (또는 a방향의 b의 성분)은 θ가 a와 b사이의 각일 때, $\|\mathbf{b}\|\cos\theta$로 정의한다.

참고 (1) a와 b사이각 θ가 $\frac{\pi}{2}<\theta\le\pi$일 때 a위로의 b의 스칼라사영은 음수가 된다.

(2) $\mathbf{a}\cdot\mathbf{b}=\|\mathbf{a}\|\|\mathbf{b}\|\cos\theta=\|\mathbf{a}\|(\|\mathbf{b}\|\cos\theta)$는 a와 b의 내적이 a의 길이에 a위로의 b의 스칼라사영을 곱한 것으로 나타난다.

(3) $\|\mathbf{b}\|\cos\theta=\frac{\mathbf{a}\cdot\mathbf{b}}{\|\mathbf{a}\|}=\frac{\mathbf{a}}{\|\mathbf{a}\|}\cdot\mathbf{b}$이므로, a방향의 b의 성분은 a와 방향이 같은 단위벡터와 b의 내적과 같다. 이것을 요약하면 다음과 같다.

$$\mathbf{a}\text{위로의 } \mathbf{b}\text{의 스칼라사영 } \mathrm{Comp}_{\mathbf{a}}\mathbf{b} = \frac{\mathbf{a}\cdot\mathbf{b}}{\|\mathbf{a}\|}$$

$$\mathbf{a}\text{위로의 } \mathbf{b}\text{의 벡터사영 } \mathrm{Proj}_{\mathbf{a}}\mathbf{b} = \left(\frac{\mathbf{a}\cdot\mathbf{b}}{\|\mathbf{a}\|}\right)\frac{\mathbf{a}}{\|\mathbf{a}\|} = \frac{\mathbf{a}\cdot\mathbf{b}}{\|\mathbf{a}\|^2}\mathbf{a}$$

■

예제 5

$\mathbf{a} = (-2, 3, 1)$ 위로의 $\mathbf{b} = (1, 1, 2)$ 의 스칼라사영과 벡터사영을 구하여라.

풀이

$\|\mathbf{a}\| = \sqrt{(-2)^2 + 3^2 + 1^2} = \sqrt{14}$ 이므로 $\mathbf{a}$위로의 $\mathbf{b}$의 스칼라사영은

$$\|\mathbf{b}\|\cos\theta = \frac{\mathbf{a}\cdot\mathbf{b}}{\|\mathbf{a}\|} = \frac{(-2)(1) + 3(1) + 1(2)}{\sqrt{14}} = \frac{3}{\sqrt{14}}$$

이다. 벡터사영은 이 스칼라사영에 $\mathbf{a}$방향의 단위벡터에 곱한 것이다.

따라서 $\mathbf{a}$위로의 $\mathbf{b}$의 벡터사영은 $\dfrac{3}{\sqrt{14}}\dfrac{\mathbf{a}}{\|\mathbf{a}\|} = \dfrac{3}{14}\mathbf{a} = \left(-\dfrac{3}{7}, \dfrac{9}{14}, \dfrac{3}{14}\right)$이다.

물리학에서 일을 계산하는 것이 벡터사영 사용의 한 예이다.

일정한 힘 $\mathbf{F}$로 물체를 거리 d만큼 이동시켰을 때 한 일을 $\mathrm{W} = \mathbf{F}d$로 정의한다. 그런데 이 경우는 힘이 물체가 움직인 방향으로 작용하였을 때에만 적용된다. 그러나 일정한 힘이 벡터 $\mathbf{F} = \overrightarrow{PR}$방향으로 작용한다고 가정해보자. 힘이 물체를 P에서 Q로 이동시킨다면 변위벡터는 $D = \overrightarrow{PQ}$이다. 이 힘에 의하여 한 일은 D방향의 힘이 성분과 움직인 거리의 곱으로 정의된다. 즉,

$$\mathrm{W} = (\|\mathbf{F}\|\cos\theta)\,\|D\|$$

이다 (단, θ는 $\mathbf{F} = \overrightarrow{PR}$ 와 $\mathrm{D} = \overrightarrow{PQ}$ 의 사이각이다). 정리 2.3으로부터

$$\mathrm{W} = \|\mathbf{F}\|\,\|\mathrm{D}\|\cos\theta = \mathbf{F}\cdot\mathrm{D}$$

를 얻는다. 따라서 D가 변위벡터일 때, 일정한 힘 $\mathbf{F}$에 의하여 한 일은 내적 $\mathbf{F}\cdot\mathrm{D}$이다.

예제 6

벡터 $\mathbf{F} = 3\mathrm{i} + 4\mathrm{j} + 5\mathbf{k}$로 주어진 힘이 물체를 점 $P(2, 1, 0)$에서 $Q(4, 6, 2)$로 이동시켰을 때 한 일을 구하여라.

풀이

정리 2.7에 의하여 변위벡터는 $\mathbf{D} = (2, 5, 2)$이므로 $\mathbf{F}$에 의하여 한 일은

$$W = \mathbf{F} \cdot \mathbf{D} = (3, 4, 5) \cdot (2, 5, 2) = 6 + 20 + 10 = 36$$

이다. 길이의 단위가 미터이고, 힘의 크기를 뉴턴으로 측정된 것이라 하면 한 일은 36 joule이다.

연습문제 8.2

1. 다음 각 벡터의 방향여현을 구하여라.

(1) $2\mathbf{i} + 2\mathbf{j} - \mathbf{k}$ (2) $4\mathbf{i} + \mathbf{j} + 2\mathbf{k}$

2. 두 벡터 $2\mathbf{i} + 2\mathbf{j} - \mathbf{k}$와 $4\mathbf{i} + \mathbf{j} + 2\mathbf{k}$에 동시에 수직인 단위벡터를 구하여라.

3. 두 벡터 $4\mathbf{i} - 3\mathbf{j} - 2\mathbf{k}$와 $-1\mathbf{i} + 2\mathbf{j} + 5\mathbf{k}$의 사이각을 구하여라.

4. 다음 두 벡터 $\mathbf{a}$, $\mathbf{b}$에 대해서 $\mathbf{a}$ 위로의 $\mathbf{b}$의 스칼라사영과 벡터사영을 구하여라.

(1) $\mathbf{a} = \mathbf{i} + 3\mathbf{j} - 3\mathbf{k}$ $\mathbf{b} = -4\mathbf{i} + \mathbf{j} - 2\mathbf{k}$

(2) $\mathbf{a} = 3\mathbf{i} - 2\mathbf{j} + \mathbf{k}$ $\mathbf{b} = -2\mathbf{i} + 4\mathbf{j} - 6\mathbf{k}$

5. 다음 두 벡터 $\mathbf{a}$, $\mathbf{b}$의 방향각을 구하여라.

(1) $\mathbf{a} = \mathbf{i} + 2\mathbf{j} + 3\mathbf{k}$ $\mathbf{b} = 4\mathbf{i} + 5\mathbf{j} + \mathbf{k}$

(2) $\mathbf{a} = 3\mathbf{i} - 2\mathbf{j} + 2\mathbf{k}$ $\mathbf{b} = 2\mathbf{i} + 4\mathbf{j} + 6\mathbf{k}$

8.3 공간벡터의 외적

두 벡터 **a**와 **b**의 외적(cross product) $\mathbf{a}\times\mathbf{b}$는 내적과는 다르게 벡터이다. 이 같은 이유로 그것을 벡터곱(vector product)라고 부르기도 한다. $\mathbf{a}\times\mathbf{b}$는 **a**와 **b**가 삼차원 벡터일 때에만 정의되는 특수한 벡터곱이다.

정의 3.1

두 벡터 $\mathbf{a}=(a_1,a_2,a_3)$, $\mathbf{b}=(b_1,b_2,b_3)$에 대해서 **a**와 **b**의 외적(cross product) $\mathbf{a}\times\mathbf{b}$은 벡터 $\mathbf{a}\times\mathbf{b}=(a_2b_3-a_3b_2,\ a_3b_1-a_1b_3,\ a_1b_2-a_2b_1)$로 정의한다.

참고 정의 3.1을 쉽게 기억할 수 있도록 하기 위하여, 행렬식의 표현법을 이용한다. 두 벡터 $\mathbf{a}=(a_1,a_2,a_3)$, $\mathbf{b}=(b_1,b_2,b_3)$를 단위벡터 $\mathbf{i},\mathbf{j},\mathbf{k}$를 이용하여 나타내면,

$$\mathbf{a}=a_1\mathbf{i}+a_2\mathbf{j}+a_3\mathbf{k}\,,\ \ \mathbf{b}=b_1\mathbf{i}+b_2\mathbf{j}+b_3\mathbf{k}$$

가 된다. 따라서 **a**와 **b**의 외적은

$$\mathbf{a}\times\mathbf{b}=\begin{vmatrix} a_2 & a_3 \\ b_2 & b_3 \end{vmatrix}\mathbf{i}-\begin{vmatrix} a_1 & a_3 \\ b_1 & b_3 \end{vmatrix}\mathbf{j}+\begin{vmatrix} a_1 & a_2 \\ b_1 & b_2 \end{vmatrix}\mathbf{k}$$

임을 알 수 있다. 따라서 두 벡터 $\mathbf{a}=(a_1,a_2,a_3)$, $\mathbf{b}=(b_1,b_2,b_3)$의 외적을 주로 다음과 같이 나타낸다.

$$\mathbf{a}\times\mathbf{b}=\begin{vmatrix} \mathbf{i} & \mathbf{j} & \mathbf{k} \\ a_1 & a_2 & a_3 \\ b_1 & b_2 & b_3 \end{vmatrix}$$ ■

예제 1

다음 두 벡터 **a**와 **b**의 외적을 구하여라.

(1) $\mathbf{a}=(1,3,4)$, $\mathbf{b}=(2,-7,5)$

(2) $\mathbf{a}=(-3,-3,5)$, $\mathbf{b}=(-6,-4,2)$

풀이

(1) $$\mathbf{a}\times\mathbf{b}=\begin{vmatrix} \mathbf{i} & \mathbf{j} & \mathbf{k} \\ 1 & 3 & 4 \\ 2 & 7 & -5 \end{vmatrix}=\begin{vmatrix} 3 & 4 \\ 7 & -5 \end{vmatrix}\mathbf{i}-\begin{vmatrix} 1 & 4 \\ 2 & -5 \end{vmatrix}\mathbf{j}+\begin{vmatrix} 1 & 3 \\ 2 & 7 \end{vmatrix}\mathbf{k}$$

$$=(-15-28)\mathbf{i}-(-5-8)\mathbf{j}+(7-6)\mathbf{k}=-43\mathbf{i}+13\mathbf{j}+\mathbf{k}$$

(2) $\mathbf{a}\times\mathbf{b} = \begin{vmatrix} \mathbf{i} & \mathbf{j} & \mathbf{k} \\ -3 & -3 & 5 \\ -6 & -4 & 2 \end{vmatrix} = \begin{vmatrix} -3 & 5 \\ -4 & 2 \end{vmatrix}\mathbf{i} - \begin{vmatrix} -3 & 5 \\ -6 & 2 \end{vmatrix}\mathbf{j} + \begin{vmatrix} -3 & -3 \\ -6 & 2 \end{vmatrix}\mathbf{k}$

$= 14\mathbf{i} - 24\mathbf{j} - 6\mathbf{k}$

예제 2

R^3의 모든 벡터 $\mathbf{a}$에 대하여 $\mathbf{a}\times\mathbf{a} = 0$임을 보여라.

풀이

$\mathbf{a} = (a_1, a_2, a_3)$라 하면

$$\mathbf{a}\times\mathbf{a} = \begin{vmatrix} \mathbf{i} & \mathbf{j} & \mathbf{k} \\ a_1 & a_2 & a_3 \\ a_1 & a_2 & a_3 \end{vmatrix} = (a_2a_3 - a_3a_2)\mathbf{i} + (a_1a_3 - a_3a_1)\mathbf{j} + (a_1a_2 - a_2a_1)\mathbf{k} = 0\mathbf{i} - 0\mathbf{j} + 0\mathbf{k} = 0$$

가 된다.

벡터의 외적 가운데 가장 중요한 성질 중의 하나가 다음의 정리에 나타나 있다.

정리 3.3

벡터 $\mathbf{a}\times\mathbf{b}$는 $\mathbf{a}$와 $\mathbf{b}$에 모두 직교한다.

증명 벡터 $\mathbf{a}\times\mathbf{b}$가 $\mathbf{a}$와 직교함을 보이기 위하여 이들의 내적을 계산한다.

$$\begin{aligned}(\mathbf{a}\times\mathbf{b})\cdot\mathbf{a} &= \begin{vmatrix} a_2 & a_3 \\ b_2 & b_3 \end{vmatrix} a_1 - \begin{vmatrix} a_1 & a_3 \\ b_1 & b_3 \end{vmatrix} a_2 + \begin{vmatrix} a_1 & a_2 \\ b_1 & b_2 \end{vmatrix} a_3 \\ &= a_1(a_2b_3 - a_3b_2) - a_2(a_3b_1 - a_1b_3) + a_3(a_1b_2 - a_2b_1) \\ &= a_1a_2b_3 - a_1b_2a_3 - a_1a_2b_3 + b_1a_2b_3 + a_1b_2a_3 - b_1a_2a_3 \\ &= 0\end{aligned}$$

이다. 같은 계산에 의해 $(\mathbf{a}\times\mathbf{b})\cdot\mathbf{b} = 0$임을 알 수 있다. 따라서 $\mathbf{a}\times\mathbf{b}$는 $\mathbf{a}$와 $\mathbf{b}$에 모두 직교한다. ■

두 벡터 $\mathbf{a}$와 $\mathbf{b}$를 시점이 같은 유향선분으로 표시하면, 외적벡터 $\mathbf{a}\times\mathbf{b}$는 $\mathbf{a}$와 $\mathbf{b}$를 지나는 평면에 수직인 방향을 가리킨다. 외적벡터 $\mathbf{a}\times\mathbf{b}$의 방향은 오른손법칙에 따라 주어지

는 방향이 된다. 즉, 오른손의 손가락을 $\mathbf{a}$방향에서 $\mathbf{b}$방향으로의 (π 보다 작은 각으로) 방향으로 구부리면, 엄지손가락이 나아가는 방향이 외적벡터 $\mathbf{a}\times\mathbf{b}$의 방향이 된다. 그리고 벡터 $\mathbf{a}\times\mathbf{b}$의 크기에 대해서는 다음 정리로 주어진다.

정리 3.3

$\theta\,(0\le\theta\le\pi)$가 $\mathbf{a}$와 $\mathbf{b}$의 사이각이면 $\|\mathbf{a}\times\mathbf{b}\|=\|\mathbf{a}\|\,\|\mathbf{b}\|\sin\theta$이다.

증명 벡터 곱과 벡터의 크기의 정의로부터

$$\begin{aligned}\|\mathbf{a}\times\mathbf{b}\|^2 &= (a_2b_3-a_3b_2)^2+(a_3b_1-a_1b_3)^2+(a_1b_2-a_2b_1)^2\\ &= a_2^2b_3^2-2a_2a_3b_2b_3+a_3^2b_2^2+a_3^2b_1^2-2a_1a_3b_1b_3+a_1^2b_3^2+a_1^2b_2^2-2a_1a_2b_1b_2+a_2^2b_1^2\\ &= (a_1^2+a_2^2+a_3^2)(b_1^2+b_2+b_3^2)-(a_1b_1+a_2b_2+a_3b_3)^2\\ &= \|\mathbf{a}\|^2\|\mathbf{b}\|^2-(\mathbf{a}\cdot\mathbf{b})^2\\ &= \|\mathbf{a}\|^2\|\mathbf{b}\|^2-\|\mathbf{a}\|^2\|\mathbf{b}\|^2\cos^2\theta\\ &= \|\mathbf{a}\|^2\|\mathbf{b}\|^2(1-\cos^2\theta)\\ &= \|\mathbf{a}\|^2\|\mathbf{b}\|^2\sin^2\theta\end{aligned}$$

가 된다. 또 $0\le\theta\le\pi$일 때 $\sin\theta\ge 0$이므로 $\sqrt{\sin^2\theta}=\sin\theta$ 이다. 그러므로

$$\|\mathbf{a}\times\mathbf{b}\|=\|\mathbf{a}\|\,\|\mathbf{b}\|\sin\theta$$

를 얻는다. ▫

참고 (1) 벡터 $\mathbf{a}\times\mathbf{b}$는 오른손법칙에 의하여 결정되는 방향을 가지고 $\mathbf{a}$와 $\mathbf{b}$ 모두에 수직이고 크기가 $\|\mathbf{a}\|\|\mathbf{b}\|\sin\theta$인 벡터이다. 이것은 $\mathbf{a}\times\mathbf{b}$의 새로운 정의이기도 하다.

(2) $\|\mathbf{a}\|\|\mathbf{b}\|\sin\theta$는 $\|\mathbf{a}\|$와 $\|\mathbf{b}\|$를 두 변으로 하는 평행사변형의 넓이이므로, 외적 $\mathbf{a}\times\mathbf{b}$의 크기는 $\mathbf{a}$와 $\mathbf{b}$에 의하여 결정되는 평행사변형의 넓이와 같다. ■

정리 3.4

$\mathbf{0}$이 아닌 두 벡터 $\mathbf{a}$와 $\mathbf{b}$가 평행일 필요충분조건은 $\mathbf{a}\times\mathbf{b}=\mathbf{0}$이다.

증명 $\mathbf{0}$이 아닌 두 벡터 $\mathbf{a}$와 $\mathbf{b}$가 평행일 필요충분조건은 사이각 $\theta=0$또는 π이다. 이 때 $\sin\theta=0$이다. 따라서 이 정리가 성립한다. ▫

예제 3

꼭지점이 $P(1,4,6)$, $Q(2,5,-1)$과 $R(1,-1,1)$인 삼각형의 넓이를 구하여라.

풀이

유향선분 $\overrightarrow{PQ}$와 $\overrightarrow{PR}$에 대응되는 벡터는 $\mathbf{a}=(-3,1,-7)$과 $\mathbf{b}=(0,-5,-5)$이다. 이들 두 벡터의 외적을 계산하면,

$$\mathbf{a}\times\mathbf{b}=\begin{vmatrix}\mathbf{i} & \mathbf{j} & \mathbf{k}\\ -3 & 1 & -7\\ 0 & -5 & -5\end{vmatrix}$$

$$=(-5-35)\mathbf{i}-(15-0)\mathbf{j}+(15-0)\mathbf{k}=-40\mathbf{i}-15\mathbf{j}+15\mathbf{k}$$

가 된다. 삼각형 PQR의 넓이는 PQ와 PR을 이웃하는 변으로 하는 평행사변형의 넓이의 $\frac{1}{2}$이다. 따라서 삼각형 PQR의 넓이는

$$\frac{1}{2}\|\mathbf{a}\times\mathbf{b}\|=\frac{1}{2}\sqrt{(-40)^2+(-15)^2+15^2}=\frac{5\sqrt{82}}{2}$$

가 된다.

정리 3.5

기본단위벡터 $\mathbf{i}$, $\mathbf{j}$와 $\mathbf{k}$에 대하여 다음이 성립한다.

$$\mathbf{i}\times\mathbf{j}=\mathbf{k} \qquad \mathbf{j}\times\mathbf{k}=\mathbf{i} \qquad \mathbf{k}\times\mathbf{i}=\mathbf{j}$$

$$\mathbf{j}\times\mathbf{i}=-\mathbf{k} \qquad \mathbf{k}\times\mathbf{j}=-\mathbf{i} \qquad \mathbf{i}\times\mathbf{k}=-\mathbf{j}$$

증명 쉽게 증명된다. ▣

참고 벡터의 외적은 교환법칙이 성립하지 않는다. 예를 들어 $\mathbf{i}\times\mathbf{j}\neq\mathbf{j}\times\mathbf{i}$이다.

벡터 곱에 관한 결합법칙도 항상 성립하는 것은 아니다. 예를 들어

$$\mathbf{i}\times(\mathbf{i}\times\mathbf{j})=\mathbf{i}\times\mathbf{k}=-\mathbf{j},\ (\mathbf{i}\times\mathbf{i})\times\mathbf{j}=\mathbf{0}\times\mathbf{j}=\mathbf{0}$$

이다. 그러나 벡터의 외적에는 몇 가지 유용한 대수법칙이 성립한다. 요약하면 다음 정리와 같다. ■

정리 3.6

$\mathbf{a}$, $\mathbf{b}$와 $\mathbf{c}$가 공간벡터이고 c가 스칼라이면 다음이 성립한다.

(1) $\mathbf{a}\times\mathbf{b}=-\mathbf{b}\times\mathbf{a}$

(2) $(c\mathbf{a})\times\mathbf{b}=c(\mathbf{a}\times\mathbf{b})=\mathbf{a}\times(c\mathbf{b})$

(3) $\mathbf{a}\times(\mathbf{b}+\mathbf{c})=\mathbf{a}\times\mathbf{b}+\mathbf{a}\times\mathbf{c}$

(4) $\mathbf{a}\cdot(\mathbf{b}\times\mathbf{c})=(\mathbf{a}\times\mathbf{b})\cdot\mathbf{c}$

(5) $\mathbf{a}\times(\mathbf{b}\times\mathbf{c})=(\mathbf{a}\cdot\mathbf{c})\mathbf{b}-(\mathbf{a}\cdot\mathbf{b})\mathbf{c}$

증명 이 성질들은 벡터들을 그들의 성분으로 다시 쓰고, 외적의 정의를 이용하면 증명될 수 있다. 여기에서는 (5)만 증명하고, 나머지 증명은 연습문제로 넘긴다.

$\mathbf{a}=(a_1, a_2, a_3)$, $\mathbf{b}=(b_1, b_2, b_3)$, $\mathbf{c}=(c_1, c_2, c_3)$라 두자.

$$\begin{aligned}\mathbf{a}\cdot(\mathbf{b}\times\mathbf{c}) &= a_1(b_2c_3-b_3c_2)+a_2(b_3c_1-b_1c_3)+a_3(b_1c_2-b_2c_1)\\ &= a_1b_2c_3-a_1b_3c_2+a_2b_3c_1-a_2b_1c_3+a_3b_1c_2-a_3b_2c_1\\ &= (a_2b_3-a_3b_2)c_1+(a_3b_1-a_1b_3)c_2+(a_1b_2-a_2b_1)c_3\\ &= (\mathbf{a}\times\mathbf{b})\cdot\mathbf{c}\end{aligned}$$

■

정의 3.7

세 공간벡터 $\mathbf{a}=(a_1, a_2, a_3)$, $\mathbf{b}=(b_1, b_2, b_3)$, $\mathbf{c}=(c_1, c_2, c_3)$에 대해서 $\mathbf{a}\cdot(\mathbf{b}\times\mathbf{c})$를 세 벡터 $\mathbf{a}, \mathbf{b}, \mathbf{c}$의 스칼라삼중적이라 부른다.

참고 $\mathbf{a}=(a_1, a_2, a_3)$, $\mathbf{b}=(b_1, b_2, b_3)$, $\mathbf{c}=(c_1, c_2, c_3)$의 스칼라삼중적은 다음의 행렬식으로 표현될 수 있다.

$$\mathbf{a}\cdot(\mathbf{b}\times\mathbf{c})=\begin{vmatrix}a_1 & a_2 & a_3\\ b_1 & b_2 & b_3\\ c_1 & c_2 & c_3\end{vmatrix}$$

■

정리 3.8

세 벡터 $\mathbf{a}, \mathbf{b}, \mathbf{c}$에 의해서 결정되는 평행육면체의 부피는 이들의 스칼라삼중적의 크기 $\|\mathbf{a}\cdot(\mathbf{b}\times\mathbf{c})\|$와 같다.

증명 a, b, c를 변으로 하는 평행육면체에서 b, c를 변으로 하는 평행사변형을 밑넓이로 생각하고 그 값을 A라 두면 $A = \|\mathbf{b}\times\mathbf{c}\|$가 된다. $\mathbf{a}$와 $\mathbf{b}\times\mathbf{c}$의 사이각을 θ라 두면 평행육면체의 높이는 $h = \|\mathbf{a}\|\,|\cos\theta|$이다. 따라서 평행육면체의 부피는

$$V = Ah = \|\mathbf{b}\times\mathbf{c}\|\,\|\mathbf{a}\|\,|\cos\theta| = \|\mathbf{a}\cdot(\mathbf{b}\times\mathbf{c})\|$$

가 된다. ▣

예제 4

스칼라 삼중곱을 이용하여 $\mathbf{a} = (1, 4, -7)$, $\mathbf{b} = (2, -1, 4)$, $\mathbf{c} = (0, -9, 18)$이 같은 평면 위에 놓여 있음을 보여라.

풀이

$\mathbf{a} = (1,4,-7)$, $\mathbf{b} = (2,-1,4)$, $\mathbf{c} = (0,-9,18)$의 스칼라 삼중곱은

$$\mathbf{a}\cdot(\mathbf{b}\times\mathbf{c}) = \begin{vmatrix} 1 & 4 & -7 \\ 2 & -1 & 4 \\ 0 & -9 & 18 \end{vmatrix}$$

$$= 1\begin{vmatrix} -1 & 4 \\ -9 & 18 \end{vmatrix} - 4\begin{vmatrix} 2 & 4 \\ 0 & 18 \end{vmatrix} - 7\begin{vmatrix} 2 & -1 \\ 0 & -9 \end{vmatrix}$$

$$= 1(18) - 4(36) - 7(-18) = 0$$

이다. 따라서 a, b와 c에 의하여 결정되는 평행육면체의 부피는 0이다. 이것은 a, b, c가 같은 평면위에 놓여 있음을 의미한다.

연습문제 8.3

1. 벡터 $\mathbf{a} = -3\mathbf{i} + 2\mathbf{j} - 2\mathbf{k}$, $\mathbf{b} = \mathbf{i} - 4\mathbf{j} + 3\mathbf{k}$, $\mathbf{c} = 2\mathbf{i} - \mathbf{j} + 4\mathbf{k}$일 때 다음을 구하여라.

(1) $\mathbf{a} \times \mathbf{b}$

(2) $\mathbf{a} \times (\mathbf{b} + \mathbf{c})$

(3) $\mathbf{a} \cdot (\mathbf{b} \times \mathbf{c})$

(4) $\mathbf{a} \times (\mathbf{b} \times \mathbf{c})$

2. 두 벡터 $\mathbf{a} = -3\mathbf{i} + 2\mathbf{j} - 2\mathbf{k}$, $\mathbf{b} = \mathbf{i} - 4\mathbf{j} + 3\mathbf{k}$에 동시에 수직인 단위벡터를 구하여라.

3. 두 벡터 $\mathbf{a} = -3\mathbf{i} + 2\mathbf{j} - 2\mathbf{k}$, $\mathbf{b} = \mathbf{i} - 4\mathbf{j} + 3\mathbf{k}$를 인접하는 변으로 하는 평행사변형의 넓이를 구하여라.

4. 세 점 $(3, 2, -1)$, $(2, 4, 6)$, $(-1, 2, 7)$을 꼭지점으로 하는 삼각형의 넓이를 구하여라.

5. 세 벡터 $\mathbf{a}, \mathbf{b}, \mathbf{c}$를 모서리로 하는 정사면체 부피는 $\dfrac{1}{6}\|\mathbf{a} \cdot (\mathbf{b} \times \mathbf{c})\|$임을 보여라.

6. 두 벡터 $\mathbf{a}, \mathbf{b}$에 대해서 $\|\mathbf{a} \times \mathbf{b}\|^2 = \|\mathbf{a}\|^2 \|\mathbf{b}\|^2 - (\mathbf{a} \cdot \mathbf{b})^2$임을 증명하여라.
(이 항등식을 Lagrange의 항등식이라 부른다.)

7. 세 공간벡터 $\mathbf{a} = (a_1, a_2, a_3)$, $\mathbf{b} = (b_1, b_2, b_3)$, $\mathbf{c} = (c_1, c_2, c_3)$에 대해서 다음 스칼라삼중적을 구하고, 비교하여라.

$$\mathbf{a} \cdot (\mathbf{b} \times \mathbf{c}), \quad \mathbf{b} \cdot (\mathbf{c} \times \mathbf{a}), \quad \mathbf{c} \cdot (\mathbf{a} \times \mathbf{b})$$

8. 세 벡터 $\mathbf{a}, \mathbf{b}, \mathbf{c}$에 대하여 다음을 증명하여라.

$$(\mathbf{a} + \mathbf{b}) \times \mathbf{c} = \mathbf{a} \times \mathbf{c} + \mathbf{b} \times \mathbf{c}$$

9. 두 벡터 $\mathbf{a} = (a_1, a_2, a_3)$, $\mathbf{b} = (b_1, b_2, b_3)$에 대해서 다음을 증명하여라.

$$\mathbf{a} \cdot (\mathbf{a} \times \mathbf{b}) = 0 = \mathbf{b} \cdot (\mathbf{a} \times \mathbf{b})$$

Chapter

09

평면도형 및 공간도형

9.1 평면도형

○ 평면상의 점과 직선

평면상의 한 점 O에서 수직으로 만나는 두 실직선을 생각하고, 두 실직선의 교점 O를 원점이라고 하자. 이 때 두 실직선 중 하나를 수평으로 놓고 양의 방향을 원점으로부터 오른쪽으로 정하고 이를 x-축이라 하며, 다른 직선은 원점으로부터 위쪽을 양의 방향으로 정하고 y-축이라 부른다. x-축과 y-축이 정해진 평면을 직교좌표계(rectangular coordinate system)라 부르고 x-축과 y-축을 좌표축이라 한다. 직교좌표는 데카르트(1596-1650, 프랑스)가 처음 발견하여 사용하였으므로 데카르트좌표라고도 한다.

평면상의 임의의 한 점 P를 생각하자. 점 P에서 y-축에 나란하게 그은 직선과 x-축이 만나는 점을 M이라 하고 실직선상의 점 M에 대응하는 실수를 x라 하자. 또 점 P에서 x-축에 나란하게 그은 직선과 y-축이 만나는 점을 N이라 하고 N에 대응하는 실수를 y라 하자. 그리고 점 P를 실수의 순서쌍 (x, y)에 대응시킨다. 이 때 x-축상의 점 x를 P의 x-좌표라 하고, y-축상의 점 y를 P의 y-좌표라 하며, 순서쌍 (x, y)를 점 P의 좌표라 한다.

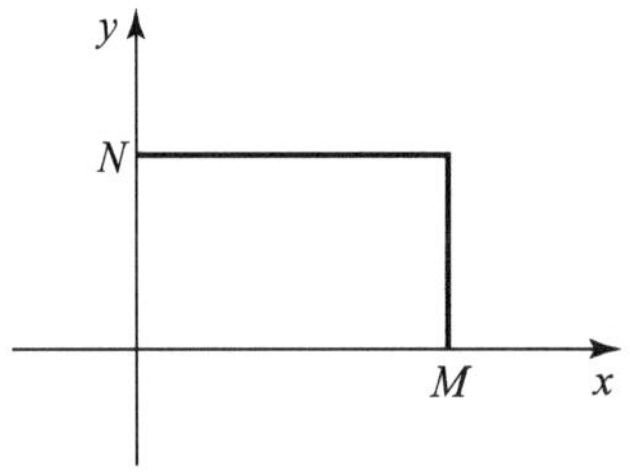

이와 같은 방법으로 평면상의 모든 점은 실수의 한 순서쌍에 대응되고, 또 실수의 모든 순서쌍은 평면상의 한 점에 대응된다. 결과적으로 평면상의 모든 점과 실수의 모든 순서쌍은 일대일 대응된다. 따라서 평면상의 점 P를 나타낼 때 P의 좌표 (x, y)를 사용하여 $P(x, y)$로 나타낸다.

정리 1.1

직교좌표에서 두 점 $P(x_1, y_1)$, $Q(x_2, y_2)$사이의 거리는 다음과 같다.

$$\overline{PQ} = \sqrt{(x_2 - x_1)^2 + (y_2 - y_1)^2}$$

증명 오른편 그림에서

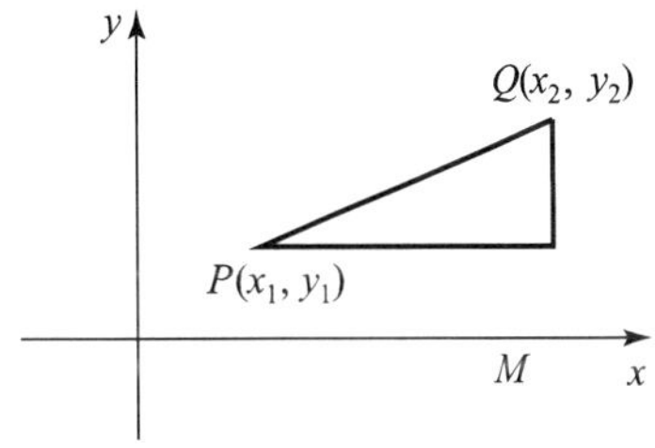

$$\overrightarrow{OP}=(x_1,\ y_1),\ \ \overrightarrow{OQ}=(x_2,\ y_2)$$

이므로,

$$\overrightarrow{PQ}=\overrightarrow{OQ}-\overrightarrow{OP}=(x_2-x_1,\ y_2-y_1)$$

이다. 따라서

$$\|\overrightarrow{PQ}\|=\sqrt{(x_2-x_1)^2+(y_2-y_1)^2}$$

을 얻는다. ■

정리 1.2

직교좌표에서 두 점 $P(x_1,\ y_1)$, $Q(x_2,\ y_2)$를 잇는 선분 PQ를 $m:n$으로 내분하는 점 R의 좌표를 (x, y)라고 하면

$$x=\frac{mx_2+nx_1}{m+n},\quad y=\frac{my_2+ny_1}{m+n}$$

증명 오른편 그림에서

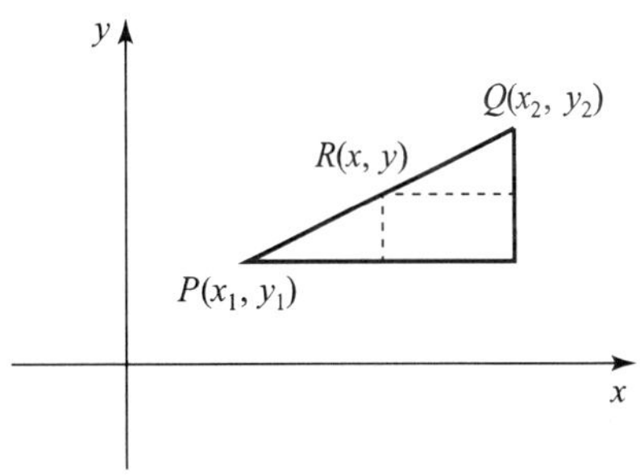

$$\overrightarrow{OP}=(x_1, y_1),\ \overrightarrow{OR}=(x, y),\ \overrightarrow{OQ}=(x_2, y_2)$$

이므로

$$\overrightarrow{PR}=\overrightarrow{OR}-\overrightarrow{OP}=(x-x_1, y-y_1)$$

$$\overrightarrow{RQ}=\overrightarrow{OQ}-\overrightarrow{OR}=(x_2-x, y_2-y)$$

$$\overrightarrow{PQ}=\overrightarrow{OQ}-\overrightarrow{OP}=(x_2-x_1, y_2-y_1)$$

가 된다. 또 $\|\overrightarrow{PR}\|:\|\overrightarrow{RQ}\|=m:n$ 이므로

$$\overrightarrow{PR}=\frac{m}{m+n}\overrightarrow{PQ}$$

이다. 따라서

$$x-x_1=\frac{m}{m+n}(x_2-x_1),\quad y-y_1=\frac{m}{m+n}(y_2-y_1)$$

이다. 그러므로

$$x=\frac{mx_2+nx_1}{m+n}, \qquad y=\frac{my_2+ny_1}{m+n}$$

이다. ▣

참고 (1) 원점 O에서 점 $P(x_1, y_1)$에 까지 거리는 $\overline{OP}=\sqrt{x_1^2+y_1^2}$ 이다.

(2) 두 점 $P(x_1, y_1)$, $Q(x_2, y_2)$를 잇는 직선을 $m : n$ 으로 외분하는 점의 좌표를 (x, y) 라고 하면

$$x=\frac{mx_2-nx_1}{m-n}, \qquad y=\frac{my_2-ny_1}{m-n}$$ ■

예제 1

직교좌표에서 두 점 $P(1,3)$, $Q(-2,7)$을 맺는 선분을 $2:3$으로 내분하는 점과 P의 x축에 관한 대칭점과의 거리를 구하여라.

풀이

선분 PQ를 $2:3$으로 내분하는 점을 (x_1, y_1)이라고 하면

$$x_1=\frac{-4+3}{2+3}=-\frac{1}{5}, \quad y_1=\frac{14+9}{2+3}=\frac{23}{5}$$

이다. P의 x축에 관한 대칭점의 좌표를(x_2, y_2)라고 하면, $x_2=1$, $y_2=-3$이다. 따라서 구하는 거리는 두 점 $\left(-\frac{1}{5}, \frac{23}{5}\right)$와 $(1,-1)$ 사이의 거리가 된다. 구하는 거리를 d라 하면

$$d=\sqrt{\left(1+\frac{1}{5}\right)^2+\left(-3-\frac{23}{5}\right)^2}=\frac{2}{5}\sqrt{370}$$

이다.

정리 1.3

극좌표로 표현된 두 점 $P(r_1, \theta_1)$와 $Q(r_2, \theta_2)$를 잇는 선분의 길이는 .

$$\overline{PQ}=\sqrt{r_1^2+r_2^2-2r_1r_2\cos(\theta_2-\theta_1)}$$

이다.

증명 $\triangle OPQ$에서 코사인의 제2법칙을 쓰면, $\overrightarrow{OP}$와 $\overrightarrow{OQ}$의 사이각이 $\theta_2-\theta_1$이므로

$$\overline{PQ} = \sqrt{r_1^2 + r_2^2 - 2r_1 r_2 \cos(\theta_2 - \theta_1)}$$

이다. ▣

예제 2

직교좌표상의 점 $P\left(\frac{1}{2}, \frac{\sqrt{3}}{2}\right)$을 원점을 중심으로 양의 방향으로 $\frac{\pi}{3}$ 회전한 점을 Q라고 할 때 선분 $\overline{PQ}$의 길이를 구하여라.

풀이

P의 극좌표를 (r, θ)라고 하면

$$r = \sqrt{\left(\frac{1}{2}\right)^2 + \left(\frac{\sqrt{3}}{2}\right)^2} = 1, \quad \theta = \tan^{-1}\sqrt{3} = \frac{\pi}{3}$$

이다. 따라서 Q의 극좌표는 $\left(1, \frac{2}{3}\pi\right)$이다. 그러므로 구하는 거리 d는

$$d = \sqrt{1^2 + 1^2 - 2\cos\frac{\pi}{3}} = 1$$

이다.

○ 평면상의 직선의 방정식

(1) 두 점을 지나는 직선의 방정식

두 점 $P(x_1, y_1)$, $Q(x_2, y_2)$를 지나는 직선을 l이라 하자. 직선 l상의 임의의 점을 $R(x, y)$이라 하면 $\overrightarrow{PR} = t\overrightarrow{PQ}$, $(t \in R)$가 된다. 따라서

$$\overrightarrow{OR} = \overrightarrow{OP} + \overrightarrow{PR} = \overrightarrow{OP} + t\overrightarrow{PQ}$$

로 표현된다. 여기서

$$\overrightarrow{OP} = \mathbf{a}, \ \overrightarrow{OQ} = \mathbf{b}, \ \overrightarrow{OR} = \mathbf{r}$$

이라 두면

$$\mathbf{r} = \mathbf{a} + t(\mathbf{b} - \mathbf{a})$$

가 된다. 이 방정식을 직선 l의 벡터방정식(vector equation)이라고 한다.

정리 1.4

두 점 $P(x_1, y_1)$, $Q(x_2, y_2)$를 지나는 직선의 방정식은

(1) 직선 PQ가 좌표축에 평행이 아니면 $y-y_1=\dfrac{y_2-y_1}{x_2-x_1}(x-x_1)$이다.

(2) 직선 PQ가 x축에 평행이면 $y=y_1$이다.

(3) 직선 PQ가 y축에 평행이면 $x=x_1$이다.

증명

(1) P, Q를 지나는 직선을 l이라고 하고, l위의 임의의 점을 $R(x, y)$이라 하면

$$\overrightarrow{PR}=t\ \overrightarrow{PQ}\ \ (t\in R)$$

이다. t가 R전체를 움직이면 점 $R(x, y)$은 직선 l전체를 움직인다. 여기서

$$\overrightarrow{OP}=\mathrm{a},\ \overrightarrow{OQ}=\mathrm{b},\ \overrightarrow{OR}=\mathrm{r}$$

라고 두면 직선 l의 벡터방정식은

$$\mathrm{r}=\mathrm{a}+t(\mathrm{b}-\mathrm{a})$$

가 된다. 따라서 l의 방정식을 성분별로 나타내면

$$\begin{cases} x=x_1+t(x_2-x_1) \\ y=y_1+t(y_2-y_1) \end{cases},\quad t\in R$$

이다. 이것이 t를 매개변수로 하는 l의 매개방정식이다. 직선 PQ가 좌표축에 평행하지 않으므로 $x_1\neq x_2$, $y_1\neq y_2$이다. 여기서 t를 소거하면

$$y-y_1=\frac{y_2-y_1}{x_2-x_1}(x-x_1)$$

를 얻는다.

(2) 직선 PQ 위의 임의의 점 $R(x, y)$의 y좌표는 y_1이므로 $R(x, y)$는 $y=y_1$을 만족한다. 역으로, 방정식 $y=y_1$을 만족하는 임의의 점 (x, y_1)은 직선 PQ 위에 있다. 따라서 직선 PQ의 방정식은 $y=y_1$이다.

(3) (2)의 경우와 마찬가지로 증명된다. ▣

참고 (1) 모든 직선은 두 점에 의해서 결정된다. 주어진 직선 l위에 두 점(x_1, y_1), (x_2, y_2)를 잡으면, l의 방정식은

$$y-y_1=\frac{y_2-y_1}{x_2-x_1}(x-x_1)$$

가 되며, 이 방정식을 바꾸어 쓰면 일차식 $ax+by+c=0$의 모양이 된다.

역으로, a, b가 동시에 0이 아닐 때 일차식 $ax+by+c=0$은 지금까지의 직선의 방정식으로 고칠 수 있으므로, 일차식은 항상 직선을 표시한다고 볼 수 있다.

(2) 두 점(x_1, y_1), (x_2, y_2)를 지나는 직선의 방정식 $y-y_1=\frac{y_2-y_1}{x_2-x_1}(x-x_1)$을 다음 행렬식으로 나타낼 수 있다.

$$\begin{vmatrix} 1 & 1 & 1 \\ x_1 & x_2 & x \\ y_1 & y_2 & y \end{vmatrix} = 0$$

(3) (2)에 의하여 3점$(x_1, y_1), (x_2, y_2), (x_3, y_3)$가 동일직선상에 있을 조건은

$$\begin{vmatrix} 1 & 1 & 1 \\ x_1 & x_2 & x_3 \\ y_1 & y_2 & y_3 \end{vmatrix} = 0$$

이다. ■

정의 1.5

평면상의 직선 l이 x-축과 이루는 각을 θ라고 할 때, $\tan\theta$의 값을 직선 l의 방향계수, 또는 기울기(slope)라고 한다. 또, 직선 l이 x-축 및 y-축과 만나는 점의 좌표를 각각 $(a,0)$ 및 $(0,b)$라고 할 때, a, b를 각각 x-절편(intercept), y-절편이라 한다.

참고 직선 l 위에 두 점 $P(x_1, y_1), Q(x_2, y_2)$를 잡으면 $\tan\theta=\frac{y_2-y_1}{x_2-x_1}$이므로, l의 기울기는 $\frac{y_2-y_1}{x_2-x_1}$이다. (단, θ는 x-축과 직선 l이 이루는 각이다.) ■

정리 1.6

직교좌표에서

(1) 점(x_1, y_1)을 지나고 기울기가 m인 직선의 방정식은 $y \quad y_1 = m(x \quad x_1)$이다.

(2) 기울기가 m이고, y축의 절편이 b인 직선의 방정식은 $y=mx+b$이다.

(3) x-축, y-축의 절편이 각각 a, b인 직선의 방정식은 $\frac{x}{a}+\frac{y}{b}=1$이다.

증명

(1) 정리 1.4와 기울기의 정의에서 명백하다.

(2) 방정식 (1)에서 $x=0$라고 두면 $y=y_1-mx_1$이므로, $b=y_1-mx_1$은 구하는 직선의

y-절편이다. 따라서 직선의 방정식은 $y = mx + b$가 된다.

(3) 방정식 (1)에 $(x_1, y_1) = (a, 0)$, $(x_2, y_2) = (0, b)$를 대입하여 얻어진다. ▣

예제 3

$\triangle ABC$의 꼭지점 A, B, C를 삼각형 내부의 한 점 P와 잇는 직선이 맞변 BC, CA, AB와 만나는 점을 각각 L, M, N이라고 할 때,

$$\frac{BL}{LC} \cdot \frac{CM}{MA} \cdot \frac{AN}{NB} = 1$$

을 증명하여라. (단 BL은 선분 BL의 길이를 나타낸다.)

증명 P를 원점으로 잡고, 각 꼭지점의 좌표를

$$A(a_1, a_2),\ B(b_1, b_2),\ C(c_1, c_2)$$

라고 하면, L의 좌표는 (la_1, la_2)와 같이 나타난다. 그런데, 점 B, L, C가 일직선상에 있으므로

$$\begin{vmatrix} 1 & 1 & 1 \\ b_1 & c_1 & la_1 \\ b_2 & c_2 & la_2 \end{vmatrix} = 0$$

이다. 따라서

$$l = \frac{b_2 c_1 - b_1 c_2}{a_1(b_2 - c_2) - a_2(b_1 - c_1)}$$

이다. 그러므로

$$\frac{BL}{LC} = \frac{la_1 - b_1}{c_1 - la_1} = \frac{a_1 b_2 - b_1 a_2}{c_1 a_2 - a_1 c_2}$$

이다. 마찬가지로

$$\frac{CM}{MA} = \frac{b_1 c_2 - c_1 b_2}{a_1 b_2 - b_1 a_2} \quad \frac{AN}{NB} = \frac{c_1 a_2 - a_1 c_2}{b_1 c_2 - c_1 b_2}$$

를 얻는다. 따라서

$$\frac{BL}{LC} \cdot \frac{CM}{MA} \cdot \frac{AN}{NB} = \frac{(a_1b_2 - b_1a_2)(b_1c_2 - c_1b_2)(c_1a_2 - a_1c_2)}{(c_1a_2 - a_1c_2)(a_1b_2 - b_1a_2)(b_1c_2 - c_1b_2)} = 1$$

가 된다. ▣

(2) Hesse의 표준형

정리 1.7

직교좌표의 원점 O에서 직선 l에 내린 수선의 발을 H라고 하고, $\overline{OH}=p$, OH가 x축과 이루는 각을 α라고 하면, l의 방정식은 $x\cos\alpha+y\sin\alpha=p(>0)$이다.

증명 l 위의 임의의 점을 $P(x,y)$라고 하면,

$$\overrightarrow{OH}=(p\cos\alpha, p\sin\alpha)$$

이므로

$$\overrightarrow{HP}=\overrightarrow{OP}-\overrightarrow{OH}=(x-p\cos\alpha, y-p\sin\alpha)$$

이다. 또, $\overrightarrow{OH}\perp\overrightarrow{HP}$이므로 $x\cos\alpha+y\sin\alpha=p$를 얻는다. ▣

참고 정리 1.7에서 l의 방정식은 $x\cos\alpha+y\sin\alpha=p(>0)$을 l의 Hesse의 표준형이라고 한다. ■

예제 4

원점에서 직선 $2x-3y-1=0$에 이르는 거리를 구하여라.

풀이

주어진 직선의 Hesse의 표준형을 구하면 된다. 지금

$$2x-3y-1=0,\ x\cos\alpha+y\sin\alpha=p(>0)$$

가 같은 방정식이 되려면

$$\frac{2}{\cos\alpha}=\frac{-3}{\sin\alpha}=\frac{-1}{-p}$$

이어야 한다. $\sin\alpha=-3p$, $\cos\alpha=2p$이므로

$$(-3p)^2+(2p)^2=\sin^2\alpha+\cos^2\alpha=1$$

이다. $p>0$이므로 $p=\dfrac{1}{\sqrt{13}}$이다. 따라서, 구하는 방정식은

$$\frac{2}{\sqrt{13}}x-\frac{3}{\sqrt{13}}y=\frac{1}{\sqrt{13}}$$

가 된다. 즉, 구하는 거리는 $\dfrac{1}{\sqrt{13}}$ 이다.

(3) 극방정식

극 O에서 직선 l에 내린 수선의 발을 H라고 하고, $\overline{OH}=p$, OH가 x-축과 이루는 각을 α라고 하자.

l위의 임의의 점 P의 극좌표를 (r,θ)라고 하면,

$$r\cos(\theta-\alpha)=p$$

를 얻는다. 이 방정식을 l의 극방정식(polar equation)이라고 한다.

○ 평면상의 직선의 위치

(1) 두 직선의 교각

정리 1.8

두 직선 l_1, l_2에 대해서, 그 방정식이 각각

$$l_1: y=m_1x+b_1,\ l_2: y=m_2x+b_2$$

이고 두 직선의 교각이 θ일 때 다음이 성립한다.

(1) $\tan\theta=\dfrac{m_2-m_1}{1+m_1m_2}\ (m_1m_2\neq-1)$

(2) $l_1 // l_2 \iff m_1=m_2$

(3) $l_1 \perp l_2 \iff m_1m_2=-1$

증명

(1) l_1, l_2가 x-축과 이루는 각을 θ_1, θ_2라고 하면

$$\tan\theta_1=m_1,\ \tan\theta_2=m_2$$

이므로

$$\tan\theta=\tan(\theta_2-\theta_1)=\frac{\tan\theta_2-\tan\theta_1}{1+\tan\theta_1\tan\theta_2}=\frac{m_2-m_1}{1+m_1m_2}$$

(2) $l_1//l_2 \iff \tan\theta=0 \iff m_1=m_2$

(3) $l_1 \perp l_2 \;\Leftrightarrow\; \theta_2 = 90° + \theta_1 \;\Leftrightarrow\; m_1 m_2 = -1$ ▣

(2) 공선점

정리 1.9

어느 두 개도 나란하지 않는 3직선 $\begin{cases} a_1 x + b_1 y + c_1 = 0 \\ a_2 x + b_2 y + c_2 = 0 \\ a_3 x + b_2 y + c_3 = 0 \end{cases}$ 이 한 점에서 만나기 위한 필요충분조건은 $\begin{vmatrix} a_1 & b_1 & c_1 \\ a_2 & b_2 & c_2 \\ a_3 & b_3 & c_3 \end{vmatrix} = 0$이다.

증명 주어진 3직선은 어느 두 개도 나란하지 않으므로, 이들이 한 점 (x_0, y_0)에서 만날 필요충분조건은 $x = x_0$, $y = y_0$가 주어진 연립방정식의 해가 될 것이다. $x = x_0$, $y = y_0$가 주어진 연립방정식의 해가 될 필요충분조건은 동차연립방정식

$$\begin{cases} a_1 x + b_1 y + c_1 z = 0 \\ a_2 x + b_2 y + c_2 z = 0 \\ a_3 x + b_2 y + c_3 z = 0 \end{cases}$$

이 $x = x_0$, $y = y_0$, $z = 1$인 해를 가질 것이다. 이 방정식이 $(x, y, z) \neq (0, 0, 0)$인 해를 가질 필요충분조건은

$$\begin{vmatrix} a_1 & b_1 & c_1 \\ a_2 & b_2 & c_2 \\ a_3 & b_3 & c_3 \end{vmatrix} = 0$$

이므로 이 식은 주어진 세 직선이 한 점에서 만날 필요충분조건이다. ▣

예제 5

삼각형의 3수선은 한 점에서 만나는 것을 증명하여라.

증명 주어진 $\triangle ABC$의 밑변 BC를 x-축, A에서 BC에 내린 수선을 y-축으로 잡는다. A, B, C의 좌표를 각각 $(0, a), (b, 0), (c, 0)$라고 하고, B, C에 맞변에 내린 수선의 발을 각각 E, F라고 하면, 3수선의 방정식은

$$AO : x = 0$$
$$BE : cx - ay - bc = 0$$

$$CF : bx - ay - bc = 0$$

이다. 그리고

$$\begin{vmatrix} 1 & 0 & 0 \\ c & -a & -bc \\ b & -a & -bc \end{vmatrix} = 0$$

이므로 정리 1.9에 의해서 3수선은 한 점에서 만난다. ■

(3) 직선속

방정식 $f(x, y) = 0$를 만족하는 점 (x, y)의 집합은 평면상에 한 곡선을 이룬다. 이것을 방정식 $f(x, y) = 0$가 나타내는 곡선 또는 곡선 $f(x, y) = 0$라고 한다.

정의 1.10

한 고정점을 지나는 직선 전체의 집합을 직선속(pencil of lines)이라고 한다.

정리 1.11

나란하지 않는 두 직선 l_1, l_2의 방정식을 각각

$$a_1 x + b_1 y + c_1 = 0, \quad a_2 x + b_2 y + c_2 = 0$$

라고 하면 l_1, l_2의 교점을 지나는 직선속은

$$\{(a_1 x + b_1 y + c_1) + \lambda(a_2 x + b_2 y + c_2) = 0 \mid \lambda \in R\}$$

이다.

증명 두 직선 l_1, l_2의 교점을 $P(x_0, y_0)$라 두고

$$f(x, y) = a_1 x + b_1 y + c_1, \ g(x, y) = a_2 x + b_2 y + c_2$$

라고 두자. 그러면

$$f(x_0, y_0) = 0, \ g(x_0, y_0) = 0$$

이다. 임의의 $\lambda \in R$에 대해서

$$f(x, y) + \lambda g(x, y) = 0$$

는 일차방정식이므로 직선의 방정식이고

$$f(x_0, y_0) + \lambda g(x_0, y_0) = 0$$

이므로 $f(x,y)+\lambda g(x,y)=0$는 점 $P(x_0,y_0)$를 지나는 직선이다.

역으로, 두 직선 l_1, l_2의 교점 $P(x_0,y_0)$를 지나는 임의의 직선 l을 생각하자.

직선 l 상의 임의의 점 $P_1(x_1,y_1)$을 잡아서 방정식

$$(a_1x_1+b_1y_1+c_1)+\lambda(a_2x_1+b_2y_1+c_2)=0$$

를 만족하는 λ를 구하여 λ_0라 두자. 그러면 직선 l의 방정식이

$$f(x,y)+\lambda_0 g(x,y)=0$$

가 된다. 왜냐하면, 점 $Q(x,y)$가 직선 l 상의 임의의 원소이면

$$x=\frac{mx_0+nx_1}{m+n},\quad y=\frac{my_0+ny_1}{m+n}$$

가 되는 $m,n\in R$가 존재한다. 그리고

$$\begin{aligned}
f(x,y)+\lambda_0 g(x,y) &= (a_1x+b_1y+c_1)+\lambda_0(a_2x+b_2y+c_2)\\
&= \left[a_1\left(\frac{mx_0+nx_1}{m+n}\right)+b_1\left(\frac{my_0+ny_1}{m+n}\right)+c_1\right]\\
&\qquad +\lambda_0\left[a_2\left(\frac{mx_0+nx_1}{m+n}\right)+b_2\left(\frac{my_0+ny_1}{m+n}\right)+c_2\right]\\
&= \frac{1}{m+n}\left[(m(a_1x_0+b_1y_0+c_1)+n(a_1x_1+b_1y_1+c_1))\right.\\
&\qquad \left.+\lambda_0\,(m(a_2x_0+b_2y_0+c_2)+n(a_2x_1+b_2y_1+c_2))\right]\\
&= \frac{1}{m+n}\left[\,m(f\,(x_0,y_0)+\lambda_0\,g\,(x_0,y_0))+n(f\,(x_1,y_1)+\lambda_0\,g\,(x_1,y_1))\right]\\
&= 0
\end{aligned}$$

가 된다. 따라서 l과 $f(x,y)+\lambda_0 g(x,y)=0$는 같은 직선이 된다. ▣

예제 5

두 직선

$$x+y-1=0,\ 2x-3y+1=0$$

의 교점을 지나고, 직선

$$3x+4y-5=0$$

에 수직인 직선의 방정식을 구하여라.

풀이

구하는 직선은 처음 두 직선에 의해서 정하여지는 직선속에 속하므로,

$$(x+y-1)+\lambda(2x-3y+1)=0$$

이다. 곧,

$$(1+2\lambda)x+(1-3\lambda)y-1+\lambda=0$$

이다. 이것이 직선 $3x+4y-5=0$와 직교하므로,

$$3(1+2\lambda)+4(1-3\lambda)=0$$

이다. 따라서 $\lambda=\dfrac{7}{6}$이고 구하는 방정식은 $20x-15y+1=0$이다.

정리 1.12

서로 다른 세 직선 $f_1(x,y)=0,\ f_2(x,y)=0,\ f_3(x,y)=0$이 한 점에서 만날 필요충분조건은

$$(\lambda_1,\lambda_2.\lambda_3)\neq(0,0,0),\ \lambda_1 f_1(x,y)+\lambda_2 f_2(x,y)+\lambda_3 f_3(x,y)=0$$

를 만족하는 $\lambda_1,\lambda_2.\lambda_3$가 존재하는 것이다.

증명 세 직선 $f_1(x,y)=0,\ f_2(x,y)=0,\ f_3(x,y)=0$가 한 점에서 만나면 이 세 직선은 동일한 직선 속에 속한다. 따라서 적당한 $\lambda\in R$가 존재해서

$$f_3(x,y)=f_1(x,y)+\lambda f_2(x,y)$$

이다. 즉, $f_1(x,y)+\lambda f_2(x,y)-f_3(x,y)=0$를 얻는다.

역으로 $(\lambda_1,\lambda_2,\lambda_3)\neq(0,0,0)$이고 $\lambda_1 f_1(x,y)+\lambda_2 f_2(x,y)+\lambda_3 f_3(x,y)=0$인 λ_1, λ_2, λ_3가 존재한다고 가정하자. 만약 $\lambda_3\neq 0$라고 하면

$$f_3(x,y)=-\frac{\lambda_1}{\lambda_3}f_1(x,y)-\frac{\lambda_2}{\lambda_3}f_2(x,y)$$

이다. $f_1(x,y)=0$와 $-\dfrac{\lambda_1}{\lambda_3}f_1(x,y)=0$는 같은 직선이므로 $f_3(x,y)=0$는 두 직선

$$f_1(x,y)=0,\ f_2(x,y)=0$$

에 의해서 결정되는 직선속에 속한다. 즉,

$$f_1(x, y) = 0,\ f_2(x, y) = 0,\ f_3(x, y) = 0$$

는 한 점에서 만난다. ▣

연습문제 9.1

1. 3점 $P(x_1, y_1)$, $Q(x_2, y_2)$, $R(x_3, y_3)$를 꼭지점으로 하는 삼각형의 중심의 좌표를 구하여라.

2. 3점 $(-4, 3)$, $(-1, 5)$, $(3, -1)$을 꼭지점으로 하는 삼각형이 직각삼각형임을 보여라.

3. 3점 $(1, -1), (1, 4), (4, -2)$을 꼭지점으로 하는 삼각형에서 다음을 구하여라.

(1) 중심 (2) 외심 (3) 외접원의 반지름

4. 이등변 삼각형 ABC의 밑변 BC위의 한 점을 P라 할 때 $\overline{AB}^2 - \overline{AP}^2 = \overline{BP} \cdot \overline{CP}$임을 보여라.

5. 다음 각 직선의 방정식을 구하여라.

(1) 점 $(2, 3)$을 지나고 x-축에 평행한 직선

(2) 점 $(-1, 3)$을 지나고 기울기가 -2인 직선

(3) x 절편이 -5이고 x-축과 사이각이 $\frac{\pi}{6}$인 직선

(4) y 절편이 4이고 점 $(6,7)$을 지나는 직선

(5) $a \neq b$일 때 두 점 (a, b), (b, a)를 지나는 직선

6. 원점에서 직선 $8x - 3y - 1 = 0$까지의 거리를 구하여라.

7. 극좌표가 $(r_1, \theta_1), (r_2, \theta_2), (r_3, \theta_3)$인 3점을 꼭지점으로 하는 삼각형의 넓이를 구하여라.

8. 3점 $(3, 1), (-2, 4), (a, -2)$가 동일직선상에 있도록 a의 값을 구하여라.

9. 두 직선 $l_1 : a_1x + b_1y + c_1 = 0$, $l_2 : a_2x + b_2y + c_2 = 0$가 한 점에서 만날 때 l_1, l_2의 교각의 이등분선의 방정식을 구하여라.

10. 3점 $P(x_1, y_1)$, $Q(x_2, y_2)$, $R(x_3, y_3)$를 꼭지점으로 하는 삼각형의 넓이가 다음의 절대값으로 주어짐을 보여라.

$$S = \frac{1}{2}\begin{vmatrix} 1 & 1 & 1 \\ x_1 & x_2 & x_3 \\ y_1 & y_2 & y_3 \end{vmatrix}$$

11. 삼각형의 내각의 이등분선이 한 점에서 만남을 증명하여라.

12. 두 삼각형 ABC, $A'B'C'$에서 BC, $B'C'$의 교점을 P, CA, $C'A'$의 교점을 Q, AB, $A'B'$의 교점을 R이라고 한다. P, Q, R이 일직선상에 있을 때, AA', BB', CC'는 한 점에서 만남을 증명하여라. (단, AA', BB', CC'는 어느 두 개도 나란하지 않다.)

9.2 공간도형

○ 공간의 점, 직선 및 평면

xy-평면좌표에서 오른손법칙을 만족하도록 z-축과 z-축의 방향을 설정하고 서로 직교하는 x-축, y-축, z-축을 기준으로 하는 공간좌표를 오른손 좌표계라고 한다. 오른손 좌표계란 x-축 양의 방향에서 y-축 양의 방향으로 오른손을 감싸 쥘 때 엄지손가락이 나아가는 방향을 z-축의 양의 방향으로 설정되는 직교좌표를 말한다. 같은 방법으로 왼손 좌표계도 생각할 수 있다. 공간의 한 점 P의 위치를 정하는 방법으로 xy-평면으로 P의 사영의 xy-평면좌표를 $M(x,y)$라 하고 xy-평면에서 P까지의 거리를 z라고 하면 P를 (x, y, z)로 표현한다. 이 때 점 P를 $P(x, y, z)$로 나타낸다.

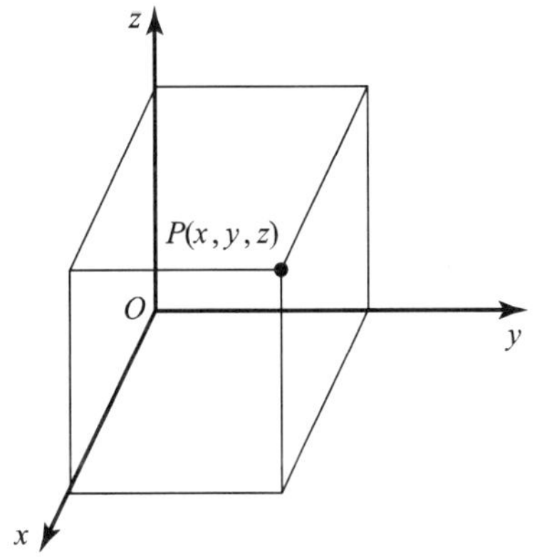

그리고 $M(x,y)$의 극좌표를 (r, θ)라 할 때에도 이것을 이용하여 P의 위치를 정할 수 있다. 이 때 점 P의 위치를 $P(r, \theta, z)$로 나타내고, P의 원주좌표(cylindrical coordinate)라고 한다.

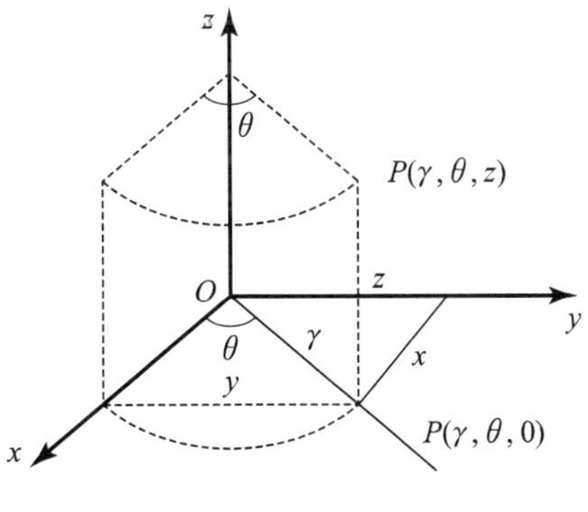

따라서 원주좌표와 직교좌표 사이에는

$$\begin{cases} x = r\cos\theta, \quad y = r\sin\theta, \quad z = z \\ r = \sqrt{x^2+y^2}, \quad \theta = \tan^{-1}\dfrac{y}{x}, \quad z = z \end{cases}$$

또 P의 위치를 정하는 데 OP의 길이 ρ와 OP의 방향을 정하면 된다. OP의 방향을 정하기 위하여 z-축에서 OP까지의 사이각 ϕ와 xz-평면에서 x-축에서 OM까지의 사이각 θ를 이용한다. 이 때 P의 위치를 $P(\rho, \phi, \theta)$로 나타내고 이것을 P의 구면좌표(spherical coordinate)라고 하며 ρ를 동경(radius) ϕ를 천장각(colatitude), θ를 방향각(longutude)이라 한다.

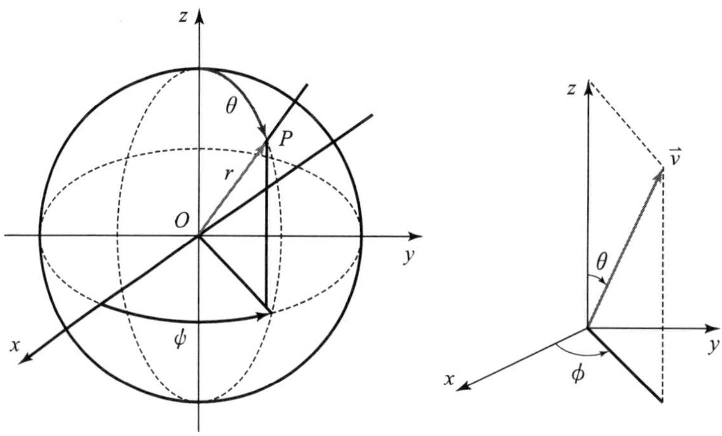

r(원점에서 거리), θ(z축 양의 방향과 사이각), z(x축 양의 방향과 xy평면사영과 사이각)

구면좌표와 직교좌표 사이에는

$$\begin{cases} x = \rho\sin\phi\cos\theta, \quad y = \rho\sin\phi\sin\theta, \quad z = \rho\cos\theta \\ r = \sqrt{x^2+y^2+z^2}, \ \phi = \tan^{-1}\dfrac{\sqrt{x^2+y^2}}{z}, \ \theta = \tan^{-1}\dfrac{y}{x} \end{cases}$$

의 관계가 있다. 단, $r \ge 0, \rho \ge 0, 0 \le \phi \le 2\pi, 0 \le \theta \le \pi$이다.

정리 2.1

공간의 두 점 $P(x_1, y_1, z_1)$, $Q(x_2, y_2, z_2)$에 대해서

(1) $\overline{PQ} = \sqrt{(x_2-x_1)^2+(y_2-y_1)^2+(z_2-z_1)^2}$

(2) 선분 PQ를 $m : n$으로 내분하는 점을 $R(x, y, z)$라고 하면

$$x = \frac{mx_2+nx_1}{m+n}, \quad y = \frac{my_2+ny_1}{m+n}, \quad z = \frac{mz_2+nz_1}{m+n}$$

증명 〈정리 1.1〉, 〈정리 1.2〉의 증명과 동일하다. ▣

예제 1

두 점 $A(1,2,3)$ $B(3,4,1)$에서 같은 거리에 있는 x-축상 점을 구하라.

풀이

구하는 점을 $P(x,0,0)$라 하면

$$(x-1)^2+(0-2)^2+(0-3)^2=(x-3)^2+(0-4)^2+(0-1)^2$$

이것을 풀면 $x=3$이다. 따라서 구하는 점은 $P(3,0,0)$이다.

예제 2

두 점 $(3,2,-1),(2,-3,1)$사이의 거리를 구하여라. 또 이 두 점을 잇는 선분의 중점의 좌표를 구하여라.

풀이

두 점 사이의 거리를 d라 하면

$$d=\sqrt{(2-3)^2+(-3-2)^2+(1+1)^2}=\sqrt{1+25+4}=\sqrt{30}$$

이다. 또 중점의 좌표를 (x,y,z)라 하면 $m=1, n=1$이므로

$$x=\frac{3+2}{1+1}=\frac{5}{2} \qquad y=\frac{2-3}{1+1}=1\frac{1}{2} \qquad z=\frac{-1+1}{1+1}=0$$

이다. 따라서 중점은 $\left(\frac{5}{2},-\frac{1}{2},0\right)$이다.

○ 공간직선의 방향여현

정의 2.1

공간직선 g를 원점을 지나도록 평행이동한 것을 g'이라고 하고, g'가 x-축, y-축, z-축의 양의 방향과 이루는 각을 α,β,γ라고 할 때,

$$l=\cos\alpha,\ m=\cos\beta,\ n=\cos\gamma$$

를 직선 g의 방향여현(direction cosine)이라고 한다.

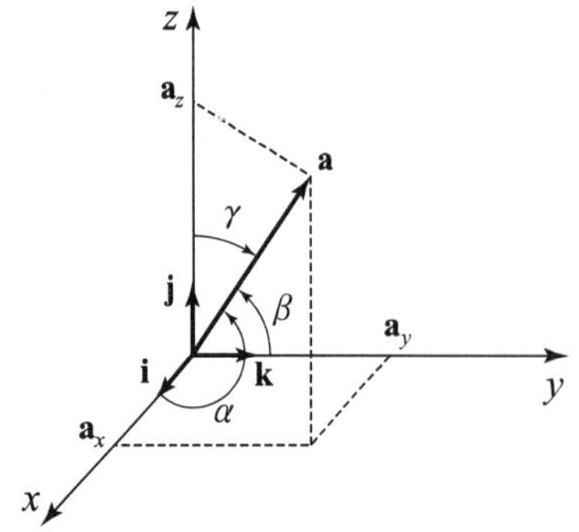

$a_x = \|\mathbf{a}\| \cos \alpha$
$a_y = \|\mathbf{a}\| \cos \beta$
$a_z = \|\mathbf{a}\| \cos \gamma$

참고 (1) 직선 g의 방향여현을 l, m, n이라고 하면 $l^2 + m^2 + n^2 = 1$이다.

(2) 두 점 $P(x_1, y_1, z_1)$, $Q(x_2, y_2, z_2)$를 지나는 직선 g의 방향여현을 l, m, n이라고 하면

$$l = \frac{x_2 - x_1}{r}, \quad m = \frac{y_2 - y_1}{r}, \quad n = \frac{z_2 - z_1}{r}$$

이다. 단. $r = \sqrt{(x_2 - x_1)^2 + (y_2 - y_1)^2 + (z_2 - z_1)^2}$ 이다.

(3) 직선 g의 방향여현을 l, m, n이라고 할 때, $a, b, c \in R$에 대해서 $l : m : n = a : b : c$와 같은 관계가 있으면 a, b, c를 g의 방향비(direction ratio)라고 한다. 이 때, 다음 관계가 성립한다.

$$l = \frac{\pm a}{\sqrt{a^2 + b^2 + c^2}}, \quad m = \frac{\pm b}{\sqrt{a^2 + b^2 + c^2}}, \quad n = \frac{\pm c}{\sqrt{a^2 + b^2 + c^2}}$$

위의 (2)에서 $x_2 - x_1$, $y_2 - y_1$, $z_2 - z_1$은 직선 g의 방향비이다. ■

〈공간직선의 방정식〉

공간상의 점 $P_0(x_0, y_0, z_0)$를 지나고 벡터 $\mathbf{v}$에 평행한 직선 L의 방정식을 구해보자. $P(x, y, z)$를 L위의 임의의 점이라 하고 $\mathbf{r}_0$와 $\mathbf{r}$을 P_0와 P의 위치벡터라 하자. 여기서 $\mathbf{a} = \overrightarrow{P_0P}$라 두면 $\mathbf{r} = \mathbf{r}_0 + \mathbf{a}$를 얻는다. 그런데 $\mathbf{a}$와 $\mathbf{v}$가 평행이므로 $\mathbf{a} = t\mathbf{v}$를 만족하는 스칼라 t가 존재한다. 따라서 L의 벡터방정식은

$$\mathbf{r} = \mathbf{r}_0 + t\mathbf{v}$$

이다.

정리 2.2

두 점 $P(x_1, y_1, z_1)$, $Q(x_2, y_2, z_2)$를 지나는 직선의 방정식은

$$\frac{x-x_1}{x_2-x_1}=\frac{y-y_1}{y_2-y_1}=\frac{z-z_1}{z_2-z_1}$$

이다.

증명 P, Q를 지나는 직선을 g, g 위의 임의의 점을 $R(x, y, z)$이라고 하면 g의 벡터방정식은 $\overrightarrow{PR}=t\,\overrightarrow{PQ},\ t\in R$이다. P, Q, R의 위치벡터를 각각 $\mathbf{x}_1, \mathbf{x}_2, \mathbf{x}_3$라고 하면, 위의 벡터방정식은 $\mathbf{x}=\mathbf{x}_1+t(\mathbf{x}_2-\mathbf{x}_1),\ t\in R$와 같이 되고, 이것을 성분별로 나타내면

$$\begin{cases} x=x_1+t(x_2-x_1) \\ y=y_1+t(y_2-y_1) \\ z=z_1+t(z_2-z_1), \quad t\in R \end{cases}$$

이다. 여기서 t를 소거하면 g의 방정식

$$\frac{x-x_1}{x_2-x_1}=\frac{y-y_1}{y_2-y_1}=\frac{z-z_1}{z_2-z_1}$$

를 얻는다. ▣

참고 위의 방정식에서 $P\neq Q$이므로 세 분모가 동시에 0은 아니다. 만약 $x_1=x_2$일 때는 g의 방정식은

$$x=x_1,\quad \frac{y-y_1}{y_2-y_1}=\frac{z-z_1}{z_2-z_1}$$

으로 된다. 또, $x_1=x_2$, $y_1=y_2$일 때는 g의 방정식은 $x=x_1$, $y=y_1$이다. ■

정리 2.3

(1) 점 $P(x_1, y_1, z_1)$을 지나고 방향여현이 l, m, n인 직선의 방정식은

$$\frac{x-x_1}{l}=\frac{y-y_1}{m}=\frac{z-z_1}{n}$$

(2) 점 $P(x_1, y_1, z_1)$을 지나고 방향비가 a, b, c인 직선의 방정식은

$$\frac{x-x_1}{a}=\frac{y-y_1}{b}=\frac{z-z_1}{c}$$

증명 구하는 직선상에 P와 다른 점 $Q(x_2, y_2, z_2)$를 잡으면

$$x_2 - x_1 : y_2 - y_1 : z_2 - z_1 = l : m : n = a : b : c$$

이므로 정리 2.2에 의해서 구하는 결과를 얻는다. ■

예제 3

세 점 $P(1,1,1)$, $Q(3,0,2)$, $R(-1,2,0)$은 동일직선상에 있음을 밝혀라.

풀이

P, Q를 지나는 직선의 방정식은 $\frac{x-1}{3-1} = \frac{y-1}{0-1} = \frac{z-1}{2-1}$이고, 점 $R(-1,2,0)$이 위의 방정식을 만족하므로 P, Q, R은 동일 직선상에 있다.

예제 4

점 $P_1(x_1, y_1, z_1)$에서 직선

$$g : \frac{x-x_0}{l} = \frac{y-y_0}{m} = \frac{z-z_0}{n}$$

에 내린 중선의 길이 h를 구하여라. 단, l, m, n은 g의 방향여현이다.

풀이

$\mathrm{e} = (l, m, n)$이라고 두면, e는 g위의 단위벡터이다. P_1에서 g에 내린 수선의 발을 P_2라고 하고, $P_0(x_0, y_0, z_0), P_1$, P_2의 위치벡터를 각각 $\mathbf{x}_0, \mathbf{x}_1, \mathbf{x}_2$라고 두면

$$\mathbf{x}_2 = \mathbf{x}_0 + (\mathrm{e} \cdot \overrightarrow{P_0 P_2})\mathrm{e} = \mathbf{x}_0 + [\mathrm{e} \cdot (\mathbf{x}_2 - \mathbf{x}_0)]\mathrm{e}$$

이다. $\overrightarrow{P_1 P_2} \perp g$에서 $(\mathbf{x}_2 - \mathbf{x}_1) \cdot \mathrm{e} = 0$이다. 따라서

$$\mathbf{x}_2 = \mathbf{x}_0 + [\mathrm{e} \cdot (\mathbf{x}_1 - \mathbf{x}_0)]\mathrm{e}$$

이다. 따라서

$$\overrightarrow{P_1 P_2} = \mathbf{x}_2 - \mathbf{x}_1 = -(\mathbf{x}_1 - \mathbf{x}_0) + [\mathrm{e} \cdot (\mathbf{x}_1 - \mathbf{x}_0)]\mathrm{e}$$

이다. 그러므로

$$h^2 = \|\mathbf{x}_1 - \mathbf{x}_0\|^2 - 2[(\mathbf{x}_1 - \mathbf{x}_0) \cdot \mathrm{e}]^2 + [(\mathbf{x}_1 - \mathbf{x}_0) \cdot \mathrm{e}]^2$$

이다. 그러므로

$$h=[(x_1-x_0)^2+(y_1-y_0)^2+(z_1-z_0)^2-(l(x_1-x_0)+m(y_1-y_0)+n(z_1-z_0))^2]^{\frac{1}{2}}$$

이다.

예제 5

다음 두 직선 g_1과 g_2의 공통중선의 길이 h를 구하여라.

$$g_1 : \frac{x-x_1}{a_1}=\frac{y-y_1}{b_1}=\frac{z-z_1}{c_1},$$

$$g_2 : \frac{x-x_2}{a_2}=\frac{y-y_2}{b_2}=\frac{z-z_2}{c_2}$$

풀이

$P_1(x_1, y_1, z_1)$과 $P_2(x_2, y_2, z_2)$의 위치벡터를 각각 $\mathbf{x}_1, \mathbf{x}_2$라고 두고, g_1, g_2의 공통중선 g가 g_1 및 g_2와 만나는 점을 각 각 H_1, H_2라고 하자. 지금 H_1을 지나고 g_2와 나란한 직선을 l, P_2를 지나고 g와 나란한 직선이 l과 만나는 점을 F라고 하면

$$h=\overline{H_1H_2}=\overline{P_2F}$$

이다. 여기서

$$\mathbf{a}_1=(a_1, b_1, c_1),\ \mathbf{a}_2=(a_2, b_2, c_2),\ \mathbf{a}=\mathbf{a}_1\times\mathbf{a}_2$$

라고 두면

$$h=\overline{P_2F}=\pm\frac{\mathbf{a}}{\|\mathbf{a}\|}\cdot\overrightarrow{P_1P_2}$$

이다. 단, 부호는 $h>0$되도록 취한다. 그런데, $\overrightarrow{P_1P_2}=\mathbf{x}_2-\mathbf{x}_1$이므로

$$h=\pm\frac{(\mathbf{a}_1\times\mathbf{a}_2)\cdot(\mathbf{x}_2-\mathbf{x}_1)}{\|\mathbf{a}\|}=\pm\frac{1}{k}\begin{vmatrix} x_2-x_1 & y_2-y_1 & z_2-z_1 \\ a_1 & b_1 & c_1 \\ a_2 & b_2 & c_2 \end{vmatrix}$$

이다. 단,

$$k=\|\mathbf{a}_1\times\mathbf{a}_2\|=\left(\begin{vmatrix} b_1 & c_1 \\ b_2 & c_2 \end{vmatrix}^2+\begin{vmatrix} c_1 & a_1 \\ c_2 & a_2 \end{vmatrix}^2+\begin{vmatrix} a_1 & b_1 \\ a_2 & b_2 \end{vmatrix}^2\right)^{\frac{1}{2}}$$

이고, $h\geq 0$되도록 부호를 취한다.

○ 공간직선의 교각

정의 2.4

공간의 두 직선 l_1, l_2를 원점을 지나도록 평행이동한 직선을 각각 l_1', l_2'이라고 할 때, l_1', l_2'가 결정하는 평면상에서의 l_1'과 l_2'의 교각을 l_1과 l_2의 교각(angle of intersection)이라고 한다.

정리 2.5

방향여현이 l_1, m_1, n_1와 l_2, m_2, n_2인 두 직선을 각각 g_1과 g_2라고 하고, g_1과 g_2의 사이각을 θ라고 할 때 다음이 성립한다.

(1) $\cos\theta = l_1 l_2 + m_1 m_2 + n_1 n_2$

(2) $g_1 \| g_2 \Leftrightarrow l_1 = l_2,\ m_1 = m_2,\ n_1 = n_2$

(3) $g_1 \perp g_2 \Leftrightarrow l_1 l_2 + m_1 m_2 + n_1 n_2 = 0$

증명

(1) $\mathbf{e}_1 = (l_1, m_1, n_1)$, $\mathbf{e}_2 = (l_2, m_2, n_2)$라고 두면 g_1과 g_2의 사이각과 $\mathbf{e}_1$과 $\mathbf{e}_2$의 사이 각은 서로 같다. 따라서 $\mathbf{e}_1 \cdot \mathbf{e}_2 = \|\mathbf{e}_1\| \|\mathbf{e}_2\| \cos\theta \|$이다. 즉,

$$\cos\theta = l_1 l_2 + m_1 m_2 + n_1 n_2$$

를 얻는다.

(2) $g_1 \|_2 \Leftrightarrow \mathbf{e}_1 = \mathbf{e}_2 \Leftrightarrow l_1 = l_2,\ m_1 = m_2,\ n_1 = n_2$

(3) $\cos\theta = 0$에서 명백하다. ▣

예제 6

점 $P_0(x_0, y_0, z_0)$와 점 $P_1(x_1, y_1, z_1)$, $P_2(x_2, y_2, z_2)$를 잇는 직선을 각각 g_1, g_2라고 할 때, g_1과 g_2가 수직일 조건을 구하여라.

풀이

직선 g_1의 방향여현은

$$\frac{x_1 - x_0}{r_1},\ \frac{y_1 - y_0}{r_1},\ \frac{z_1 - z_0}{r_1}$$

이고 직선 g_2의 방향여현은

$$\frac{x_2 - x_0}{r_2}, \frac{y_2 - y_0}{r_2}, \frac{z_2 - z_0}{r_2}$$

이다. 단, $r_1 = \overline{P_0P_1}$, $r_2 = \overline{P_0P_2}$, 이다.

따라서 $g_1 \perp g_2$일 조건은 정리 2.5에 의해서

$$(x_1 - x_0)(x_2 - x_0) + (y_1 - y_0)(y_2 - y_0) + (z_1 - z_0)(z_2 - z_0) = 0$$

이다.

○ 평면의 방정식

(1) 세 점을 지나는 평면

정리 2.6

한 직선 위에 있지 않는 세 점 $P_0(x_0, y_0, z_0)$, $P_1(x_1, y_1, z_1)$, $P_2(x_2, y_2, z_2)$를 지나는 평면 π의 방정식은 $\begin{vmatrix} x - x_0 & y - y_0 & z - z_0 \\ x_1 - x_0 & y_1 - y_0 & z_1 - z_0 \\ x_2 - x_0 & y_2 - y_0 & z_2 - z_0 \end{vmatrix} = 0$이다.

증명 점 P_0, P_1, P_2의 위치벡터를 각각 $\mathbf{x}_0, \mathbf{x}_1, \mathbf{x}_2$ 라고 하고, π 위의 임의의 점 $P(x, y, z)$의 위치벡터를 $\mathbf{x}$ 라고 하면,

$$\overrightarrow{P_0P_1} = \mathbf{x}_1 - \mathbf{x}_0, \quad \overrightarrow{P_0P_2} = \mathbf{x}_2 - \mathbf{x}_0, \quad \overrightarrow{P_0P} = \mathbf{x} - \mathbf{x}_0$$

이다. 점 P_0, P_1, P_2가 한 직선 위에 있지 않으므로 $\overrightarrow{P_0P_1}$, $\overrightarrow{P_0P_2}$, $\overrightarrow{P_0P}$가 일차종속이다. 따라서

$$\mathbf{x} - \mathbf{x}_0 = s(\mathbf{x}_1 - \mathbf{x}_0) + t(\mathbf{x}_2 - \mathbf{x}_0), \quad \mathrm{s}, \mathrm{t} \in R$$

이다. 그러므로 평면 π의 벡터방정식은

$$\mathbf{x} = \mathbf{x}_0 + s(\mathbf{x}_1 - \mathbf{x}_0) + t(\mathbf{x}_2 - \mathbf{x}_0), \quad \mathrm{s}, \mathrm{t} \in R$$

이다. 이것을 성분별로 나타내어 보면, π 의 방정식은

$$\begin{cases} x = x_0 + s(x_1 - x_0) + t(x_2 - x_1) \\ y = y_0 + s(y_1 - y_0) + t(y_2 - y_1), \quad \mathrm{s}, \mathrm{t} \in R \\ z = z_0 + s(z_1 - z_0) + t(z_2 - z_1) \end{cases}$$

이다. 이것은 평면 π의 매개방정식이다. 여기서 s, t를 소거하면

$$\begin{vmatrix} x-x_0 & y-y_0 & z-z_0 \\ x_1-x_0 & y_1-y_0 & z_1-z_0 \\ x_2-x_0 & y_2-y_0 & z_2-z_0 \end{vmatrix} = 0$$

를 얻는다. ▣

(2) 한 점을 지나고 일정한 방향을 가진 평면

정의 2.7

평면 π에 대해서, π에 수직인 직선의 방향비(방향여현)를 평면 π의 방향비(방향여현)이라고 한다.

정리 2.8

한 점 $P_0(x_0, y_0, z_0)$를 지나고, 방향비 a, b, c가 인 평면 π의 방정식은

$$a(x-x_0)+b(y-y_0)+c(z-z_0)=0$$

이다.

증명 평면 π위의 임의의 점 $P(x, y, z)$와 $P_0(x_0, y_0, z_0)$의 위치벡터를 각각 $\mathbf{x}, \mathbf{x}_0$라고 하자. 그리고 $\mathbf{a}=(a, b, c)$라고 두면, $\mathbf{a} \perp \overrightarrow{P_0P}$이므로 π의 벡터방정식은

$$\mathbf{a} \cdot (\mathbf{x}-\mathbf{x}_0)=0$$

이다. 이것을 성분을 써서 나타내면, π의 방정식은

$$a(x-x_0)+b(y-y_0)+c(z-z_0)=0$$

이다. ▣

예제 7

평면 π의 방향여현을 l, m, n이고 원점에서 π까지 거리가 p일 때 평면 π의 방정식이 $lx+my+nz=p$임을 보여라.

증명 원점 O에서 π에 내린 수선의 발을 $H(x_0, y_0, z_0)$라 하면 $\overline{OH}=p$이다.

또 평면 π의 방향여현이 l, m, n이므로 정리 2.8에 의해서 π의 방정식은

$$l(x-x_0)+m(y-y_0)+n(z-z_0)=0$$

이다. 그리고 $\mathrm{e}=(l,m,n)$은 $\overrightarrow{OH}$ 방향의 단위벡터이므로, $p=\mathrm{e}\cdot\overrightarrow{OH}$이다.
즉, $lx_0+my_0+nz_0=p$이다. 따라서 π의 방정식은 $lx+my+nz=p$이다. ■

정리 2.9

평면은 일차방정식

$$ax+by+cz+d=0$$

로 나타낼 수 있고, 일차방정식

$$ax+by+cz+d=0$$

는 평면을 나타낸다.

증명 정리 2.8에서 평면의 방정식은 일차방정식 $ax+by+cz+d=0$의 형태로 나타남을 보았다. 역으로 일차방정식 $ax+by+cz+d=0$가 평면을 나타내는 것을 보이자. 이 방정식을 만족하는 임의의 두 점 $P(x_1,y_1,z_1)$, $Q(x_2,y_2,z_2)$를 잡으면

$$ax_1+by_1+cz_1+d=0\ ,\qquad ax_2+by_2+cz_2+d=0$$

이다. 지금 직선 PQ위의 임의의 점을 $R(x_3,y_3,z_3)$이라고 하면

$$x_3=\frac{mx_2+nx_1}{m+n},\qquad y_3=\frac{my_2+ny_1}{m+n},\qquad z_3=\frac{mz_2+nz_1}{m+n}$$

되는 실수 m,n이 존재한다. 따라서

$$ax_3+by_3+cz_3+d=\frac{1}{m+n}[m(ax_2+by_2+cz_2+d)+n(ax_1+by_1+cz_1+d)]=0$$

이므로 점 $R(x_3,y_3,z_3)$은 방정식 $ax+by+cz+d=0$를 만족한다. 즉, 이방정식은 평면을 나타낸다. ■

예제 8

점 $P(x_1,y_1,z_1)$에서 평면 $ax+by+cz+d=0$에 내린 수선의 길이를 구하여라.

풀이

점 $P(x_1,y_1,z_1)$에서 평면 $ax+by+cz+d=0$에 내린 수선의 발을 $H(x_2,y_2,z_2)$라 하고 선분 $\overline{PH}$의 길이를 구하면 된다. 주어진 평면의 방향비 a,b,c는 선분 $\overline{PH}$의 방

향비이므로, $\overline{PH}$의 방정식은

$$\frac{x-x_1}{a}=\frac{y-y_1}{b}=\frac{z-z_1}{c}$$

이다. 점 H의 좌표가 (x_2, y_2, z_2)이므로

$$\frac{x_2-x_1}{a}=\frac{y_2-y_1}{b}=\frac{z_2-z_1}{c}=t$$

이다. 그러므로

$$x_2=x_1+at, \quad y_2=y_1+bt, \quad z_2=z_1+ct \text{---※}$$

이다. 또 $H(x_2, y_2, z_2)$는 주어진 평면 위의 점이므로,

$$ax_2+by_2+cz_2+d=0$$

이다. 따라서 $ax_2+by_2+cz_2=a(x_1+at)+b(y_1+bt)+c(z_1+ct)+d=0$이므로

$$t=-\frac{ax_1+by_1+cz_1+d}{a^2+b^2+c^2}$$

이다. 그러므로 (※에 의해서)

$$\begin{aligned}(\overline{PH})^2 &= (x_2-x_1)^2+(y_2-y_1)^2+(z_2-z_1)^2 \\ &= t^2(a^2+b^2+c^2) \\ &= \frac{(ax_1+by_1+cz_1+d)^2}{a^2+b^2+c^2}\end{aligned}$$

가 된다. 그러므로

$$\overline{PH}=\frac{|ax_1+by_1+cz_1+d|}{\sqrt{a^2+b^2+c^2}}$$

이다.

예제 9

두 일차방정식

$$a_1x+b_1y+c_1z+d_1=0, \ a_2x+b_2y+c_2z+d_2=0$$

이 나타내는 평면의 교선의 방향비를 구하여라.

풀이

원점을 지나고 주어진 두 평면에 나란한 평면의 방정식은

$$a_1x+b_1y+c_1z=0,\ a_2x+b_2y+c_2z=0$$

이다. 따라서 이 두 평면의 교선의 방향비가 주어진 두 평면의 교선의 방향비와 같다. 이 두 평면의 방정식에서 $x:y:z$를 구하면

$$\frac{x-0}{b_1c_2-b_2c_1}=\frac{y-0}{c_1a_2-c_2a_1}=\frac{z-0}{a_1b_2-a_2b_1}$$

이므로, 구하는 교선의 방향비는

$$b_1c_2-b_2c_1,\ \ c_1a_2-c_2a_1,\ \ a_1b_2-a_2b_1$$

이다.

예제 10

원점을 지나지 않는 평면 π가 좌표축과 만나는 점을

$$(a,0,0),\ (0,b,0),\ (0,0,c)$$

라고 할 때, π의 방정식을 구하여라.

풀이

평면 π의 방정식을 $lx+my+nz=p(>0)$라고 하면, π가 점 $(a,0,0)$, $(0,b,0)$, $(0,0,c)$를 지나고 $a\neq 0,\ b\neq 0,\ c\neq 0$이므로

$$l=\frac{p}{a},\quad m=\frac{p}{b},\ \ n=\frac{p}{c}$$

이다. l,m,n의 값을 처음 방정식에 대입하면, $p\neq 0$이므로

$$\frac{x}{a}+\frac{y}{b}+\frac{z}{c}=1$$

을 얻는다.

예제 11

네 점 $A(x_1, y_1, z_1)$, $B(x_2, y_2, z_2)$, $C(x_3, y_3, z_3)$, $D(x_4, y_4, z_4)$가 동일평면상에 있을 조건을 구하여라.

풀이

정리 2.6에 의해서 세 점 A, B, C를 지나는 평면의 방정식은

$$\begin{vmatrix} x-x_1 & y-y_1 & z-z_1 \\ x_2-x_1 & y_2-y_1 & z_2-z_1 \\ x_3-x_1 & y_3-y_1 & z_3-z_1 \end{vmatrix} = 0$$

이다. 점 A, B, C, D가 동일 평면상에 있기 위해서는 점 D가 위의 평면 위에 있으면 된다. 그러므로 구하는 조건은

$$\begin{vmatrix} x_2-x_1 & y_2-y_1 & z_2-z_1 \\ x_3-x_1 & y_3-y_1 & z_3-z_1 \\ x_4-x_1 & y_4-y_1 & z_4-z_1 \end{vmatrix} = 0$$

또는

$$\begin{vmatrix} 1 & 1 & 1 & 1 \\ x_1 & x_2 & x_3 & x_4 \\ y_1 & y_2 & y_3 & y_4 \\ z_1 & z_2 & z_3 & z_4 \end{vmatrix} = 0$$

이다.

◎ 평면의 교각

두 평면의 교선 위의 한 점에서 각 평면에 포함되는 이 교선에 수직인 두 직선이 이루는 각을 주어진 두 평면의 교각이라고 한다. 곧, 두 평면에 수직인 두 직선의 교각을 뜻한다.

정리 2.9

두 평면 $a_1x+b_1y+c_1z+d_1=0$, $a_2x+b_2y+c_2z+d_2=0$의 교각을 θ라고 하면

$$\cos\theta = \pm\frac{a_1a_2+b_1b_2+c_1c_2}{\sqrt{a_1^2+b_1^2+c_1^2}\sqrt{a_2^2+b_2^2+c_2^2}}$$

이다.

증명 두 평면에 수직인 중선의 방향여현이 각각

$$\pm\frac{a_1}{\sqrt{a_1^2+b_1^2+c_1^2}}\ ,\ \pm\frac{b_1}{\sqrt{a_1^2+b_1^2+c_1^2}}\ ,\ \pm\frac{c_1}{\sqrt{a_1^2+b_1^2+c_1^2}}$$

$$\pm\frac{a_2}{\sqrt{a_2^2+b_2^2+c_2^2}}\ ,\ \pm\frac{b_2}{\sqrt{a_2^2+b_2^2+c_2^2}}\ ,\ \pm\frac{c_2}{\sqrt{a_2^2+b_2^2+c_2^2}}$$

이므로, 구하는 결과를 얻는다. ▣

예제 12

한 점 (x_0, y_0, z_0)를 지나고 두 평면

$$a_1x+b_1y+c_1z+d_1=0\ ,\ a_2x+b_2y+c_2z+d_2=0$$

모두에 수직인 평면의 방정식을 구하여라.

풀이

구하는 평면은 점(x_0, y_0, z_0)를 지나므로, 그 방정식은

$$a(x-x_0)+b(y-y_0)+c(z-z_0)=0$$

와 같은 형태이다. 또, 이 평면은 주어진 두 평면에 모두 수직이므로

$$aa_1+bb_1+cc_1=0,\ aa_2+bb_2+cc_2=0$$

이다. 위의 방정식에서 a, b, c를 소거하면

$$\begin{vmatrix} x-x_0 & y-y_0 & z-z_0 \\ a_1 & b_1 & c_1 \\ a_2 & b_2 & c_2 \end{vmatrix}=0$$

를 얻는다. 이것이 구하는 평면의 방정식이다.

연습문제 9.2

1. 두 점 $A(3,1,2)$, $B(2,-1,5)$에서 같은 거리에 있는 y 축상의 점을 구하여라.

2. 3점 $A(a,b,c)$, $B(b,c,a)$, $C(c,a,b)$을 꼭지점으로 하는 삼각형이 정삼각형임을 보여라.

3. 삼각형의 3 꼭지점이 $P(x_1,y_1,z_1)$, $Q(x_2,y_2,z_2)$, $R(x_3,y_3,z_3)$일 때 그 중심의 좌표를 구하여라.

4. 방향비가 $2:3:4$인 직선의 방향여현을 구하여라.

5. 원주좌표가 $\left(4, \frac{\pi}{6}, 3\right)$일 때 이 점의 직교좌표를 구하여라.

6. 직교좌표가 $(2,2,3)$일 때 이 점의 원주좌표를 구하여라.

7. 구면좌표가 $\left(4, \frac{\pi}{3}, \frac{\pi}{6}\right)$일 때 이 점의 직교좌표를 구하여라.

8. 두 점 $(3,5,-2)$, $(1,3,4)$를 지나는 직선의 방정식을 구하여라.

9. 직선 $5x-2y+4z-20=0$ 와 $10x-y-4z-1=0$의 방향여현을 구하여라.

PART 2

기초 해석학

Chapter

10

실수계

10.1 실수의 정의

정의 1.1

X를 집합이라 하자. X와 X의 카티센곱 $X \times X$에서 X로의 함수를 집합 X에서의 이항 연산(binary operation)이라 한다.

정의 1.2

다음 공리1 ~ 공리5를 만족하는 대상들의 모임을 실수계(real number system)라고 하고 R로 표기하며 R의 원소를 실수(real number)라고 한다.

[공리 1] 다음 4가지 성질을 만족하는 R에서의 이항연산 "+"가 존재한다.

(A_1) 모든 $x, y, z \in R$에 대하여 $(x+y)+z = x+(y+z)$

(A_2) 모든 $x, y \in R$에 대하여 $x+y = y+x$

(A_3) 모든 $x \in R$에 대하여 $x+0 = x = 0+x$ 를 만족하는 $0 \in R$이 존재한다.

(A_4) 각 $x \in R$에 대하여 $x+y = 0 = y+x$ 를 만족하는 $y \in R$가 존재한다. ■

참고 (1) 공리 A_3에서 실수 0을 덧셈에 대한 항등원이라 하고 영(zero)이라 부른다.

(2) 공리 A_4에서 $y \in R$를 x의 덧셈에 대한 역원(inverse)이라 하고 이것을 $-x$로 나타낸다. 그리고 $x, y \in R$에 대해서 $x+(-y)$를 $x-y$로 표기한다. ■

정리 1.3

덧셈에 대한 항등원과 역원은 유일하다.

증명 **(항등원의 유일성)** 0 과 $0'$를 덧셈에 대한 항등원이라 하자. 그러면 모든 $x \in R$에 대하여

$$x+0 = x = 0+x \text{ 이고 } x+0' = x = 0'+x$$

이다. 그러므로 $0' = 0'+0 = 0+0' = 0$이다.

(역원의 유일성) x_1과 x_2를 $x \in R$의 덧셈에 대한 역원이라 하자.

그러면 $x+x_1 = 0 = x_1+x$이고 $x+x_2 = 0 = x_2+x$이다.

그러므로 $x_1 = x_1+0 = x_1+(x+x_2) = (x_1+x)+x_2 = 0+x_2 = x_2$이다. ■

[공리 2] 다음 4가지 성질을 만족하는 R 에서의 이항연산 "$\cdot$"가 존재한다.

(M_1) 모든 $x, y, z \in R$에 대하여 $(x \cdot y) \cdot z = x \cdot (y \cdot z)$

(M_2) 모든 $x, y \in R$에 대하여 $x \cdot y = y \cdot x$

(M_3) 모든 $x \in R$에 대하여 $x \cdot 1 = x = 1 \cdot x$를 만족하는 $1 \in R\,(1 \neq 0)$이 존재한다.

(M_4) 각 $x \in R\ (x \neq 0)$에 대하여 $x \cdot y = 1 = y \cdot x$를 만족하는 $y \in R$가 존재한다. ▫

주의 (1) $x \cdot y$에서 "$\cdot$"를 생략하고 간단히 xy로 쓴다.

(2) 공리 M_3에서 $1 \in R$을 곱셈에 대한 항등원이라 하고 일(one)이라 부른다.

(3) 공리 M_4에서 $y \in R$를 x의 곱셈에 대한 역원(inverse)이라 하고 이것을 x^{-1} 또는 $\dfrac{1}{x}$로 나타낸다. 그리고 $x, y \in R\ (y \neq 0)$에 대해서 xy^{-1}를 $\dfrac{x}{y}$로 정의한다.

정리 1.4

곱셈에 대한 항등원과 역원은 유일하다.

증명 **(항등원의 유일성)** 1과 $1'$를 덧셈에 대한 항등원이라 하자.

그러면 모든 $x \in R$에 대하여 $x1 = x = 1x$이고 $x1' = x = 1'x$이다.

그러므로 $1 = 11' = 1'1 = 1'$이다.

(역원의 유일성) x_1과 x_2를 $x \in R\ (x \neq 0)$의 곱셈에 대한 역원이라 하자.

그러면 $xx_1 = 1 = x_1x$이고 $xx_2 = 1 = x_2x$이다.

그러므로 $x_1 = x_11 = x_1(xx_2) = (x_1x)x_2 = 1x_2 = x_2$이다. ▫

예제 1

모든 $x \in R$에 대해서 $-(-x) = x$이다. 왜냐하면 $-(-x)$와 x는 둘 다 $-x$의 덧셈에 대한 역원이고, 덧셈에 대한 역원은 유일하므로 $-(-x) = x$이다.

[공리 3] 모든 $x, y, z \in R$에 대하여 $x(y+z) = xy + xz$이다.

참고 공리 1 ~ 공리 3을 만족하는 대상들의 집합을 체(field)라 한다. ■

예제 2

(1) 모든 $x \in R$에 대해서 $x0 = 0$임을 보이자.

모든 $x \in R$에 대해서, $x0 = x(0+0) = x0 + x0$이다.

따라서 $0 = x0 - x0 = (x0 + x0) - x0 = x0 + (x0 - x0) = x0 + 0 = x0$ 이다.

(2) 모든 $x \in R$ 에 대해서 $(-1)x = -x$ 임을 보이자.

$$x + (-1)x = 1x + (-1)x = (1 + (-1))x = 0x = 0$$

이므로 $(-1)x = -x$ 이다.

(3) 모든 $x, y \in R$ 에 대해서 $-(x+y) = -x-y$ 임을 보이자.

$$\begin{aligned}(x+y)+(-x-y) &= x+y+(-1)x+(-1)y \\ &= (x+(-1)x)+(y+(-1)y) = 0\end{aligned}$$

이므로 $-(x+y) = -x-y$ 이다.

[공리 4] 집합 R에 다음 두 가지 조건을 만족하는 순서관계 $<$가 존재한다.

(1) 만약 $x > 0$, $y > 0$이면 $x + y > 0$이고 $xy > 0$이다

(2) 만약 $x \in R$이면 $x > 0$, $x = 0$, $-x > 0$중 반드시 그리고 꼭 하나만 성립한다.

참고 공리 1 ~ 공리 4을 만족하는 대상들의 집합을 순서체(ordered field)라 한다. ■

정의 1.5

$x, y \in R$에 대하여 다음과 같이 정의한다.

(1) $x > 0$이면 x를 양의 실수(positive real number)라 한다.

(2) $x > 0$ 또는 $x = 0$이면 x를 음 아닌 실수(non-negative real number)라 하고 $x \geq 0$ 또는 $0 \leq x$로 나타낸다.

(3) $-x > 0$이면 x를 음의 실수(negative real number)라 한다.

(4) $x - y > 0$이면 "x는 y보다 크다" 또는 "y는 x보다 작다"라 하고 $x > y$ 또는 $y < x$로 쓴다.

(5) $x - y \geq 0$이면 "x는 y보다 크거나 같다" 또는 "y는 x보다 작거나 같다"라 하고 $x \geq y$ 또는 $y \leq x$로 쓴다.

정리 1.6

$x, y, z \in R$에 대하여 다음을 증명하여라.

(1) $x > y,\ y > z \ \Rightarrow\ x > z$ (2) $x \geq y, x \leq y \ \Rightarrow\ x = y$

(3) $x \neq 0 \ \Rightarrow\ x^2 > 0$ (4) $1 > 0$

(5) $x > y \ \Rightarrow\ x + z > y + z$ (6) $x > y,\ z > 0 \ \Rightarrow\ xz > yz$

(7) $x > y,\ z < 0 \ \Rightarrow\ xz < yz$ (8) $x > 0 \ \Rightarrow\ x^{-1} > 0$

증명

(1) $x > y,\ y > z$라 두면 $x - y > 0,\ y - z > 0$이다. 따라서

$$x - z = (x - y) + (y - z) > 0$$

이다. 그러므로 $x > z$이다.

(2) $x \neq y$이라고 가정하자. 그러면 $x - y \neq 0$이다.
따라서 $x - y > 0$ 또는 $-(x - y) = y - x > 0$이다.
그런데 $x - y > 0$이면 $x > y$이므로 $x \leq y$에 모순이고, $y - x > 0$이면 $x < y$이므로 $x \geq y$에 모순이다. 그러므로 $x = y$이다.

(3) $x = 0$이면 $x^2 = xx = x0 = 0$이다.
$x \neq 0$이면 $x > 0$ 또는 $-x > 0$이다.
만약 $x > 0$ 이면 $x^2 = xx > 0$이다.
만약 $-x > 0$이면 $x^2 = (-x)(-x) > 0(?)$이다.

(4) $1 \neq 0$이므로 $1 = 1^2 > 0$이다.

(5), (6), (7), (8)은 연습문제로 남긴다. ▫

정의 1.7

$a, b \in R$이고 $a < b$일 때 다음과 같이 정의한다.

$$(a,b) = \{x \in R \mid a < x < b\} \qquad [a,b] = \{x \in R \mid a \leq x \leq b\}$$

$$[a,b) = \{x \in R \mid a \leq x < b\} \qquad (a,b] = \{x \in R \mid a < x \leq b\}$$

$$(-\infty, a) = \{x \in R \mid x < a\} \qquad (-\infty, a] = \{x \in R \mid x \leq a\}$$

$$[a, \infty) = \{x \in R \mid a \leq x\} \qquad (a, \infty) = \{x \in R \mid a < x\} \qquad (-\infty, \infty) = R$$

참고 (a, b)를 개구간(open interval), $[a, b]$를 폐구간(closed interval), $[a, b)$ 또는 $(a, b]$를 반개구간(half open interval)이라 하고 $(a, \infty), (-\infty, b), (-\infty, \infty)$를 무한개구간

(infinite open interval), $[a, \infty)$, $(-\infty, b]$ 를 무한폐구간(infinite closed interval)이라고 한다. ■

정의 1.8

모든 실수 x에 대해서 x의 절대값(absolute value)을 다음과 같이 정의하고 $|x|$로 표기한다.

$$|x| = \begin{cases} x & (x \geq 0) \\ -x & (x < 0) \end{cases}$$

정리 1.9

모든 $x, y \in R$에 대해서 다음을 증명하여라.

(1) $x \leq |x|$

(2) $|xy| = |x||y|$

(3) $|x+y| \leq |x| + |y|$

(4) $||x| - |y|| \leq |x-y|$

증명

(1) 만약 $x \geq 0$이면 $x = |x| \leq |x|$이다. 만약 $x < 0$이면 $x = -|x| \leq |x|$이다. 따라서 모든 $x \in R$에 대해서 $x \leq |x|$이다.

(3) 만약 $x+y \geq 0$이면 $|x+y| = x+y \leq |x|+|y|$이다.
만약 $x+y < 0$이면 $|x+y| = -(x+y) = -x-y \leq |x|+|y|$이다.
따라서 모든 $x, y \in R$에 대해서 $|x+y| \leq |x|+|y|$이다. □

정의 1.10

S는 R의 부분집합이고 $a \in R$일 때

(1) 모든 $x \in S$에 대해서 $x \leq a$이면 a를 S의 상계(upper bound)라고 한다.

(2) 모든 $x \in S$에 대해서 $x \geq a$이면 a를 S의 하계(lower bound)라고 한다.

(3) S가 상계를 가지면 S는 위로유계(bounded above)인 집합이라 한다.

(4) S가 하계를 가지면 S는 아래로유계(bounded below)인 집합이라 한다.

(5) S가 위로유계이고 아래로유계일 때 S를 유계집합(bounded set)이라 한다.

정의 1.11

S를 공집합이 아닌 R의 부분집합이라 하자.
다음 두 조건을 만족하는 $a \in R$를 S의 상한(supermum) 혹은 최소상계(least upper bound)라고 하고 $\sup S$ 또는 $\mathrm{lub}\, S$로 나타낸다.

(1) a는 S의 상계이다.

(2) 만약 b가 S의 상계이면 $a \leq b$ 이다.

그리고 다음 두 조건을 만족하는 $a \in R$를 S의 하한(infimum) 혹은 최대하계(greatest lower bound)라고 하고 $\inf S$ 또는 $\mathrm{glb}\, S$로 나타낸다.

(1) a는 S의 하계이다.

(2) 만약 b가 S의 하계이면 $b \leq a$이다.

정리 1.12

$a \in R$가 집합 $S \subset R$의 상계일 때,

$$a = \sup S \Leftrightarrow \text{임의의 } \epsilon > 0 \text{에 대해서, } (a-\epsilon, a] \cap S \neq \varnothing$$

임을 증명하여라.

증명 $a = \sup S$라고 가정하자.

만약 $\epsilon > 0$이면 a가 S의 최소상계이므로 $a - \epsilon$은 더 이상 S의 상계가 아니다.
따라서 $a - \epsilon < x \leq a$인 S의 원소 x가 존재한다. 그러므로 $(a-\epsilon, a] \cap S \neq \varnothing$ 이다.
역으로, 임의의 $\epsilon > 0$에 대해서, $(a-\epsilon, a] \cap S \neq \varnothing$ 를 가정하자.
만약 b가 S의 상계라고 하자. 그러면 $a \leq b$임을 보이면 된다.
그런데 $b < a$이면 $\epsilon = \dfrac{a-b}{2} > 0$이고 $b < a - \epsilon$이다.
모든 $x \in S$에 대하여 $x \leq b$이므로 $(a-\epsilon, a] \cap S = \varnothing$ 이다.
이것은 가정에 모순이다. 그러므로 $a \leq b$이다. ■

예제 3

(1) $S = \{0, 1, 2, 3, 4, 5\}$이면 S는 유계집합이고 $\sup S = 5$, $\inf S = 0$이다.

(2) $S = \{x \in R \mid 0 \leq x < 1\}$이면 S는 유계집합이고 $\sup S = 1$, $\inf S = 0$이다.
여기서 S의 하한 0은 S에 속하지만 S의 상한 1은 S에 속하지 않는다.

(3) 만일 $S=\left\{\frac{1}{n} \mid n\in N\right\}$이면 S은 유계집합이고 $\inf S=0$, $\sup S=1$이다.

(4) 집합 $X=\{x\in R \mid x<1\}$는 위로유계이고 아래로 유계는 아니다.
여기서 $\sup X=1$이고 하한은 존재하지 않는다.

(5) 집합 $X=\{x\in R \mid x>1\}$는 아래로 유계이고 위로유계는 아니다.
여기서 $\inf X=1$이고 상한은 존재하지 않는다.

정리 1.13

$S\subset R$이라 하자. 만약 $a, b\in R$가 S의 상한이면 $a=b$이다.

증명 a는 S의 상한이고 b는 S의 상계이므로 $b\le a$이다. 그리고 또 b는 S의 상한이고 a는 S의 상계이므로 $a\le b$이다. 그러므로 $a=b$이다. ■

예제 4

공집합 $\varnothing$는 유계집합이지만 상한과 하한은 존재하지 않는다.

증명 $a\in R$가 $\varnothing$의 상한이라고 하면 임의의 $\epsilon>0$에 대해서 $a-\epsilon<x\le a$를 만족하는 공집합 $\varnothing$의 원소 x가 존재해야한다. 그러므로 a는 $\varnothing$의 상한이 아니다.
$b\in R$가 $\varnothing$의 하한이라고 하면 임의의 $\epsilon>0$에 대해서 $b\le x<b+\epsilon$를 만족하는 공집합 $\varnothing$의 원소 x가 존재해야 한다. 그러므로 b는 $\varnothing$의 하한이 아니다. ■

예제 5

$a\in R$이고 $S\subset R$가 유계집합일 때 다음은 서로 동치이다.

(1) a가 $S\subset R$의 상계이다.

(2) $b>a$이면 $b\notin S$이다.

증명

(1)⇒(2) a가 $S\subset R$의 상계이므로 모든 $x\in S$에 대해서 $x\le a$이다. 따라서 $b>a$이면 $b\notin S$이다.

(2)⇒(1) $x\in S$이라 하자. (2)에 의해서 $x\le a$이다. 따라서 a는 S의 상계이다. ■

[공리 5] 위로 유계인 공집합이 아닌 R의 부분집합은 반드시 상한을 갖는다.

주의 (1) 공리 5를 실수의 완비성 공리(completeness axiom)라고 부른다.

(2) 공리 5는 실수의 집합 R이 수직선과 일대일 대응임을 보여준다. 따라서 그 수직선을 실직선(real line)이라 부른다.

정리 1.14

아래로 유계인 공집합이 아닌 R의 부분집합은 반드시 하한을 갖는다.

증명 X를 공집합이 아닌 아래로 유계인 R의 부분집합이라 하자.

집합 $Y=\{y\in R \mid y\text{는 } X\text{의 하계}\}$라 두면 $Y\neq\varnothing$이고 Y는 위로유계이다.

공리 5에 의해서 $\sup Y=a$인 실수 a가 존재한다.

여기서 $a=\inf X$임을 보이자. $x\in X$이면 x는 집합 Y의 상계이고 a는 Y의 최소상계이므로 $a\leq x$이다. 따라서 a는 X의 하계이다. b가 X의 하계이면 $b\in Y$이다.

또한 a가 Y의 상한이므로 $a\geq b$이다. 그러므로 $a=\inf X$이다. ■

연습문제 10.1

1. 모든 $x\in R$에 대해서 다음을 증명하여라.

(1) $-(-x)=x$ (2) $x0=0$ (3) $(-1)x=-x$

2. 모든 $x, y\in R$에 대해서 다음을 증명하여라.

(1) $-(x+y)=-x-y$ (2) $xy=0 \iff x=0$ 또는 $y=0$

(3) $-(xy)=x(-y)=(-x)y$ (4) $x>0, y<0 \Rightarrow xy<0$

(5) $(-x)(-y)=xy$

3. 모든 $x, y, z\in R$에 대하여 다음을 증명하여라.

(1) $(x+y)z=xz+yz$ (2) $xy=xz,\ x\neq 0 \Rightarrow y=z$

4. 모든 $x, y\in R$에 대해서 다음을 증명하여라.

(1) $x^2+y^2\geq 2xy$ (2) $xy>0 \Rightarrow x>0, y>0$ 또는 $x<0, y<0$

(3) $xy > 0,\ x < y \Rightarrow \dfrac{1}{y} < \dfrac{1}{x}$

5. 모든 $x, y \in R$에 대해서 다음을 증명하여라.

(1) $|x+y| \le |x| + |y|$　　　　(2) $|x| - |y| \le |x-y|$

6. $x \in R$이고 $\epsilon > 0$일 때 다음을 증명하여라.

(1) $|x| < \epsilon \Leftrightarrow -\epsilon < x < \epsilon$　　　　(2) $|x| \le \epsilon \Leftrightarrow -\epsilon \le x \le \epsilon$

7. 임의의 $\epsilon > 0$와 $x, y \in R$에 대해서 $x \le y + \epsilon$이면 $x \le y$임을 증명하여라.

8. a가 집합 $X \subset R$의 하계일 때 다음을 증명 하여라.

$$a = \inf X \Leftrightarrow \text{임의의 } \epsilon > 0\text{에 대하여 } [a, a+\epsilon) \cap X \ne \varnothing$$

9. 집합 $A \subset R$가 위로 유계이면 집합 $-A = \{-x | x \in A\}$는 아래로 유계이고 $-\sup A = \inf(-A)$임을 증명하여라.

10. $A \subset B \subset R$이고 B가 유계일 때 다음을 증명하여라.

(1) $\sup A \le \sup B$　　　　(2) $\inf A \ge \inf B$

11. a가 A의 상계이고 $a \in A$이면 $a = \sup A$임을 증명하여라.

12. 유계집합 $A \subset R$에 대해서 $\sup A = a,\ \inf A = b$이고 $t \ge 0$일 때 다음을 증명하여라. (단, $tA = \{tx | x \in A\}$).

$$\sup(tA) = ta, \quad \inf(tA) = tb$$

13. A, B가 유계집합이고 $\sup A = a,\ \sup B = b$이면 $A+B$도 유계집합이고 $\sup(A+B) = a+b$임을 증명하여라. (단, $A+B = \{x+y | x \in A,\ y \in B\}$)

14. $X, Y \subset R,\ X \ne \varnothing$이고 $f, g : X \to Y$일 때 $f(X)$와 $g(X)$가 유계집합이면

$$\sup\{f(x)+g(x) | x \in X\} \le \sup f(X) + \sup g(X)$$
$$\inf\{f(x)+g(x) | x \in X\} \ge \inf f(X) + \inf g(X)$$

임을 증명하여라.

10.2 정수, 유리수 및 지수

정의 2.1

R의 부분집합 X가 다음 두 개의 조건

(1) $1 \in X$

(2) $n \in X$이면 $n+1 \in X$

를 만족할 때 집합 X를 바로 뒤의 원소집합(successor set)이라고 한다.

참고 $\mathring{A} = \{A \subset R \mid A$는 바로 뒤의 원소집합$\}$이면 $R \in \mathring{A}$ 이므로 $\mathring{A} \neq \varnothing$ 이다.
$N = \cap \mathring{A}$ 라고 두면 N도 역시 바로 뒤의 원소집합이다. 따라서 $1 \in N$이고 $1+1$, $1+1+1, \cdots, 1+1+\cdots+1, \cdots$ 들이 모두 N의 원소이다. ■

정의 2.2

모든 바로 뒤의 원소집합족의 교집합을 자연수들의 집합 또는 양의 정수들의 집합이라 하고 N으로 표시한다. 그리고 $1+1=2$, $2+1=3$, $3+1=4, \cdots$ 등으로 정의한다. 즉 $N = \{1, 2, \cdots\}$이다.

정리 2.3 수학적 귀납법

$S(n)$을 자연수 n에 대한 명제라 할 때, 다음 두 조건

(1) $S(1)$이 참이다.

(2) $S(k)$가 참이면 $S(k+1)$이 참이다.

이 성립하면 $S(n)$은 모든 자연수 n에 대해서 참이다.

증명 집합 $G = \{n \subset N \mid S(n)$은 참$\}$리고 두면 $G \subset N$이다.
조건 (1)에 의해서 $1 \in G$이고, 조건(2)에 의해서 만약 $k \in G$이면 $k+1 \in G$이다.
따라서 G는 바로 뒤의 원소집합이다. 그러므로 $N \subset G$이고, 따라서 $N = G$이다. □

정리 2.4 Well-ordering theorem : 정렬정리

공집합이 아닌 N의 부분집합은 최소원소(least element)를 갖는다. 즉 $X \neq \varnothing$, $X \subset N$이면 X는 반드시 최소원소를 갖는다.

증명 $X \neq \varnothing$ 이므로 $k \in X$인 자연수 k를 잡을 수 있다.

집합 $Y = \{n \in X \mid n \leq k\}$라고 두면 Y는 유한집합이므로 최소원소를 포함한다.

Y의 최소원소를 m 이라 하면 $m \in Y \subset X$이므로 $m \in X$이다.

만약 $l \in X$이면 $l > k$ 또는 $l \leq k$이다.

(i) $l > k$ 이면 $k \in Y$이고 m은 Y의 최소원소이므로 $m \leq k < l$이다.

(ii) $l \leq k$이면 $l \in Y$이고 m은 Y의 최소원소이므로 $m \leq l$이다.

그러므로 m은 X의 최소원소이다. ■

정리 2.5 Archimedes 정리

자연수 집합 N은 위로유계집합이 아니다.

증명 N을 위로 유계집합이라고 가정하자.

그러면 실수의 완비성공리에 의해서 N의 상한 $a \in R$가 존재한다.

그런데 $a-1 < a$이고 $\sup N = a$이므로 $a-1$은 N의 상계가 아니다. 따라서

$$\exists\, n \in N \quad \text{s.t.} \quad a-1 < n$$

따라서 $a < n+1$이다. 그런데 자연수의 정의에 의하여 $n+1 \in N$이므로 $a < n+1$은 a가 N의 상계라는 사실에 모순이다. 그러므로 N은 위로유계가 아니다. ■

따름정리 2.6

임의의 $a, b \in R$, $b > 0$에 대해서 다음이 성립한다.

(1) $a < nb$를 만족하는 자연수 n이 존재한다.

(2) $0 < \frac{1}{n} < b$를 만족하는 자연수 n이 존재한다.

증명

(1) N은 위로유계가 아니고 $\frac{a}{b} \in R$이므로 $\frac{a}{b} < n$인 $n \in N$이 존재한다.

그러므로 $a < nb$이다.

(2) (1)번에서 $a = 1$이면 $1 < nb$이다. 따라서 $0 < \frac{1}{n} < b$인 $n \in N$이 존재한다. ■

정의 2.7

집합 $-N\cup\{0\}\cup N$을 정수(integer)들의 집합이라하고 Z로 표시한다.
(단, $-N=\{-n|n\in N\}$)
집합 $\left\{\frac{p}{q}|p,q\in Z,\ q\neq 0\right\}$를 유리수(rational number)들의 집합이라 하고 Q로 표시한다.

정의 2.8

$x\in R$일 때, $x^1=x$이고 모든 자연수 n에 대해서 $x^{n+1}=x^n x$로 정의한다. 만약 $x\neq 0$이면 $x^0=1$이고 모든 자연수 n에 대해서 $x^{-n}=\frac{1}{x^n}$로 정의한다.

참고 지금부터 무리수의 존재성을 이야기하기 위해서 $x^2=2$를 만족하는 유리수 x는 존재하지 않지만 $x^2=2$를 만족하는 실수는 존재함을 보일 것이다. ■

정리 2.9

$r^2=2$를 만족하는 유리수 r은 존재하지 않는다.

증명 $r^2=2$를 만족하는 유리수 r은 존재한다고 가정하자.

그러면 $r=\frac{p}{q}\,(q\neq 0,\ (p,q)=1)$인 $p,q\in Z$가 존재한다.
따라서 $p^2=2q^2$이다. 그러면 p가 짝수이므로 $p=2n$이라 두면 $4n^2=2q^2$이다.
그러면 또다시 q가 짝수가 된다. 이것은 $(p,q)=1$이라는 사실에 모순이다. □

정리 2.10

$a\geq 0$이면 $b^2=a$를 만족하는 실수 $b\geq 0$가 존재한다.

증명 $X=\{x\in R|x\geq 0$ 이고 $x^2\leq a\}$라 두자.

그러면 $0\in X$이므로 $X\neq\varnothing$이다. 또 $x>a+1$를 만족하는 $x\in X$가 존재하지 않으므로 X는 위로유계인 집합이다. 왜냐하면 만약 $x>a+1$를 만족하는 $x\in X$가 존재하면

$$a\geq x^2>(a+1)^2=a^2+2a+1\geq 2a$$

이것은 불가능하다. 실수의 완비성공리에 의하여 $b=\sup X$인 $b\in R$가 존재한다.
여기서 $b^2=a$임을 보이자.

먼저 $b^2 < a$라고 가정하고 $\delta = a - b^2$라고 하자.

그리고 $\frac{2b}{m} < \frac{\delta}{2}$와 $\frac{1}{m^2} < \frac{\delta}{2}$를 동시에 만족하는 자연수 m을 택하면

$$\left(b + \frac{1}{m}\right)^2 = b^2 + \frac{2b}{m} + \frac{1}{m^2} < b^2 + \frac{\delta}{2} + \frac{\delta}{2} = b^2 + \delta = a$$

이다. 그러므로 $b + \frac{1}{m} \in X$이다. 이것은 $b = \sup X$에 모순이다. 따라서 $b^2 \geq a$이다. 같은 방법으로 $b^2 \leq a$도 증명할 수 있다. ▣

정의 2.11

유리수가 아닌 실수를 무리수(irrational number)라고 한다.

정리 2.12 유리수의 조밀성

a, b가 $a < b$인 실수이면 $a < r < b$를 만족하는 유리수 r이 존재한다.

증명 첫 번째로 $b > 0$라 두고 증명을 시작하자.

먼저 $b - a > 0$이므로 $b - a > \frac{1}{n}$인 자연수 n을 택하자. 그리고 $b \leq \frac{m}{n}$을 만족하는 가장 작은 자연수 m을 택하자. 그러면 $\frac{m-1}{n} < b$이다.

한편 $a - b < -\frac{1}{n}$이고 $b \leq \frac{m}{n}$이므로

$$a = b + (a - b) < \frac{m}{n} - \frac{1}{n} = \frac{m-1}{n}$$

이다. 따라서 유리수 $r = \frac{m-1}{m}$은 $a < r < b$를 만족한다.

두 번째로 a, b가 $a < b$인 임의의 실수라 두고 증명을 시작하자.

그러면 $b + n > 0$인 자연수 n을 찾을 수 있다.

첫 번째 경우를 적용하면 $a + n < r' < b + n$인 $r' \in Q$가 존재한다.

여기서 $r = r' - n$이라고 두면 r은 유리수이고 $a < r < b$를 만족한다. ▣

정리 2.13

유리수와 무리수의 합은 무리수이다.

증명 r이 유리수이고 s가 무리수라고 하자. 만일 $t=r+s$가 유리수라고 가정하면 $s=t-r$는 유리수가 되어 모순이다. 그러므로 $r+s$는 무리수이다. ▣

정리 2.14 무리수의 조밀성

a, b가 $a<b$인 실수이면 $a<s<b$를 만족하는 무리수 s가 존재한다.

증명 유리수의 조밀성에 의해서

$$\exists r \in Q \quad \text{s.t.} \quad a-\sqrt{2}<r<b-\sqrt{2}$$

이다. 여기서 $s=r+\sqrt{2}$라 두면 s는 무리수이고 $a<s<b$를 만족한다. ▣

정리 2.14 Bernoulli 부등식

$h>-1$일 때 모든 $n \in N$에 대해서

$$(1+h)^n \geq 1+nh$$

임을 증명하여라.

증명 $S(n):(1+h)^n \geq 1+nh$라고 두고 수학적 귀납법으로 증명할 것이다.
$n=1$이면 등호가 성립하므로 $S(1)$은 참이다.
$n=k$일 때, 즉 $S(k)$가 참이라고 가정하자. 그러면

$$(1+h)^{k+1}=(1+h)^k(1+h) \geq (1+kh)(1+h)=kh^2+1+(k+1)h \geq 1+(k+1)h$$

가 성립한다. 따라서 $S(k+1)$이 참이다. 그러므로 수학적 귀납법에 의해서 모든 $n \in N$에 대해서 $(1+h)^n \geq 1+nh$가 성립한다.

연습문제 10.2

1. $n \in N$이면 $n-1=0$ 또는 $n-1 \in N$임을 증명하여라.

2. 수학적 귀납법으로 다음을 증명하여라.

(1) $m, n \in N$ 이면 $mn \in N$이다.

(2) $m, n \in N$이고 $m > n$이면 $m - n \in N$이다.

3. $n \in N$일 때 $n < m < n+1$를 만족하는 자연수 m이 존재하지 않음을 보여라.

4. $x > 0$이면 $n-1 \le x < n$를 만족하는 자연수 n이 존재함을 증명하여라.

5. $0 < a < 1$이면 모든 $n \in N$에 대해서 $a^n \le a$이 성립함을 증명하여라.

6. $a > 1$이면 모든 $n \in N$에 대해서 $a \le a^n$이 성립함을 증명하여라.

7. 모든 $n \in N$에 대해서 $n < 2^n$이 성립함을 증명하여라.

8. $0 < a < 1$이고 $m, n \in N$일 때 다음을 증명하여라.

$$a^m < a^n \quad \Leftrightarrow m > n$$

9. $a > 1$이고 $m, n \in N$일 때 다음을 증명하여라.

$$a^m > a^n \quad \Leftrightarrow m > n$$

10. $a, b \in R$, $n \in N$일 때 다음을 증명하여라. (단. $\binom{n}{k} = \dfrac{n!}{k!(n-k)!}$이다).

$$(a+b)^n = \binom{n}{0}a^n + \binom{n}{1}a^{n-1}b + \binom{n}{2}a^{n-2}b^2 + \cdots + \binom{n}{n-1}ab^{n-1} + \binom{n}{n}b^n$$

11. 공집합이 아닌 위로유계인 N의 부분집합은 최대원소(greatest element)를 가짐을 증명하여라.

12. $r^3 = 3$을 만족하는 유리수 r은 존재하지 않음을 증명하여라.

13. $x, y \in R$ $(x \ne 0,\ y \ne 0)$이고 $m, n \in Z$일 때 다음 지수법칙이 성립한다,

(1) $x^{m+n} = x^m x^n$ (2) $x^n = \dfrac{1}{x^{-n}}$ (3) $(xy)^n = x^n y^n$

(4) $(x^m)^n = x^{mn}$ (5) $\left(\dfrac{x}{y}\right)^n = \dfrac{x^n}{y^n}$

10.3 실수의 지수

정의 3.1

$x \in R$일 때, $x^1 = x$이고 모든 자연수 $n \in N$에 대해서 $x^{n+1} = x^n x$로 정의한다. 만약 $x \neq 0$이면 $x^0 = 1$로 정의하고, 모든 자연수 $n \in N$에 대해서 $x^{-n} = \dfrac{1}{x^n}$로 정의한다.

실수의 자연수 지수 및 정수 지수에 대한 다음 지수법칙과 지수부등식이 성립함을 쉽게 알 수 있다.

정리 3.2

$x \in R\ (x \neq 0)$이고 $m, n \in N$일 때 다음 지수법칙이 성립한다,

(1) $x^{m+n} = x^m x^n$　　(2) $(x^m)^n = x^{mn}$　　(3) $x^{m-n} = \dfrac{x^m}{x^n}$

증명

(1) 수학적 귀납법으로 증명할 것이다.

$n \in N$에 대한 명제를 $S(n): {}^\forall m \in N,\ \ x^{m+n} = x^m x^n$이라고 두자.

(i) ${}^\forall m \in N,\ \ x^{m+1} = x^m x^1$(정의)이므로 $S(1)$은 참이다.

(ii) $S(k)$가 참이라고 가정하자.

${}^\forall m \in N,\ \ x^{m+k} = x^m x^k$ 이므로

$$x^{m+k}x = x^m x^k x \Rightarrow x^{(m+k)+1} = x^m x^{k+1} \Rightarrow x^{m+(k+1)} = x^m x^{k+1}$$

이다. 따라서 $S(k+1)$도 참이다.

그러므로 ${}^\forall m \in N,\ {}^\forall n \in N$에 대해서 $x^{m+n} = x^m x^n$임이 증명되었다.

(2) 수학적 귀납법으로 증명할 것이다.

$n \in N$에 대한 명제를 $S(n): {}^\forall m \in N,\ \ (x^m)^n = x^{mn}$이라고 두자.

(i) ${}^\forall m \in N,\ \ (x^m)^1 = x^m$(정의)이므로 $S(1)$은 참이다.

(ii) $S(k)$가 참이라고 가정하자.

${}^\forall m \in N,\ \ (x^m)^k = x^{mk}$이므로

$$(x^m)^{k+1} = (x^m)^k x^m = x^{mk} x^m = x^{mk+m} = x^{m(k+1)}$$

이다. 따라서 $S(k+1)$은 참이다.

그러므로 $^{\forall}m \in N$, $^{\forall}n \in N$에 대해서 $(x^m)^n = x^{mn}$임이 증명되었다.

(3) 수학적 귀납법으로 증명할 것이다.

$n \in N$에 대한 명제를 $S(n)$: $^{\forall}m \in N$, $x^{m-n} = \dfrac{x^m}{x^n}$이라고 두자.

(i) $^{\forall}m \in N$, $x^m = x^{m-1}x \Rightarrow x^{m-1} = \dfrac{x^m}{x} = \dfrac{x^m}{x^1}$이므로 $S(1)$은 참이다.

(ii) $S(k)$가 참이라고 가정하자.

$^{\forall}m \in N$, $x^{m-k} = \dfrac{x^m}{x^k}$ 이므로

$$x^{m-(k+1)} = x^{(m-k)-1} = \frac{x^{m-k}}{x} = \frac{\frac{x^m}{x^k}}{x} = \frac{x^m}{x^k x} = \frac{x^m}{x^{k+1}}$$

이다. 따라서 $S(k+1)$도 참이다.

그러므로 $^{\forall}m \in N$, $^{\forall}n \in N$에 대해서 $x^{m-n} = \dfrac{x^m}{x^n}$임이 증명되었다. ▣

정리 3.3

$x, y \in R$ $(x \neq 0,\ y \neq 0)$이고 $n \in N$일 때 다음 지수법칙이 성립한다,

(1) $x^n = \dfrac{1}{x^{-n}}$ (2) $(xy)^n = x^n y^n$ (3) $\left(\dfrac{x}{y}\right)^n = \dfrac{x^n}{y^n}$

증명

(1) $n \in N$이라 하자.

$$x^{-n} = \frac{1}{x^n} \quad \Rightarrow \quad x^n = \frac{1}{1/x^n} = \frac{1}{x^{-n}}$$

그러므로 $^{\forall}n \in N$에 대해서 $x^n = \dfrac{1}{x^{-n}}$임이 증명되었다.

(2) 수학적 귀납법으로 증명할 것이다.

$n \in N$에 대한 명제를 $S(n)$: $(xy)^n = x^n y^n$ 이라고 두자.

(i) $(xy)^1 = xy = x^1 y^1$이므로 $S(1)$은 참이다.

(ii) $S(k)$가 참이라고 가정하자.

$(xy)^k = x^k y^k$이므로

$$(xy)^{k+1} = (xy)^k (xy) = (x^k y^k)(xy) = (x^k x)(y^k y) = x^{k+1} y^{k+1}$$

이다. 따라서 $S(k+1)$은 참이다.

그러므로 모든 $n \in N$에 대해서 $(xy)^n = x^n y^n$임이 증명되었다.

(3) 모든 $n \in N$에 대해서 (2)번에 의해서 다음이 성립한다.

$$\left(\frac{x}{y}\right)^n = \left(x\frac{1}{y}\right)^n = x^n\left(\frac{1}{y}\right)^n = x^n\frac{1}{y^n} = \frac{x^n}{y^n}$$ ▣

정리 3.4

$0 < x < y$이고 $n \in N$이면 $x^n < y^n$이다.

증명 수학적 귀납법으로 증명할 것이다.

$n \in N$에 대한 명제를 $S(n)$: $x^n < y^n$이라고 두자.

(i) $x^1 = x < y = y^1$이므로 $S(1)$은 참이다.

(ii) $S(k)$가 참이라고 가정하자. $x^k < y^k$이므로

$$x^{k+1} = x^k x < x^k y < y^k y = y^{k+1}$$

이다. 따라서 $S(k+1)$은 참이다.

그러므로 모든 $n \in N$에 대해서 $x^n < y^n$임이 증명되었다. ▣

실수의 정수 지수에 대한 다음 지수법칙과 지수부등식은 자연수 지수의 지수법칙을 이용하여 쉽게 증명할 수 있다.

정리 3.5

$x \in R\ (x \neq 0)$이고 $m, n \in Z$일 때 다음 지수법칙이 성립한다,

(1) $x^{m+n} = x^m x^n$ (2) $x^{m-n} = \dfrac{x^m}{x^n}$ (3) $(x^m)^n = x^{mn}$

증명

(1) (i) $n, m \in N$인 경우는 정리 3.2(1)에서 증명되었다.

(ii) $n = 0$ 또는 $m = 0$인 경우는 자명하게 성립한다.

(iii) $-n \in N$ 이고 $-m \in N$ 인 경우에 증명하자.

여기서 $p = -n,\ q = -m$이라 두면

$$x^{m+n}=x^{(-p)+(-q)}=x^{-(p+q)}=\frac{1}{x^{p+q}}=\frac{1}{x^p}\frac{1}{x^q}=x^{-p}x^{-q}=x^m x^n$$

이므로 증명된다.

(iv) $-n\in N$이고 $m\in N$인 경우에 증명하자.

$p=-n$이라 두면 정리 3.2(3)에 의해서

$$x^{m+n}=x^{m-p}=\frac{x^m}{x^p}=x^m x^{-p}=x^m x^n$$

이므로 증명된다.

(v) $n\in N$이고 $-m\in N$인 경우의 증명은 (iv)번과 같다.

그러므로 $x\in R\ (x\neq 0)$이고 $m,n\in Z$이면 $x^{m+n}=x^m x^n$임이 증명되었다.

(2) (i) $n,m\in N$인 경우는 정리 3.2(3)에서 증명되었다.

(ii) $n=0$ 또는 $m=0$인 경우는 자명하게 성립한다.

(iii) $-n\in N$이고 $-m\in N$인 경우 $p=-n,\ q=-m$이라 두면

$$x^{m-n}=x^{(-q)-(-p)}=x^{-q+p}=\frac{x^p}{x^q}=\frac{x^{-n}}{x^{-m}}=\frac{x^m}{x^n}$$

이므로 증명된다.

(iv) $-n\in N$이고 $m\in N$인 경우에 증명하자.

$p=-n$이라 두면 정리 3.2(3)에 의해서

$$x^{m-n}=x^{m+p}=x^m x^p=\frac{x^m}{x^{-p}}=\frac{x^m}{x^n}$$

이므로 증명된다.

(v) $n\in N$이고 $-m\in N$인 경우의 증명은 (iv)번과 같다.

그러므로 $x\in R\ (x\neq 0)$이고 $m,n\in Z$이면 $x^{m-n}=\dfrac{x^m}{x^n}$임이 증명되었다.

(3) (i) $n,m\in N$인 경우는 정리 3.2(2)에서 증명되었다.

(ii) $n=0$ 또는 $m=0$인 경우의 증명은 자명하다.

(iii) 《$n\in N,\ -m\in N$》(《$-n\in N,\ m\in N$》)인 경우 $p=-m$이라 두면

$$(x^m)^n=(x^{-p})^n=\left(\frac{1}{x^p}\right)^n=\left(\frac{1}{x^{pn}}\right)=x^{-(pn)}=x^{(-p)n}=x^{mn}$$

이므로 증명된다.

(iv) $-n\in N$이고 $-m\in N$인 경우에 증명하자.

여기서 $p=-n,\ q=-m$이라 두면

$$(x^m)^n=(x^{-p})^{-q}=x^{(-p)(-q)}=x^{mn}$$

이므로 증명된다.

그러므로 $x \in R(x \neq 0)$이고 $m, n \in Z$이면 $(x^m)^n = x^{mn}$임이 증명되었다. ▣

정리 3.6

$x, y \in R\ (x \neq 0,\ y \neq 0)$이고 $n \in Z$일 때 다음 지수법칙이 성립한다,

(1) $x^n = \dfrac{1}{x^{-n}}$ (2) $(xy)^n = x^n y^n$ (2) $\left(\dfrac{x}{y}\right)^n = \dfrac{x^n}{y^n}$

증명

(1) (i) $n \in N$인 경우는 정리 3.3(1)에서 증명되었다.

(ii) $-n \in N$인 경우 $p = -n$이라 두면

$x^n = x^{-p} = \dfrac{1}{x^p} = \dfrac{1}{x^{-n}}$임이 증명된다.

(iii) $n = 0$인 경우의 증명은 자명하다.

그러므로 $x \in R(x \neq 0)$이고 $n \in Z$이면 $x^n = \dfrac{1}{x^{-n}}$임이 증명되었다.

(2) (i) $n \in N$인 경우는 정리 3.3(2)에서 증명되었다.

(ii) $n = 0$인 경우는 자명하게 성립한다.

(iii) $-n \in N$인 경우 $p = -n$이라 두면

$$(xy)^n = (xy)^{-p} = x^{-p}y^{-p} = \frac{1}{x^p}\frac{1}{y^p} = \frac{1}{x^{-n}}\frac{1}{y^{-n}} = x^n y^n$$

이므로 증명된다.

그러므로 $x, y \in R\ (x \neq 0,\ y \neq 0)$이고 $n \in Z$ 이면 $(xy)^n = x^n y^n$임이 증명되었다.

(3) (i) $n \in N$인 경우는 정리 3.3(3)에서 증명되었다.

(ii) $n = 0$인 경우는 자명하게 성립한다.

(iii) $-n \in N$인 경우 $p = -n$이라 두면

$$\left(\frac{x}{y}\right)^n = \left(\frac{x}{y}\right)^{-p} = \frac{1}{\left(\frac{x}{y}\right)^p} = \frac{1}{\frac{x^p}{y^p}} = \frac{\frac{1}{x^p}}{\frac{1}{y^p}} = \frac{x^{-p}}{y^{-p}} = \frac{x^n}{y^n}$$

이므로 증명된다.

그러므로 $x, y \in R\ (x \neq 0,\ y \neq 0)$이고 $n \in Z$ 이면 $\left(\dfrac{x}{y}\right)^n = \dfrac{x^n}{y^n}$임이 증명되었다. ▣

정리 3.7

(1) $x > 1$이고 $n < m\ (m, n \in Z)$이면 $x^n < x^m$이다.

(2) $0 < x < 1$이고 $n < m\ (m, n \in Z)$이면 $x^n > x^m$이다.

증명

(1) $m - n \in N$이므로

$$x^{m-n} > 1 \Rightarrow x^{m-n}x^n > x^n \Rightarrow x^m > x^n$$

그러므로 $n < m(m, n \in Z)$이고 $x > 1$이면 $x^n < x^m$임이 증명되었다.

(2) $0 < x < 1$이므로 $\dfrac{1}{x} > 1$이다. (1)에 의해서 $\left(\dfrac{1}{x}\right)^n < \left(\dfrac{1}{x}\right)^m$이다.

$\dfrac{1}{x^n} = \left(\dfrac{1}{x}\right)^n < \left(\dfrac{1}{x}\right)^m = \dfrac{1}{x^m}$이므로 $x^m < x^n$임이 증명되었다. ■

지금부터 양의 실수 a의 자연수 n제곱근의 존재를 증명하고, 이를 바탕으로 실수의 유리수 지수를 정의한다. 그리고 양의 실수 a와 임의의 실수 x에 대한 실수지수 a^x을 정의한다. 그리고 지수의 성질 및 지수법칙을 알아볼 것이다.

정리 3.8 **양의 실수 a의 n제곱근의 존재**

임의의 $a > 0$와 $n \in N$에 대하여 $b^n = a$를 만족시키는 $b > 0$가 유일하게 존재한다.

증명 주어진 $a > 0$와 $n \in N$에 대하여 $E = \{t \in R^+ \mid t^n < a\}$라 두자.

그러면 $E \neq \varnothing$이고 E는 위로유계이다.

여기서 $b = \sup E$라고 두고 $b^n = a$임을 증명할 것이다.

먼저 $b^n < a$라고 가정해보자. 그러면

$$\frac{a - b^n}{n(b+1)^{n-1}} > 0$$

이므로 $0 < h < \min\left\{1, \dfrac{a - b^n}{n(b+1)^{n-1}}\right\}$를 만족하는 $h \in R$가 존재한다.

그리고

$$(b+h)^n - b^n < hn(b+h)^{n-1} < hn(b+1)^{n-1} < a - b^n$$

이므로 $(b+h)^n < a$이다. 따라서 $b + h \in E$가 되어서 $b = \sup E$에 모순이다.

다음으로 $b^n > a$라고 가정해보자. 그러면 $0 < \dfrac{b^n - a}{nb^{n-1}} < b$이다.

여기서 $k = \dfrac{b^n - a}{nb^{n-1}}$라고 두면

$$b^n - (b-k)^n < knb^{n-1} = b^n - a$$

이므로 $(b-k)^n > a$이다. 따라서 $b-k \not\in E$이다. 이것은 $b = supE$에 모순이다.(?)

그러므로 $b^n = a$가 증명되었다.

그리고 만약 $c^n = a$인 양수 c가 있다고 가정하면 $b^n = a = c^n$이므로

$$b^n - c^n = (b-c)\left(b^{n-1} + b^{n-2}c + \cdots + bc^{n-2} + c^{n-1}\right) = 0$$

이다. 여기서 $b^{n-1} + b^{n-2}c + \cdots + bc^{n-2} + c^{n-1} \neq 0$이므로 $b = c$이다.

즉 $b^n = a$를 만족시키는 $b > 0$가 유일하게 존재한다. ▣

정리 3.9

$a \in R$이고 $n \in N$이 홀수이면 $b^n = a$를 만족하는 실수 b가 존재한다.

증명 [정리 3.8]에 의해서 $c^n = |a|$ 를 만족하는 $c > 0$가 유일하게 존재한다.

(i) $a > 0$인 경우는 $c^n = a$인 $c > 0$가 존재한다.

(ii) $a < 0$인 경우는 $b = -c$라고 두면 $b^n = (-c)^n = -c^n = -|a| = -(-a) = a$이다.

(iii) $a = 0$이고 $n \in N$이면 $b = 0$라고 두면 $b^n = a$를 만족한다. ▣

정의 3.10

$a \geq 0$이고 $n \in N$이면 $b^n = a$를 만족하는 실수 $b \geq 0$가 존재하게 된다. 그리고 $a \in R$이고 $n \in N$이 홀수인 경우 $b^n = a$를 만족하는 실수 b가 존재한다. 이 때 b를 a의 n제곱근이
라 하고 $\sqrt[n]{a}$ 또는 $a^{\frac{1}{n}}$ 으로 표시한다.

정의 3.11

$a \in R$, $n \in N$이고 $a^{\frac{1}{n}}$이 존재하고 0이 아닐 때 $a^{-1/n} = \dfrac{1}{a^{1/n}}$로 정의한다. 그리고 $a \in R$, $r \in Q\left(r = \dfrac{p}{q},\ \ p, q \in Z,\ q \neq 0\right)$일 때 $a^{1/q}$이 존재하면 $a^r = \left(a^{1/q}\right)^p$로 정의한다.

정리 3.12

$a, b > 0$, $n, m, p \in N$일 때 다음 지수법칙이 성립한다.

(1) $(\sqrt[n]{a})^n = a$

(2) $\sqrt[n]{a}\sqrt[n]{b} = \sqrt[n]{ab}$

(3) $\dfrac{\sqrt[n]{a}}{\sqrt[n]{b}} = \sqrt[n]{\dfrac{a}{b}}$

(4) $(\sqrt[n]{a})^m = \sqrt[n]{a^m}$

(5) $\sqrt[m]{\sqrt[n]{a}} = \sqrt[mn]{a}$

(6) $\sqrt[np]{a^{mp}} = \sqrt[n]{a^m}$

증명

(1) 정의에 의해서 자명하다.

(2) $(\sqrt[n]{a}\sqrt[n]{b})^n = (\sqrt[n]{a})^n(\sqrt[n]{b})^n = ab$이므로 $\sqrt[n]{a}\sqrt[n]{b}$는 ab의 n제곱근, 즉 $\sqrt[n]{ab}$이다.

(3) $\left(\dfrac{\sqrt[n]{a}}{\sqrt[n]{b}}\right)^n = \dfrac{(\sqrt[n]{a})^n}{(\sqrt[n]{b})^n} = \dfrac{a}{b}$이므로 $\dfrac{\sqrt[n]{a}}{\sqrt[n]{b}}$는 $\dfrac{a}{b}$의 n제곱근, 즉 $\sqrt[n]{\dfrac{a}{b}}$이다.

(4) $\left((\sqrt[n]{a})^m\right)^n = (\sqrt[n]{a})^{nm} = ((\sqrt[n]{a})^n)^m = a^m$ 이므로 $(\sqrt[n]{a})^m$는 a^m의 n제곱근 $\sqrt[n]{a^m}$ 이다.

(5) $\left(\sqrt[m]{\sqrt[n]{a}}\right)^{mn} = \left(\left(\sqrt[m]{\sqrt[n]{a}}\right)^m\right)^n = (\sqrt[n]{a})^n = a$이므로 $\sqrt[m]{\sqrt[n]{a}}$는 a의 mn제곱근 $\sqrt[mn]{a}$ 이다.

(6) $\sqrt[np]{a^{mp}} = \sqrt[n]{\sqrt[p]{a^{mp}}} = \sqrt[n]{\left(\sqrt[p]{a^m}\right)^p} = \sqrt[n]{a^m}$ 이다. ▫

실수의 유리수 지수에 대한 지수법칙과 지수 부등식이 다음과 같다.

정리 3.13

$x \in R$ $(x > 0)$이고 $p, q \in Q$일 때 다음 지수법칙이 성립한다,

(1) $x^p = \dfrac{1}{x^{-p}}$

(2) $x^{p+q} = x^p x^q$

(3) $x^{p-q} = \dfrac{x^p}{x^q}$

(4) $(x^p)^q = x^{pq}$

증명

(1) $p = \dfrac{m}{n}$ $(n \in N,\ m \in Z)$라고 두면

$$x^p = x^{\frac{m}{n}} = \sqrt[n]{x^m} = \sqrt[n]{\frac{1}{x^{-m}}} = \frac{1}{\sqrt[n]{x^{-m}}} = \frac{1}{x^{-\frac{m}{n}}} = \frac{1}{x^{-p}}$$

(2) $p = \dfrac{m}{n}$, $q = \dfrac{m'}{n'}$, $(n, n' \in N,\ m, m' \in Z)$라고 두면

$$x^{p+q} = x^{\frac{m}{n}+\frac{m'}{n'}} = x^{\frac{mn'+nm'}{nn'}} = \sqrt[nn']{x^{mn'+nm'}}$$
$$= \sqrt[nn']{x^{mn'}x^{nm'}} = \sqrt[nn']{x^{mn'}}\sqrt[nn']{x^{nm'}} \equiv \sqrt[n]{x^m}\sqrt[n']{x^{m'}} = x^{\frac{m}{n}}x^{\frac{m'}{n'}} = x^p x^q$$

(3) $p = \dfrac{m}{n},\ q = \dfrac{m'}{n'},\ (n, n' \in N,\ m, m' \in Z)$라고 두면

$$x^{p-q} = x^{\frac{m}{n}-\frac{m'}{n'}} = x^{\frac{mn'-nm'}{nn'}} = \sqrt[nn']{x^{mn'-nm'}}$$
$$= \sqrt[nn']{\frac{x^{mn'}}{x^{nm'}}} = \frac{\sqrt[nn']{x^{mn'}}}{\sqrt[nn']{x^{nm'}}} = \frac{\sqrt[n]{x^m}}{\sqrt[n']{x^{m'}}} = \frac{x^{\frac{m}{n}}}{x^{\frac{m'}{n'}}} = \frac{x^p}{x^q}$$

(4) $p = \dfrac{m}{n},\ q = \dfrac{m'}{n'},\ (n, n' \in N,\ m, m' \in Z)$라고 두면

$$(x^p)^q = \left(x^{\frac{m}{n}}\right)^{\frac{m'}{n'}}$$
$$(x^p)^q = \left(x^{\frac{m}{m}}\right)^{\frac{m'}{n'}} = \left(\sqrt[n']{\sqrt[n]{x^m}}\right)^{m} = \sqrt[nn']{x^{mm'}} = x^{\frac{mm'}{nn'}} = x^{\frac{m}{n}\frac{m'}{n'}} = x^{pq}$$ ■

정리 3.14

$x, y \in R\ (x > 0,\ y > 0)$이고 $p \in Q$일 때 다음 지수법칙이 성립한다,

(1) $(xy)^p = x^p y^p$ (2) $\left(\dfrac{x}{y}\right)^p = \dfrac{x^p}{y^p}$

증명

(1) $p = \dfrac{m}{n}\ (n \in N,\ m \in Z)$라고 두면

$$(xy)^p = (xy)^{\frac{m}{n}} = \left(\sqrt[n]{xy}\right)^m = \sqrt[n]{(xy)^m} = \sqrt[n]{x^m y^m} = \sqrt[n]{x^m}\sqrt[n]{y^m} = x^{\frac{m}{n}}y^{\frac{m}{n}} = x^p y^p$$

(2) $\left(\dfrac{x}{y}\right)^p = \left(x\dfrac{1}{y}\right)^p = x^p\left(\dfrac{1}{y}\right)^p = x^p\dfrac{1}{y^p} = \dfrac{x^p}{y^p}$ ■

정리 3.15

다음 유리수 지수에 대한 부등식이 성립한다.

(1) $x > 1$이고 $p < q\ (p, q \in Q)$ 이면 $x^p < x^q$이다.

(2) $0 < x < 1$ 이고 $p < q\ (p, q \in Q)$ 이면 $x^p > x^q$이다.

(3) $0 < x < y$이고 $p > 0\,(p \in Q)$이면 $x^p < y^p$이다.

증명

(1) $x>1$, $p=\dfrac{m_1}{n_1}$, $q=\dfrac{m_2}{n_2}$ $(n_1, n_2 \in N,\ m_1, m_2 \in Z)$라고 두자. 그러면

$$q-p>0 \Rightarrow \frac{m_2}{n_2}-\frac{m_1}{n_1}=\frac{m_2n_1-m_1n_2}{n_1n_2}>0 \Rightarrow m_2n_1-m_1n_2>0 \Rightarrow m_2n_1>m_1n_2$$

이다. 그리고

$m_1n_2,\ m_2n_1 \in Q,\ m_2n_1>m_1n_2$이고 $x^{\frac{1}{n_1n_2}}>1$이므로

$$\left(x^{\frac{1}{n_1n_2}}\right)^{m_1n_2}<\left(x^{\frac{1}{n_1n_2}}\right)^{n_1m_2}$$

이다.

따라서 $x^p=x^{\frac{m_1}{n_1}}=x^{\frac{m_1n_2}{n_1n_2}}=\left(x^{\frac{1}{n_1n_2}}\right)^{m_1n_2}<\left(x^{\frac{1}{n_1n_2}}\right)^{n_1m_2}=x^{\frac{n_1m_2}{n_1n_2}}=x^{\frac{m_2}{n_2}}=x^q$ 이다.

(2) $0<x<1$이면 $\dfrac{1}{x}>1$이다. (1)에 의해서 $\left(\dfrac{1}{x}\right)^p<\left(\dfrac{1}{x}\right)^q$이다. 따라서

$$\left(\frac{1}{x}\right)^p<\left(\frac{1}{x}\right)^q \Rightarrow \frac{1}{x^p}<\frac{1}{x^q} \Rightarrow x^q<x^p$$

이다.

(3) $p=\dfrac{m}{n}$ $(m, n \in N,\ (m,n)=1)$라고 두면

$$0<x<y \Rightarrow x^{\frac{1}{n}}<y^{\frac{1}{n}} \Rightarrow x^p=x^{\frac{m}{n}}=\left(x^{\frac{1}{n}}\right)^m<\left(y^{\frac{1}{n}}\right)^m=y^{\frac{m}{n}}=y^p$$ ■

지금부터 양의 실수의 실수 지수를 정의하고 실수 지수의 지수법칙과 지수 부등식에 대해서 알아보고자 한다.

정리 3.16

$x \in R$이고 $a>1$이면 $r<x<s$인 임의의 $r, s \in Q$에 대해서 $a^r \le y \le a^s$를 만족시키는 $y \in R$가 유일하게 존재한다. 이 때 $y=\sup\{a^t \mid t \in Q$ 이고 $t<x\}$이다.

증명 **(존재성)** 우선 $E_x=\{a^t \mid t \in Q$이고 $t<x\}$라 두면 $E_x \ne \varnothing$ 이고 위로유계이다.(?)

여기서 $y=\sup E_x$ 라 두자. 그러면 $r<x<s$이고 $r, s \in Q$ 이면 $a^r \le y \le a^s$이 성립한다.

(유일성) 임의의 $r, s \in Q$ $(r<x<s)$에 대하여 부등식

$a^r \leq y_1 \leq a^s$ 와 $a^r \leq y_2 \leq a^s$를 만족하는 $y_1, y_2 \in R$가 존재함을 가정하자.

임의의 $\epsilon > 0$이 있다고 하자.

그리고 $\dfrac{y_2(a-1)}{\epsilon} < K$를 만족시키는 $K \in N$를 잡아오자.

또한 $x - \dfrac{1}{2K} < p < x < q < x + \dfrac{1}{2K}$를 만족시키는 $p, q \in Q$를 잡자.

그러면 $q - p < \dfrac{1}{K}$이므로 $a^{q-p} < a^{1/K}$이다.

여기서 $b = a^{1/K} - 1$라 두면 $b > 0$이고 $a = (1+b)^K \geq 1 + Kb$이다.

따라서 $a - 1 \geq K(a^{1/K} - 1)$이 된다. 그러므로

$$|y_2 - y_1| \leq a^q - a^p = a^p(a^{q-p} - 1) \leq y_2(a^{1/K} - 1) \leq y_2 \frac{a-1}{K} < \epsilon$$

이 성립한다. 결론적으로 $y_1 = y_2$임이 증명되었다. ▫

정의 3.17 **실수 지수의 정의**

임의의 $x \in R$에 대해서

(1) $a \in R\ (a > 1)$일 때 $a^x = \sup\ \{a^t \mid t \in Q$ 이고 $t < x\}$로 정의한다.

(2) $a \in R\ (0 < a < 1)$일 때 $a^x = \dfrac{1}{(1/a)^x}$로 정의한다.

실수의 유리수 지수에 대한 지수법칙과 지수 부등식이 다음과 같이 성립한다. 이 정리의 증명은 연습문제로 남긴다.

정리 3.18

임의의 양의 실수 a에 대해서 다음을 증명하여라.

(1) $x \in R$이면 $a^{-x} = \dfrac{1}{a^x}$이다.

(2) $x, y \in R$이면 $a^{x+y} = a^x a^y$이다.

(3) $x, y \in R$이면 $a^{x-y} = \dfrac{a^x}{a^y}$이다.

(4) $x, y \in R$이면 $(a^x)^y = a^{xy}$이다.

정리 3.19

a, b가 양의 실수일 때 다음을 증명하여라.

(1) $x \in R$이면 $(ab)^x = a^x b^x$ 이다.

(2) $x \in R$이면 $\left(\frac{a}{b}\right)^x = \frac{a^x}{b^x}$ 이다.

정리 3.20

다음 실수 지수에 대한 부등식이 성립한다.

(1) $0 < a < 1$이고 $x < y$이면 $a^y < a^x$ 이다.

(2) $a > 1$이고 $x < y$이면 $a^x < a^y$이다.

(3) $a < b$이고 $x > 0$이면 $a^x < b^x$ 이다.

(4) $a < b$이고 $x < 0$이면 $b^x < a^x$ 이다.

10.4 무한집합

정의 4.1

공집합이 아닌 두 집합 X와 Y에 대해서 전단사함수 $f: X \to Y$가 존재할 때 X와 Y는 서로 동등(equivalent)이라고 하고 $X \approx Y$로 표기한다.

예제 1

(1) $2N = \{2n \mid n \in N\}$이라고 두고 함수 f를 다음과 같이 정의하자.

$$f: N \to 2N \quad \text{s.t.} \quad f(n) = 2n$$

그러면 f는 전단사함수이다. 따라서 $N \approx 2N$이다.

(2) $(0,1) \approx R$임을 보이기 위하여 함수 f와 g를 다음과 같이 정의하자.

$$f: (0,1) \to (-1,1) \quad \text{s.t.} \quad f(x) = 2x - 1$$

$$g: (-1,1) \to R \quad \text{s.t.} \quad g(x) = \tan\left(\frac{\pi x}{2}\right)$$

그러면 f와 g가 전단사함수이므로 함수 $g \circ f$는 $(0,1)$에서 R에로의 전단사함수이다. 따라서 두 집합 $(0,1)$과 R은 동등이다.

정의 4.2

N을 자연수의 집합이라 하고 $N_n = \{1, 2, \cdots, n\}$이라 하자.

(1) 집합 X가 $\varnothing$ 이든지 혹은 어떤 $n \in N$에 대해서 $X \approx N_n$ 일 때 X를 유한집합(finite set)이라고 한다.

(2) 유한집합이 아닌 집합을 무한집합(infinite set)이라 한다.

(3) X가 유한집합이거나 $X \approx N$일 때 X를 가산집합(countable set)이라 한다.

(4) X가 가산집합이 아닐 때 X를 비가산집합(uncountable set)이라고 한다.

(5) X가 무한집합이고 가산집합일 때 X를 가부번집합(denumerable set, enumerable set)이라고 한다.

주의 (1) X가 유한집합이면 X는 X의 여하한 진부분집합과도 동등일 수 없다.

(2) X가 무한집합이면 X는 X의 어떤 진부분집합과 동등일 수 있다. 예를 들면, 짝수들의 집합 $2N$은 자연수집합 N의 진부분집합이고 $N \approx 2N$이다.

(3) 그림과 같이 선분 $\overline{AB}$상의 점집합은 그 일부분인 선분 $\overline{CD}$상의 점집합과 동등이다. 왜냐하면 선분 $\overline{AB}$는 선분 $\overline{A'B'}$와 일대일 대응이고 또 선분 $\overline{A'B'}$는 선분 $\overline{CD}$와 일대일 대응이기 때문이다.

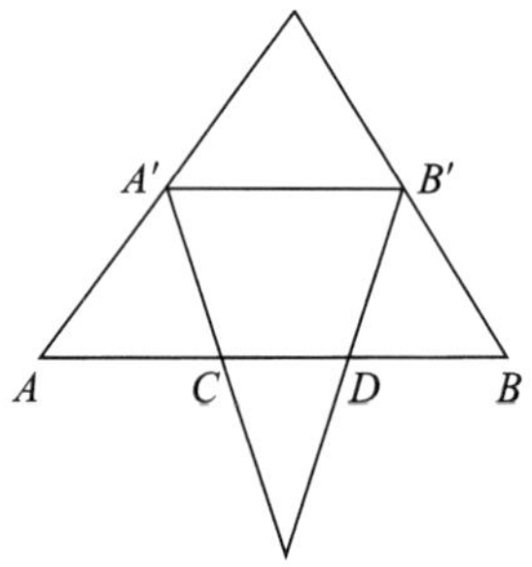

예제 2

짝수들의 집합 $2N$ 및 정수집합 Z는 모두 무한집합이고 가산집합이다.
왜냐하면 함수 $f: N \to 2N$ s.t. $f(n) = 2n$은 전단사함수이고, 함수

$$f: N \to Z \quad \text{s.t.} \quad f(n) = \begin{cases} -\dfrac{n-1}{2} & (n\text{이 홀수}) \\ \dfrac{n}{2} & (n\text{이 짝수}) \end{cases}$$

도 역시 전단사함수이므로 $2N$과 Z는 모두 가부번집합이다.

정리 4.3

$A \subset N$이고 A가 무한집합이면 $A \approx N$이다.

증명 A가 공집합이 아니므로 〈정리 2.4 (정렬정리)〉에 의해서 최소원소를 가진다. 함수 $f: N \to A$를 다음과 같이 정의하자.

$f(1)$을 A의 최소원소로 정의한다. 그리고 모든 $n \in N$ $(n > 2)$에 대해서 $f(n)$을 집합 $A - \{f(k) \mid k = 1, 2, \cdots, n-1\}$의 최소원소로 정의한다.

그러면 f는 단사함수임을 쉽게 알 수 있다. 지금부터 f가 전사함수임을 증명하자.
$k \in A$이라 하면 $B_k = \{i \in A \mid i < k\}$는 유한집합이다. 따라서 적당한 $m \in N$이 존재하여 $B_k \approx \{1, 2, \cdots, m\}$이다. 그리고 함수 f의 구성에서 $B_k = \{f(1), f(2), \cdots, f(m)\}$이다. 또한 $f(m+1)$은 집합 $A - B_k$의 최소원소이므로 $f(m+1) = k$가 된다. 따라서 f는 전사함수이다. 그러므로 $A \approx N$이다. 즉 A는 무한가산집합이다. ■

따름정리 4.4

$A \subset N$이면 A는 가산집합이다.

정리 4.5

가산집합의 부분집합은 가산집합이다.

증명 X를 가산집합이라 하고 $Y \subset X$이라고 하자.

만약 Y가 유한집합이면 Y는 가산집합이다.

여기서는 Y를 무한집합이라고 두자.

그러면 X가 무한집합이고 가산이므로 전단사 함수 $f: X \to N$가 존재한다.

따라서 $f(Y) \subset f(X) = N$이므로 정리 4.4에 의해서 $f(Y)$는 가산집합이다.

그리고 $f: Y \to f(Y)$는 전단사 함수이므로 Y는 가산집합이다. ▣

정리 4.6

집합 $X \neq \varnothing$ 일 때 X가 가산집합일 필요충분조건은 전사함수 $f: N \to X$의 존재이다.

증명 먼저 X를 가산집합이라고 가정하자.

만약 X가 무한집합이면 정의에 의해서 $X \approx N$이므로 자명하다.

만약 X가 유한집합이면 적당한 $n \in N$에 대해서 $X \approx \{1, 2, \cdots, n\}$이다.

여기서 $X = \{x_1, x_2, \cdots, x_n\}$이라 두고 함수 $f: N \to X$를 다음과 같이 정의하자.

$$f(i) = \begin{cases} x_i & (1 \leq i \leq n) \\ x_n & (i > n) \end{cases}$$

그러면 $f: N \to X$는 전사함수이다.

역으로, 전사함수 $f: N \to X$가 존재한다고 가정하자. 만약 X가 유한집합이면 정의에 의해서 X는 가산집합이다. 여기서는 X를 무한집합이라 하고 함수 g를 다음과 같이 정의하자.

$$g: X \to N \quad \text{s.t.} \quad g(x) = \min\{f^{-1}(x)\}$$

그러면 $g: X \to g(X)$는 일대일대응이 된다. 따라서 $X \approx g(X) \subset N$이고 정리 4.3에 의해서 X는 가산집합이다. ▣

정리 4.7

$N \times N$은 가산집합이다. 즉 $N \times N \approx N$이다.

증명 함수 f를 다음과 같이 정의하자.

$$f : N \times N \to N \quad \text{s.t.} \quad f(i, j) = 2^i 3^j$$

그러면 f는 단사함수이다. 그러므로 $N \times N \approx f(N \times N) \subset N$이다.
정리 4.3에 의해서 $N \times N$은 가산집합이다. ■

정리 4.8

모든 $n \in N$에 대해서 A_n이 가산집합이면 $\bigcup_{n=1}^{\infty} A_n$도 가산집합이다.

증명 모든 $n \in N$에 대해서 A_n이 가산집합이므로 A_n을 다음과 같이 원소를 나열하여 표현할 수 있다.

$$A_n = \left\{a_1^{(n)},\, a_2^{(n)},\, a_3^{(n)}, \cdots\right\}$$

여기서

(1) 만약 모든 $n \in N$에 대해서 $A_n = \varnothing$ 이면 $\bigcup_{n=1}^{\infty} A_n = \varnothing$ 이고 따라서 $\bigcup_{n=1}^{\infty} A_n$은 가산집합이다.

(2) 만약 어떤 $A_n = \varnothing$ 이면 $A_m \neq \varnothing$ 인 A_m을 택하여 $A_n = A_m$ 이라고 둔다.

(3) 만약 A_n이 유한집합, 즉 $A_n = \left\{a_1^{(n)}, a_2^{(n)}, \cdots, a_m^{(n)}\right\}$ 이면, $k \geq m$인 모든 $k \in N$에 대하여 $a_k^{(n)} = a_m^{(n)}$라고 둔다.

그리고 함수 f를 다음과 같이 정의하자.

$$f : N \times N \to \bigcup_{n=1}^{\infty} A_n \quad \text{s.t.} \quad f(i, j) = a_i^{(j)}$$

그러면 f는 전사함수이다.

정리 4.7에서 $N \approx N \times N$이므로 N 에서 $\bigcup_{n=1}^{\infty} A_n$ 에로의 전사함수를 정의할 수 있다.
그러므로 정리 4.6에 의해서 $\bigcup_{n=1}^{\infty} A_n$는 가산집합이다. ■

따름정리 4.9

A, B가 가산집합이면 $A \cup B$도 가산집합이다.

따름정리 4.10

유리수집합 Q는 가산집합이다

증명 모든 $n \in N$에 대하여

$$A_n = \left\{ \cdots, \frac{-2}{n}, \frac{-1}{n}, \frac{0}{n}, \frac{1}{n}, \frac{2}{n}, \cdots \right\}$$

라고 두면 A_n은 가산집합이다. 정리 4.8에 의하여 $Q = \bigcup_{n=1}^{\infty} A_n$은 가산집합이다. ■

정리 4.11

구간 $(0,1)$은 비가산집합이다; 특히, 실수전체의 집합 R은 비가산집합이다.

증명 $I = (0,1)$이 가산집합이라고 가정하자.

그러면 전단사함수 $f : N \to I$가 존재한다.

여기서 모든 $n \in N$에 대해서 $f(n) = r_n$이라 두면, $I = \{r_1, r_2, r_3, \cdots\}$가 된다.

그리고 실수들 $a_1, a_2, \cdots$ 및 $b_1, b_2, \cdots$를 다음과 같이 잡자.

$$r_1 \notin (a_1, b_1) \subset I$$

$$r_2 \notin (a_2, b_2), \quad a_1 < a_2 < b_2 < b_1$$

이 방법을 반복하여, 모든 $n \in N$에 대해서

$$r_{n+1} \notin (a_{n+1}, b_{n+1}), \quad a_n < a_{n+1} < b_{n+1} < b_n$$

를 만족하는 실수들 $a_1, a_2, \cdots$ 및 $b_1, b_2, \cdots$를 잡아오자.

그러면 집합 $\{a_1, a_2, \cdots\}$은 상계 b_1을 가지므로 위로유계이다. 실수의 완비성 공리에 의해서 $\{a_1, a_2, \cdots\}$의 상한이 존재한다. 여기서 $r = \sup\{a_1, a_2, \cdots\}$이라 하자.

그러면 모든 $n \in N$에 대해서 $a_n < r < b_n$임을 알 수 있다. 왜냐하면

(1) 어떤 $m \in N$에 대해서 $a_m \geq r$이라 하면 $r \leq a_m < a_{m+1}$가 되어 모순이고,

(2) 어떤 $m \in N$에 대해서 $b_m \leq r$이면, 모든 $n \in N$에 대해서

$a_n < b_{m+1} < b_m \leq r$가 되어 b_{m+1}이 집합 $\{a_1, a_2, \cdots\}$의 상계가 되고 $b_{m+1} < r$이다.

이것은 $r = \sup\{a_1, a_2, \cdots\}$라는 사실에 모순이다.

따라서 모든 $n \in N$에 대해서 $a_n < r < b_n$이므로 $r \in (a_n, b_n)$이고 $r \in I$이다.

그리고 또 모든 $n \in N$에 대해서 $r \neq r_n$이므로 $r \notin I$이다.

이것은 모순이다. 따라서 $(0,1)$은 비가산집합이다.

특별히 $(0,1) \approx R$이므로 R은 비가산집합이다. ▣

따름정리 4.12

무리수가 존재하며 무리수집합은 비가산집합이다.

증명 모든 실수가 유리수이면 〈따름정리 4.10〉에 의하여 R은 가산집합이다. 그런데 〈정리 4.11〉에서 R은 비가산집합이므로 무리수가 존재한다. 만약 무리수집합 $R-Q$가 가산집합이면 유리수집합 Q가 가산집합이므로 $R=(R-Q)\cup Q$도 가산집합이 된다. 이것은 모순이다. ▣

정리 4.13

만약 $a, b \in R$, $a < b$이면 $a < s < b$를 만족하는 무리수 s가 존재한다.

증명 만약 $(a, b) \subset Q$이면 (a, b)가 가산집합이다. 이것은 모순이다. ▣

연습문제 10.4

1. $N^* = \{2n-1 | n \in N\}$일 때, $N \approx N^*$임을 증명하여라.

2. 임의의 열린구간 (a, b)는 열린구간 $(0, 1)$가 동등함을 증명하여라.

3. 열린구간 $(0,1)$이 실수 R과 동등임을 증명하여라.

4. 다음 집합이 가부번 집합임을 증명하여라.

(1) $2N = \{2n | n \in N\}$ (2) Z(정수집합) (3) Q(유리수 집합)

5. $X \approx Y$이면 $P(X) \approx P(Y)$임을 증명하여라.

6. X가 무한집합일 필요충분조건이 X가 그 자신의 어떤 진부분집합과 동등임을 증명하여라.

7. X가 유한집합이면 X는 X의 여하한 진부분집합과도 동등일 수 없음을 보여라.

8. 가산집합의 부분집합이 가산임을 증명하여라.

9. A와 B가 가산집합이면 $A\times B$도 가산집합임을 증명하여라.

10. $N^n = N\times N\times\cdots\times N$는 가부번집합임을 증명하여라.

11. $R\times R$은 R과 동등임을 보여라.

12. 열린구간 $(0, 1)$과 닫힌구간 $[0, 1]$이 동등함을 증명하여라.

13. 집합 $Q(\sqrt{2}) = \{a+b\sqrt{2} \mid a, b \in Q\}$는 가산집합임을 증명하여라.

14. $[0, 1]$이 가산집합이 아님을 증명하여라.

15. 주어진 집합 X에 대해서 $2^X = \{f \mid f : X \rightarrow \{0,1\}\}$이라고 할 때 $2^X \approx P(X)$임을 증명하여라.

Chapter

11

수열

11.1 수열의 극한

수열은 수들의 나열을 의미한다고 알고 있다. 그런데 영어 sequence는 수열로 번역되는데 단순히 실수들의 나열만 의미하는 것뿐만 아니라 수학에서 취급하는 공간상의 점들의 나열도 포함하고 있다. 따라서 이 장에서 취급될 실수들의 수열은 실수열이라 부르기로 한다. 실수열에서의 정의 및 정리들이 다른 공간에서 같은 용어로 그대로 확장 준용된다는 점에서 실수열의 공부가 수학에서 가장 중요하다 하겠다. 이 장에서는 특별히 실수열에 대한 엄밀한 정의, 정리의 증명 및 성질 등을 공부할 것이다.

정의 1.1 수열의 정의

자연수 전체의 집합 N에서 실수 집합 R에로의 함수 $a: N \to R$를 실수열(real sequence) 또는 R에서의 수열이라 한다. 이 때 자연수 n에 대한 a의 함수값 $a(n)$을 a_n으로 표시하고, a_n을 수열 a의 n번째 항(n-th term)이라고 한다.

참고 (1) 실수열 $a: N \to R$를 함수값 a_n의 나열로 보아 $(a_n), \langle a_n \rangle, \{a_n\}$ 또는 $a_1, a_2, \cdots$ 등으로 나타낸다.

(2) 수열 $\{a_n\}$과 수열 $a: N \to R$의 치역 $a(N) = \{a_n | n = 1, 2, \cdots\}$을 혼돈하지 않도록 유의하기 바란다. ■

정의 1.2 부분수열

실수열 $a: N \to R$와 순증가수열 $f: N \to N$의 합성함수 $a \circ f$를 a의 부분수열(subsequence)이라 한다.

참고 $a \circ f$이 a의 부분수열일 때 $f(k) = n_k$라 두면 $(a \circ f)(k) = a(n_k) = a_{n_k}$로 표기된다. 따라서 부분수열을 주로 $\{a_{n_k}\}_{k=1}^{\infty}$로 표기한다. 이 때 f는 순증가이므로 반드시 $n_1 < n_2 < \cdots$ 이어야 함을 알 수 있다. ■

참고 (1) $a \circ f: N \to R$가 수열 $a: N \to R$의 부분수열일 때 모든 $n \in N$에 대해서 $a \circ f(n) = a(f(n)) = a_{f(n)}$이므로 부분수열 $a \circ f$를 $\{a_{f(n)}\}$으로도 나타낸다.

(2) $f: N \to N$가 순증가함수이므로 $f(k) = n_k$라고 두면, 모든 자연수 k에 대하여 다음 성질이 성립한다.

(i) $f(k) \geq k$, 즉 $n_k \geq k$

(ii) $k_1 < k_2 \Rightarrow n_{k_1} < n_{k_2}$ ■

예제 1

수열 $1, 3, 6, 10, 15, \cdots$는 자연수수열 $\{n\}_{n=1}^{\infty}$의 부분수열이다. 수열 $1, 3, 6, 10, 15, \cdots$가 자연수수열 a의 부분수열 $a \circ f$로 표현될 때 $f(k) = \dfrac{k(k+1)}{2}$이다.

왜냐하면 $a(n) = n$이고 $(a \circ f)(k) = \dfrac{k(k+1)}{2}$, $(a \circ f)(k) = a(f(k)) = f(k)$이므로 $f(k) = \dfrac{k(k+1)}{2}$임을 알 수 있다. 따라서 $\{n\}_{n=1}^{\infty}$의 부분수열 $\{a_{n_k}\}_{k=1}^{\infty}$로 표현하면 $n_k = \dfrac{k(k+1)}{2}$이다.

예제 2

수열 $1, 3, 5, 7, 9 \cdots$는 $\{n\}_{n=1}^{\infty}$의 부분수열이다. 이 수열이 자연수수열 a의 부분수열 $a \circ f$로 표현될 때 $f(k) = 2k-1$이다. 왜냐하면 $a(n) = n$이고 $(a \circ f)(k) = 2k-1$, $(a \circ f)(k) = a(f(k)) = f(k)$이므로 $f(k) = 2k-1$임을 알 수 있다. $\{n\}_{n=1}^{\infty}$의 부분수열 $\{a_{n_k}\}_{k=1}^{\infty}$로 표현하면 $n_k = 2k-1$이다.

예제 3

$a_n = n$, $b_n = n^2$일 때 수열 $\{b_n\}$은 수열 $\{a_n\}$의 부분수열이다. 이 때 $a(n) = n$이고 $(a \circ f)(k) = k^2$, $(a \circ f)(k) = a(f(k)) = f(k)$이므로 $f(k) = k^2$임을 알 수 있다.
$\{b_n\} = \{a_{n_k}\}$로 표현하면 $n_k = k^2$이다.

예제 4

모든 자연수 n에 대해서 $a_n = \dfrac{1}{n}$이고 $b_n = \dfrac{1}{2n}$이면 $\{b_n\}$은 수열 $\{a_n\}$의 부분수열이다. 이 때 수열 $a : N \to R$는 $a(n) = \dfrac{1}{n}$이고 순증가함수 $f : N \to N$는 $f(k) = 2k$이며 $(a \circ f)(k) = a(f(k)) = a(2k) = a_{2k} = \dfrac{1}{2k} = b_k$이다. 그리고 $(a \circ f)(k) = a_{n_k} = \dfrac{1}{2k}$이므로 $n_k = 2k$이다.

정의 1.3 **수열의 극한**

$\{a_n\}$을 실수열이라 하자. 만약 임의로 주어진 $\epsilon > 0$에 대해서 자연수 K가 존재하여 $n \geq K$인 모든 $n \in N$에 대해서 $|a_n - L| < \epsilon$를 만족할 때 "수열 $\{a_n\}$은 L에 수렴 (converge) 한다. 또는 수열 $\{a_n\}$은 극한(limit) L을 갖는다."라고 하고, 이 때 $\lim_{n\to\infty} a_n = L$로 나타낸다. 극한을 가지는 수열을 수렴수열이라 하고, 실수열 $\{a_n\}$이 수렴수열이 아닐 때 "수열 $\{a_n\}$은 발산한다."라고 하고 $\{a_n\}$을 발산수열이라 한다.

참고 실수열 $\{a_n\}$에 대해서 수열 $\{a_n\}$은 L에 수렴할 필요충분조건을 살펴보자.
즉 다음은 모두 동치이다.

(1) $\lim_{n\to\infty} a_n = L$

(2) 임의의 $\epsilon > 0$에 대해서 $\exists K \in N$ s.t. $n \geq K \Rightarrow |a_n - L| < \epsilon$

(3) 임의의 $\epsilon > 0$에 대해서 $\exists K \in N$ s.t. $n \geq K \Rightarrow a_n \in (L-\epsilon, L+\epsilon)$

(4) 임의의 $\epsilon > 0$에 대해서 $\exists K \in N$ s.t. $n \geq K \Rightarrow L-\epsilon < a_n < L+\epsilon$ ■

예제 5

$\lim_{n\to\infty} \frac{1}{n} = 0$ 임을 증명하여라.

증명 임의로 주어진 $\epsilon > 0$에 대해서 $\frac{1}{\epsilon} < K$를 만족하는 자연수 K를 잡아오자.

그러면 만약 $n \geq K$이면 $\left|\frac{1}{n} - 0\right| = \frac{1}{n} \leq \frac{1}{K} < \epsilon \}$이다.

따라서 $\lim_{n\to\infty} \frac{1}{n} = 0$ 이다. ■

예제 6

$\lim_{n\to\infty} \frac{n}{n+1} = 1$ 임을 증명하여라.

증명 임의로 주어진 $\epsilon > 0$에 대해서 $\frac{1}{\epsilon} < K$를 만족하는 자연수 K를 잡아오자.

그러면 만약 $n \geq K$이면 $\left|\frac{n}{n+1} - 1\right| = \frac{1}{n+1} \leq \frac{1}{K+1} < \frac{1}{K} < \epsilon$이다.

따라서 $\lim_{n\to\infty} \frac{n}{n+1} = 1$이다. ■

예제 7

$\lim_{n\to\infty}\frac{2n}{n+4\sqrt{n}}=2$ 임을 증명하여라.

증명 임의로 주어진 $\epsilon>0$에 대해서 $\frac{64}{\epsilon^2}<K$를 만족하는 자연수 K를 잡아오자. 그러면 만약 $n\ge K$이면 $\left|\frac{2n}{n+4\sqrt{n}}-2\right|=\left|\frac{-8\sqrt{n}}{n+4\sqrt{n}}\right|<\frac{8\sqrt{n}}{n}=\frac{8}{\sqrt{n}}\le\frac{8}{\sqrt{K}}<\epsilon$이다. 따라서 $\lim_{n\to\infty}\frac{2n}{n+4\sqrt{n}}=2$ 이다. ▣

예제 8

$\alpha>0$이면 $\lim_{n\to\infty}\frac{1}{n^\alpha}=0$ 임을 증명하여라.

증명 임의로 주어진 $\epsilon>0$에 대해서 $(1/\epsilon)^{1/\alpha}<K$를 만족하는 자연수 K 를 잡아오자. 그러면 만약 $n\ge K$이면 $\frac{1}{n^\alpha}\le\frac{1}{K^\alpha}<\frac{1}{((1/\epsilon)^{1/\alpha})^\alpha}=\epsilon$이다.
따라서 $\lim_{n\to\infty}\frac{1}{n^\alpha}=0$이다. ▣

정리 1.4

수열 $\{a_n\}$의 극한이 존재하면 유일하다.

증명 $\lim_{n\to\infty}a_n=L$, $\lim_{n\to\infty}a_n=M$이라 하자. 임의의 $\epsilon>0$에 대해서

$$\exists K_1\in N \quad \text{s.t.}\ n\ge K_1 \ \Rightarrow\ |a_n-L|<\frac{\epsilon}{2}$$

이고

$$\exists K_2\in N \ \text{s.t.}\ n\ge K_2 \ \Rightarrow\ |a_n-L|<\frac{\epsilon}{2}$$

이다. 여기서 $K=\max\{K_1,K_2\}$이라 두면

$$|L-M|=|L-a_K+a_K-M|\le|L-a_K|+|a_K-M|<\frac{\epsilon}{2}+\frac{\epsilon}{2}=\epsilon$$

이다. 그러므로 $L=M$임이 증명되었다. ▣

정리 1.5

10. $\lim\limits_{n\to\infty} a_n = L$이면 $\{a_n\}$의 모든 부분수열은 L에 수렴한다.

증명 $\lim\limits_{n\to\infty} a_n = L$이라 하고 $\{a_{f(n)}\}$을 $\{a_n\}$의 부분수열이라 하자.
그러면 임의의 $\epsilon > 0$에 대해서 자연수 K가 존재해서 모든 $n \geq K$에 대해서 $|a_n - L| < \epsilon$이다. 만약 $n \geq K$이면 $f(n) \geq f(K) > K$이므로 $|a_{f(n)} - L| < \epsilon$임을 알 수 있다. 따라서 $\lim\limits_{n\to\infty} a_{f(n)} = L$이다. ▣

예제 9

수열 $\left\{\frac{1}{2^n}\right\}$과 $\left\{\frac{1}{n!}\right\}$는 모두 $\left\{\frac{1}{n}\right\}$의 부분수열이고 $\lim\limits_{n\to\infty}\frac{1}{n} = 0$이므로

$\lim\limits_{n\to\infty}\frac{1}{2^n} = 0 = \lim\limits_{n\to\infty}\frac{1}{n!}$이다.

예제 10

모든 $n \in N$에 대해서 $a_n = \left(1-\frac{1}{n}\right)\sin\frac{n\pi}{2}$인 수열 $\{a_n\}$은 발산한다. 왜냐하면 모든 $k \in N$에 대해서

$$a_{2k} = \left(1-\frac{1}{2k}\right)\sin\frac{2k\pi}{2} = \left(1-\frac{1}{2k}\right)\sin k\pi = 0$$

$$a_{4k+1} = \left(1-\frac{1}{4k+1}\right)\sin\frac{(4k+1)\pi}{2} = \left(1-\frac{1}{4k+1}\right)\sin\left(2k\pi+\frac{\pi}{2}\right) = 1-\frac{1}{4k+1}$$

$$a_{4k-1} = \left(1-\frac{1}{4k-1}\right)\sin\frac{(4k-1)\pi}{2} = \left(1-\frac{1}{4k-1}\right)\sin\left(2k\pi-\frac{\pi}{2}\right) = \frac{1}{4k+1}-1$$

그러므로

$$\lim_{k\to\infty} a_{2k} = 0,\ \lim_{k\to\infty} a_{4k+1} = 1,\ \lim_{k\to\infty} a_{4k-1} = -1$$

이다. 그리고 $\{a_{2k}\}$, $\{a_{4k+1}\}$ 및 $\{a_{4k-1}\}$는 모든 $\{a_n\}$의 부분수열이다.
수열이 수렴하면 부분수열의 극한이 같아야 하는데, 극한이 같지 않는 부분수열을 가지므로 수열 $\{a_n\}$은 수렴하지 않는다.

정리 1.6 **극한의 대수**

두 실수열 $\{a_n\}, \{b_n\}$에 대해서 $\lim_{n\to\infty} a_n = L,\ \lim_{n\to\infty} b_n = M$이고 $c \in R$이라 하자. 이 때 다음을 증명하여라.

(1) $\lim_{n\to\infty} ca_n = cL$ (2) $\lim_{n\to\infty} (a_n \pm b_n) = L \pm M$

(3) $\lim_{n\to\infty} a_n b_n = LM$ (4) $\lim_{n\to\infty} \frac{a_n}{b_n} = \frac{L}{M}$ $\quad (^\forall n \in N,\ b_n \neq 0 \text{ and } M \neq 0)$

증명 (2)만 증명하고 나머지는 연습문제로 남긴다.

임의의 주어진 $\epsilon > 0$에 대해서 $\frac{\epsilon}{2} > 0$를 생각하자.

우선 $\lim_{n\to\infty} a_n = L$이므로, $\exists K_1 \in N$ s.t. $n \geq K_1 \Rightarrow |a_n - L| < \frac{\epsilon}{2}$ 이다.

또한 $\lim_{n\to\infty} b_n = M$이므로, $\exists K_2 \in N$ s.t. $n \geq K_2 \Rightarrow |b_n - M| < \frac{\epsilon}{2}$ 이다.

여기서 $K = \max\{K_1, K_2\}$라 잡으면

$$n \geq K \Rightarrow |(a_n + b_n) - (L + M)| \leq |a_n - L| + |b_n - M| < \frac{\epsilon}{2} + \frac{\epsilon}{2} = \epsilon$$

가 성립한다. 그러므로 $\lim_{n\to\infty} (a_n + b_n) = L + M$이다. ■

정리 1.7

모든 $n \in N$에 대해서 $a_n \geq 0$이고 $\lim_{n\to\infty} a_n = L$이면 $L \geq 0$이다.

증명 (1) 만약 $L < 0$라고 하면 $\epsilon = \frac{-L}{2} > 0$에 대해서

$$\exists K \in N \text{ s.t. } n \geq K \Rightarrow |a_n - L| < \frac{-L}{2}$$

이다. 따라서 $a_K < \frac{L}{2} < 0$이다. 이것은 $a_K \geq 0$라는 사실에 모순이다.

그러므로 $L \geq 0$이다. ■

정리 1.8 **조임정리**

모든 $n \in N$에 대해서 수열 $\{a_n\}, \{b_n\}, \{c_n\}$이 $a_n \leq c_n \leq b_n$를 만족하고 $\lim_{n\to\infty} a_n = L = \lim_{n\to\infty} b_n$이면 $\lim_{n\to\infty} c_n = L$이다.

증명 임의로 주어진 $\epsilon > 0$에 대해서 $\lim_{n\to\infty} a_n = L$이므로,

$$\exists K_1 \in N \quad \text{s.t.} \quad n \ge K_1 \Rightarrow L-\epsilon < a_n < L+\epsilon$$

이고, $\lim_{n\to\infty} b_n = L$이므로,

$$\exists K_2 \in N \quad \text{s.t.} \quad n \ge K_2 \quad \Rightarrow \quad L-\epsilon < b_n < L+\epsilon$$

이다. 여기서 $K=\max\{K_1, K_2\}$라 잡으면, $n \ge K$일 때

$$L-\epsilon < a_n \le c_n \le b_n < L+\epsilon$$

이다. 그러므로 $\lim_{n\to\infty} c_n = L$이다. ▣

예제 7

다음이 성립함을 보여라.

(1) $\lim_{n\to\infty} \frac{1}{2^n} = 0$

(2) $\lim_{n\to\infty} \frac{\sin n}{n} = 0$

(3) $0<b<1$ 일 때 $\lim_{n\to\infty} b^n = 0$

(4) $a>0$ 일 때 $\lim_{n\to\infty} \sqrt[n]{a} = 1$

증명

(1) 모든 $n\in N$에 대하여 $0 < \frac{1}{2^n} < \frac{1}{n}$ 이고 $\lim_{n\to\infty} \frac{1}{n} = 0$이므로 $\lim_{n\to\infty} \frac{1}{2^n} = 0$이다.

(2) 모든 $n\in N$에 대하여 $-1 \le \sin n \le 1$이므로 $-\frac{1}{n} < \frac{\sin n}{n} < \frac{1}{n}$이다.

그리고 $\lim_{n\to 0}\left(-\frac{1}{n}\right) = 0 = \lim_{n\to\infty} \frac{1}{n}$ 이므로 $\lim_{n\to\infty} \frac{\sin n}{n} = 0$이다.

(3) $b = \frac{1}{1+a}$(단, $a>0$)라고 두자. 그러면 $(1+a)^n \ge 1+na > na$가 성립한다.

그러므로 $0 < b^n = \frac{1}{(1+a_n)^n} < \frac{1}{na}$ 이고 $\lim_{n\to\infty} \frac{1}{na} = 0$이다.

조임정리에 의해서 $\lim_{n\to\infty} b^n = 0$이다.

(4) 우선 $a>1$인 경우를 먼저 생각하자.

그러면 $\sqrt[n]{a} > 1$이므로 $\sqrt[n]{a} = 1 + a_n$라고 두면 $a_n > 0$이다.

그리고 $a = (1+a_n)^n > 1 + na_n$ 이므로 $a_n < \frac{a-1}{n}$ 이다.

따라서 모든 $n \in N$에 대해서 $0 < a_n < \frac{a-1}{n}$이고 $\lim_{n\to\infty} \frac{a-1}{n} = 0$이다.

조임정리에 의하여 $\lim_{n\to\infty} a_n = 0$이다.

그러므로 $\lim_{n\to\infty} \sqrt[n]{a} = \lim_{n\to\infty}(1+a_n) = 1 + \lim_{n\to\infty} a_n = 1$이다.

다음으로 만약 $a=1$이면 모든 $n \in N$ 에 대해서 $\sqrt[n]{a} = 1$이므로 $\lim_{n\to\infty} \sqrt[n]{a} = 1$이다.

끝으로 만약 $0 < a < 1$이면 $b = \frac{1}{a} > 1$이므로 앞의 증명에서 $\lim_{n\to\infty} \sqrt[n]{b} = 1$이다.

그러므로 $\lim_{n\to\infty} \sqrt[n]{a} = \lim_{n\to\infty} \sqrt[n]{\frac{1}{b}} = \frac{1}{\lim_{n\to\infty} \sqrt[n]{b}} = 1$이다. ▣

연습문제 11.1

1. $f : N \to N$가 순증가함수이면 모든 $n \in N$에 대하여 $n \le f(n)$임을 증명하여라.

2. $\{a_{n_k}\}$가 $\{a_n\}$의 부분수열일 때 모든 $n \in N$에 대해서 $n_k \ge k$임을 증명하여라.

3. 수열 $\{a_n\}$의 부분수열의 부분수열은 처음수열 $\{a_n\}$의 부분수열임을 증명하여라.

4. $\epsilon - K$ 정의를 이용하여 다음을 증명하여라.

(1) $\lim_{n\to\infty} \frac{n}{n+2} = 1$ (2) $\lim_{n\to\infty} \left(2 - \frac{1}{2^n}\right) = 2$

(3) $\lim_{n\to\infty} \frac{2n^2+1}{n^2+3n} = 2$

5. $\lim_{n\to\infty} a_n = L$이고, $n \ge K$에 대하여 $a_n = b_n$인 $K \in N$가 존재하면 $\lim_{n\to\infty} b_n = L$임을 증명하여라.

6. 수열 $\{a_n\}$의 부분수열 $\{a_{2n}\}$와 $\{a_{2n-1}\}$에 있어서, 만약 $\lim_{n\to\infty} a_{2n} = L = \lim_{n\to\infty} a_{2n-1}$이면 $\lim_{n\to\infty} a_n = L$임을 증명하여라.

7. $\lim_{n\to\infty} a_n = L$이면 $\lim_{n\to\infty} |a_n| = |L|$임을 증명하여라.

8. $\lim_{n\to\infty} a_n = 0 \quad \Leftrightarrow \quad \lim_{n\to\infty} |a_n| = 0$ 임을 증명하여라.

9. 실수 a가 $|a| < 1$일 때 $\lim_{n\to\infty} a^n = 0$임을 증명하여라.

10. $a > 1$일 때 $\lim_{n\to\infty} \frac{1}{a^n} = 0$임을 증명하여라.

11. 다음 수열 $\{a_n\}$이 수렴하지 않음을 보여라.

(1) $a_n = 1 + (-1)^n$　　　(2) $a_n = \frac{2+(-1)^n}{n}$

12. $\lim_{n\to\infty} a_n = L > 0$이면 $n \geq K$에 대하여 $a_n > 0$를 만족하는 $K \in N$가 존재함을 증명하여라.

13. 수렴수열의 부분수열은 수렴하고, 그 극한은 같음을 증명하여라.

14. θ가 유리수일 때 수열 $\{\sin n!\theta\pi\}$의 수렴여부를 판단하고, 그 이유를 밝혀라.

15. 수열 $\left\{\frac{5^n}{n!}\right\}$의 수렴 여부를 판단하고, 그 이유를 밝혀라.

16. 삼차함수 $P(x) = ax^3 + bx^2 + cx + d$ 에 대해서 $\lim_{n\to\infty} \frac{p(n+1)}{P(n)} = 1$임을 증명하여라.

11.2 무한대로의 발산

정의 2.1

$\{a_n\}$을 실수열이라 하자.

(1) 임의로 주어진 $M>0$에 대해서 $n \ge K$이면 $a_n > M$인 자연수 K가 존재할 때 수열 $\{a_n\}$은 무한대로 발산한다(diverge to infinity) 또는 ∞로 접근한다(tends to ∞)라고 하고 $\lim_{n\to\infty} a_n = \infty$로 나타낸다.

(2) 임의로 주어진 $M<0$에 대해서 $n \ge K$이면 $a_n < M$인 자연수 K가 존재할 때 수열 $\{a_n\}$을 음의무한대로 발산한다(diverge to minus infinity) 또는 $-\infty$로 접근한다(tends to $-\infty$)라고 하고 $\lim_{n\to\infty} a_n = -\infty$로 나타낸다.

참고 (1) $\lim_{n\to\infty} a_n = \infty \Leftrightarrow {}^\forall M \in R,\ P_M = \{n \in N \mid a_n < M\}$은 유한집합이다.

(2) $\lim_{n\to\infty} a_n = -\infty \Leftrightarrow {}^\forall M \in R,\ P_M = \{n \in N \mid a_n > M\}$은 유한집합이다. ■

예제 5

$\lim_{n\to\infty}(2n^2+1) = \infty$ 임을 증명하여라.

증명 주어진 실수 M에 대하여 $K > M$를 만족하는 $K \in N$를 잡으면

$$n \ge K \Rightarrow (2n^2+1) \ge n^2 \ge n \ge K > M$$

이다. 그러므로 $\lim_{n\to\infty}\sqrt{n} = \infty$ 이다. □

예제 6

$\lim_{n\to\infty}\sqrt{n} = \infty$ 임을 증명하여라.

증명 주어진 실수 M에 대하여 $K > M^2$를 만족하는 $K \in N$를 잡으면

$$n \ge K \ \Rightarrow\ \sqrt{n} \ \ge\ \sqrt{K} > M$$

이다. 그러므로 $\lim_{n\to\infty}\sqrt{n} = \infty$ 이다. ▣

예제 7

$a > 1$ 이면 $\lim_{n\to\infty} a^n = \infty$ 임을 증명하여라.

증명 $a = 1 + b$라고 두자. 그러면 $a > 1$이므로 $b > 0$이다.

주어진 실수 M에 대하여 $K > \frac{M}{b}$를 만족하는 $K \in N$를 잡으면

$$n \geq K \Rightarrow a^n = (1+b)^n \geq 1 + nb \geq 1 + Kb > 1 + M > M$$

이다. 그러므로 $\lim_{n\to\infty} a^n = \infty$ 이다. ▣

예제 8

$\lim_{\to\infty} \ln\frac{1}{n} = -\infty$ 임을 증명하여라.

증명 주어진 실수 M에 대하여 $K > e^M$를 만족하는 $K \in N$를 잡으면

$$n \geq K \Rightarrow \ln\frac{1}{n} = -\ln n \leq -\ln K < -\ln e^M = -M$$

이다. 그러므로 $\lim_{n\to\infty} a^n = \infty$ 이다. ▣

정리 2.2

두 실수열 $\{a_n\}, \{b_n\}$에 대해서 $\lim_{n\to\infty} a_n = \infty$, $\lim_{n\to\infty} b_n = \infty$ 이고 $c \in R\,(c \neq 0)$이면 다음이 성립한다.

(1) $\lim_{n\to\infty} ca_n = \begin{cases} \infty & (c > 0) \\ -\infty & (c < 0) \end{cases}$　　(2) $\lim_{n\to\infty}(a_n + b_n) = \infty$

증명

(1) 실수 M이 임의로 주어졌다고 하고 $c > 0$이라 하자. 여기서 $M' = \frac{M}{c}$이라 하면 $\lim_{n\to\infty} a_n = \infty$ 이므로

$$n \geq K \Rightarrow a_n > M'$$

를 만족하는 적당한 $K \in N$가 존재한다.

따라서 $ca_n > cM' = c\frac{M}{c} = M$이므로 $\lim_{n \to \infty} ca_n = \infty$가 된다.

다음으로 $c < 0$인 경우도 같은 방법으로 증명된다.

(2) 실수 M이 임의로 주어졌다고 하자.

가정에서 $\lim_{n \to \infty} a_n = \infty$이므로 적당한 $K_1 \in N$가 존재해서

$$n > K_1 \quad \Rightarrow \quad a_n > \frac{M}{2}$$

이다. 그리고 또 가정에서 $\lim_{n \to \infty} b_n = \infty$이므로 적당한 $K_2 \in N$가 존재해서

$$n > K_2 \quad \Rightarrow \quad b_n > \frac{M}{2}$$

이다. 여기서 $K = \max\{K_1, K_2\}$라 잡으면

$$n \geq K \Rightarrow a_n + b_n > \frac{M}{2} + \frac{M}{2} = M$$

가 된다. 그러므로 $\lim_{n \to \infty}(a_n + b_n) = \infty$가 증명되었다. ■

정리 2.3

모든 자연수 n에 대해서 $a_n \leq b_n$인 두 실수열 $\{a_n\}, \{b_n\}$에 대해서 다음이 성립한다.

(1) $\lim_{n \to \infty} a_n = \infty \quad \Rightarrow \quad \lim_{n \to \infty} b_n = \infty$

(2) $\lim_{n \to \infty} b_n = -\infty \quad \Rightarrow \quad \lim_{n \to \infty} a_n = -\infty$

증명

(1) 임의로 실수 M이 주어졌다고 하자. 가정에서 $\lim_{n \to \infty} a_n = \infty$이므로

$$\exists K \in N \text{ s.t. } \quad n \geq K \quad \Rightarrow \quad a_n > M$$

이다. 따라서 $n \geq K$이면 $b_n \geq a_n > M$이다. 그러므로 $\lim_{n \to \infty} b_n = \infty$이다.

(2) 임의로 실수 M이 주어졌다고 하자. 가정에서 $\lim_{n \to \infty} b_n = -\infty$이므로

$$\exists K \in N \text{ s.t. } \quad n \geq K \Rightarrow b_n < M$$

이다. 따라서 $n \geq K$이면 $a_n \leq b_n < M$이다. 그러므로 $\lim_{n \to \infty} a_n = -\infty$이다. ■

정리 2.4

두 수열 $\{a_n\}, \{b_n\}$에 대하여 모든 $n \in N$에서 $a_n > 0,\ b_n > 0$이라 하자.

만약 $\lim_{n\to\infty} \frac{a_n}{b_n} = L > 0$이면 다음이 성립한다.

$$\lim_{n\to\infty} a_n = \infty \quad \Leftrightarrow \quad \lim_{n\to\infty} b_n = \infty$$

증명 $\epsilon = \frac{L}{2} > 0$에 대해서

$$\exists K \in N \quad \text{s.t.} \quad n \geq K \Rightarrow L - \frac{L}{2} < \frac{a_n}{b_n} < L + \frac{L}{2}$$

이다. 따라서 $n \geq K$이면 $\frac{L}{2} b_n < a_n < \frac{3L}{2} b_n$이다. 그러므로

$$\lim_{n\to\infty} a_n = \infty \quad \Leftrightarrow \quad \lim_{n\to\infty} b_n = \infty$$

이다. ■

정의 2.5

수열 $\{a_n\}$은 발산하고 $\lim_{n\to\infty} a_n \neq \infty$이고 $\lim_{n\to\infty} a_n \neq -\infty$일 때 $\{a_n\}$은 진동하는 수열이라 한다.

예제 9

다음 수열은 모두 진동한다.

(1) $1, 2, 1, 3, 1, 4, 1, 5, \cdots$

(2) $-1, 0, -2, 0, -3, 0, -4, 0, -5, \cdots$

(3) $\{(-1)^n n\}$

(4) $\{(-1)^n\}$

연습문제 11.2

1. $\lim_{n\to\infty} a_n = \infty$ 라고 하면 $\{a_n\}$의 모든 부분수열은 무한대로 발산함을 증명하여라.

2. $\lim_{n\to\infty} a_n = \infty \Leftrightarrow \lim_{n\to\infty}(-a_n) = -\infty$ 임을 증명하여라.

3. $\lim_{n\to\infty} a_n = \infty = \lim_{n\to\infty} b_n$ 이면 $\lim_{n\to\infty}(a_n + b_n) = \infty$ 임을 증명하여라.

4. $\lim_{n\to\infty} a_n = \infty = \lim_{n\to\infty} b_n$ 이면 $\lim_{n\to\infty} a_n b_n = \infty$ 임을 증명하여라.

5. 두 수열 $\{a_n\}$, $\{b_n\}$에 대해서 $\lim_{n\to\infty} a_n = \infty$ 이고 $|b_n| \le M\ (n \in N)$인 m이 존재하면 $\lim_{n\to\infty}(a_n + b_n) = \infty$ 임을 증명하여라.

6. $\lim_{n\to\infty} a_n = \infty$ 이면 $\lim_{n\to\infty} \frac{1}{a_n} = 0$임을 증명하여라.

7. $\lim_{n\to\infty} \frac{1}{a_n} = 0$이고 모든 자연수 $n \ge K$에 대해서 $a_n > 0$인 $K \in N$가 존재하면 $\lim_{n\to\infty} a_n = \infty$ 임을 증명하여라.

8. $a_n = \sqrt{n+1} - \sqrt{n}$ 일 때 수열 $\{a_n\}$이 수렴함을 증명하여라.

9. $\lim_{n\to\infty} a_n = 0$이면 $\lim_{n\to\infty}(-1)^n a_n = 0$임을 증명하여라.

10. $\lim_{n\to\infty} a_n = L \ne 0$이면 수열 $\{(-1)^n a_n\}$는 진동함을 증명하여라.

11. $\lim_{n\to\infty} a_n = \infty$ 이면 수열 $\{(-1)^n a_n\}$는 진동함을 증명하여라.

11.3 단조수열 및 유계수열

정의 3.1 단조수열

모든 자연수 n에 대해서 $a_n \le a_{n+1}(a_n \ge a_{n+1})$를 만족하는 수열 $\{a_n\}$을 증가수열(감소수열)(increasing sequence, decreasing sequence)이라고 한다. 증가 혹은 감소인 수열을 단조수열(monotone sequence)이라고 한다. 또 모든 자연수 n에 대해서 $a_n < a_{n+1}$ $(a_n > a_{n+1})$일 때 수열 $\{a_n\}$을 순증가(순감소)(strictly increasing(strictly decreasing)) 수열이라 하고 수열 $\{a_n\}$이 순증가 혹은 순감소일 때 $\{a_n\}$을 순단조수열(strictly monotone sequence)이라고 한다.

정의 3.2

실수열 $\{a_n\}$에서 각 항들의 집합 $\{a_n | n = 1, 2, \cdots\}$가 유계일 때 수열 $\{a_n\}$을 유계수열(bounded sequence)이라고 한다.

정리 3.3

수렴하는 수열은 유계수열이다.

증명 수열 $\{a_n\}$에 대해서 $\lim_{n\to\infty} a_n = L$이라 하자. 여기서 $\epsilon = 1$이라 두면

$$\exists K \in N \quad \text{s.t.} \quad n \ge K \Rightarrow |a_n - L| < 1$$

이다. 그리고 $|a_n| - |L| \le |a_n - L|$ 이므로

$$n \ge K \Rightarrow |a_n| < |L| + 1$$

이다. 여기서 $M = \max\{|a_1|, |a_2|, \cdots, |a_K|, |L|+1\}$라고 두면 모든 $n \in N$에 대해서 $|a_n| \le M$이다. 따라서 $\{a_n\}$은 유계수열이다. ■

예제 1

다음 수열 $\{a_n\}$의 수렴 여부를 조사하여라.

(1) $a_n = \ln(\ln n)$ (2) $a_n = n \sin n$

(3) $a_n = (-\sqrt{2})^n$

풀이

수열 $\{a_n\}$은 모두 유계가 아니므로 발산한다.

정리 3.4

$\{a_n\}$이 유계수열이고 $\lim_{n\to\infty} b_n = 0$이면 $\lim_{n\to\infty} a_n b_n = 0$이다.

증명 $\{a_n\}$이 유계수열이므로 모든 $n \in N$에 대해서 $|a_n| < M$를 만족하는 $M > 0$이 존재한다. 임의로 주어진 $\epsilon > 0$에 대해서 $\epsilon' = \frac{\epsilon}{M} > 0$를 생각하자.

$\lim_{n\to\infty} b_n = 0$이므로 $\exists K \in N$ s.t. $n \geq K \Rightarrow |b_n| < \epsilon' = \frac{\epsilon}{M}$이다.

따라서 $n \geq K$이면 $|a_n b_n - 0| = |a_n||b_n| < M\frac{\epsilon}{M} = \epsilon$이다.

그러므로 $\lim_{n\to\infty} a_n b_n = 0$이다. ▢

정리 3.5 **Monotone convergence theorem: 단조 수렴 정리**

수열 $\{a_n\}$이 위로유계이고 증가수열이면 $\{a_n\}$은 수렴한다. 이 때 $\lim_{n\to\infty} a_n = \sup \{a_n | n = 1, 2, \cdots\}$이다.

증명 수열 $\{a_n\}$이 위로유계이므로 집합 $A = \{a_n | n = 1, 2, \cdots\}$가 위로유계인 집합이다. 실수의 완비성공리에 의해서 $\sup A = L$인 $L \in R$ 이 존재한다.

임의로 주어진 $\epsilon > 0$에 대하여 $L - \epsilon$은 A의 상계가 아니므로

$$\exists K \in N \text{ s.t. } L - \epsilon < a_K$$

이다. 또한 수열 $\{a_n\}$이 증가수열이므로 $n \geq K$이면

$$L - \epsilon < a_K \leq a_n \leq L < L + \epsilon$$

이다. 그러므로 $\lim_{n\to\infty} a_n = L$이다. ▢

정리 3.6 **Monotone convergence theorem: 단조 수렴 정리**

수열 $\{b_n\}$이 아래로 유계이고 감소수열이면 $\{b_n\}$은 수렴하고

$$\lim_{n\to\infty} b_n = \inf \{b_n | n = 1, 2, \cdots\}$$

이다.

증명 수열 $\{b_n\}$이 아래로 유계이고 감소이므로 수열 $\{-b_n\}$은 위로 유계이고 증가이다. 정리 3.5에 의해서

$$\lim_{n\to\infty}(-b_n)=\sup\{-b_n|n=1,2,\cdots\}=-\inf\{b_n|n=1,2,\cdots\}$$

이다. 그러므로 $\lim_{n\to\infty} b_n=\inf\{b_n|n=1,2,\cdots\}$이다. ▣

예제 2

모든 $i\in N$에 대해서 a_i를 $0,1,2,3,4,5,6,7,8,9$중의 하나라고 하자. 그리고 모든 $n\in N$에 대해서 $x_n=0\cdot a_1a_2\cdots a_n$이라 하면 수열 $\{x_n\}$은 유계이고 단조증가수열이 된다. 따라서 이 수열은 수렴하고 유일한 극한을 갖는다. 이 수열의 극한은 $\lim_{n\to\infty}x_n=0\cdot a_1a_2a_3\cdots$로 표현되는 실수이다.

정리 3.7

$a_n=\left(1+\dfrac{1}{n}\right)^n$인 수열 $\{a_n\}$은 수렴한다.

증명 이항정리에 의하여

$$\begin{aligned}a_n=\left(1+\frac{1}{n}\right)^n&=1+n\frac{1}{n}+\frac{n(n-1)}{2!}\frac{1}{n^2}+\frac{n(n-1)(n-2)}{3!}\frac{1}{n^3}\\&\quad+\cdots+\frac{n(n-1)(n-2)\cdots 1}{n!}\frac{1}{n^n}\\&=1+1+\frac{1}{2!}\left(1-\frac{1}{n}\right)+\frac{1}{3!}\left(1-\frac{1}{n}\right)\left(1-\frac{2}{n}\right)\\&\quad+\cdots+\frac{1}{n!}\left(1-\frac{1}{n}\right)\left(1-\frac{2}{n}\right)\cdots\left(1-\frac{n-1}{n}\right)\end{aligned}$$

이고, 같은 방법으로

$$\begin{aligned}a_{n+1}=1+1&+\frac{1}{2!}\left(1-\frac{1}{n+1}\right)+\frac{1}{3!}\left(1-\frac{1}{n+1}\right)\left(1-\frac{2}{n+1}\right)\\&+\cdots+\frac{1}{n!}\left(1-\frac{1}{n+1}\right)\left(1-\frac{2}{n+1}\right)\cdots\left(1-\frac{n-1}{n+1}\right)\\&+\frac{1}{(n+1)!}\left(1-\frac{1}{n+1}\right)\left(1-\frac{2}{n+1}\right)\cdots\left(1-\frac{n-1}{n+1}\right)\left(1-\frac{n}{n+1}\right)\end{aligned}$$

이므로 $\{a_n\}$은 증가수열이다. 또 모든 $n \in N$ 에 대해서

$$2 \le a_n < 1+1+\frac{1}{2!}+\frac{1}{3!}+\cdots+\frac{1}{n!} < 1+1+\frac{1}{2}+\frac{1}{2^2}+\cdots+\frac{1}{2^{n-1}} < 3$$

이므로 $\{a_n\}$은 유계수열이다. 따라서 수열 $\{a_n\}$은 수렴한다. ▫

정의 3.8

$\lim_{n\to\infty}\left(1+\dfrac{1}{n}\right)^n = e$로 정의하고 e를 자연대수의 밑(base of natural logathism)이라 한다.

참고 모든 $n \in N$에 대해서 $2 \le \left(1+\dfrac{1}{n}\right)^n < 3$이므로 $2 \le e \le 3$임을 알 수 있다.
실제로 $e = 2.718281828459045\cdots$인 무리수이고 또한 초월수(계수가 유리수인 다항 방정식의 근이 아닌 수)이다. ■

정리 3.9 **Bolzano-Weierstrass 정리**

유계수열은 수렴하는 부분수열을 갖는다.

증명 $\{a_n\}$을 유계수열이라 하자.

그러면 폐구간 $[c, d]$가 존재해서 모든 $n \in N$에 대해서 $a_n \in [c, d]$이다.

폐구간 $[c, d]$를 $\left[c, \dfrac{c+d}{2}\right]$, $\left[\dfrac{c+d}{2}, d\right]$로 양분하면 둘 중 하나는 수열 $\{a_n\}$의 무한개의 항을 포함한다. 그것을 $[c_1, d_1]$이라 하자.

또 같은 방법으로 $[c_1, d_1]$을 양분하여 수열 $\{a_n\}$의 무한개의 항을 포함하는 폐구간을 $[c_2, d_2]$라고 하자. 이러한 방법을 계속 시행하면 모든 $k \in N$에 대해서

$$[c_{k+1}, d_{k+1}] \subset [c_k, d_k],\ d_k - c_k = \frac{d\ \ c}{2^k}$$

이고 모든 폐구간 $[c_k, d_k]$는 수열 $\{a_n\}$의 무한개의 항을 포함한다.

$a_{n_1} \in [c_1, d_1]$를 잡자. 또 $n_1 < n_2$인 $a_{n_2} \in [c_2, d_2]$를 잡자.

이와 같은 방법을 계속하여 모든 $k \in N$에 대해서 $n_{k-1} < n_k$이고 $a_{n_k} \in [c_k, d_k]$인 $\{a_n\}$의 부분수열 $\{a_{n_k}\}$를 얻을 수 있다. 그리고 수열 $\{c_k\}$, $\{d_k\}$는 단조 유계수열이므로 수렴한다.

여기서 $\lim_{k\to\infty} c_k = L$, $\lim_{k\to\infty} d_k = M$이라 두자. 그러면

$$M-L=\lim_{n\to\infty}d_k-\lim_{n\to\infty}c_k=\lim_{n\to\infty}(d_k-c_k)=\lim_{n\to\infty}\frac{d-c}{2^k}=0$$

이다. 그러므로 $L=M$이다.

모든 $k\in N$에 대하여 $c_k \le a_{n_k} \le d_k$이므로 조임정리에 의하여 $\lim_{k\to\infty}a_{n_k}=L$이다. ▣

따름정리 3.10

모든 $n\in N$에 대하여 $a_n\in[a,b]$인 수열 $\{a_n\}$은 수렴하는 부분수열 $\{a_{n_k}\}$를 가지며 $\lim_{k\to\infty}a_{n_k}\in[a,b]$이다.

증명 모든 $n\in N$에 대하여 $a\le a_n \le b$이므로 Bolzano-Weierstrass정리에 의하여 수렴하는 부분수열 $\{a_{n_k}\}$가 존재한다. 그리고 모든 $k\in N$에 대해서 $a\le a_{n_k}\le b$이므로 $\lim_{k\to\infty}a_{n_k}\in[a,b]$이다. ▣

정리 3.11

모든 실수열은 단조 부분수열을 가진다.

증명 여기서는 대략적인 증명을 소개하고 섬세한 증명은 연습문제로 남긴다.

주어진 실수열 $\{a_n\}$에 대해서 $\{a_n\}$이 유계인 경우와 유계가 아닌 경우로 나누어 증명한다. 먼저 $\{a_n\}$이 유계인 경우는 정리 3.9에 의해서 수렴하는 부분수열 $\{a_{n_k}\}$가 존재한다. $\lim_{k\to\infty}a_{n_k}=p$라 두면 $\{a_{n_k}|k=1,2,\cdots\}\cap(-\infty,p]$와 $\{a_{n_k}|k=1,2,\cdots\}\cap[p,\infty)$중 하나는 무한집합이 된다. $\{a_{n_k}|k=1,2,\cdots\}\cap(-\infty,p]$이 무한이면 $\{a_{n_k}\}$의 증가하는 부분수열이 존재하고, $\{a_{n_k}|k=1,2,\cdots\}\cap[p,\infty)$이 무한이면 $\{a_{n_k}\}$의 감소하는 부분수열이 존재하게 된다. 다음으로 $\lim_{n\to\infty}a_n=\infty$ 또는 $\lim_{n\to\infty}a_n=-\infty$인 경우는 쉽게 단조 부분수열의 존재를 설명할 수 있다. ▣

연습문제 11.3

1. 만약 $\{a_n\}, \{b_n\}$이 유계수열이고 $c \in R$이면 $\{ca_n\}, \{a_n + b_n\}, \{a_n b_n\}$는 모두 유계수열임을 증명하여라.

2. 다음 수열의 극한을 구하여라.

(1) $\lim_{n\to\infty}\left(1+\frac{1}{n}\right)^{2n}$ (2) $\lim_{n\to\infty}\left(1+\frac{2}{n+1}\right)^{n}$ (3) $\lim_{n\to\infty}\left(1-\frac{1}{n}\right)^{n}$

(4) $\lim_{n\to\infty}\left(1+\frac{1}{n^2}\right)^{n}$ (5) $\lim_{n\to\infty}\left(1+\frac{1}{n}\right)^{n^2}$ (6) $\lim_{n\to\infty}\left(1+\frac{1}{n}\right)^{n+1}$

3. $A \subset R$가 유계집합이고 무한집합일 때

(1) $\lim_{n\to\infty} a_n = \inf A$ 이고 $a_n \in A\ (n \in N)$인 수열 $\{a_n\}$이 존재함을 증명하여라.

(2) $\lim_{n\to\infty} b_n = \sup A$ 이고 $b_n \in A\ (n \in N)$인 수열 $\{b_n\}$이 존재함을 증명하여라.

4. $\lim_{n\to\infty}\frac{a_n}{n} = L \neq 0$ 이면 $\{a_n\}$은 유계수열이 아님을 증명하여라.

5. $\{a_n\}$은 유계수열이고 $\lim_{n\to\infty} b_n = 0$이면 $\lim_{n\to\infty} a_n b_n = 0$임을 증명하여라.

6. $\{a_n\}$은 유계수열이면 임의의 $\epsilon > 0$에 대해서 $b - a < \epsilon$이고 수열의 무한개 항을 포함하는 닫힌구간 $[a, b]$가 존재함을 증명하여라.

7. 유계수열 $\{a_n\}$에 대하여 $x_n = \sup\{a_k \mid k \geq n\}$, $y_n = \inf\{a_k \mid k \geq n\}$일 때 수열 $\{x_n\}$과 $\{y_n\}$이 수렴함을 증명하여라.

8. 모든 $n \in N$에서 $a_n > 0$인 수열 $\{a_n\}$에 대해서, 만약 $\lim_{n\to\infty}\frac{a_{n+1}}{a_n} = L < 1$이면 $\lim_{n\to\infty} a_n = 0$임을 증명하여라.

9. 수열 $\{n^{1/n}\}$가 감소수열임을 보이고 극한을 구하여라.

10. 모든 $x \in R$에 대하여 $\lim_{n\to\infty} \frac{x^n}{n!} = 0$임을 증명하여라.

11. $a_1 = \sqrt{2}$, $a_2 = \sqrt{2+a_1}$, $a = \sqrt{2+a_2}, \cdots$, $a_n = \sqrt{2+a_{n-1}}, \cdots$일 때 $\{a_n\}$이 수렴함을 증명하고 $\lim_{n\to\infty} a_n$을 구하여라.

12. 다음 수열 $\{a_n\}$이 수렴함을 보이고 극한을 구하여라.

$$a_1 = 3, \quad a_{n+1}^3 = 6a_n^2 - 8a_n \ (n = 1, 2, \cdots)$$

13. 실수열 $\{a_n\}$은 반드시 단조 부분수열이 존재함을 증명하여라.

11.4 Cauchy 수열

정의 4.1

$\{a_n\}$을 수열이라 하자. 임의로 주어진 $\epsilon > 0$에 대해서

$$m, n \geq K \quad \Rightarrow \quad |a_m - a_n| < \epsilon$$

를 만족하는 자연수 K가 존재할 때 수열 $\{a_n\}$을 코시(Cauchy)수열이라고 한다.

참고 (1) $\{a_n\}$이 코시수열 $\Leftrightarrow$ $^\forall \epsilon > 0$, $\exists K \in N$ s.t. $m, n \geq K \Rightarrow |a_m - a_n| < \epsilon$

(2) 실수열 $\{a_n\}$이 수렴할 때 극한을 알고 있는 경우도 있고 극한을 알 수 없는 경우도 있다. 극한의 존재를 모르는 상태에서 그 수열이 수렴함을 보이기 위하여 코시수열이란 용어를 사용한다. ■

정리 4.2

수렴수열은 코시수열이다.

증명 $\{a_n\}$을 수렴수열이라 하고 $\lim_{n \to \infty} a_n = L$이라고 하자. 그러면 $\epsilon > 0$에 대해서

$$\exists K \in N \quad \text{s.t.} \quad n \leq K \Rightarrow |a_n - L| < \frac{\epsilon}{2}$$

이다. 만일 $m, n \geq K$이면

$$|a_m - a_n| \leq |a_m - L| + |a_n - L| < \frac{\epsilon}{2} + \frac{\epsilon}{2} = \epsilon$$

이다. 따라서 $\{a_n\}$은 코시수열이다. □

정리 4.3

코시수열은 유계수열이다.

증명 $\{a_n\}$이 코시수열이라 하자. 그러면 $\epsilon = 1 > 0$에 대하여

$$\exists K \in N \quad \text{s.t.} \quad m, n \geq K \Rightarrow |a_m - a_n| < 1$$

이다. 그러므로 $n \geq K$이면

$$|a_n| = |a_n - a_K + a_K| \leq |a_n - a_K| + |a_K| < 1 + |a_K|$$

이다. 여기서 $M=\max\{|a_1|, |a_2|, \cdots, |a_{K-1}|, |a_K|+1\}$이라 두면 모든 $n\in N$에 대해서 $|a_n| \le M$이다. 그러므로 $\{a_n\}$은 유계수열이다. ▣

정리 4.4

코시수열의 수렴하는 부분수열이 존재하면 그 코시수열이 수렴한다.

증명 $\{a_n\}$은 코시수열이고 $\{a_n\}$의 어떤 부분수열 $\{a_{n_k}\}$이 수렴한다고 하자.

어기서 $\lim\limits_{k\to\infty} a_{n_k} = L$이라 두자. 임의의 $\epsilon > 0$이 있다고 하자.

가정에서 $\{a_n\}$은 코시수열이므로

$$\exists\, K_1 \in N \quad \text{s.t.} \quad m, n \ge K_1 \Rightarrow \quad |a_m - a_n| < \frac{\epsilon}{2}$$

이고, $\lim\limits_{k\to\infty} a_{n_k} = L$이므로

$$\exists\, K_2 \in N \quad \text{s.t.} \quad k \ge K_2 \Rightarrow \ |a_{n_k} - L| < \frac{\epsilon}{2}$$

이다. 여기서 $K=\max\{K_1, K_2\}$라 두자. 그러면

$$n \ge K \Rightarrow |a_n - L| \le |a_n - a_{n_K}| + |a_{n_K} - L| < \frac{\epsilon}{2} + \frac{\epsilon}{2} = \epsilon$$

이다. 그러므로 $\lim\limits_{n\to\infty} a_n = L$이다. ▣

정리 4.5

실수열 $\{a_n\}$이 코시수열이면 $\{a_n\}$은 수렴한다.

증명 $\{a_n\}$은 코시수열이라 하자. 그러면 〈정리 4.3〉에 의해서 $\{a_n\}$은 유계수열이다. [Bolzano-Weierstrass 정리]에 의해서 $\{a_n\}$은 수렴하는 부분수열 $\{a_{n_k}\}$을 갖는다. 그러면 〈정리 4.4〉에 의해서 $\{a_n\}$은 수렴한다. ▣

예제 1

$x_1 = 1,\ x_2 = 2$이고 $x_n = \dfrac{1}{2}(x_{n-1} + x_{n-2})\ (n = 3, 4, \cdots)$로 정의된 수열 $\{x_n\}$이 수렴함을 증명하여라.

증명 $|x_2 - x_1| = 1, |x_3 - x_2| = \frac{1}{2}, \cdots$ 이므로 모든 $n \in N$에 대해서

$$x_n - x_{n-1} = \frac{1}{2}(x_{n-1} + x_{n-2}) - x_{n-1} = \frac{1}{2}(x_{n-2} - x_{n-1})$$

이다. 따라서

$$|x_n - x_{n-1}| = \frac{1}{2}|x_{n-1} - x_{n-2}| = \frac{1}{2^2}|x_{n-2} - x_{n-3}| = \cdots = \frac{1}{2^{n-2}}|x_2 - x_1| = \frac{1}{2^{n-2}}$$

이다. 만약 $n > m$ 이면

$$\begin{aligned} |x_n - x_m| &= |x_n - x_{n-1} + x_{n-1} - x_{n-2} + \cdots - x_{m+1} - x_m| \\ &\leq \sum_{k=m+1}^{n} |x_k - x_{k-1}| = \sum_{k=m+1}^{n} \frac{1}{2^{k-2}} \\ &= \frac{1}{2^{m-1}}\left(1 + \frac{1}{2} + \cdots + \frac{1}{2^{n-m-1}}\right) \leq \frac{1}{2^{m-1}} \cdot 2 = \frac{1}{2^{m-2}} \end{aligned}$$

이다. 임의의 $\epsilon > 0$에 대하여 $\frac{1}{2^{K-2}} < \epsilon$를 만족하는 $K \in N$을 잡으면 $n > m > K$에 대하여

$$|x_n - x_m| \leq \frac{1}{2^{m-2}} < \frac{1}{2^{K-2}} < \epsilon$$

가 된다. 그러므로 $\{x_n\}$은 Cauchy 수열이다. 정리 4.5에 의해서 수열 $\{x_n\}$은 수렴한다. ◻

연습문제 11.4

1. 만약 $\{a_n\}$과 $\{b_n\}$이 코시수열이면 수열 $\{a_n + b_n\}, \{a_n - b_n\}$ 및 $\{a_n b_n\}$은 모두 코시수열임을 증명하여라.

2. 만약 $\{a_n\}$이 코시수열이고 $c \in R$이면 수열 $\{c a_n\}$은 코시수열임을 증명하여라.

3. 다음을 증명하여라.

$$\{a_n\}\text{이 코시수열이다} \Leftrightarrow {}^\forall \epsilon > 0,\ \exists K \in N \ \text{ s.t. } \ n \geq K \ \Rightarrow \ |a_n - a_K| < \epsilon$$

4. 다음 명제의 참 거짓을 말하고 그 이유를 밝혀라.

$$《\lim_{n\to\infty}(a_{n+1}-a_n)=0\text{ 는 만족하는 수열 }\{a_n\}\text{은 코시수열이다.}》$$

5. 모든 $n\in N$에 대해서 $|a_{n+2}-a_{n+1}|\le c|a_{n+1}-a_n|$를 만족하는 상수 $c\ (0<c<1)$가 존재하는 수열 $\{a_n\}$은 코시수열임을 증명하여라.

6. 모든 $n\in N$에 대해서 $|a_{n+2}-a_{n+1}|\le c|a_{n+1}-a_n|$를 만족하는 상수 $c\ (0<c<1)$가 존재하고 $\lim_{n\to\infty}a_n=a$일 때 다음을 증명하여라.

(1) $|a-a_m|\le\dfrac{c^{m-1}}{1-c}|a_2-a_1|$

(2) $|a-a_m|\le\dfrac{1}{1-c}|a_m-a_{m-1}|$

7. $\{a_n\}$은 실수열이고 모든 $n\in N$에 대해서 $|a_{n+1}-a_n|\le cr^n\ (c\in R,\ 0<r<1)$이면 $\{a_n\}$은 수렴함을 증명하여라.

8. (축소구간정리) 모든 $n\in N$에 대하여 닫힌구간 $I_n=[a_n,b_n]$이 조건 $I_{n+1}\subset I_n$ 와 $\lim_{n\to\infty}(b_n-a_n)=0$를 만족할 때

(1) 수열 $\{a_n\}$과 $\{b_n\}$이 각각 코시수열임을 증명하여라.

(2) 이를 이용하여 $\bigcap_{n=1}^{\infty}I_n$은 한 점으로 구성되는 집합임을 증명하여라.

9. 다음 조건을 만족하는 양쪽 끝점이 유리수인 닫힌구간들의 열 $\{I_n\}_{n=1}^{\infty}$을 찾아보아라.

$$I_1\supset I_2\supset\cdots\supset I_n\supset\cdots\ \text{이고}\ \bigcap_{n=1}^{\infty}I_n=\{e\}$$

Chapter

12

실수의 위상적 성질

12.1 열린집합과 닫힌집합

이 절에서는 수직선 위의 두 점 사이의 멀고 가까움을 나타내는 기준으로 사용할 거리를 정의하고 그 기본성질에 대해서 알아볼 것이다. ϵ-근방(ϵ-neighborhood)의 개념을 이용하여 열린집합과 닫힌집합을 정의하고 그 기본성질을 공부할 것이다.

정의 1.1

$a \in R$이고 $\epsilon > 0$일 때 집합 $(a-\epsilon, a+\epsilon)$을 a의 ϵ-근방(ϵ-neighborhood of a)이라고 하고, $(a-\epsilon, a) \cup (a, a+\epsilon)$를 a의 제외된 ϵ-근방(deleted ϵ-neighbor hood of a)이라 한다. 그리고 a의 ϵ-근방을 $B(a;\epsilon)$로 표기하고, a의 제외된 ϵ-근방을 $B^*(a;\epsilon)$로 나타낸다.

참고 $a \in R$ 이고 $\epsilon > 0$ 일 때

$$B(a;\epsilon) = (a-\epsilon, a+\epsilon) = \{x \in R \mid |x-a| < \epsilon\},$$
$$B^*(a,\epsilon) = (a-\epsilon, a) \cup (a, a+\epsilon) = \{x \in R \mid 0 < |x-a| < \epsilon\}$$

임을 알 수 있다. ■

참고 $\mathrm{p} = (a,b) \in R^2$이고 $\epsilon > 0$일 때 R^2에서 p의 ϵ-근방(ϵ-neighborhood of p)은 $\left\{(x,y) \in R^2 \mid \sqrt{(a-x)^2+(b-y)^2} < \epsilon\right\}$을 말하고, 이 집합을 $B(\mathrm{p};\epsilon)$로 나타내고, 이것을 p를 중심으로 하고 반지름이 $\epsilon > 0$인 열린볼이라 부른다. 즉

$$B(\mathrm{p};\epsilon) = \left\{(x,y) \in R^2 \mid \sqrt{(a-x)^2+(b-y)^2} < \epsilon\right\}$$

그리고 p의 제외된 ϵ-근방(deleted ϵ-neighborhood of p)은

$$\left\{(x,y) \in R^2 \mid 0 < \sqrt{(a-x)^2+(b-y)^2} < \epsilon\right\}$$

을 말하고, 이 집합을 $B^*(\mathrm{p};\epsilon)$로 나타낸다. 즉

$$B^*(\mathrm{p};\epsilon) = \left\{(x,y) \in R^2 \mid 0 < \sqrt{(a-x)^2+(b-y)^2} < \epsilon\right\}$$ ■

정리 1.2

p가 열린구간 (a,b)의 원소이면 $B(\mathrm{p};\epsilon) \subset (a,b)$인 $\epsilon > 0$이 존재한다.

증명 $p \in (a,b)$이라고 가정하면 $a < p < b$가 된다. 여기서 $\epsilon = \min\{p-a, b-p\}$라고 두자.

그러면

$$x \in (p-\epsilon, p+\epsilon) \ \Rightarrow \ p-\epsilon < x < p+\epsilon \ \Rightarrow \ a \le p-\epsilon < x < p+\epsilon \le b$$

이다. 따라서 $x \in (a, b)$이다. 그러므로 $(p-\epsilon, p+\epsilon) \subset (a, b)$이다. ■

정리 1.3

$a, b \in R$이고 $a \ne b$이면 $B(a; \epsilon_1) \cap B(b; \epsilon_2) = \varnothing$ 인 $\epsilon_1 > 0$과 $\epsilon_2 > 0$가 존재한다.

증명 $\epsilon_1 = \epsilon_2 = \dfrac{1}{3}|a-b|$라고 두자. 그러면 $B(a; \epsilon_1) \cap B(b; \epsilon_2) = \varnothing$ 이다.
왜냐하면 $x \in B(a; \epsilon_1) \cap B(b; \epsilon_2)$이면

$$|a-b| = |a-x+x-b| \le |a-x| + |x-b| < \epsilon_1 + \epsilon_2 = \frac{2}{3}|a-b|$$

가 되어 모순이다. 따라서 $B(a; \epsilon_1) \cap B(b; \epsilon_2) = \varnothing$ 이다. ■

정리 1.4

두 실수 a, b의 어떤 근방 $B(a; \epsilon_1), B(b; \epsilon_2)$에 대하여 $x \in B(a; \epsilon_1) \cap B(b; \epsilon_2)$이면 적당한 $\epsilon > 0$이 존재하여 $B(x; \epsilon) \subset B(a; \epsilon_1) \cap B(b; \epsilon_2)$가 된다.

증명 $B(a; \epsilon_1) \cap B(b; \epsilon_2) \ne \varnothing$ 이면 $B(a; \epsilon_1) \cap B(b; \epsilon_2)$는 열린구간이므로 [정리 1.2]에 의해서 이 정리는 증명된다. ■

정의 1.5

$G \subset R$이라하자. 임의의 $x \in G$에 대해서 적당한 $\epsilon > 0$이 존재하여 $B(x; \epsilon) \subset G$일 때 집합 G를 열린집합(open set)이라 한다. $F \subset R$에 대해서 $G \subset R$인 집합 G가 열린집합이란 F를 닫힌집합(closed set)이라 한다.

참고 R^2공간에서도 정의 1.5에서와 같이 열린집합과 닫힌집합을 정의한다. 즉 $G \subset R^2$인 집합 G가 열린집합이란 모든 $x \in G$에 대해서 적당한 $\epsilon_x > 0$가 존재해서 $B(x, \epsilon_x) \subset G$를 만족할 때를 말한다. 그리고 $F \subset R^2$인 집합 F가 닫힌집합이란 F^c가 열린집합일 때를 말한다. ■

예제 1

(1) 열린구간 (a, b)는 열린집합이다.

(2) $a \in R$와 $\epsilon > 0$에 대해서 a의 ϵ-근방 $B(a\,;\epsilon)$는 열린집합이다.

(3) R은 열린집합이다.

(4) $\varnothing$은 열린집합이다.

(5) 폐구간 $[a, b]$는 열린집합은 아니고 닫힌집합이다.

(6) 구간 $[a, b)$은 열린집합도 아니고 닫힌집합도 아니다.

정의 1.6

(1) R과 $\varnothing$은 열린집합이다.

(2) 유한개의 열린집합 $G_1, G_2, \cdots, G_n$의 교집합 $\bigcap_{i=1}^{n} G_i$는 열린집합이다.

(3) $\{G_\alpha | \alpha \in I\}$가 열린집합의 집합족일 때 합집합 $\bigcup_{\alpha \in I} G_\alpha$은 열린집합이다.

증명

(1) [예제 1]에서 살펴보았다.

(2) $G_1, G_2, \cdots, G_n$을 열린집합이라 하고 $G = \bigcap_{i=1}^{n} G_i$라고 두자. 만약 $G = \varnothing$이면 (1)에 의해서 열린집합이다. 여기서는 $G \neq \varnothing$이라고 가정하자.

$x \in G$이라고 하자. 그러면 모든 $i = 1, 2, \cdots, n$에 대해서 $x \in G_i$이다.

그런데 G_i가 열린집합이므로 적당한 $\epsilon_i > 0$이 존재하여 $B(x\,;\epsilon) \subset G_i \ (i = 1, 2, \cdots, n)$이다. 여기서 $\epsilon = \min\{\epsilon_1, \epsilon_2, \cdots, \epsilon_n\}$이라고 두면 모든 $i = 1, 2, \cdots, n$에 대해서 $B(x\,;\epsilon) \subset B(x\,;\epsilon_i) \subset G_i$이다. 따라서 $B(x\,;\epsilon) \subset \bigcap_{i=1}^{n} G_i = G$이다. 그러므로 $\bigcap_{i=1}^{n} G_i$는 열린집합이다.

(3) $\{G_\alpha | \alpha \in I\}$가 열린집합의 집합족이라 하고 $G = \bigcup_{\alpha \in I} G_\alpha$라고 두자. 만약 $G = \varnothing$이면 (1)에 의해서 열린집합이다. 여기서는 $G \neq \varnothing$이라고 가정하자.

$x \in G$이라고 하자. 그러면 $x \in G_\alpha$되는 적당한 $\alpha \in I$가 존재한다.

그런데 G_α가 열린집합이므로 적당한 $\epsilon > 0$이 존재하여 $B(x;\epsilon) \subset G_\alpha$이다.

따라서 $B(x;\epsilon) \subset G_\alpha \subset \bigcup_{\alpha \in I} G_\alpha$이다. 그러므로 $\bigcup_{\alpha \in I} G_\alpha$는 열린집합이다. ■

예제 2

R의 유한 부분집합은 닫힌집합이다.

정리 1.7

$G \neq \varnothing$ 이고 $G \subset R$가 열린집합이면 G는 열린구간의 합집합으로 나타난다.

증명 G를 공집합이 아닌 열린집합이라 하자.

그러면 각 $x \in G$에 대해서 적당한 $\epsilon_x > 0$가 존재하여 $B(x\,;\epsilon_x) \subset G$이다.

따라서 $\bigcup_{x \in G} B(x\,;\epsilon_x) \subset G$가 된다. 한편 각 점 $x \in G$는 x 의 근방 $B(x\,;\epsilon_x)$에 포함되므로

$G \subset \bigcup_{x \in G} B(x\,;\epsilon_x)$이다. 따라서 $G = \bigcup_{x \in G} B(x\,;\epsilon_x)$이다. ■

정리 1.8

$G \neq \varnothing$ 이고 $G \subset R$가 열린집합이면 G는 가산개의 서로소인 열린구간들의 합집합으로 나타난다.

증명 G를 R의 열린부분집합이라 하자.

만약 $x \in G$이면 $(x, y) \subset G$, $(z, x) \subset G$를 만족하는 적당한 $y, z \in G$가 존재한다.

여기서 $b = \sup\ \{y \mid (x, y) \subset G\}$, $a = \inf\ \{z \mid (z, x) \subset G\}$, $I_x = (a, b)$라고 두자.

그러면 $x \in I_x$이다.

지금부터 $I_x \subset G$이고 $a \notin G, b \notin G$임을 보일 것이다.

만일 $w \in I_x$이면 $a < w < x$, $x < w < b$, $w = x$중에서 하나일 것이다.

만약 $w = x$이면 $w = x \in G$임은 자명하다.

만약 $x < w < b$이면 $(x, y) \subset G$이고 $w < y$인 $y \in G$가 존재한다.

$$(\because b = \sup\ \{y \mid (x, y) \subset G\})$$

그러므로 $w \in G$가 된다.

그리고 만약 $b \in G$이면 적당한 $\epsilon > 0$이 존재하여 $(b - \epsilon, b + \epsilon) \subset G$가 된다.

따라서 $(x, b + \epsilon) \subset G$가 되어 b의 정의에 모순이 된다. 그러므로 $b \notin G$이다.

만약 $a < w <$ 이면 같은 방법으로 $w \in G$이고 $a \notin G$가 된다.

이로부터 $G = \bigcup_{x \in G} \{I_x \mid x \in G\}$임을 쉽게 알 수 있다.

다음으로 열린구간들의 모임 $\{I_x | x \in G\}$에 속하는 열린구간은 서로소임을 증명할 것이다. 이를 위하여 이 모임에 속하는 두 개구간 $I_x = (s,t)$, $I_y = (u,v)$에 대해서 $I_x \cap I_y \neq \varnothing$ 이면 $I_x = I_y$ 임을 보이면 된다. 여기서 $(s,t) \cap (u,v) \neq \varnothing$ 이므로 $u < t$ 이고 $s < v$ 이다.
그리고 $s, u \notin G$이므로 $s \notin (u,v)$, $u \notin (\mathrm{s,t})$이다. 따라서 $u \leq s$, $s \leq u$이다.
그러므로 $s = u$이다. 같은 방법으로 $t = v$ 임을 증명할 수 있다.
따라서 $I_x = I_y$임이 증명되었다. 그러므로 G는 서로소인 열린구간 I_x들의 합집합으로 표현됨은 증명되었다.
지금부터 열린집합 G가 가산개의 서로소인 개구간 I_x들의 합집합으로 나타남을 증명할 것이다.
유리수의 조밀성에 의해서 모두 열린구간 I_x는 유리수를 포함하고 있다.
따라서 서로소인 열린구간 I_x에서 유리수를 한 개씩 취하면 서로소인 열린구간 I_x들의 모임은 가산개라고 말할 수 있다.
R의 열린부분집합 G는 가산개의 서로소인 열린구간들의 합집합으로 나타남이 증명되었다. ▣

정리 1.9

(1) R과 $\varnothing$ 은 닫힌집합이다.
(2) 유한개의 닫힌폐집합 $F_1, F_2, \cdots, F_n$의 합집합 $\bigcup_{i=1}^{n} F_i$는 닫힌집합이다.
(3) $\{F_\alpha | \alpha \in I\}$가 닫힌집합의 집합족일 때 교집합 $\bigcap_{\alpha \in I} F_\alpha$은 닫힌집합이다.

증명 De Morgan의 법칙을 사용하여 [정리 1.6]에 의해서 증명된다. ▣

연습문제 12.1

1. 유리수 전체의 집합이 열린집합도 닫힌집합도 아님을 증명하여라. 그리고 무리수 전체의 집합에 대해서도 알아보아라.

2. 다음 집합이 열린집합인지, 닫힌집합인지를 말하고, 그 이유를 설명하여라.
   (1) 자연수 집합
   (2) $(a,b]$

3. 모든 $n \in N$에 대해서 $G_n = \left(-\frac{1}{n}, \frac{1}{n}\right)$ 일 때 $\bigcap_{n=1}^{\infty} G_n$이 열린집합인지를 조사하여라.

4. 모든 $n \in N$에 대해서 $F_n = \left[-1+\frac{1}{n}, 1-\frac{1}{n}\right]$일 때 $\bigcup_{n=1}^{\infty} F_n$이 닫힌집합인지를 조사하여라.

5. 다음을 증명하여라.
   (1) $\bigcup_{n=1}^{\infty}\left(\frac{1}{n}, 1-\frac{1}{n}\right) = (0,1)$
   (2) $\bigcap_{n=1}^{\infty}\left[-\frac{1}{n}, 1+\frac{1}{n}\right] = [0,1]$

6. 정리 1.9를 증명하여라.

7. G가 R^2의 열린부분집합이면 G는 열린볼들의 합집합으로 표현됨을 증명하여라.

12.2 내점과 집적점

정의 2.1

$S \subset R$이고 $a \in R$이라 하자. 임의의 $\epsilon > 0$에 대해서
$S \cap B^*(a;\epsilon) \neq \varnothing$ 일 때 a를 S의 집적점(accumulation point)이라하고
$S \cap B(a;\epsilon) \neq \varnothing$ 일 때 a를 S의 극한점(limit point)이라 한다.
$S \cap (a-\epsilon, a) \neq \varnothing$ 일 때 a를 S의 우집적점(right accumulation point)이라 하고
$S \cap (a, a+\epsilon) \neq \varnothing$ 일 때 a를 S의 좌집적점(left accumulation point)이라 한다.
그리고 $a \in S$가 S의 집적점이 아닐 때 a를 S의 고립점(isolated point)이라한다. 그리고 S의 모든 집적점들의 집합을 S의 유도집합(derived set)이라하고 S'으로 나타낸다.

정의 2.2

$a \in S \subset R$에 대하여 적당한 $\epsilon > 0$존재하여 $B(a;\epsilon) \subset S$일 때 a를 S의 내점(interior point)이라고 한다.

예제 1

(1) S가 유한집합이면 S의 집적점은 존재하지 않는다.
(2) 집합 $(0,1), [0,1), (0,1], [0,1]$의 집적점들의 집합은 모두 $[0,1]$이다.
(3) N, Z의 집적점은 존재하지 않는다.
(4) 모든 실수 x가 유리수 집합 Q의 집적점이다.

예제 2

(1) 열린구간 (a,b)상의 모든 점이 (a,b)의 내점이 된다.
(2) 집합 $S = \left\{ \frac{1}{n} \middle| n = 1, 2, \cdots \right\}$의 내점은 존재하지 않는다.
(3) 집합 $S = \left\{ \frac{1}{n} \middle| n = 1, 2, \cdots \right\}$의 집적점은 0한 점 뿐이다.
(4) 유한집합의 내점은 존재하지 않는다.
(5) 유리수 집합 Q의 내점은 존재하지 않는다.

정리 2.3

집합 $G \subset R$가 열린집합일 필요충분조건은 "G의 모든 점이 G의 내점이다."이다.

증명 ($\Rightarrow$) $G \subset R$를 열린집합이라 가정하고 $x \in G$이라 하자.

그러면 열린집합의 정의에 의하여 적당한 $\epsilon_x > 0$가 존재하여 $B(x\,;\epsilon_x) \subset G$이다.

따라서 x는 G의 내점이다.

($\Leftarrow$) G의 모든 점이 G의 내점이라 가정하고 $x \in G$이라 하자.

그러면 x가 G의 내점이므로 적당한 $\epsilon_x > 0$가 존재하여 $B(x;\epsilon_x) \subset G$이다.

따라서 G는 열린집합이다. ■

정리 2.4

집합 $F \subset R$가 닫힌집합일 필요충분조건은 "F는 F의 집적점 모두를 포함한다."이다.

증명 ($\Rightarrow$) F를 닫힌집합이라고 가정하고 $F' \subset F$임을 보일 것이다.

$x \not\in F$이라고 하자. 그러면 $x \in F^c$이고 F^c은 열린집합이므로 x는 F^c의 내점이다.

따라서 적당한 $\epsilon_x > 0$가 존재하여 $B(x;\epsilon_x) \subset F^c$이다. 즉 $B(x\,;\epsilon_x) \cap F = \varnothing$ 이다.

그러므로 $x \not\in F'$이다. 따라서 F의 집적점은 모두 F에 포함된다.

($\Leftarrow$) $F' \subset F$를 가정하고 $x \in F^c$이라고 하자.

그러면 $x \not\in F'$이다. 따라서 적당한 $\epsilon_x > 0$가 존재하여 $B^*(x\,;\epsilon_x) \cap F = \varnothing$ 이다.

그런데 $x \not\in F$이므로 $B(x\,;\epsilon_x) \cap F = \varnothing$ 이다. 따라서 $B(x\,;\epsilon_x) \subset F^c$이다.

즉 x는 F^c의 내점이다. F^c의 모든 점이 F^c의 내점이므로 F^c는 열린집합이다. 그러므로 F는 닫힌집합이다. ■

정리 2.5

$S \subset R$ 이고 $a \in R$이라 하자. 이 때 a가 S의 집적점일 필요충분조건은 [a에 수렴하고 모든 $n \in N$에 대해서 $a_n \neq a$인 S에서의 수열 $\{a_n\}$이 존재한다.]이다.

증명 ($\Rightarrow$) a가 S의 집적점의 집적점이라고 가정하자.

그러면 모든 $n \in N$에 대해서 $B^*\left(a\,;\dfrac{1}{n}\right) \cap S \neq \varnothing$ 이다. 여기서 $a_n \in B^*\left(a\,;\dfrac{1}{n}\right) \cap S$을 잡아오자. 그러면 $\{a_n\}$은 S에서의 수열이고, $a_n \neq a\ (n = 1, 2, \cdots)$이고 $\lim\limits_{n\to 0} a_n = a$이다.

($\Leftarrow$) $a_n \neq a\ (n=1,2,\cdots)$이고 $\lim_{n\to 0} a_n = a$인 S에서의 수열 $\{a_n\}$이 존재한다고 하자. 임의의 $\epsilon > 0$에 대해서 적당한 $K \in N$가 존재하여 $n \geq K$이면 $0 < |a_n - a| < \epsilon$이다. 즉 $a_n \in B^*(a;\epsilon)$이다. 따라서 $B^*(a;\epsilon) \cap S \neq \varnothing$ 이다. 즉 a가 S의 집적점이다. ■

정리 2.6

$S \subset R$ 이고 $a \in R$일 때 다음의 세 명제는 동치이다.

(1) $a \in S \cup S'$

(2) 임의의 $\epsilon > 0$에 대해서 $B(a;\epsilon) \cap S \neq \varnothing$ 이다.

(3) $\lim_{n\to 0} a_n = a$인 S에서의 수열 $\{a_n\}$이 존재한다.

증명

(1) $\Rightarrow$ (2) $a \in S \cup S'$ 이라고 가정하자.

임의의 $\epsilon > 0$ 이 있다고 하자.

만약 $a \in S$이면 $a \in B(a;\epsilon) \cap S$이므로 $B(a;\epsilon) \cap S \neq \varnothing$ 이다.

만약 $a \in S'$ 이면 $B^*(a;\epsilon) \cap S \neq \varnothing$ 이므로 $B(a;\epsilon) \cap S \neq \varnothing$ 이다.

(2) $\Rightarrow$ (3) 임의의 $\epsilon > 0$ 에 대해서 $B(a;\epsilon) \cap S \neq \varnothing$ 이라고 가정하자

그러면 각 $n \in N$에 대해서 $B\left(a;\frac{1}{n}\right) \cap S \neq \varnothing$ 이므로 $a_n \in B\left(a;\frac{1}{n}\right) \cap S$을 잡을 수 있다.

따라서 $\{a_n\}$은 S에서의 수열이고, 모든 $n \in N$에 대해서 $|a_n - a| < \frac{1}{n}$ 이다.

그러므로 $\lim_{n\to 0} a_n = a$이다.

(3) $\Rightarrow$ (1) $\lim_{n\to 0} a_n = a$인 S에서의 수열 $\{a_n\}$이 존재한다고 가정하자.

그러면 임의의 $\epsilon > 0$에 대해서 적당한 $K \in N$가 존재하여 $n \geq K$이면 $|a_n - a| < \epsilon$이다.

따라서 $n \geq K$이면 $a_n \in B(a;\epsilon) \cap S$이다.

그러므로 $B^*(a;\epsilon) \cap S \neq \varnothing$ 또는 $a \in S$이다. 즉 $a \in S \cup S'$ 이다. ■

정리 2.7

위로유계인 집합 $S \subset R$의 상한을 $a \in R$라고 하면 $a \in S \cup S'$ 이다.

증명 가정에서 $a = \sup S$이므로 (제2장 [정리 1.11])에 의해서

임의의 $\epsilon > 0$에 대해서, $(a-\epsilon, a] \cap S \neq \varnothing$ 이다.

따라서 $B^*(a;\epsilon) \cap S \neq \varnothing$ 또는 $a \in S$이다. 즉 $a \in S \cup S'$ 이다. ■

연습문제 12.2

1. 집합 $S=\left\{\frac{1}{n}|n=1,2,\cdots\right\}$의 도집합 S'를 구하여라.

2. 유한집합의 내점이 존재하지 않음을 보여라.

3. 정수 집합 Z의 내점이 존재하지 않음을 보이고 도집합 Z'를 구하여라.

4. 유리수 집합 Q의 내점이 존재하지 않음을 보이고, 도집합 $Q'=R$임을 보여라.

5. 무리수 집합 $R-Q$의 도집합을 구하여라.

6. 다음 집합 S의 도집합을 구하여라.

(1) $S=\left\{\frac{1}{n}+(-1)^n \middle| n=1,2,\cdots\right\}$　　(2) $S=\left\{n+\frac{1}{m} \middle| m,n\in N\right\}$

(3) $S=\left\{n-\frac{1}{n} \middle| n=1,2,\cdots\right\}$　　(4) $S=\{(-1)^n | n=1,2,\cdots\}$

7. 집합 $F\subset R$가 폐집합일 필요충분조건이 $F'\subset F$임을 증명하여라.

8. $a\in R$가 집합 $S\subset R$의 집적점일 필요충분조건이 임의의 $\epsilon>0$에 대하여 $B_\epsilon(a)\cap S$가 무한집합임을 보여라.

12.3 Bolzano-Weierstrass 정리 및 Heine-Borel 정리

이 절에서는 먼저 축소구간정리(nested interval theorem)에 대해서 알아보고 이 축소구간정리를 이용하여 Bolzano-Weierstrass 정리를 증명할 것이다.

정리 3.1 **nested interval theorem : 축소구간정리**

유계 닫힌구간들의 열 $\{I_n\}$이 모든 $n \in N$에 대해서 $I_n \supset I_{n+1}$이면 $\bigcap_{n=1}^{\infty} I_n \neq \varnothing$ 이다.

증명 다음 정리 3.2의 증명에서 쉽게 알 수 있다. ■

정리 3.2 **nested interval theorem : 축소구간정리**

모든 $n \in N$에 대하여 폐구간 $I_n = [a_n, b_n]$이 조건 $I_{n+1} \subset I_n$, $\lim_{n\to\infty}(b_n - a_n) = 0$를 만족하면 $\bigcap_{n=1}^{\infty} I_n$은 한 점으로 구성되는 집합이다.

증명 모든 $n \in N$에 대하여 $I_{n+1} \subset I_n$이므로 $\{a_n\}$은 유계인 단조증가 수열이고 $\{b_n\}$은 유계인 단조감소 수열이다. 따라서 수열 $\{a_n\}$과 $\{b_n\}$은 각각 수렴한다.
여기서 $\lim_{n\to\infty} a_n = \alpha$, $\lim_{n\to\infty} b_n = \beta$라고 두자. 그러면 모든 $n \in N$에 대해서 $a_n \le \alpha$이고 $b_n \ge \beta$이다. 따라서

$$\alpha - \beta = \lim_{n\to\infty} a_n - \lim_{n\to\infty} b_n = \lim_{n\to}(a_n - b_n) = 0$$

이므로 $\alpha = \beta$이다.
그리고 모든 $n \in N$에 대해서 $a_n \le \alpha \le b_n$이므로 $\alpha \in \bigcap_{n=1}^{\infty} [a_n, b_n] = \bigcap_{n=1}^{\infty} I_n$이다.
지금부터 $\bigcap_{n=1}^{\infty} I_n = \{\alpha\}$임을 보일 것이다. 만약 $\alpha \neq \gamma$이고 $\gamma \in \bigcap_{n=1}^{\infty} I_n$이라고 가정하면 $\lim_{n\to}(a_n - b_n) = 0$이므로 $b_K - a_K < |\alpha - \gamma|$를 만족하는 $K \in N$가 존재한다.
이것은 $\alpha \in [a_K, b_K]$와 $\gamma \in [a_K, b_K]$에 모순이다. 그러므로 $\bigcap_{n=1}^{\infty} I_n = \{\alpha\}$이다. ■

참고 축소구간정리를 증명하기 위하여 실수의 완비성공리가 이용되었다. 즉 [실수의 완비성공리]를 가정하면 [축소구간정리]가 증명된다는 말이다. 실제로는 축소구간정리와 실수

의 완비성공리는 서로 동치이다. 다음 정리에서 축소구간정리를 가정하고 실수의 완비성공리를 증명할 것이다. ■

정리 3.3

모든 $n \in N$에 대해서 I_n이 유계이고 $I_n \supset I_{n+1}$인 닫힌구간들의 열 $\{I_n\}$에 대해서 $\bigcap_{n=1}^{\infty} I_n \neq \varnothing$ 이면 실수의 완비성공리가 성립한다.

증명 $S \subset R$가 $S \neq \varnothing$인 위로유계인 집합이라고 하자. 여기서 실수열 $\{a_n\}$과 $\{b_n\}$을 다음과 같이 구성하자. 먼저 S의 상계가 아닌 임의의 점 $a_1 \in R$과 S의 상계인 임의의 점 $b_1 \in R$를 잡아서 $I_1 = [a_1, b_1]$이라고 두자. 다음으로 $\dfrac{a_1+b_1}{2}$이 S의 상계이면 $a_2 = a_1$, $b_2 = \dfrac{a_1+b_1}{2}$라고 두고 $\dfrac{a_1+b_1}{2}$가 S의 상계가 아니면 $a_2 = \dfrac{a_1+b_1}{2}$, $b_2 = b_1$이라고 두자.
그리고 $I_2 = [a_2, b_2]$라고 두자. 그러면 a_2는 S의 상계가 아니고 b_2는 S의 상계이다. 그리고 $I_2 \subset I_1$이다. 만약 a_n은 S의 상계가 아니고 b_n은 S의 상계이며 구간 $I_n = [a_n, b_n]$에 대해서 $I_{n-1} \subset I_n$인 $a_n, b_n \in R$이 있으면, 또 다시 $\dfrac{a_n+b_n}{2}$이 S의 상계이면 $a_{n+1} = a_n$, $b_{n+1} = \dfrac{a_n+b_n}{2}$라고 두고 $\dfrac{a_n+b_n}{2}$가 S의 상계가 아니면 $a_{n+1} = \dfrac{a_n+b_n}{2}$, $b_{b+1} = b_n$이라고 하자. 그리고 $I_{n+1} = [a_{n+1}, b_{n+1}]$이라고 두자. 그러면 모든 $n \in N$에 대해서 a_n는 S의 상계가 아니고 b_n는 S의 상계이며 $I_{n+1} \subset I_n$이다. 모든 $n \in N$에 대해서 I_n이 유계이므로 축소구간정리에 의해서 $\alpha \in \bigcap_{n=1}^{\infty} I_n$인 $\alpha \in R$가 존재한다.
지금부터 $\alpha = \sup S$임을 보일 것이다. 먼저 α가 S의 상계임을 보이자.
만일 α가 S의 상계가 아니라고 가정하면 $\alpha < x$인 $x \in S$가 존재한다.
따라서 $b_K - a_K = \dfrac{b_1 - a_1}{2^{K-1}} < x - \alpha$를 만족하는 적당한 $K \in N$가 존재한다.
그런데 $a_K \leq \alpha \leq b_K$이므로 $b_K < x$가 되어 b_K가 S의 상계라는 사실에 모순이다.
그러므로 α가 S의 상계이다. 다음으로 α가 S의 상한임을 보이자. 여기서 y가 S의 상계이기만 하면 $\alpha \leq y$임을 보이면 된다. 만약 y가 S의 상계이고 $y < \alpha$이라 가정하자.
그러면 적당한 $m \in N$이 존재하여 $b_m - a_m < \alpha - y$가 된다. 그리고 $a_m \leq \alpha \leq b_m$이므로 $y < \alpha + a_m - b_m \leq a_m$가 된다. 따라서 y는 S의 상계가 아니다. 즉 y는 S의 상계라는 사실에 모순이다. 따라서 $\alpha \leq y$가 되어 증명이 끝났다. □

정리 3.4 **집합에 관한 Bolzano-Weierstrass 정리**

임의의 유계 무한집합 $S \subset R$는 적어도 하나의 집적점을 가진다.

증명 집합 S가 유계이므로 적당한 폐구간 $I_1 = [a_1, b_1]$이 존재하여 $S \subset I_1$이 된다. S가 무한집합이므로 두 개의 폐구간 $\left[a_1, \frac{a_1+b_1}{2}\right]$, $\left[\frac{a_1+b_1}{2}, b_1\right]$중 하나는 적어도 무한개의 S의 원소를 포함한다. S의 원소 무한개를 포함하는 폐구간을 $I_2 = [a_2, b_2]$라 두자. 다시 I_2를 이등분하여 얻은 두 폐구간 $\left[a_2, \frac{a_2+b_2}{2}\right]$, $\left[\frac{a_2+b_2}{2}, b_2\right]$중에서 S의 원소 무한개를 포함하는 폐구간을 $I_3 = [a_3, b_3]$라 두자. 이와 같은 과정을 반복하여, 모든 $n \in N$에 대해서

$$I_n \subset I_{n+1} \text{이고 } b_n - a_n = \frac{b_1 - a_1}{2^{n-1}}$$

인 폐구간들의 열 $\{I_n\}$을 얻는다.

([정리 3.1](축소구간정리))에 의해서 $\alpha \in \bigcap_{n=1}^{\infty} I_n$ 인 실수 α가 존재한다.

지금부터 α가 S의 집적점임을 보일 것이다. 임의의 $\epsilon > 0$에 대하여 $b_K - a_K = \frac{b_1 - a_1}{2^{K-1}} < \epsilon$ 인 $K \in N$가 존재한다.

그런데 $\alpha \in I_K$이므로 $\alpha - \epsilon < b_K - \epsilon < a_K \le \alpha \le b_K < a_K + \epsilon < \alpha + \epsilon$이다.

따라서 $I_K \subset B(\alpha\,;\epsilon)$이다. 그리고 I_K는 S의 원소를 무한개 포함하므로 $B^*(\alpha\,;\epsilon) \cap S \ne \varnothing$이다. 즉 α는 S의 집적점이다. ▣

따름정리 3.5

유계수열은 수렴하는 부분수열을 갖는다.

정의 3.6

$X \subset R$이고 $\{G_\alpha | \alpha \in \Lambda\}$가 개집합들의 집합족이라 하자. 만약 $X \subset \bigcup_{\alpha \in \Lambda} G_\alpha$일 때 $\{G_\alpha | \alpha \in \Lambda\}$를 X의 열린덮개(open cover of X)라고 한다. 만일 $\Gamma \subset \Lambda$이고 $X \subset \bigcup_{\beta \in \Gamma} G_\beta$ 일 때 $\{G_\beta | \beta \in \Gamma\}$를 X의 열린덮개 $\{G_\alpha | \alpha \in \Lambda\}$의 부분덮개(subcover)라고 한다. 여기서 Γ가 유한집합이면 $\{G_\beta | \beta \in \Gamma\}$를 X의 열린덮개 $\{G_\alpha | \alpha \in \Lambda\}$의 유한 부분덮개(finite subcover)라고 한다.

예제 1

$X=(0,1)$이라 하자.

(1) 모든 $x \in X$에 대해서 $U_x = \left(\frac{x}{2}, x\right)$라고 두면 $\{U_x \mid x \in (0,1)\}$은 X의 열린덮개이다. 왜냐하면 $(0,1) = \bigcup_{x \in (0,1)} \left(\frac{x}{2}, x\right)$이기 때문이다.

(2) 모든 $n \in N$에 대해서 $G_n = \left(\frac{1}{n+2}, 1-\frac{1}{n+2}\right)$이면 $\{G_n \mid n=1,2,\cdots\}$은 X의 열린덮개이다. 왜냐하면 $(0,1) = \bigcup_{n=1}^{\infty} \left(\frac{1}{n+2}, 1-\frac{1}{n+2}\right)$이기 때문이다. 그리고 X의 열린덮개 $\{G_n \mid n=1,2,\cdots\}$의 유한 부분덮개는 존재하지 않는다.

예제 2

$X=[0,1]$이라 하자.

$G_1 = \left(-\frac{1}{4}, \frac{1}{4}\right)$, $G_2 = \left(\frac{3}{4}, \frac{5}{4}\right)$이고, 모든 자연수 $n \geq 3$에 대해서 $G_n = \left(\frac{1}{n}, 1\right)$이면 열린집합들의 모임 $\{G_n \mid n=1,2,\cdots\}$은 X의 열린덮개이다.

그리고 $\left\{\left(-\frac{1}{4}, \frac{1}{4}\right), \left(\frac{1}{5}, 1\right), \left(\frac{3}{4}, \frac{5}{4}\right)\right\}$은 X의 열린덮개이고, $\{G_n \mid n=1,2,\cdots\}$의 부분모음(subcollection)이므로 $\{G_n \mid n=1,2,\cdots\}$의 유한 부분덮개가 된다.

예제 3

$X=R$이고 $G_n=(n, n+2)$이라 하면 $\{G_n \mid n=1,2,\cdots\}$은 X의 열린덮개이다. 왜냐하면 $R = \bigcup_{n=1}^{\infty}(n, n+2)$이기 때문이다. 그러나 $\{G_n \mid n=1,2,\cdots\}$의 유한 부분덮개는 존재하지 않는다.

예제 4

$X=(0,2)$이라 하고 $G_n = \left(\frac{1}{n}, 2\right)$이라 하면 $\{G_n \mid n=1,2,\cdots\}$은 X의 열린덮개이다. 왜냐하면 $(0,2) = \bigcup_{n=1}^{\infty}\left(\frac{1}{n}, 2\right)$이기 때문이다. 그러나 $\{G_n \mid n=1,2,\cdots\}$의 유한 부분덮개는 존재하지 않는다.

정의 3.7

$X \subset R$이라 하자. X의 모든 열린덮개가 반드시 유한부분덮개를 가질 때 X를 컴팩트 집합(compact set)이라고 한다.

예제 5

R의 유한부분집합은 컴팩트 집합임을 보여라.

증명 $X=\{x_1, x_2, \cdots, x_n\} \subset R$이라 하자. 그리고 $\{G_\alpha | \alpha \in \Lambda\}$를 X의 열린덮개라 하자. 그러면 모든 $i=1,2,\cdots,n$에 대해서 $x_i \in G_{\alpha_i}$인 $\alpha_i \in \Lambda$가 존재한다. 따라서 $X \subset \bigcup_{i=1}^{n} G_{\alpha_i}$이다. 따라서 $\{G_{\alpha_1}, G_{\alpha_2}, \cdots, G_{\alpha_n}\}$은 $\{G_\alpha | \alpha \in \Lambda\}$의 유한부분덮개이다. 그러므로 X는 컴팩트 집합이다. ■

예제 6

$(0,1)$, $(0,2)$, R은 모두 컴팩트 집합이 아니다. ([예제 1], [예제 3], [예제 4])

예제 7

$X=\left\{\frac{1}{n} \middle| n=1,2,\cdots\right\} \cup \{0\}$이 컴팩트 집합임을 증명하여라.

증명 $\{G_\alpha | \alpha \in \Lambda\}$를 X의 임의의 열린덮개라 하자. 그러면 $0 \in G_{\alpha_0}$인 $\alpha_0 \in \Lambda$가 존재한다. G_{α_0}가 개집합이고 $0 \in G_{\alpha_0}$이므로 0의 적당한 ϵ-근방 $B(0;\epsilon)$가 존재하여 $B(0;\epsilon) \subset G_{\alpha_0}$이다. 여기서 $\frac{1}{K} < \epsilon$ 되는 $K \in N$를 잡아오자. 그러면 $n \geq K$이면 $\frac{1}{n} \in B(0;\epsilon) \subset G_{\epsilon_0}$가 된다. 그리고 모든 $k=1,2,\cdots,K-1$에 대해서 G_{ϵ_k}를 $\frac{1}{k}$를 포함하는 $\{G_\alpha | \alpha \in \Lambda\}$의 원소라 하자. 그러면 $X \subset \bigcup_{i=0}^{K-1} G_{\alpha_i}$이므로 $\{G_{\alpha_0}, G_{\alpha_1}, \cdots, G_{\alpha_{K-1}}\}$은 $\{G_\alpha | \alpha \in \Lambda\}$의 유한부분덮개가 된다. ■

정리 3.8

임의의 폐구간 $[a,b]$는 컴팩트 집합이다.

증명 폐구간 $[a,b]$가 컴팩트가 아니라고 가정하자. 그러면 $\{G_\alpha | \alpha \in \Lambda\}$의 어떠한 유한부분집합족도 $[a,b]$를 덮을 수 없는 $[a,b]$의 열린덮개 $\{G_\alpha | \alpha \in \Lambda\}$가 존재한다. 여기서 $[a,b]$를 이등분하여 두 개의 폐구간 $\left[a, \frac{a+b}{2}\right]$와 $\left[\frac{a+b}{2}, b\right]$으로 나누자. 그러면 이 두 개의 폐구간 중에서 하나는 $\{G_\alpha | \alpha \in \Lambda\}$의 어떠한 유한부분집합족으로도 덮을 수 없다. 두 개의 폐구간 중에서 $\{G_\alpha | \alpha \in \Lambda\}$의 유한부분집합족으로 덮을 수 없는 구간을 $[a_1, b_1]$이라고 두자. 다시 $[a_1, b_1]$을 이등분하여 두 개의 폐구간으로 나누고 그 중에서 $\{G_\alpha | \alpha \in \Lambda\}$의 어떠한 유한부분집합족으로도 덮을 수 없는 구간을 $[a_2, b_2]$라고 두자. 이와 같은 과정을 반복하면, 모든 $n \in N$에 대해서 다음을 만족하는 폐구간들의 열 $\{[a_n, b_n]\}$을 얻을 수 있다.

(1) $[a_{n+1}, b_{n+1}] \subset [a_n, b_n]$,

(2) $b_n - a_n = \dfrac{b-a}{2^n}$이고

(3) $[a_n, b_n]$은 $\{G_\alpha | \alpha \in \Lambda\}$의 어떠한 유한부분집합족도 덮을 수 없다.

〈축소구간정리〉에 의해서 $p \in \bigcap_{n=1}^{\infty} [a_n, b_n]$를 만족하는 $p \in [a,b]$가 존재한다.

그런데 $[a,b] \subset \bigcup_{\alpha \in \Lambda} G_\alpha$이므로 $p \in G_{\alpha_0}$인 적당한 $\alpha_0 \in \Lambda$가 존재한다. 그리고 G_{α_0}는 개집합이므로 $\epsilon_0 > 0$가 존재하여 $p \in B(p; \epsilon_0) \subset G_{\alpha_0}$가 된다.

여기서 존재한 $\epsilon_0 > 0$에 대해서 $K \in N$가 존재하여 $b_K - a_K = \dfrac{b-a}{2^K} < \epsilon_0$가 성립한다. 그리고 $p \in [a_K, b_K]$이므로

$$p - \epsilon_0 \le b_K - \epsilon_0 < a_K \le p \le b_K < a_K + \epsilon_0 \le p + \epsilon_0$$

가 성립한다. 따라서 $[a_K, b_K] \subset B(p; \epsilon_0) \subset G_{\alpha_0}$가 된다. 즉 G_{α_0} 단독으로 $[a_K, b_K]$를 덮을 수 있다. 이것은 "(3) 모든 $n \in N$에 대해서 $[a_n, b_n]$은 $\{G_\alpha | \alpha \in \Lambda\}$의 어떠한 유한부분집합족으로도 덮을 수 없다."는 사실에 모순이다. 그러므로 폐구간 $[a,b]$는 컴팩트이다. ▫

따름정리 3.9

$\{I_\alpha | \alpha \in \Gamma\}$가 개구간들의 집합족으로 $[a,b] \subset \bigcup_{\alpha \in \Gamma} I_\alpha$이면 $\{I_\alpha | \alpha \in \Gamma\}$의 유한부분 집합족 $\{I_{\alpha_1}, I_{\alpha_2}, \cdots, I_{\alpha_n}\}$가 존재하여 $[a,b] \subset \bigcup_{i=1}^{n} I_{\alpha_i}$가 된다.

예제 8

[따름정리 3.9]를 [정리 3.8]을 이용하지 말고 실수의 완비성공리를 이용해서 바로 증명해 보아라.

$\{I_\alpha \mid \alpha \in \Gamma\}$가 개구간들의 집합족으로 $[a, b] \subset \bigcup_{\alpha \in \Gamma} I_\alpha$이면 $\{I_\alpha \mid \alpha \in \Gamma\}$의 유한부분 집합족 $\{I_{\alpha_1}, I_{\alpha_2}, \cdots, I_{\alpha_n}\}$가 존재하여 $[a, b] \subset \bigcup_{i=1}^{n} I_{\alpha_i}$가 된다.

증명 $X = \left\{ x \in (a, b] \,\middle|\, \text{적당한 유한개 } I_1, I_2, \cdots, I_n \text{에 대해서 } [a, x] \subset \bigcup_{i=1}^{n} I_i \right\}$라고 하자.

$a \in \bigcup_{\alpha \in \Gamma} I_\alpha$이므로 $a \in I_{\alpha_0} = (a_0, b_0)$인 $\alpha_0 \in \Gamma$가 존재한다. 따라서 $a_0 < a < b_0$이다.

여기서 $a < x_0 < b_0$가 되는 x_0를 잡으면 $[a, x_0] \subset I_{\alpha_0}$이므로 $x_0 \in X$가 된다.

따라서 $X \neq \varnothing$이고, 유계이다. 실수의 완비성공리에 의해서 $\sup X$가 존재한다. 여기서 $c = \sup X$라고 두면 $a < x_0 \leq c \leq b$이므로 $a < c \leq b$이다. 그리고 $c \in \bigcup_{\alpha \in \Gamma} I_\alpha$이므로 $c \in I_{\alpha_1} = (a_1, b_1)$인 $\alpha_1 \in \Gamma$가 존재한다. 따라서 $a_1 < c < b_1$이므로 a_1은 X의 상계가 아니다.

그러므로 $a_1 < x \leq c$인 $x \in X$가 존재한다.

X의 구성에 의해서 적당한 $\beta_1, \beta_2, \cdots, \beta_n \in \Gamma$가 존재하여

$$[a, x] \subset \bigcup_{i=1}^{n} I_{\beta_i}$$

가 된다. 그러므로 $[a, c] \subset \left(\bigcup_{i=1}^{n} I_{\beta_i}\right) \cup I_{\alpha_1}$가 된다. 따라서 $c \in X$이다.

앞으로 $c = b$임을 증명하면 Heine-Borel 정리의 증명이 끝난다.

여기서 $c < b$라고 가정하자. $c \in X$이므로 적당한 $\gamma_1, \gamma_2, \cdots, \gamma_n \in \Gamma$가 존재하여

$$[a, c] \subset \bigcup_{i=1}^{n} I_{\gamma_i}$$

가 된다. 따라서 적당한 $j\,(1 \leq j \leq n)$에 대해서 $c \in I_{\gamma_j} = (a_j, b_j)$가 된다.

만약 $c < d < \min\{b, b_j\}$인 d를 잡으면 $[a, d] \subset \bigcup_{i=1}^{n} I_{\gamma_i}$이므로 $d \in X$이다.

이것은 모순이다. 그러므로 $c = b$이다. ▣

정리 3.10

컴팩트 집합의 닫힌부분집합은 컴팩트이다.

증명 $F \subset K \subset R$이고 F는 닫힌집합이고 K는 컴팩트라하자. $\{G_\alpha | \alpha \in \Lambda\}$를 F의 임의의 열린덮개라고 하자. 그런데 F는 닫힌집합이므로 F^c는 열린집합이다.
따라서 집합족 $\{G_\alpha | \alpha \in \Lambda\} \cup \{F^c\}$는 K의 열린덮개이다. 가정에서 K가 컴팩트이므로 집합족 $\{G_\alpha | \alpha \in \Lambda\} \cup \{F^c\}$의 유한부분집합족 $\left\{G_{\alpha_1}, G_{\alpha_2}, \cdots, G_{\alpha_n}, F^c\right\}$가 존재하여

$$K \subset \left(\bigcup_{i=1}^{n} G_{\alpha_i}\right) \cup F^c$$

가 된다. 따라서 $\{G_\alpha | \alpha \in \Lambda\}$의 유한부분집합족 $\left\{G_{\alpha_1}, G_{\alpha_2}, \cdots, G_{\alpha_n}\right\}$은 F의 덮개가 된다. 그러므로 F는 컴팩트이다. ■

따름정리 3.11

닫힌구간 $[a, b]$의 닫힌부분집합은 컴팩트이다.

정리 3.12

임의의 컴팩트 집합 $F \subset R$는 닫힌집합이다.

증명 F의 여집합 F^c가 열린집합임을 보이면 된다. $x \in F^c$를 임의의 점이라고 하자. 모든 $n \in N$에 대해서 $G_n = R - \left[x - \frac{1}{n}, x + \frac{1}{n}\right]$이라고 두자.
그러면 $\{G_n | n \in N\}$은 F의 열린덮개이다. 왜냐하면

$$\begin{aligned} y \in F \ &\Rightarrow\ y \neq x \\ &\Rightarrow\ \exists\, m \in N \text{ s.t. } 0 < \frac{1}{m} < |x - y| \\ &\Rightarrow\ y \notin \left[x - \frac{1}{m}, x + \frac{1}{m}\right] \\ &\Rightarrow\ y \in G_m \subset \bigcup_{i=1}^{\infty} G_n \end{aligned}$$

가정에서 F가 컴팩트이므로 $\{G_n | n \in N\}$의 유한부분집합족 $\left\{G_{n_1}, G_{n_2}, \cdots, G_{n_k}\right\}$가 존재하여 F의 덮개가 된다. 여기서 $K = \max\{n_1, n_2, \cdots, n_k\}$라고 두면 $G_1 \subset G_2 \subset \cdots \subset G_K$이므로

$F \subset G_K = \left[x - \frac{1}{K}, x + \frac{1}{K}\right]^c$ 가 된다.

따라서 $\left[x - \frac{1}{K}, x + \frac{1}{K}\right] \cap F = \varnothing$ 이다. 즉 $B\left(x; \frac{1}{K}\right) \subset F^c$ 이다. 따라서 x는 F^c의 내점이므로 F^c는 개집합이다. ▣

정리 3.13 **Heine-Borel 정리**

R의 부분집합 K가 컴팩트일 필요충분조건이 K가 유계이고 닫힌집합이다.

증명 ($\Rightarrow$) K를 컴팩트집합이라고 가정하자.〈정리 3.12〉에 의해서 K는 닫힌집합이다. 여기서는 K가 유계집합임을 보이자. 모든 $n \in N$에 대해서 $G_n = (-n, n)$이라고 두면 $\{G_n | n = 1, 2, \cdots\}$은 K의 열린덮개가 된다. K가 컴팩트이므로 $\{G_n | n = 1, 2, \cdots\}$의 유한 부분집합족 $\{G_{n_1}, G_{n_2}, \cdots, G_{n_k}\}$가 존재하여 K의 덮개가 된다.

여기서 $n_0 = \max\{n_1, n_2, \cdots, n_k\}$라고 두면 $G_1 \subset G_2 \subset \cdots$이므로 $K \subset G_{n_0} = (-n_0, n_0)$가 된다. 따라서 K는 유계집합이다.

($\Leftarrow$) $K \subset R$가 유계이고 닫힌집합이라고 가정하자. 그러면 K를 포함하는 적당한 폐구간 $[a, b]$가 존재한다. 그리고 닫힌구간 $[a, b]$가 컴팩트이고 K가 닫힌집합이므로〈정리 3.10〉에 의해서 K는 컴팩트집합이다. ▣

연습문제 12.3

1. [정리 3.1](축소구간정리)에서 I_n이 반드시 폐구간이어야 함을 보여라.

2. $I_n = \left[0, \frac{1}{n}\right]$일 때 $\bigcap_{n=1}^{\infty} I_n = \{0\}$임을 증명하여라.

3. $I_n = \left[-\frac{1}{n}, \frac{1}{n}\right]$일 때 $\bigcap_{n=1}^{\infty} I_n = \{0\}$임을 증명하여라.

4. $J_n = \left(0, \frac{1}{n}\right)$일 때 $\bigcap_{n=1}^{\infty} I_n = \varnothing$ 임을 증명하여라.

5. $I_n = [n, \infty)$일 때 $\bigcap_{n=1}^{\infty} I_n = \varnothing$ 임을 증명하여라.

6. 모든 $n \in N$에 대해서 $I_n = [a_n, b_n]$이고 $I_n \supset I_{n+1}$이며 $b_{n+1} - a_{n+1} = \frac{1}{2}(b_n - a_n)$이면 $\bigcap_{n=1}^{\infty} I_n$은 단 한 점으로 이루어지는 집합임을 보여라.

7. $X = \left(0, \frac{1}{2}\right)$이고 $G_n = \left(\frac{1}{n+2}, \frac{1}{n}\right)$일 때 $\{G_n | n = 1, 2, \cdots\}$이 X의 열린덮개임을 보이고, 어떠한 유한 부분덮개도 갖지 않음을 보여라.

8. $X = (0, 1)$이고 $G_n = \left(\frac{1}{2^n}, 1\right)$일 때 $\{G_n | n = 1, 2, \cdots\}$이 X의 열린덮개임을 보이고, 어떠한 유한 부분덮개도 갖지 않음을 보여라.

9. 집합 $X = [0, 1] \cap Q$가 컴팩트인지를 조사하고, 그 이유를 밝혀라.

10. 집합 A가 유계일 때 $A \cup A'$가 컴팩트인지를 조사하고, 그 이유를 밝혀라.

Chapter

13

극한과 연속

13.1 함수의 극한

정의 1.1

함수 f가 점 a를 제외한 a의 근방에서 정의되어 있다고 하자.
적당한 $L \in R$이 존재해서, 임의로 주어진 $\epsilon > 0$에 대해서

$$0 < |x-a| < \delta \quad \Rightarrow \quad |f(x) - L| < \epsilon$$

를 만족하는 $\delta > 0$가 존재할 때 "x가 a에 가까이가면 $f(x)$의 극한은 L이다."이라 하고 $\lim_{x \to a} f(x) = L$로 나타낸다.

예제 1

(1) 함수 $f : R \to R$가 $f(x) = c$(c는 상수)로 정의된 상수함수일 때, 모든 $a \in R$에 대하여 $\lim_{x \to a} f(x) = c$임을 보이자.

임의로 주어진 $\epsilon > 0$에 대해서 $\delta > 0$를 $\delta = 1$로 잡으면

$$0 < |x-a| < \delta \Rightarrow |f(x) - c| = |c - c| = 0 < \epsilon$$

이다. 따라서 $\lim_{x \to a} c = c$이다.

(2) 함수 $f : R \to R$가 $f(x) = x$로 정의된 항등함수일 때, 모든 $a \in R$에 대하여 $\lim_{x \to a} f(x) = a$임을 보이자.

임의로 주어진 $\epsilon > 0$에 대해서 $\delta > 0$를 $\delta = \epsilon$으로 잡으면

$$0 < |x-a| < \delta \Rightarrow |f(x) - a| = |x - a| < \delta = \epsilon$$

이다. 따라서 $\lim_{x \to a} x = a$이다.

(3) 함수 $f : R \to R$가 $f(x) = 2x + 1$로 정의된 일차함수일 때, 모든 $a \in R$에 대하여 $\lim_{x \to a} f(x) = 2a + 1$임을 보이자.

임의로 주어진 $\epsilon > 0$에 대해서 $\delta > 0$를 $\delta = \frac{\epsilon}{2}$ 되도록 잡으면

$$0 < |x-a| < \delta \quad \Rightarrow \quad |f(x) - (2a+1)| = |(2x+1) - (2a+1)| = 2|x-a| < 2\delta = \epsilon$$

이다. 따라서 $\lim_{x \to a} (2x+1) = 2a + 1$이다.

(4) 함수 $f: R \to R$가 $f(x) = x^2 + 2x$로 정의될 때 $\lim_{x \to 3} f(x) = 15$임을 보이자.

임의로 주어진 $\epsilon > 0$에 대해서 $\delta > 0$를 $\delta = \min\left\{1, \frac{\epsilon}{9}\right\}$되도록 잡으면

$$\begin{aligned} 0 < |x-3| < \delta \Rightarrow |f(x) - 15| &= |(x^2 - 2x) - 15| \\ &= |x-3||x+5| = |x-3||(x-3)+8| \\ &\le |x-3|(|x-3|+8) < \delta(\delta+8) \le 9\delta \le \epsilon \end{aligned}$$

가 된다. 따라서 $\lim_{x \to 3}(x^2 + 2x) = 15$이다.

(5) 함수 $f: R - \{1\} \to R$가 $f(x) = \dfrac{x^2 - 1}{x - 1}$로 정의될 때 $\lim_{x \to 1} f(x) = 2$임을 보이자.

임의로 주어진 $\epsilon > 0$에 대해서 $\delta > 0$를 $\delta = \epsilon$로 잡으면

$$0 < |x-1| < \delta \Rightarrow \left| \frac{x^2-1}{x-1} - 2 \right| = \left| \frac{(x-1)(x+1)}{x-1} - 2 \right| = |x-1| < \delta = \epsilon$$

이다. 그러므로 $\lim_{x \to 1} \dfrac{x^2 - 1}{x - 1} = 2$이다.

(6) 함수 $f: (-\infty, 0) \cup (0, \infty) \to R$가 $f(x) = x\sin\dfrac{1}{x}$로 정의될 때 $\lim_{x \to 0} f(x) = 0$임을 보이자. 임의로 주어진 $\epsilon > 0$에 대해서 $\delta > 0$를 $\delta = \epsilon$되도록 잡으면

$$0 < |x - 0| < \delta \Rightarrow \left| x\sin\frac{1}{x} - 0 \right| = |x| \left| \sin\frac{1}{x} \right| \le |x| < \delta = \epsilon$$

이다. 그러므로 $\lim_{x \to 0}\left(x\sin\dfrac{1}{x}\right) = 0$이다.

정리 1.2

함수 f가 점 a의 근방에서 정의되어 있다고 하자. 이 때 다음은 동치이다.

(1) $\lim_{x \to a} f(x) = L$

(2) f의 정의역에서의 수열 $\{x_n\}$이 $x_n \ne a\ (n \in N)$이고 $\lim_{n \to \infty} x_n = a$ 이면 $\lim_{n \to \infty} f(x_n) = L$이다.

증명 먼저 $\lim_{x \to a} f(x) = L$를 가정하자. 그러면 임의로 주어진 $\epsilon > 0$에 대해서

$$\exists\,\delta > 0 \quad \text{s.t.}\ \ 0 < |x-a| < \delta \ \Rightarrow\ |f(x)-L| < \epsilon$$

이다. 만약 f의 정의역에서의 수열 $\{x_n\}$이 $x_n \neq a\,(n \in N)$이고 $\lim_{n\to\infty} x_n = a$이라 하자. 그러면 위에서 존재한 $\delta > 0$에 대해서

$$\exists\,K \in N \quad \text{s.t.}\ \ n \geq K \Rightarrow |x_n - a| < \delta$$

이다. 따라서 $n \geq K$이면 $0 < |x_n - a| < \delta$이므로 $|f(x_n) - L| < \epsilon$ 이다.

그러므로 $\lim_{n\to\infty} f(x_n) = L$이다.

역으로 $\lim_{n\to\infty} x_n = a$이고 $x_n \neq a\,(n \in N)$인 f의 정의역에서의 모든 수열 $\{x_n\}$에 대해서 $\lim_{n\to\infty} f(x_n) = L$이라 가정하자. 만약 $\lim_{x\to a} f(x) \neq L$이라 하면, 다음 조건을 만족하는 $\epsilon_0 > 0$가 존재한다.

$$\forall\,\delta > 0,\ \exists\,x_\delta \ \ \text{s.t.}\ \ 0 < |x_\delta - a| < \delta,\ |f(x_\delta) - f(a)| \geq \epsilon_0$$

그러므로 $n \in N$에 대해서 $\delta = \dfrac{1}{n}$로 잡으면

$$0 < |x_n - a| < \frac{1}{n},\ |f(x_n) - L| \geq \epsilon_0$$

를 만족하는 x_n을 잡을 수 있다. 그러면 $\{x_n\}$은 $\lim_{n\to\infty} x_n = a$이고 $x_n \neq a\ (n \in N)$이지만 모든 $n \in N$에 대해서 $|f(x_n) - L| \geq \epsilon_0$이므로 $\lim_{n\to\infty} f(x_n) \neq L$이다. 이것은 모순이다. 그러므로 $\lim_{x\to a} f(x) = L$이다. ■

예제 2

(1) $f(x) = \sin\dfrac{1}{x}$일 때 $\lim_{x\to 0}\left(\sin\dfrac{1}{x}\right)$이 존재하지 않음을 보이자.

만약 $\lim_{x\to 0}\left(\sin\dfrac{1}{x}\right) = L$로 존재한다고 가정하면 $\lim_{n\to\infty} x_n = 0,\ x_n \neq 0\ (n \in N)$인 모든 수열 $\{x_n\}$에 대해서 $\lim_{x\to\infty} f(x_n) = L$이 되어야 한다.

그런데 $x_n = \dfrac{1}{n\pi}\,(n \in N)$이라 하면 $\lim_{n\to\infty} x_n = 0,\ x_n \neq 0\ (n \in N)$이고 $f(x_n) = 0$이므로 $L = 0$이고 $y_n = \dfrac{1}{\dfrac{\pi}{2} + 2n\pi}\,(n \in N)$이라 하면 $\lim_{n\to\infty} y_n = 0,\ y_n \neq 0\,(n \in N)$이고 $f(y_n) = 1$이므로 $L = 1$이 된다. 이것은 모순이므로 $\lim_{x\to 0}\left(\sin\dfrac{1}{x}\right)$이 존재하지 않는다.

(2) 함수 $f : R \to R$가 다음과 같이 정의되어 있다고 하자.

$$f(x) = \begin{cases} 1 & (x\text{는 유리수}) \\ 0 & (x\text{는 무리수}) \end{cases}$$

이 때 어떤 $a \in R$에서도 $\lim_{x \to a} f(x)$가 존재하지 않음을 보이자.

$a \in R$라 하자. 그러면

$\lim_{n \to \infty} a_n = a$이고 $a_n \neq a$ $(n \in N)$인 유리수들의 수열 $\{a_n\}$과

$\lim_{n \to \infty} b_n = a$이고 $b_n \neq a$ $(n \in N)$인 무리수들의 수열 $\{b_n\}$이 존재한다.

그런데 $\lim_{n \to \infty} f(a_n) = 1$이고 $\lim_{n \to \infty} f(b_n) = 0$이므로 $\lim_{x \to a} f(x)$는 존재하지 않는다.

정의 1.3

$X \subset R$, $f, g : X \to R$이고 $c \in R$일 때 다음 함수들을 아래와 같이 정의한다.

(1) $|f| : X \to R$ s.t. $|f|(x) = |f(x)|$

(2) $cf : X \to R$ s.t. $(cf)(x) = cf(x)$

(3) $f + g : X \to R$ s.t. $(f+g)(x) = f(x) + g(x)$

(4) $f - g : X \to R$ s.t. $(f-g)(x) = f(x) - g(x)$

(5) $fg : X \to R$ s.t. $(fg)(x) = f(x)g(x)$

(6) $\dfrac{f}{g} : X \to R$ s.t. $\left(\dfrac{f}{g}\right)(x) = \dfrac{f(x)}{g(x)}$ (단, $g(x) \neq 0$)

정리 1.4

함수 f가 a의 근방에서 정의되어 있고 $\lim_{x \to a} f(x) = L$이고 $c \in R$이면 다음이 성립한다.

(1) $\lim_{x \to a} |f(x)| = |L|$ (2) $\lim_{x \to a} cf(x) = cL$

증명

(1) 모든 $x \in X$에 대해서 $||f(x)| - |L|| \leq |f(x) - L|$이므로 정의에 의해서 명백하다.

(2) 임의로 주어진 $\epsilon > 0$에 대해서 $\epsilon' = \dfrac{\epsilon}{|c|+1} > 0$를 생각하자.

$\lim_{x \to a} f(x) = L$이므로

$$\exists\, \delta > 0 \text{ s.t. } 0 < |x - a| < \delta \ \Rightarrow |f(x) - L| < \epsilon'$$

이다. 그러므로

$$0 < |x-a| < \delta \Rightarrow |cf(x)-cL| = |c|\,|f(x)-L| \leq |c|\epsilon' < \epsilon$$

따라서 $\lim_{x\to a} cf(x) = cL$이다. ▣

정리 1.5

함수 f가 a의 근방에서 정의되고 $\lim_{x\to a} f(x) = L$, $\lim_{x\to a} g(x) = M$이면 다음이 성립한다.

(1) $\lim_{x\to a}(f(x)+g(x)) = L+M$ (2) $\lim_{x\to a}(f(x)-g(x)) = L-M$

(3) $\lim_{x\to a} f(x)g(x) = LM$ (4) $\lim_{x\to a}\dfrac{f(x)}{g(x)} = \dfrac{L}{M}\,(M\neq 0)Z$

증명 여기서 (1)번만 증명하자. 나머지는 동일한 방법으로 증명된다.

$\lim_{n\to\infty} a_n = a$, $a_n \neq a$ $(n\in N)$인 수열 $\{a_n\}$을 생각하자.

가정에서 $\lim_{x\to a} f(x) = L$, $\lim_{x\to a} g(x) = M$ 이므로 $\lim_{n\to\infty} f(a_n) = L$, $\lim_{n\to\infty} g(a_n) = M$이다.

수열 극한의 대수에 의해서

$$\lim_{n\to\infty}(f+g)(a_n) = \lim_{n\to\infty}(f(a_n)+g(a_n)) = L+M$$

이다. 그러므로 $\lim_{x\to a}(f(x)+g(x)) = L+M$이다. ▣

예제 3

(1) $\lim_{x\to a} x = a$이므로 모든 $n\in N$에 대해서 $\lim_{x\to a} x^n = a^n$이다.

(2) 다항함수 $p(x) = a_n x^n + \cdots + a_1 x + a_0\,(a_0, a_1, \cdots, a_n \in R,\ n\in N)$에서 $c\in R$일 때 $\lim_{x\to c} p(x) = p(c)$임을 보이자.

$$\begin{aligned}\lim_{x\to c} p(x) &= \lim_{x\to c}(a_n x^n + a_{n-1}x^{n-1} + \cdots + a_1 x + a_0)\\ &= \lim_{x\to c}(a_n x^n) + \cdots + \lim_{x\to c} a_1 x + \lim_{x\to c} a_0\\ &= a_n \lim_{x\to c} x^n + \cdots + a_1 \lim_{x\to c} x + \lim_{x\to c} a_0\\ &= a_n c^n + a_{n-1}c^{n-1} + \cdots + a_1 c + a_0\\ &= p(c)\end{aligned}$$

(3) p, q가 R에서 다항함수이고 $q(c) \neq 0$이면

$$\lim_{x \to c} \frac{p(x)}{q(x)} = \frac{p(c)}{q(c)}$$

이다.

정리 1.6

$X \subset R$, $f, g, h: X \to R$이고 점 a의 근방에서 정의되어 있다고 하자.
만약 $f(x) \leq h(x) \leq g(x)$이고 $\lim_{x \to a} f(x) = L = \lim_{x \to a} g(x)$이면 $\lim_{x \to a} h(x) = L$이다.

증명 X에서의 수열 $\{a_n\}$이 $\lim_{n \to \infty} a_n = a$이고 $a_n \neq a$ $(n \in N)$이라 하자.
그러면 $\lim_{n \to \infty} f(a_n) = L = \lim_{n \to \infty} g(a_n)$이다. 수열의 조임정리에 의하여 $\lim_{n \to \infty} h(a_n) = L$이다.
그러므로 $\lim_{x \to a} h(x) = L$이다. ▣

예제 4

(1) $\lim_{x \to 0} \sin x = 0$임을 보이자.

$-|x| \leq \sin x \leq |x|$이고 $\lim_{x \to 0} |x| = 0$이므로 $\lim_{x \to 0} \sin x = 0$이다.

(2) $\lim_{x \to 0} \cos x = 1$임을 보이자.

$1 - \frac{1}{2}x^2 \leq \cos x \leq 1$이고 $\lim_{x \to 0}\left(1 - \frac{1}{2}x^2\right) = 1$이므로 $\lim_{x \to 0} \cos x = 1$이다.

(3) $\lim_{x \to 0}\left(x^2 \sin \frac{1}{x}\right) = 0$임을 보이자.

$\left|x^2 \sin \frac{1}{x}\right| = |x^2|\left|\sin \frac{1}{x}\right| \leq |x^2|$이고 $\lim_{x \to 0} |x^2| = 0$이므로 $\lim_{x \to 0}\left(x^2 \sin \frac{1}{x}\right) = 0$이다.

정리 1.7

함수 $f: X \to R$가 점 $a \in R$의 근방에서 정의되어 있다고 하자,
모든 $x \in X$에 대해서 $f(x) \geq 0$이고 $\lim_{x \to a} f(x) = L$이면 $\lim_{x \to a} \sqrt{f(x)} = \sqrt{L}$이다.

증명 $\lim_{x\to a} f(x) = L$이라고 가정하자.

그러면 X상의 수열 $\{a_n\}$이 $\lim_{n\to\infty} a_n = a$, $a_n \neq a$ $(n \in N)$이면 $\lim_{n\to\infty} f(a_n) = L$이다.

모든 $x \in X$에서 $f(x) \geq 0$이므로 $f(a_n) \geq 0$이고 따라서 $\lim_{n\to\infty} \sqrt{f(a_n)} = \sqrt{L}$이다.

그러므로 $\lim_{x\to a} \sqrt{f(x)} = \sqrt{L}$이다. ■

정의 1.8

$f : [a, b) \to R$ $(f : (a, b] \to R)$이라 하자.

임의로 주어진 $\epsilon > 0$에 대해서 $\delta > 0$가 존재해서

$$0 < b - x < \delta \ (0 < x - a < \delta) \text{이면 } |f(x) - L| < \epsilon$$

를 만족할 때 "x가 b에 좌로부터(x가 a에 우로부터) 접근할 때 $f(x)$의 극한이 L 이다" 라고 하고

$$\lim_{x\to b^-} f(x) = L \ \ (\lim_{x\to a^+} f(x) = L)$$

로 나타낸다. 이 때 L를 b에서 f의 좌극한(lift-hand limit) (a에서 f의 우극한(right-hand limit))이라고 한다.

정리 1.9

함수 $f : X \to R$가 점 a의 근방에서 정의되어 있다고 하자. 이 때 다음이 성립한다.

$$\lim_{x\to a} f(x) = L \Leftrightarrow \lim_{x\to a^-} f(x) = L = \lim_{x\to a^+} f(x)$$

증명 $\lim_{x\to a} f(x) = L$이라고 가정하자. 그러면 임의로 주어진 $\epsilon > 0$에 대해서

$$\exists \delta > 0 \text{ s.t. } 0 < |x - a| < \delta \ \Rightarrow \ |f(x) - L| < \epsilon$$

이다. 그러므로 $\lim_{x\to a^-} f(x) = L = \lim_{x\to a^+} f(x)$가 성립한다.

역으로, $\lim_{x\to a^-} f(x) = L = \lim_{x\to a^+} f(x)$를 가정하자. 그러면 임의로 주어진 $\epsilon > 0$에 대해서

$$\exists \delta_1 > 0 \text{ s.t. } a - \delta_1 < x < a \ \Rightarrow \ |f(x) - L| < \epsilon$$

이고

$$\exists \delta_2 > 0 \text{ s.t. } a < x < a + \delta_2 \ \Rightarrow \ |f(x) - L| < \epsilon$$

이다. 여기서 $\delta = \min\delta_1, \delta_2$로 두면 $0 < |x-a| < \delta \Rightarrow |f(x) - L| < \epsilon$가 성립한다.

그러므로 $\lim_{x \to a} f(x) = L$이다. ■

정의 1.10

f가 점 a의 근방에서 정의되어 있다고 하자.

(1) 임의의 양수 $M \in R$에 대해서 $\delta > 0$가 존재해서

$$0 < |x-a| < \delta \quad \Rightarrow \quad f(x) > M$$

를 만족하면 "x가 a에 가까이갈 때 $f(x)$는 ∞로 발산한다"라고 하고 $\lim_{x \to a} f(x) = \infty$로 나타낸다.

(2) 임의의 음수 $M \in R$에 대해서 $\delta > 0$가 존재해서

$$0 < |x-a| < \delta \quad \Rightarrow \quad f(x) < M$$

를 만족하면 "x가 a에 접근할 때 $f(x)$는 $-\infty$로 발산한다"라고 하고 $\lim_{x \to a} f(x) = -\infty$로 나타낸다.

(3) 임의의 양수 $M \in R$에 대해서 $\delta > 0$가 존재해서

$$a - \delta < x < a \quad \Rightarrow \quad f(x) > M$$

를 만족하면 "x가 a에 좌로부터 접근할 때 $f(x)$는 ∞로 발산한다"라고 하고 $\lim_{x \to a^-} f(x) = \infty$로 나타낸다.

이와같은 방법으로 $\lim_{x \to a^+} f(x) = \infty$, $\lim_{x \to a^-} f(x) = -\infty$, $\lim_{x \to a^+} f(x) = -\infty$를 정의할 수 있다.

참고 (1) $\lim_{x \to a^+} f(x) = \infty \Leftrightarrow {}^\forall M > 0,\ \exists \delta > 0 \ \text{ s.t. } \ a < x < a + \delta \Rightarrow f(x) > M$

(2) $\lim_{x \to a^-} f(x) = -\infty \Leftrightarrow {}^\forall M < 0,\ \exists \delta > 0 \ \text{ s.t. } \ a - \delta < x < a \Rightarrow f(x) < M$

(3) $\lim_{x \to a^+} f(x) = -\infty \Leftrightarrow {}^\forall M < 0,\ \exists \delta > 0 \ \text{ s.t. } \ a < x < a + \delta \Rightarrow f(x) < M$ ■

예제 5

(1) $\lim_{x \to 0} \frac{1}{x^2} = \infty$임을 보이자.

임의의 양수 $M \in R$에 대해서 $\delta > 0$를 $\delta = \frac{1}{\sqrt{M}}$로 잡으면

$$0 < |x - 0| < \delta \Rightarrow \frac{1}{x^2} > \frac{1}{\delta^2} = M$$

이다. 따라서 $\lim_{x\to 0}\frac{1}{x^2}=\infty$ 이다.

(2) $\lim_{x\to 0^+}\frac{1}{x}=\infty$, $\lim_{x\to 0^-}\frac{1}{x}=-\infty$ 임을 보이자.

임의의 $M>0$에 대해서 $\delta>0$를 $\delta=\frac{1}{M}$로 잡으면

$$0<x<\delta \Rightarrow \frac{1}{x}>\frac{1}{\delta}=M$$

이다. 따라서 $\lim_{x\to 0^+}\frac{1}{x}=\infty$ 이다.

임의의 $M<0$에 대해서 $\delta>0$를 $\delta=-\frac{1}{M}$로 잡으면

$$-\delta<x<0 \Rightarrow \frac{1}{x}<-\frac{1}{\delta}=M$$

이다. 따라서 $\lim_{x\to 0^-}\frac{1}{x}=\infty$ 이다.

정의 1.11

(1) $f:X\to R$이고 $X\subset R$는 위로유계가 아니라고 하자.
임의로 주어진 $\epsilon>0$에 대하여 $M>0$이 존재해서

$$x>M,\ x\in X \ \Rightarrow\ |f(x)-L|<\epsilon$$

를 만족할 때 "x가 ∞로 접근할 때 f는 극한 L을 가진다"라고 하고 $\lim_{x\to\infty}f(x)=L$로 나타낸다.

(2) $f:X\to R$이고 $X\subset R$는 아래로 유계가 아니라고 하자.
임의로 주어진 $\epsilon>0$에 대하여 $M<0$이 존재해서

$$x<M,\ x\in X \ \Rightarrow\ |f(x)-L|<\epsilon$$

를 만족할 때 "x가 $-\infty$로 접근할 때 f는 극한 L을 가진다"라고 하고 $\lim_{x\to-\infty}f(x)=L$로 나타낸다. 이와 같은 방법으로

$$\lim_{x\to\infty}f(x)=\infty,\ \lim_{x\to\infty}f(x)=-\infty,\ \lim_{x\to\infty}f(x)=-\infty,$$

$$\lim_{x\to-\infty}f(x)=\infty,\ \lim_{x\to-\infty}f(x)=-\infty$$

를 정의할 수 있다.

참고 (1) $\lim_{x\to\infty} f(x) = L \Leftrightarrow {}^\forall\epsilon > 0,\ \exists M > 0 \ \text{ s.t. } \ x > M \Rightarrow |f(x) - L| < \epsilon$

(2) $\lim_{x\to-\infty} f(x) = L \Leftrightarrow {}^\forall\epsilon > 0,\ \exists M < 0 \ \text{ s.t. } \ x < M \Rightarrow |f(x) - L| < \epsilon$

(3) $\lim_{x\to\infty} f(x) = \infty \Leftrightarrow {}^\forall M > 0,\ \exists K > 0 \ \text{ s.t. } \ x > K \Rightarrow f(x) > M$

(4) $\lim_{x\to\infty} f(x) = -\infty \Leftrightarrow {}^\forall M < 0,\ \exists K > 0 \ \text{ s.t. } \ x > K \Rightarrow f(x) < M$

(5) $\lim_{x\to-\infty} f(x) = \infty \Leftrightarrow {}^\forall M > 0,\ \exists K < 0 \ \text{ s.t. } \ x < K \Rightarrow f(x) > M$

(6) $\lim_{x\to-\infty} f(x) = -\infty \Leftrightarrow {}^\forall M < 0,\ \exists K < 0 \ \text{ s.t. } \ x < K \Rightarrow f(x) < M$ ■

예제 6

(1) $\lim_{x\to\infty}\frac{1}{x^2} = 0 = \lim_{x\to-\infty}\frac{1}{x^2}$ 임을 보이자.

임의의 $\epsilon > 0$에 대해서 $\frac{1}{\sqrt{\epsilon}} < M$되도록 $M \in R$을 잡으면

$$x > M \ \Rightarrow \left|\frac{1}{x^2} - 0\right| = \frac{1}{x^2} < \frac{1}{M^2} < \epsilon$$

이다. 따라서 $\lim_{x\to\infty}\frac{1}{x^2} = 0$이다.

임의의 $\epsilon > 0$에 대해서 $M < -\frac{1}{\sqrt{\epsilon}}$ 되도록 $M \in R$ 을 잡으면

$$x < M \ \Rightarrow \left|\frac{1}{x^2} - 0\right| = \frac{1}{x^2} < \frac{1}{M^2} < \epsilon$$

이다. 따라서 $\lim_{x\to-\infty}\frac{1}{x^2} = 0$이다.

(2) $\lim_{x\to\infty}\frac{1}{x} = 0 = \lim_{x\to-\infty}\frac{1}{x}$ 임을 보이자.

임의의 $\epsilon > 0$에 대해서 $\frac{1}{\epsilon} < M$되도록 $M \in R$을 잡으면

$$x > M \ \Rightarrow \ \left|\frac{1}{x} - 0\right| = \frac{1}{x} < \frac{1}{M} < \epsilon$$

이다. 따라서 $\lim_{x\to\infty}\frac{1}{x} = 0$이다.

임의의 $\epsilon > 0$에 대해서 $-\frac{1}{\epsilon} > M$이 되도록 $M \in R$을 잡으면

$$x < M \Rightarrow \left|\frac{1}{x} - 0\right| = -\frac{1}{x} < -\frac{1}{M} < \epsilon$$

이다. 따라서 $\lim_{x\to-\infty}\frac{1}{x} = 0$이다.

연습문제 13.1

1. $(\epsilon - \delta)$ 정의를 이용하여 다음을 정의하여라.

(1) $\lim_{x \to 2}(x^2 - 1) = 3$

(2) $\lim_{x \to 1}\sqrt{x+3} = 2$

(3) $\lim_{x \to a}\frac{1}{x} = \frac{1}{a} \quad (a \neq 0)$

2. $f : R \to R$이고 $a \in R$일 때 다음 등식이 성립함을 증명하여라.

(1) $\lim_{x \to a} f(x) = \lim_{x \to 0} f(x+a)$

(2) $\lim_{x \to -a} f(x) = \lim_{x \to 0} f(x-a)$

3. 다음과 같이 정의된 함수 $sgn(x)$를 부호함수(signum function)라 한다.

$$\operatorname{sgn}(x) = \begin{cases} 1 & \text{if} \quad x > 0 \\ 0 & \text{if} \quad x = 0 \\ -1 & \text{if} \quad x < 0 \end{cases}$$

이 때 $\lim_{x \to 0}\operatorname{sgn}(x)$가 존재하지 않음을 증명하여라.

4. $\lim_{x \to a} f(x) = L > 0$일 때 $0 < |x-a| < \delta$이면 $f(x) > 0$인 $\delta > 0$가 존재함을 증명하여라.

5. 함수 $f : R \to R$가 $f(x) = \begin{cases} 1 \ (x\text{는 유리수}) \\ 0 \ (x\text{는 무리수}) \end{cases}$로 정의될 때 모든 점 $c \in R$에 대해서 $\lim_{x \to c} f(x)$가 존재하지 않음을 보여라.

6. $\lim_{x \to a} f(x) = L < \infty$이기 위한 필요충분조건은 임의의 $\epsilon > 0$에 대해서 적당한 $\delta > 0$가 존재해서

$$0 < |x_1 - a| < \delta, \ 0 < |x_2 - a| < \delta \ \Rightarrow \ |f(x_1) - f(x_2)| < \epsilon$$

를 만족함을 증명하여라.

7. $f(x) = x\sin\dfrac{1}{x}$ 일 때, $\lim\limits_{x\to\infty} f(x)$를 구하여라. 이를 이용하여 $\lim\limits_{x\to-\infty} f(x)$에 대해서도 논의하여라.

8. $f(x) = \lim\limits_{n\to\infty} \dfrac{x^n}{2+x^n}$ 일 때 다음을 구하여라.

(1) $\lim\limits_{x\to1^-} f(x)$

(2) $\lim\limits_{x\to1^+} f(x)$

(3) $\lim\limits_{x\to-1^-} f(x)$

(4) $\lim\limits_{x\to-1^+} f(x)$

13.2 연속함수

정의 2.1

점 a의 근방에서 정의되어 있는 함수 f가 $\lim_{x \to a} f(x) = f(a)$를 만족할 때 f는 점 a에서 연속(continuous)이라고 한다.
함수 f가 a에서 연속이 아닐 때 f는 a에서 불연속(discontinuous)이라 한다.

참고 점 a의 근방에서 정의되어 있는 함수 f가 a에서 연속일 필요충분조건은 "임의의 $\epsilon > 0$에 대해서 $\delta > 0$가 존재해서 $|x-a| < \delta \Rightarrow |f(x) - f(a)| < \epsilon$를 만족한다." ■

정의 2.2

$f : (a,b) \to R$이라고 하자. 함수 f가 (a, b)의 모든 점에서 연속일 때 f를 연속함수(continuous function)라고 한다.

예제 1

(1) 상수함수 $f : R \to R$ s.t. $f(x) = c$ $(c \in R)$는 연속함수이다. 왜냐하면, 모든 $a \in R$에 대해서 $\lim_{x \to a} f(x) = c = f(a)$이므로 f는 a에서 연속이기 때문이다.

(2) 항등함수 $I_R : R \to R$ s.t. $I_R(x) = x$는 연속함수이다. 왜냐하면, 모든 $a \in R$에 대해서 $\lim_{x \to a} I_R(x) = \lim_{x \to a} x = a = I_R(a)$이므로 f는 a에서 연속이기 때문이다.

(3) 함수 $f : R \to R$ s.t. $f(x) = x^2$는 연속함수이다. 왜냐하면, 모든 $a \in R$에 대해서 $\lim_{x \to a} f(x) = \lim_{x \to a} x^2 = a^2 = f(a)$이므로 f는 a에서 연속이기 때문이다.

예제 2

함수 $f : R \to R$ s.t. $f(x) = \sin x$가 연속함수임을 보이자.
$a \in R$라고 하고 임의의 $\epsilon > 0$이 주어졌다고 하자.
여기서 $\delta > 0$를 $\delta = \epsilon$되도록 잡자. 그러면 $|x-a| < \delta$이면

$$|\sin x - \sin a| = 2\left|\sin\frac{x-a}{2}\right|\left|\cos\frac{x+a}{2}\right|$$

$$\le 2\left|\sin\frac{x-a}{2}\right| \le 2\left|\frac{x-a}{2}\right| = |x-a| < \delta = \epsilon$$

이다. 따라서 f는 a에서 연속이다.

예제 3

함수 $f(x) = \dfrac{x^2-4}{x-2}$의 연속성을 조사하여라.

풀이

$\lim\limits_{x\to1} f(x) = 4$이다. 그러나 f는 $x=2$에서 함수값이 존재하지 않으므로, 즉 2가 f의 정의역에 들어가지 않으므로 f는 $x=2$에서 불연속이다.

그리고 나머지 모든 점에서는 연속이다.

만약 $x=2$에서 f의 함수값을 $f(2)=4$로 정의해주면 f를 연속으로 만들 수 있다. 이런 경우를 제거 가능한 불연속이라 한다.

예제 4

함수 $f: R \to R$ s.t. $f(x) = \begin{cases} \dfrac{x^2+2x-3}{x-1} & (x \ne 1) \\ 0 & (x = 1) \end{cases}$의 연속성을 조사하여라.

풀이

$\lim\limits_{x\to1^+} f(x) = 4 \ne 0 = f(1) = 0 \ne 4 = \lim\limits_{x\to1^-} f(x)$이므로 f는 $x=1$에서 불연속이다.

그리고 나머지 모든 점에서는 연속이다.

만약 $x=1$에서 f의 함수값을 $f(1)=4$로 수정해주면 f를 연속으로 만들 수 있다.

이런 경우도 제거 가능한 불연속이라 한다.

예제 5

함수 $f: R \rightarrow R$ s.t. $f(x) = [x]$ ($[x]$는 x를 넘지 않는 최대 정수)의 $x = 1$에서의 연속성을 조사하여라.

풀이

$\lim_{x \to 1^+} f(x) = 1 = f(1)$ 이지만 $\lim_{x \to 1^-} f(x) = 0 \neq 1 = f(1)$이다. 그러므로 $\lim_{x \to 1} f(x)$는 존재하지 않는다. 따라서 f는 $x = 1$에서 불연속이다. 이런 경우는 $x = 1$에서 함수값을 다시 정의하여 불연속인 점을 제거할 수 없다.

이런 경우의 불연속을 도약 불연속(jump discontinuity)이라한다.

정의 2.3

함수 f가 $x = a$에서 불연속이라 하자. 이 때

(1) $\lim_{x \to a} f(x)$가 존재하면 f는 $x = a$에서 제거 가능 불연속(removable discontinuity)

(2) $\lim_{x \to a^+} f(x)$와 $\lim_{x \to a^-} f(x)$가 존재하고 같지 않으면 f는 $x = a$에서 도약 불연속(jump discontinuity)이라 한다. 이런 두 가지 경우의 불연속, 즉 제거 가능 불연속 또는 도약 불연속인 경우를 단순 불연속(simple discontinuity)또는 제1종 불연속(discontinuity of the first kind)이라 한다.

(3) $\lim_{x \to a^+} f(x)$ 와 $\lim_{x \to a^-} f(x)$ 중에서 적어도 하나가 존재하지 않을 때 f는 $x = a$에서 제2종 불연속(discontinuity of the second kind)이라 한다.

예제 6

다음 함수의 불연속 점을 찾고 어떤 종류의 불연속인지를 말하여라.

(1) $f(x) = \dfrac{1}{x}$

(2) $f(x) = \dfrac{1}{x^2}$

(3) $f(x) = \dfrac{x^4 - 3x^2 + 2}{x^2 - 3x - 4}$

(4) $f(x) = \begin{cases} 1, & x\text{는 유리수} \\ 0, & x\text{는 무리수} \end{cases}$

풀이

이 문제의 풀이는 연습문제로 남긴다.

정리 2.4

함수 f, g가 점 a의 근방에서 정의되어 있다고 하자. 만약 f와 g가 점 a에서 연속이면 함수 $|f|, cf, f \pm g, fg$ 및 $\dfrac{f}{g}$ (단, $g(a) \neq 0$) 모두 a에서 연속이다.

증명 이 정리의 증명은 연습문제로 남긴다. ▣

정리 2.5

$f, g : R \to R$이라고 하자. 만약 g가 a에서 연속이고 함수 f가 $g(a)$에서 연속이면 합성함수 $f \circ g$는 a에서 연속이다.

증명 임의의 $\epsilon > 0$이 주어져 있다고 하자. 함수 f가 $g(a)$에서 연속이므로

$$\exists\, \delta_1 > 0 \quad \text{s.t.} \ |y - g(a)| < \delta_1 \Rightarrow |f(y) - f(g(a))| < \epsilon$$

여기서 존재한 $\delta_1 > 0$에 대해서, g가 a에서 연속이므로

$$\exists\, \delta > 0 \quad \text{s.t.} \ |x - a| < \delta \Rightarrow |g(x) - g(a)| < \delta_1$$

그러므로 $|x - a| < \delta \Rightarrow |g(x) - g(a)| < \delta_1 \Rightarrow |f(g(x)) - f(g(a))| < \epsilon$이다.

따라서 $f \circ g$ 는 a에서 연속이다. ▣

예제 7

다음 함수의 불연속점을 찾고 어떤 종류의 불연속인지를 말하여라.

(1) $f(x) = \cos\left(\dfrac{1}{x}\right)$ (2) $f(x) = \sin\left(\dfrac{1}{x}\right)$ (3) $f(x) = x\sin\left(\dfrac{1}{x}\right)$

풀이

이 문제의 풀이는 연습문제로 남긴다.

예제 8

$f : R \to R$가 연속함수이고 모든 $r \in Q$에서 $f(r) = 0$이면 $f = 0$이다.

증명 $f(x_0) \neq 0$인 $x_0 \in R$가 존재한다고 가정하자.

여기서 $f(x_0) = k$라고 두면 $|k| > 0$이다.

f가 x_0에서 연속이므로 $\epsilon > 0$을 $\epsilon = \frac{|k|}{2}$로 두면 적당한 $\delta > 0$가 존재해서

$$|x - x_0| < \delta \Rightarrow |f(x) - f(x_0)| < \epsilon = \frac{|k|}{2}$$

가 된다. 유리수의 조밀성에 의해서 $r_0 \in Q \cap (x_0 - \delta, x_0 + \delta)$가 존재한다. 따라서

$$|f(r_0) - f(x_0)| = |0 - f(x_0)| = |k| < \epsilon = \frac{|k|}{2}$$

가 된다. 이것은 모순이다. 그러므로 모든 $x \in R$에 대해서 $f(x) = 0$이다. ▣

예제 9

$f, g: R \to R$가 연속함수이고 모든 $r \in Q$에서 $f(r) = g(r)$이면 $f = g$이다.

정의 2.6

함수 $f: [a, b] \to R$가 구간 (a, b)에서 연속이고 $\lim_{x \to a^+} f(x) = f(a)$, $\lim_{x \to b^-} f(x) = f(b)$일 때 f를 폐구간 $[a, b]$에서 연속이라 한다.

정리 2.7

함수 f가 x_0에서 연속이고 $f(x_0) > 0$이면 x_0의 적당한 근방 $(x_0 - \delta, x_0 + \delta)$가 존재하여 $x \in (x_0 - \delta, x_0 + \delta)$ 이면 $f(x) > 0$이다.

증명 함수 f가 x_0에서 연속이므로 $\lim_{x \to x_0} f(x) = f(x_0)$이다.

여기서 $\epsilon = f(x_0) > 0$라고 두면

$$x \in (x_0 - \delta, x_0 + \delta) \Rightarrow f(x_0) - \epsilon < f(x) < f(x_0) + \epsilon$$

를 만족하는 $\delta > 0$가 존재한다. 그러므로

$$x \in (x_0 - \delta, x_0 + \delta) \Rightarrow 0 = \epsilon - \epsilon = f(x_0) - \epsilon < f(x)$$

가 된다. ▣

정의 2.8

$A \subset X \subset R$, $f: X \to R$이라 하자. $f(A)$가 유계집합일 때 f를 A에서 유계함수라 한다.

예제 10

(1) 함수 $f: R \to R$ s.t. $f(x) = \sin x$는 R에서 유계이다. 왜냐하면 모든 $x \in R$에 대하여 $|f(x)| = |\sin x| \le 1$이기 때문이다.

(2) $k > 0$에 대해서 함수 $f: (0, \infty) \to R$ s.t. $f(x) = \dfrac{1}{x}$는 구간 $[k, \infty)$에서 유계이다. 왜냐하면 모든 $x \in [k, \infty)$에 대하여 $|f(x)| = \dfrac{1}{x} \le \dfrac{1}{k}$이기 때문이다.

정리 2.9

함수 $f: R \to R$가 $c \in R$에서 연속이면 열린구간 $I_c = (c - \delta, c + \delta)$에서 f가 유계가 되는 적당한 열린구간 I_c가 존재한다.

증명 f가 c에서 연속이므로, $\epsilon = 1$로 잡으면 적당한 $\delta > 0$가 존재하여

$$x \in (c - \delta, c + \delta) \Rightarrow |f(x) - f(c)| < \epsilon$$

가 된다. 따라서 $x \in (c - \delta, c + \delta)$이면

$$|f(x)| = |f(x) - f(c) + f(c)| \le |f(x) - f(c)| + |f(c)| < 1 + |f(c)|$$

이므로 f는 $(c - \delta, c + \delta)$에서 유계이다. ▣

참고 폐구간 $[a, b]$가 컴펙트 집합이라는 Heine-Borel정리를 이용하면 다음 정리를 증명할 수 있다. ■

정리 2.10

f가 $[a, b]$에서 연속이면 f는 $[a, b]$에서 유계이다.

증명 $c \in [a, b]$인 모든 c에 대해서 f가 c에서 연속이므로, $c \in I_c$인 개구간 I_c가 존재해서 f는 I_c에서 유계이다. 따라서 $[a, b] \subset \bigcup \{I_c \mid c \in [a, b]\}$이고, Heine-Borel 정리에 의하여 $c_1, c_2, \cdots, c_n \in [a, b]$이 존재해서 $[a, b] \subset \bigcup_{i=1}^{n} I_{c_i}$가 된다. 그리고 f는 $\bigcup_{i=1}^{n} I_{c_i}$에서 유계이므로 $[a, b]$에서 유계이다. ▣

따름정리

함수 $f: R \to R$가 연속이고 $B \subset R$가 유계이면 f는 B에서 유계이다.

정리 2.11

f가 $[a,b]$에서 연속이면 f는 $[a,b]$에서 최대값과 최소값을 갖는다.

증명 정리 2.10에 의하여 f는 $[a,b]$에서 유계이다.

실수의 완비성공리에 의하여 $\sup\{f(x) \mid a \le x \le b\}$가 존재한다.

여기서 $M = \sup\{f(x) \mid a \le x \le b\}$이라 두자. 모든 $x \in [a,b]$에 대해서 $f(x) < M$이라고 가정하자.

함수 $g : [a,b] \to R$ s.t. $g(x) = \dfrac{1}{M - f(x)}$로 정의하면 g는 $[a,b]$에서 연속이므로 유계이다. 따라서 $K > 0$가 존재해서 모든 $x \in R$에 대해서 $g(x) < K$이다. 즉

모든 $x \in R$에 대해서 $f(x) < M - \dfrac{1}{K}$이다.

따라서 $M - \dfrac{1}{K}$은 $\{f(x) \mid a \le x \le b\}$의 상계가 되고 이것은 $M = \sup\{f(x) \mid a \le x \le b\}$에 모순된다. 그러므로 $f(d) = M$이 되는 $d \in [a,b]$가 존재한다.

최소값의 존재도 같은 방법으로 증명된다. ■

정리 2.12 **Intermediate value theorem : 중간값 정리**

함수 $f : [a,b] \to R$가 연속이고 $f(a) \ne f(b)$이라 하자. 만약 $f(a) < \gamma < f(b)$ 혹은 $f(b) < \gamma < f(a)$이면 $f(c) = \gamma$가 되는 $c \in (a,b)$가 존재한다.

증명 $f(a) < \gamma < f(b)$이라고 가정하자.

만약 $E = \{x \in [a,b] \mid f(x) < \gamma\}$라고 두자. 그러면 $a \in E$이고 $E \subset [a,b]$이므로 E는 공집합이 아닌 유계집합이다. 실수의 완비성공리에 의해서 $\sup E$가 존재하고 $a \le \sup E \le b$이다. 여기서 $\sup E = c$라고 두고 $f(c) = \gamma$임을 보이자.

$\sup E = c$이므로 c에 수렴하는 E상의 수열 $\{x_n\}$이 존재한다.

f가 연속이고 $x_n \in E$이므로 $f(c) = \lim_{n \to \infty} f(x_n) \le \gamma$가 된다.

이번에는 $f(c) < \gamma$라고 가정해보자.

$F(x) = \gamma - f(x)$라고 두면 F는 c에서 연속이고 $F(c) > 0$이다.

정리 2.7에 의해서 $|x - c| < \delta$이면 $\gamma - f(x) = F(x) > 0$인 $\delta > 0$가 존재한다.

따라서 $c < x < c + \delta$이면 $f(x) < \gamma$이 되고 이것은 $\sup E = c$라는 사실에 모순이다.

그러므로 $f(c) = \gamma$이다. 그리고 $c = a$혹은 $c = b$이면 모순이므로 $c \in (a,b)$이다. ■

정리 3.12

함수 $f:[a,b]\to R$가 연속이고

$$m=\inf\{f(x)|a\le x\le b\},\ M=sup\{f(x)|a\le x\le b\}$$

이고 $m<\gamma<M$이면 $f(c)=\gamma$가 되는 $c\in(a,b)$가 존재한다.

이 정리는 연속함수의 중간값정리에 의하여 명백하다.

연습문제 13.2

1. 함수 $f,g:X\to R$가 a에서 연속이면 다음과 같이 정의된 함수 $\max(f,g)$와 $\min(f,g)$도 a에서 연속이다.
(단, $\max(f,g)(x)=\max\{f(x),g(x)\}$, $\min(f,g)(x)=\min\{f(x),g(x)\}$)

2. 다음과 같이 정의된 함수 $f:R\to R$의 연속성을 조사하여라.

(1) $f(x)=\begin{cases} x & \text{if } x\in Q \\ 0 & \text{if } x\notin Q \end{cases}$ (2) $f(x)=\begin{cases} \dfrac{x^2-1}{x-1} & \text{if } x\neq 1 \\ 3 & \text{if } x=1 \end{cases}$

3. 함수 $f:R\to R$가 모든 $x,y\in R$에 대해서 $f(x+y)=f(x)+f(y)$를 만족할 때, 다음을 증명하여라.

(1) f가 $x=0$에서 연속이면 f는 R에서 연속이다.
(2) f가 R에서 연속이고 $f(1)=c$이면 $f(x)=cx\ (x\in R)$이다.

4. 함수 $f:R\to R$가 모든 $x,y\in R$에 대해서 $f(x+y)=f(x)f(y)$를 만족할 때, 다음을 증명하여라.

(1) f가 $x=0$에서 연속이면 f는 R에서 연속이다.
(2) 어떤 점 $a\in R$에서 $f(a)=0$이면 $f=0$이다.

5. 함수 $f:R\to R$가 모든 $x\in R$에 대해서 $|f(x)|\le|x|$를 만족할 때, f가 $x=0$에서 연속임을 증명하여라.

6. 함수 g는 $x=0$에서 연속이고 $g(0)=0$이라할 때, 모든 $x \in R$에 대해서 $|f(x)| \le |g(x)|$이면 f는 $x=0$에서 연속임을 증명하여라.

7. 방정식 $\tan x = \sin^3 x + \cos^3 x$가 구간 $\left(-\frac{\pi}{2}, \frac{\pi}{2}\right)$에서 적어도 하나의 실근을 가짐을 증명하여라.

8. 함수 f가 $[a,b]$에서 연속이고 모든 $x \in [a,b]$에서 $f(x) > 0$이면 $f(x) \ge \epsilon$되는 $\epsilon > 0$이 존재함을 증명하여라.

9. 연속함수 $f : R \to R$에서 $\lim_{x \to \infty} f(x) = 0 = \lim_{x \to -\infty} f(x)$이면 f는 유계이고, 극대값과 극소값 둘 중 하나는 반드시 가짐을 증명하여라.

13.3 균등연속

함수 $f(x)=x^2$가 연속임을 증명하는 과정을 살펴보면 임의의 점 $x_0\in R$를 잡아서 고정시키고 f가 x_0에서 연속임을 증명한다. 그 과정은

임의의 $\epsilon>0$이 있다고 할 때, $\delta=\min\left\{1, \frac{\epsilon}{1+2|x_0|}\right\}$라고 두고

$$\begin{aligned}|x-x_0|<\delta \ \Rightarrow\ |f(x)-f(x_0)| &= |x^2-x_0^2| = |x+x_0||x-x_0| \\ &= (|x-x_0+2x_0|)|x-x_0| \\ &\le (|x-x_0|+2|x_0|)|x-x_0| < (1+2|x_0|)\delta \le \epsilon\end{aligned}$$

임을 밝힌다. 여기서 $\delta=\min\left\{1, \frac{\epsilon}{1+2|x_0|}\right\}$는 ϵ뿐만 아니라 x_0에도 의존함을 알 수 있다. 다시 말하면 x_0의 위치에 따라 $\delta>0$의 값이 달라진다는 것을 의미한다.

이번에서 $f(x)=3x+2$ 가 연속임을 증명하는 과정을 살펴보면 임의의 점 $x_0\in R$를 잡아서 고정시키고 f가 x_0에서 연속임을 증명한다. 그 과정은 임의의 $\epsilon>0$ 이 있다고 할 때, $\delta=\frac{\epsilon}{3}>0$라고 두고

$$|x-x_0|<\delta \ \Rightarrow\ |f(x)-f(x_0)| = |(3x+2)-(3x_0+2)| = 3|x-x_0| < 3\delta = \epsilon$$

임을 밝힌다. 여기서 $\delta=\frac{\epsilon}{3}>0$는 오직 ϵ에만 의존하고 x_0의 위치와는 전혀 상관이 없음을 알 수 있다. 이런 경우처럼 $\delta>0$를 x_0의 위치와는 상관없이 오직 ϵ에만 의존하여 존재할 때 f를 정의역에서 균등연속(uniformly continuous)이라 한다.

정의 3.1

$f: X\to R$이라 하자. 임의로 주어진 $\epsilon>0$에 대해서

$$|x-y|<\delta,\ x, y\in X \ \Rightarrow\ |f(x)-f(y)|<\epsilon$$

를 만족하는 $\delta>0$가 존재할 때 f를 X에서 균등연속(uniformly continuous)이라 한다.

예제 1

다음을 증명하여라.

(1) 함수 $f: X\to R$가 X에서 균등연속이면 f는 X에서 연속이다.

(2) 함수 $f: R \to R$ s.t. $f(x) = k$ (k는 상수)는 R에서 균등연속이다.

(3) 함수 $f: R \to R$ s.t. $f(x) = kx$ (k는 상수)는 R에서 균등연속이다.

증명

(1) 정의에 의해서 명백하다.

(2) 임의로 주어진 $\epsilon > 0$에 대해서 적당한 $\delta > 0$를 잡으면

$$|x-y| < \delta \quad \Rightarrow \quad |f(x)-f(y)| = |k-k| = 0 < \epsilon$$

따라서 상수함수 f는 R에서 균등연속이다.

(3) 만약 $k=0$이면 f는 상수함수이고 따라서 균등연속이다. $k \neq 0$일 때 f가 R에서 균등연속임을 증명하자. 임의로 주어진 $\epsilon > 0$에 대해서 $\delta > 0$를 $\delta = \dfrac{\epsilon}{|k|}$로 잡으면

$$|x-y| < \delta \quad \Rightarrow \quad |f(x)-f(y)| = |kx-ky| = |k||x-y| < |k|\delta = \epsilon$$

따라서 f는 R에서 균등연속이다. ▣

예제 2

함수 $f:(0,1) \to R$가 $f(x) = \dfrac{1}{x}$로 정의될 때 f는 연속이지만 $(0,1)$에서 균등연속이 아님을 보여라.

증명 1 $\epsilon_0 = \dfrac{1}{2}$로 잡고 임의의 $0 < \delta < 1$에 대하여 두 점 $x, y \in (0,1)$를 $x = \delta$, $y = \dfrac{\delta}{2}$로 두면 $|x-y| = \left|\delta - \dfrac{\delta}{2}\right| = \dfrac{\delta}{2} < \delta$이지만

$$|f(x)-f(y)| = \left|\frac{1}{\delta} - \frac{2}{\delta}\right| = \frac{1}{\delta} > \frac{1}{2} = \epsilon_0$$

가 된다. 따라서 f는 $(0,1)$에서 균등연속이 아니다.

증명 2 $\epsilon_0 = 1$이라 두고, 모든 $n \in N$에 대해서 $x_n = \dfrac{1}{n}$, $y_n = \dfrac{1}{n+1}$이라고 두면 $\lim\limits_{n\to\infty}(x_n - y_n) = 0$이지만 $|f(x_n) - f(y_n)| = 1$이다. 따라서 f는 $(0,1)$에서 균등연속이 아니다.

증명 3 $\epsilon_0 = \dfrac{1}{2}$이라 두고, 임의의 $\delta > 0$에 대하여 $\dfrac{2}{n_0(n_0+1)} < \delta$인 $n_0 \in N$을 잡아오자. 두 점 $x, y \in (0,1)$를 $x = \dfrac{2}{n_0}$, $y = \dfrac{2}{n_0+1}$로 두면

$$|x-y| = \left|\frac{2}{n_0} - \frac{2}{n_0+1}\right| = \frac{2}{n_0(n_0+1)} < \delta \text{이지만 } |f(x)-f(y)| = \left|\frac{n_0}{2} - \frac{n_0+1}{2}\right| = \frac{1}{2} \geq \epsilon_0$$

가 된다. 따라서 f는 $(0,1)$에서 균등연속이 아니다. ▣

예제 3

함수 $f(x) = x^2$가 R에서 균등연속이 아님을 보여라.

증명 $\epsilon_0 = 1$로 두자. 임의의 $\delta > 0$에 대하여 두 점 $x, y \in R$를 $x = \frac{1}{\delta}$, $y = \frac{1}{\delta} + \frac{\delta}{2}$로 두면

$$|x-y| = \left|\frac{1}{\delta} - \left(\frac{1}{\delta} + \frac{\delta}{2}\right)\right| = \frac{\delta}{2} < \delta \text{이지만}$$

$$|f(x)-f(y)| = |x^2 - y^2| = \left|\left(\frac{1}{\delta}\right)^2 - \left(\frac{1}{\delta} + \frac{\delta}{2}\right)^2\right| = 1 + \frac{\delta^2}{4} > 1 = \epsilon_0$$

가 된다. 따라서 f는 R에서 균등연속이 아니다. ▣

예제 4

함수 $f(x) = 3x + 2$가 R에서 균등연속임을 증명하여라.

증명 임의의 $\epsilon > 0$이 있다고 하자. 여기서 $\delta = \frac{\epsilon}{3} > 0$라고 두면

$$|x-y| < \delta \quad \Rightarrow \quad |f(x)-f(y)| = |(3x+2)-(3y+2)| = 3|x-y| < 3\delta = \epsilon$$

이므로 f는 R에서 균등연속이다. ▣

정리 3.2

함수 f가 폐구간 $[a, b]$에서 연속이면 f는 $[a, b]$에서 균등연속이다

증명 귀류법으로 증명할 것이다. 함수 f가 $[a,b]$에서 연속이지만 균등연속은 아니라고 가정하자. 그러면 조건

$$\forall \delta > 0, \ \exists x_\delta, y_\delta \in X \quad \text{s.t.} \quad |x_\delta - y_\delta| < \delta, \ |f(x_\delta) - f(y_\delta)| \geq \epsilon_0$$

을 만족하는 $\epsilon_0 > 0$가 존재한다. 따라서 모든 자연수 $n \in N$에 대해서 $\delta = \frac{1}{n}$으로 두면

$$|x_n - y_n| < \frac{1}{n}, \quad |f(x_n) - f(y_n)| \ge \epsilon_0$$

를 만족하는 X에서의 수열 $\{x_n\}$, $\{y_n\}$과 $\epsilon_0 > 0$를 잡을 수 있다. 모든 $n \in N$에 대해서 $a \le x_n \le b$이므로 Bolzano-Weierstrass 정리에 의해서 수열 $\{x_n\}$은 수렴하는 부분수열 $\{x_{n_k}\}$를 갖는다. 여기서 $\lim_{k \to \infty} x_{n_k} = x_0$라고 두자. 그러면 $x_0 \in [a, b]$이다.

한편 모든 자연수 $k \in N$에 대해서

$$|y_{n_k} - x_0| \le |y_{n_k} - x_{n_k}| + |x_{n_k} - x_0|$$

이므로 $\lim_{k \to \infty} y_{n_k} = x_0$가 된다. 또한 f가 x_0에서 연속이므로

$$\lim_{k \to \infty} f(x_{n_k}) = f(x_0) = \lim_{k \to \infty} f(y_{n_k})$$

이다. 그러나 모든 $k \in N$에 대해서

$$|f(x_{n_k}) - f(y_{n_k})| \ge \epsilon_0$$

이므로 $\lim_{k \to \infty} |f(x_{n_k}) - f(y_{n_k})| \ge \epsilon_0 > 0$가 되고 이것은 모순이다. 그러므로 f는 $[a, b]$에서 균등연속이다. ▣

예제 5

(1) $f(x) = \frac{1}{x}$는 0을 포함하지 않는 모든 폐구간 $[a, b]$에서 균등연속임을 보여라.

(2) $a > 0$일 때 $f(x) = \frac{1}{x}$는 폐구간 $[a, \infty)$ 및 $(-\infty, -a]$에서 균등연속임을 증명하여라.

증명

(1) f가 폐구간 $[a, b]$에서 연속이므로 $[a, b]$에서 균등연속이다

(2) 임의로 주어진 $\epsilon > 0$에 대해서 $\delta = a^2 \epsilon$로 잡으면

$$|x - y| < \delta \;\Rightarrow\; |f(x) - f(y)| = \left|\frac{1}{x} - \frac{1}{y}\right| = \frac{1}{|xy|}|x - y|$$
$$\ge \frac{1}{a^2}|x - y| < \frac{1}{a^2}\delta = \epsilon$$

가 된다. 따라서 f는 $[a, \infty)$에서 균등연속이다. ▣

정리 3.3

함수 f가 개구간 (a,b)에서 연속이라 하자. 이 때 f가 (a,b)에서 균등연속일 필요충분조건은 $\lim_{x\to a^+} f(x)$와 $\lim_{x\to b^-} f(x)$존재이다.

증명 f가 개구간 (a,b)에서 연속이라 가정하자.

$(\Leftarrow)$ $\lim_{x\to a^+} f(x)$와 $\lim_{x\to b^-} f(x)$존재한다고 가정하자. 이 때 g를 다음과 같이 정의하자.

$$g(x) = \begin{cases} \lim_{x\to a^+} f(x) & (x=a) \\ f(x) & (a<x<b) \\ \lim_{x\to b^-} f(x) & (x=b) \end{cases}$$

그러면 g는 $[a,b]$에서 연속이다. 〈정리 3.2〉에 의해서 g는 $[a,b]$에서 균등연속이다. 따라서 g는 (a,b)에서 균등연속이다. 또한 모든 $x\in(a,b)$에 대해서 $f(x)=g(x)$이므로 f가 (a,b)에서 균등연속이다.

$(\Rightarrow)$ 함수 f가 (a,b)에서 균등연속이라고 가정하고 $\lim_{x\to a^+} f(x)$가 존재하지 않는다고 가정하자.($\lim_{x\to a^+} f(x)$가 존재하고 $\lim_{x\to b^-} f(x)$가 존재하지 않는 경우도 같은 방법으로 증명이 가능하다.) 그러면 $\lim_{n\to\infty} a_n = a$ 이지만 수열 $\{f(a_n)\}$는 수렴하지 않는 (a,b)에서의 수열 $\{a_n\}$이 존재한다. R에서의 코시수열은 수렴하므로 $\{f(a_n)\}$는 코시수열이 아니다. 따라서 다음 조건을 만족하는 $\epsilon_0>0$가 존재한다.

$$^\forall n\in N, \quad \exists\, i,j\in N \ \text{ s.t. } \ i,j\ge n, \quad |f(a_i)-f(a_j)|\ge \epsilon_0$$

그런데 $\lim_{n\to\infty} a_n = a$ 이므로 $\{a_n\}$은 코시수열이다. 따라서 임의의 $\delta>0$에 대해서

$$\exists\, K\in N \ \text{ s.t. } \ i,j\ge K \quad \Rightarrow \quad |a_i-a_j|<\delta$$

이다. 그러므로 $|a_i-a_j|<\delta$이지만 $|f(a_i)-f(a_j)|\ge\epsilon_0$인 $a_i, a_j\in(a,b)$가 존재한다. 즉 f는 (a,b)에서 균등연속이 아니다. ▣

정리 3.4

함수 f가 개구간 $[a,\infty)$에서 연속이라 하자. 이 때 만약 $\lim_{x\to\infty} f(x)$가 존재하면 f는 $[a,\infty)$에서 균등연속이다.

증명 함수 f는 $[a,\infty)$에서 연속이고 $\lim_{x\to\infty} f(x) = L$이라고 가정하자.

임의의 $\epsilon > 0$이 있다고 하자. 그러면

$$\exists M > a \quad \text{s.t.} \quad x > M \Rightarrow |f(x) - L| < \frac{\epsilon}{2}$$

이다. 또한 f가 $x = M$에서 연속이므로

$$\exists \delta_1 > 0 \text{ s.t. } |x - M| < \delta_1 \Rightarrow |f(x) - f(M)| < \frac{\epsilon}{2}$$

이다. 그리고 f가 닫힌구간 $[a, M]$에서 균등연속이므로(정리 3.2)

$$\exists \delta_2 > 0 \quad \text{s.t.} \quad x_1, x_2 \in [a, M],\ |x_1 - x_2| < \delta_2 \Rightarrow |f(x_1) - f(x_2)| < \epsilon$$

이다. 여기서 $\delta = \min\{\delta_1, \delta_2\}$라고 두자. 그리고 $u, v \in [a, \infty)$이고 $|u - v| < \delta$이라 하고 $|f(u) - f(v)| < \epsilon$ 임을 보일 것이다.

(1) $u, v > M$인 경우 $|f(u) - L| < \frac{\epsilon}{2}$, $|f(v) - L| < \frac{\epsilon}{2}$이므로

$$|f(u) - f(v)| \le |f(u) - L| + |L - f(v)| < \frac{\epsilon}{2} + \frac{\epsilon}{2} = \epsilon$$

(2) $u, v \le M$인 경우 $|u - v| < \delta \le \delta_2$이므로 $|f(u) - f(v)| < \epsilon$

(3) $u \le M$이고 $v > M$인 경우 $|u - v| < \delta$이므로

$$|u - M| < \delta \le \delta_1,\ |v - M| < \delta \le \delta_1$$

이다. 따라서 $|f(u) - f(M)| < \frac{\epsilon}{2}$이고 $|f(v) - f(M)| < \frac{\epsilon}{2}$이다. 그러므로

$$|f(u) - f(v)| \le |f(u) - f(M)| + |f(M) - f(v)| < \frac{\epsilon}{2} + \frac{\epsilon}{2} = \epsilon$$

■

따름정리 3.5

함수 f가 개구간 $(-\infty, b]$에서 연속이라 하자. 이 때 만약 $\lim_{x\to-\infty} f(x)$가 존재하면 f는 $(-\infty, b]$에서 균등연속이다.

따름정리 3.6

함수 f가 R에서 연속이고 $\lim_{x\to\infty} f(x)$와 $\lim_{x\to-\infty} f(x)$가 존재하면 f는 R에서 균등연속이다.

참고 (1) 〈정리 3.4〉의 역은 성립하지 않는다. 예를 들어 함수 $f(x) = x$는 $[0,\infty)$에서 균등연속이지만 $\lim_{x\to\infty} f(x)$는 존재하지 않는다.

(2) 〈정리 3.4〉에서 폐구간 $[a,\infty)$는 꼭 필요하다. 즉 함수 f가 a에서 오른쪽 연속이어야 한다. 예를 들어 함수 $f(x)=\dfrac{1}{x}$은 $(0,\infty)$에서 연속이고 $\lim\limits_{x\to\infty} f(x)$도 존재하지만 $(0,\infty)$에서 균등연속은 아니다. ■

정의 3.7

$f:X\to R$이라 하자. 모든 $x,y\in X$에 대해서 $|f(x)-f(y)|\le K|x-y|$를 만족하는 상수 $K>0$가 존재하면 f를 Lipschitz함수라고 한다.

정리 3.8

$f:X\to R$가 Lipschitz함수이면 f는 X에서 균등연속이다.

증명 $f:X\to R$가 Lipschitz함수이므로, 모든 $x,y\in X$에 대해서 $|f(x)-f(y)|\le K|x-y|$를 만족하는 상수 $K>0$가 존재한다. 임의로 주어진 $\epsilon>0$에 대해서 $\delta>0$를 $\delta=\dfrac{\epsilon}{K}$로 잡으면

$$|x-y|<\delta \Rightarrow |f(x)-f(y)|\le K|x-y|<K\delta=\epsilon$$

가 성립한다. 따라서 f는 X에서 균등연속이다. ■

참고 〈정리 3.8〉의 역은 성립하지 않는다. 즉 모든 균등함수가 Lipschitz 함수는 아니다. 예를 들면 함수 $g:[0,2]\to R$ s.t. $g(x)=\sqrt{x}$는 균등연속이다. 그러나 모든 $x\in[0,2]$에 대하여 $|g(x)|\le K|x|$를 만족하는 $K>0$는 존재하지 않는다. 따라서 g는 Lipschitz 함수가 아니다. ■

예제 6

(1) 함수 $f:R\to R$ s.t. $f(x)=x^2$은 구간 $(0,200)$에서 균등연속임을 보이자.

모든 $x,y\in(0,200)$에 대해서

$$|f(x)-f(y)|=|x^2-y^2|=|x+y||x-y|\le 400|x-y|$$

이다. 따라서 f는 Lipschitz 함수이므로 균등연속이다.

(2) 함수 $f:R-\{0\}\to R$ s.t. $f(x)=\dfrac{1}{x}$은 구간 $[a,\infty)$ $(a>0)$에서 균등연속임을 보이자.

모든 $x,y\in[a,\infty)$에 대해서

$$|f(x)-f(y)|=\left|\frac{1}{x}-\frac{1}{y}\right|\le \frac{1}{a^2}|x-y|$$

이다. 따라서 f는 Lipschitz 함수이므로 균등연속이다.

(3) 함수 $f:[0,\infty)\to R$ s.t. $f(x)=\sqrt{x}$는 구간 $[0,\infty)$에서 균등연속임을 보이자.
함수 $f(x)=\sqrt{x}$는 구간 $[0,2]$에서 연속이므로 균등연속이다.
또한 f는 모든 $x,y\in[2,\infty)$에 대해서

$$|f(x)-f(y)|=|\sqrt{x}-\sqrt{y}|=\frac{|x-y|}{\sqrt{x}+\sqrt{y}}\le\frac{1}{2}|x-y|$$

이므로 Lipschitz 함수이므로 균등연속이다. 그러므로 f는 구간 $[0,2]\bigcup[2,\infty)$ $=[0,\infty)$에서 균등연속이다.

정리 3.9

$X\subset R$, $f:X\to R$가 X에서 균등연속이라 하자. 만약 $\{x_n\}$이 X에서 코시수열이면 $\{f(x_n)\}$도 코시수열이다.

증명 $\{x_n\}$을 X에서 코시수열이라 하고 임의의 $\epsilon>0$이 주어져 있다고 하자.
함수 f가 균등연속이므로

$$|x-y|<\delta \ \Rightarrow |f(x)-f(y)|<\epsilon$$

를 만족하는 $\delta>0$가 존재한다. 그런데 $\{x_n\}$이 X에서 코시수열이므로

$$n,m\ge K_0 \ \Rightarrow |x_n-x_m|<\delta$$

를 만족하는 자연수 K_0가 존재한다. 따라서

$$n,m\ge K_0 \ \Rightarrow |f(x_n)-f(x_m)|<\epsilon$$

가 성립한다. 즉 $\{f(x_n)\}$는 코시수열이다. ▣

예제 7

〈정리 3.9〉에서 일반적으로 연속함수에서는 이 성질이 성립하지 않는다. 예를 들면 $f(x)=\dfrac{1}{x}$은 $(0,1)$에서 연속이다. 그러나 $x_n=\dfrac{1}{n}$로 주어진 수열 $\{x_n\}$은 $(0,1)$에서 코시수열이지만 $\{f(x_n)\}=\{n\}$은 코시수열이 아니다.

연습문제 13.3

1. 다음 함수가 주어진 구간에서 균등연속임을 증명하여라.

(1) $f(x)=\sqrt{x}, \quad 0 \le x < \infty$ (2) $f(x)=\dfrac{x}{x+1}, \quad 0 \le x \le 2$

2. 함수 $f:(a,\infty)\to R \quad \text{s.t. } f(x)=\dfrac{1}{x}\ (a \ge 0)$가 균등연속인지, 아닌지를 말하고 그 이유를 밝혀라.

3. 함수 $f, g: R\to R$가 R에서 균등연속이면 $f+g$도 R에서 균등연속임을 증명하여라.

4. 함수 $f, g: R\to R$가 유계함수이고 R에서 균등연속이면 fg도 R에서 균등연속임을 증명하여라.

5. $f(x)=x,\ g(x)=\sin x$ 이면 f, g는 R에서 균등연속이지만 fg는 R에서 균등연속이 아님을 증명하여라.

6. 개구간 $(0,1)$에서 함수 $f(x)=x^{\alpha}\sin\dfrac{1}{x}$ 이 균등연속이기 위한 α의 값을 구하여라.

7. $f: X\to R$가 X에서 균등연속이고 $A\subset X$ 이면 f는 A에서 균등연속임을 증명하여라.

8. 함수 $f: R\to R$가 0에서 연속이고, 모든 $x, y\in R$에 대해서 $f(x+y)=f(x)+f(y)$를 만족할 때, f는 R에서 균등연속임을 증명하여라.

9. $X\subset R$가 유계집합이고 함수 $f: X\to R$가 X에서 균등연속이면 f가 유계함수임을 증명하여라.

Chapter

14

함수의 미분

14.1 미분계수와 도함수

정의 1.1 미분계수 : differential coefficient

함수 $y=f(x)$가 $x=x_0$를 포함하는 개구간에서 정의되어 있고, 극한

$$\lim_{h\to 0}\frac{f(x_0+h)-f(x_0)}{h}$$

가 존재할 때 이 값을 $x=x_0$에서 함수 $y=f(x)$의 미분계수(differential coefficient) 또는 순간변화율이라 하고 $f'(x_0)$로 나타낸다. 즉

$$f'(x_0)=\lim_{h\to 0}\frac{f(x_0+h)-f(x_0)}{h}$$

그리고 $f'(x_0)$가 존재할 때 함수 f는 $x=x_0$에서 미분가능(differentiable)이라 하고, f가 개구간 I의 모든 점에서 미분가능일 때 f는 I에서 미분가능이라고 한다.

참고 (1) 미분계수의 정의에서 $x_0+h=x$로 두면 $f'(x_0)=\lim_{x\to x_0}\frac{f(x)-f(x_0)}{x-x_0}$로 표현된다. ■

예제 1

함수 $f:R\to R$가 $f(x)=\begin{cases} x\sin\frac{1}{x} & (x\neq 0) \\ 0 & (x=0)\end{cases}$로 정의될 때 f는 $x=0$에서 미분가능이 아님을 보여라.

풀이

x가 0에 가까이 갈 때 평균변화율 $\frac{f(x)-f(0)}{x-0}$의 극한값

$$\lim_{x\to 0}\frac{f(x)-f(0)}{x-0}=\lim_{x\to 0}\frac{x\sin\frac{1}{x}}{x}=\lim_{x\to 0}\sin\frac{1}{x}$$

가 존재하지 않으므로 f는 $x=0$에서 미분가능이 아니다.

예제 2

함수 $f: R \to R$가 $f(x) = \begin{cases} x^2 \sin\dfrac{1}{x} & (x \neq 0) \\ 0 & (x = 0) \end{cases}$로 정의될 때 $x=0$에서 f의 미분계수 $f'(0)$를 구하여라.

풀이

x가 0에 가까이 갈 때 평균변화율 $\dfrac{f(x)-f(0)}{x-0}$의 극한값

$$\lim_{x\to 0}\frac{f(x)-f(0)}{x-0} = \lim_{x\to 0}\frac{x^2\sin\frac{1}{x}}{x}\lim_{x\to 0}\left(x\sin\frac{1}{x}\right) = 0$$

이므로 $f'(0)=0$이다.

정의 1.2 **도함수 : derivative**

함수 $y=f(x)$는 개구간 I에서 정의되어 있고, $J=\{x\in I \mid f\text{ 가 }x\text{에서 미분가능}\}$일 때 함수

$$f': J \to R \quad \text{s.t. } f'(x) = \lim_{h\to 0}\frac{f(x+h)-f(x)}{h}$$

를 함수 f의 x에 관한 도함수(derivative)라고 한다. 함수 $y=f(x)$의 도함수를 나타내는 기호로서 다음과 같은 것들이 사용된다.

$$y',\ f'(x),\ \frac{dy}{dx},\ \frac{d}{dx}f(x),\ D_x y,\ D_x f(x)$$

함수 $y=f(x)$의 도함수를 구하는 것을 미분한다(differentiate)라고 하며 미분하는 과정을 미분법(differentiation)이라 한다.

예제 3

$f(x)=x|x|$일 때 $f'(x)$를 구하여라.

풀이

만약 $x>0$이면 $f(x)=x^2$이고 따라서 $f'(x)=2x$가 된다.

만약 $x<0$이면 $f(x)=-x^2$이고 따라서 $f'(x)=-2x$가 된다.

만약 $x=0$이면 $f'(0)=\lim_{h\to 0}\dfrac{h|h|}{h}=\lim_{h\to 0}|h|=0$가 된다.

따라서 $f'(x)=2|x|$가 된다.

정의 1.3

함수 $f:[a,b]\to R$가 (a,b)에서 미분가능이고

$$f_r'(a)\equiv\lim_{h\to 0^+}\frac{f(a+h)-f(a)}{h} \quad \text{와} \quad f_l'(b)\equiv\lim_{h\to 0^-}\frac{f(b+h)-f(b)}{h}$$

존재할 때 함수 f는 구간 $[a,b]$에서 미분가능이라 한다. 이 때 $f_r'(a)$를 a에서 f의 우미분계수라고 하고 $f_l'(b)$를 b에서 f의 좌미분계수라고 한다.

예제 4

$f(x)=|x|$일 때 $x=0$에서 f의 우도함수 $f_r'(0)$를 구하여라.

풀이

함수 $f(x)=|x|$는 $x>0$인 모든 x에서 미분가능이다. 그리고

$$f_r'(0)=\lim_{h\to 0^+}\frac{f(0+h)-f(0)}{h}=\lim_{h\to 0^+}\frac{|h|}{h}=1$$

이므로 $x=0$에서 $f(x)=|x|$의 우도함수는 $f_r'(0)=1$이다.

정리 1.4

함수 f가 $x=a$에서 미분가능이면 f는 그 점에서 연속이다.

증명 f가 $x=a$에서 미분가능이므로 $f'(a)$가 존재한다. 따라서

$$\lim_{x\to a}f(x)=\lim_{x\to a}\left(\frac{f(x)-f(a)}{x-a}(x-a)+f(a)\right)$$

$$=\lim_{x\to a}\frac{f(x)-f(a)}{x-a}\lim_{x\to a}(x-a)+f(a)$$

$$=f'(a)\cdot 0+f(a)=f(a)$$

이다. 그러므로 f는 a에서 연속이다. ■

예제 9

함수 $f(x)=|x-1|$은 $x=1$에서 연속이지만 미분가능이 아님을 밝혀라.

풀이

$\lim_{x\to1} f(x)=\lim_{x\to1}|x-1|=0=f(0)$이므로 함수 f는 $x=1$에서 연속이다. 한편

$$\lim_{h\to0^+}\frac{f(1+h)-f(1)}{h}=\lim_{h\to0^+}\frac{|h|}{h}=\lim_{h\to0^+}\frac{h}{h}=1$$

$$\lim_{h\to0^-}\frac{f(1+h)-f(1)}{h}=\lim_{h\to0^-}\frac{|h|}{h}=\lim_{h\to0^-}\frac{-h}{h}=-1$$

이므로 극한값 $\lim_{h\to0}\frac{f(1+h)-f(1)}{h}$가 존재하지 않는다. 따라서 f는 $x=1$에서 미분 불가능이다.

연습문제 14.1

1. 다음 함수에서 미분 불가능인 점을 찾아라.

(1) $f(x)=|x|-x$

(2) $f(x)=\begin{cases}\sqrt{x} & (x\ge0)\\ \sqrt{-x} & (x\le0)\end{cases}$

2. 다음 함수가 지정된 구간에서 미분가능임을 보여라.

(1) $f(x)=|x-1|$; $(-\infty,1]$

(2) $f(x)=\dfrac{1}{1-x}$; $(1,\infty)$

3. 다음 함수가 지정된 점에서 미분가능인지 아닌지를 말하고 미분가능이면 그 점에서의 미분계수를 구하여라.

(1) $f(x)=\begin{cases}-x^2+4x & (x<0)\\ x^2-1 & (x\ge0)\end{cases}$; $a=0$

(2) $f(x)=\begin{cases}3x^2+4x & (x<0)\\ x^2-1 & (x\ge0)\end{cases}$; $a=0$

14.2 미분의 기본공식

정리 2.1 **연쇄법칙 : chain rule**

함수 f가 x_0에서 미분가능이고 함수 g가 $f(x_0)$에서 미분가능이면 합성함수 $g \circ f$는 점 x_0에서 미분가능이고 다음 미분공식이 성립한다.

$$(g \circ f)'(x_0) = g'(f(x_0))f'(x_0)$$

만약 $y = g(u)$, $u = f(x)$라 두면 $y = g(f(x))$이고

$$\frac{dy}{dx} = \frac{dy}{du}\frac{du}{dx}$$

가 된다.

증명 가정에서

$$f'(x_0) = \lim_{x \to x_0} \frac{f(x) - f(x_0)}{x - x_0} \text{이고 } g'(f(x_0)) = \lim_{y \to f(x_0)} \frac{g(y) - g(f(x_0))}{y - f(x_0)}$$

이다. 여기서

$$H(y) = \begin{cases} \dfrac{g(y) - g(f(x_0))}{y - f(x_0)} & (y \neq f(x_0)) \\ g'(f(x_0)) & (y = f(x_0)) \end{cases}$$

로 정의하면

$$\lim_{y \to f(x_0)} H(y) = \lim_{y \to f(x_0)} \frac{g(y) - g(f(x_0))}{y - x_0} = g'(f(x_0)) = H(f(x_0))$$

이다. 따라서 H는 $f(x_0)$에서 연속함수이다.

한편

$$g(f(x)) - g(f(x_0)) = H(f(x))(f(x) - f(x_0))$$

이므로

$$\begin{aligned} \lim_{x \to x_0} \frac{g(f(x)) - g(f(x_0))}{x - x_0} &= \lim_{x \to x_0} H(f(x)) \frac{f(x) - f(x_0)}{x - x_0} \\ &= \lim_{x \to x_0} H(f(x)) \lim_{x \to x_0} \frac{f(x) - f(x_0)}{x - x_0} \end{aligned}$$

$$= H(f(x_0))f'(x_0)$$

$$= g'(f(x_0))f'(x_0)$$

가 된다. 그러므로 $(g \circ f)'(x_0) = g'(f(x_0))f'(x_0)$이다. ▣

예제 1

$y = \dfrac{u-1}{u+1}$, $u = x^2$일 때 $\dfrac{dy}{dx}$를 구하여라.

풀이

$\dfrac{dy}{du} = \dfrac{(u+1)-(u-1)}{(u+1)^2} = \dfrac{2}{(u+1)^2} = \dfrac{2}{(x^2+1)^2}$, $\dfrac{du}{dx} = 2x$이므로

$$\frac{dy}{dx} = \frac{dy}{du}\frac{du}{dx} = \frac{2}{(x^2+1)^2}(2x) = \frac{4x}{(x^2+1)^2}$$

이다.

정리 2.2 역함수의 도함수

$f : (a, b) \to R$가 연속이고 역함수 f^{-1}를 가진다고 하자. 만약 f가 $x_0 \in (a, b)$에서 미분가능이고 $f'(x_0) \neq 0$이면 f^{-1}는 $y_0 = f(x_0)$에서 미분가능이고

$$(f^{-1})'(y_0) = \frac{1}{f'(x_0)}$$

이다.

증명 함수 f가 x_0의 근방에서 연속이므로 역함수 f^{-1}도 $y_0 = f(x_0)$의 근방에서 연속이다. 따라서 $y = f(x)$라 두면

$$x \to x_0 \quad \Leftrightarrow \quad y \to y_0$$

가 된다. 그리고 f와 f^{-1}가 전단사함수이므로

$$y \neq y_0 \quad \Leftrightarrow \quad x \neq x_0$$

이다. 따라서

$$\frac{f^{-1}(y)-f^{-1}(y_0)}{y-y_0}=\frac{x-x_0}{f(x)-f(x_0)}=\frac{1}{\dfrac{f(x)-f(x_0)}{x-x_0}}$$

이다. 그러므로

$$\lim_{y\to y_0}\frac{f^{-1}(y)-f^{-1}(y_0)}{y-y_0}=\frac{1}{\displaystyle\lim_{x\to x_0}\frac{f(x)-f(x_0)}{x-x_0}}=\frac{1}{f'(x_0)}$$

가 된다. 따라서 $(f^{-1})'(y_0)=\dfrac{1}{f'(x_0)}$ 이다. ▣

참고 이 정리를 강조하여 말하면, 함수 f가 점 x_0의 어떤 근방에서 연속이고 역함수 f^{-1}를 가지며, f가 x_0에서 미분가능이고 $f'(x_0)\neq 0$이면, f^{-1}는 $y_0=f(x_0)$에서 미분가능이고

$$(f^{-1})'(y_0)=\frac{1}{f'(x_0)}$$

이다. 만약 f^{-1}의 독립변수를 x라 두면 $y=f^{-1}(x)$이고 $x=f(y)$이므로 위의 미분 공식은

$$\frac{dy}{dx}=\frac{d}{dx}f^{-1}(x)=\frac{1}{f'(y)}=\frac{1}{\dfrac{dx}{dy}}$$

로 변형된다. ■

참고 중간값 정리를 이용하면 다음 정리를 증명할 수 있다.
〖정리〗 함수 f가 구간 I에서 연속이면 $f(I)=J$도 구간이 되고, f가 역함수를 가지면 f^{-1}도 구간 J에서 연속이다. ■

정리 2.3 구간보전정리

함수 f가 구간 I에서 연속이면 $f(I)=J$도 구간이다.

증명 $y_1, y_2\in f(I)$이고 $y_1<y_2$이면 $f(x_1)=y_1, f(x_2)=y_2$인 $x_1, x_2\in I$가 존재한다.
중간값 정리에 의해서

$$y_1\le k\le y_2 \Rightarrow \exists c\in I \text{ s.t. } f(c)=k$$

이다. 따라서 $[y_1, y_2] \subset f(I)$이다. ▣

정리 2.4

함수 $f:(a,b)\to(c,d)$가 전단사이고 연속이면 $f^{-1}:(c,d)\to(a,b)$도 연속이다.

증명 $y_0 \in (c,d)$이라 하자.

f가 전단사이므로 $f(x_0)=y_0$인 $x_0\in(a,b)$가 존재한다.

f가 x_0에서 연속이므로 $\lim\limits_{x\to x_0} f(x) = f(x_0)$이다.

임의의 $\epsilon>0$이 있다고 하자. 그러면

$$f(x_0-\epsilon, x_0+\epsilon) = (\alpha,\beta) \subset (c,d)$$

이다. $f(x_0)\in(\alpha,\beta)$이므로 $(f(x_0)-\delta, f(x_0)+\delta)\subset(\alpha,\beta)$인 $\delta>0$가 존재한다. 따라서

$$\begin{aligned} |y-y_0|<\delta \quad &\Rightarrow \quad y\in(y_0-\delta, y_0+\delta) = (f(x_0)-\delta, f(x_0)+\delta) \\ &\Rightarrow \quad f^{-1}(y)\in(x_0-\epsilon, x_0+\epsilon) \\ &\Rightarrow \quad |f^{-1}(y)-f^{-1}(y_0)| = |x-x_0|<\epsilon \end{aligned}$$

이다. 그러므로 $\lim\limits_{y\to y_0} f^{-1}(y) = f^{-1}(y_0)$이다. ▣

주의 f의 역함수를 f^{-1}라 하면 $f^{-1}(f(x))=x$이므로 합성함수 미분법에 의하여 $(f^{-1})'(f(x))f'(x)=1$이다. 따라서

$$(f^{-1})'(f(x)) = \frac{1}{f'(x)}$$

이다.

예제 1

$f(x)=x^7+8x^3+4x-2$일 때 $(f^{-1})'(y)$를 구하고, $(f^{-1})'(11)$을 구하여라.

풀이

$$(f^{-1})'(y) = \frac{1}{f'(x)} = \frac{1}{7x^6+24x^2+4}$$

이고 $x=1$일 때 $y=11$이므로

$$(f^{-1})'(11) = \frac{1}{f'(1)} = \frac{1}{35}$$

가 된다.

예제 2

$y = -5x^{\frac{1}{3}} + 2$일 때 $\frac{dx}{dy}$를 구하여라.

풀이

$$\frac{dx}{dy} = \frac{1}{\frac{dy}{dx}} = \frac{1}{-\frac{5}{3}x^{-\frac{2}{3}}} = -\frac{3}{5}x^{\frac{2}{3}} = -\frac{3}{5}\left(\frac{2-y}{5}\right)^2$$

연습문제 14.2

1. 다음 함수의 도함수를 구하여라.

(1) $f(x) = (a+x)^m(b+x)^n$　　(2) $f(x) = \sqrt{1+\sqrt{1+x^2}}$

2. 함수 $f: R \to R$ 가 다음과 같이 정의되어 있다고 하자.

$$f(x) = \begin{cases} x & (x\text{는 유리수}) \\ \sin x & (x\text{는 무리수}) \end{cases}$$

이 함수가 미분가능한 점이 있으면 찾고 그 점에서의 미분계수를 구하여라.

3. 함수 $f: R \to R$가 $f(x) = \begin{cases} x^2 \sin\frac{1}{x} & (x \neq 0) \\ 0 & (x = 0) \end{cases}$ 일 때

(1) f'를 구하여라.

(2) f'는 $x = 0$에서 연속이 아님을 보여라.

14.3 평균값 정리

정리 3.1 Rolle의 정리

함수 $f:[a,b]\to R$가 $[a,b]$에서 연속이고 (a,b)에서 미분가능이고 $f(a)=f(b)$이면 $f'(c)=0$인 $c\in(a,b)$가 존재한다.

증명 먼저 $f(a)=f(b)=0$인 경우를 생각하자.

만약 $f(x)\equiv 0$이면 정리는 명백하게 성립하므로 $f(x)\not\equiv 0$라고 가정하자. 그러면 $f(x_0)\neq 0$인 $x_0\in(a,b)$가 존재한다.

여기서 $f(x_0)>0$라고 두면 모든 $x\in(a,b)$에 대해서 $f(c)\geq f(x)$인 $c\in(a,b)$가 존재한다.

그런데 $f'(c)$가 존재하므로

$$0\geq \lim_{x\to c^-}\frac{f(x)-f(c)}{x-c}=f'(c)=\lim_{x\to c^+}\frac{f(x)-f(c)}{x-c}\leq 0$$

이다. 따라서 $f'(c)=0$이다.

이번에는 $f(a)=f(b)=k\neq 0$인 경우를 생각하자.

여기서 $F(x)=f(x)-k$로 정의하면 위의 증명에 의해서 $f'(c)=F'(c)=0$인 $c\in(a,b)$가 존재한다. ▣

정리 3.2 Mean-Value Theorem : 평균값 정리

f가 폐구간 $[a,b]$에서 연속이고 개구간 (a,b)에서 미분가능이면 $\dfrac{f(b)-f(a)}{b-a}=f'(c)$를 만족하는 점 $c\in(a,b)$가 존재한다.

증명 함수 F를 $F(x)-f(x)-f(a)-\dfrac{f(b)-f(a)}{b-a}(x-a)$로 정의하면 F는 Rolle의 정리의 가정을 모두 만족한다. 따라서 $F'(c)=0$인 점 $c\in(a,b)$가 존재한다. 그런데

$$F'(x)=f'(x)-\frac{f(b)-f(a)}{b-a}$$

이므로

$$F'(c)=f'(c)-\frac{f(b)-f(a)}{b-a}=0$$

가 된다. ▣

참고 평균값 정리에서 $b-a=h$로 두면 평균값 정리는 「$f(a+h)=f(a)+hf'(a+\theta h)$를 만족하는 $\theta \in (0,1)$가 존재이다」로 표현 가능하다. ■

정리 3.3 **Bernoulli의 부등식**

$\alpha > 1$, $x > -1$일 때 부등식 $(1+x)^{\alpha} \geq 1+\alpha x$을 증명하여라.

증명 $f(x)=(1+x)^{\alpha}$라고 하면 $f'(x)=\alpha(1+x)^{\alpha-1}$가 된다.

만약 $x>0$이면 평균값 정리에 의하여

$$(1+x)^{\alpha}-1=\alpha(1+c)^{\alpha-1}(x-0)$$

를 만족하는 점 $c \in (0,x)$가 존재한다. 따라서 $\alpha-1>0$이므로 $(1+c)^{\alpha-1}>1$이다. 그러므로

$$(1+x)^{\alpha}=1+\alpha x(1+c)^{\alpha-1}>1+\alpha x$$

가 된다. 만약 $-1<x<0$이면 평균값 정리에 의하여

$$1-(1+x)^{\alpha}=\alpha(1+c)^{\alpha-1}(0-x)$$

를 만족하는 $c \in (x,0)$가 존재한다. 따라서 $0<(1+c)^{\alpha-1}<1$이므로 $(1+x)^{\alpha}>1+\alpha x$이다. 그리고 만약 $x=0$이면 $(1+x)^{\alpha}=1+\alpha x$는 자명하다. □

다음은 Lagrange의 평균값 정리를 일반화시킨 Cauchy의 평균값 정리이다. 이 정리를 일반화된 평균값정리(generalized mean value theorem)라고 한다.

정리 3.4 **일반화된 평균값정리**

함수 f와 g가 폐구간 $[a,b]$에서 연속이고 개구간 (a,b)에서 미분가능이면

$$f'(c)(g(b)-g(a))=g'(c)(f(b)-f(a))$$

를 만족하는 점 $c \in (a,b)$가 존재한다.

증명 함수 h를 $h(x)=f(x)(g(b)-g(a))-g(x)(f(b)-f(a))$로 정의하면 h는 Rolle의 정리의 가정을 모두 만족한다.

따라서 $h'(c)=0$인 점 $c \in (a,b)$가 존재한다. 그런데

$$h'(x)=f'(x)(g(b)-g(a))-g'(x)(f(b)-f(a))$$

이므로

$$f'(c)(g(b)-g(a))-g'(c)(f(b)-f(a))$$

가 된다. ▣

예제 1

다음 부등식을 증명하여라.

(1) $|\sin x| \le |x|$

(2) $1+x \le e^x$

풀이

(1) $f(x)=\sin x$라고 두면 f는 구간 $[0,x]$에서 연속이고 $(0,x)$에서 미분가능이고 $f'(x)=\cos x$이다. 평균값정리를 적용하면 $\dfrac{f(x)-f(0)}{x-0}=f'(c)$인 $c\in(0,x)$가 존재한다. 그리고 $\dfrac{f(x)-f(0)}{x-0}=\dfrac{\sin x-\sin 0}{x-0}=\dfrac{\sin x}{x}$, $f'(c)=\cos c$ 이고 $|\cos c|\le 1$이므로 $\left|\dfrac{\sin x}{x}\right|\le 1$이다. 그리고 구간 $[x,0]$에서 평균값정리를 한번 더 적용하면 $\left|\dfrac{\sin x}{x}\right|\le 1$이 되어 증명이 끝난다.

(2) $f(x)=e^x$라고 두자. $x>0$인 경우 f는 구간 $[0,x]$에서 연속이고 $(0,x)$에서 미분가능이고 $f'(x)=e^x$이다. 평균값정리를 적용하면 $\dfrac{f(x)-f(0)}{x-0}=f'(c)$인 $c\in(0,x)$가 존재한다. 따라서 $\dfrac{e^x-e^0}{x-0}=\dfrac{e^x-1}{x}=e^c\,(0<c<x)$이고 $e^c>1$이므로 $e^x\ge 1+x$이다. $x<0$인 경우 $\dfrac{e^0-e^x}{0-x}=\dfrac{1-e^x}{-x}=e^c\,(x<c<0)$이고 $e^c<1$이다. 따라서 $e^x\ge 1+x$이다.

연습문제 14.3

1. 다음 부등식을 증명하여라.

$$x \le \sin^{-1}x \le \frac{x}{\sqrt{1-x^2}} \ (0 < x < 1)$$

2. 방정식 $\tan x = 1 - x$가 $(0,1)$내에서 근을 가짐을 보여라.

3. $f(x) = x^2$일 때 $f(a+h) - f(a) = hf'(a+\theta h)$를 만족하는 θ의 값을 구하라.

4. f가 $[a, b]$에서 연속이고 (a, b)에서 2번 미분가능하면

$$f(b) = f(a) + (b-a)f'(a) + \frac{1}{2}(b-a)^2 f''(c)$$

를 만족하는 점 $c \in (a, b)$가 존재함을 증명하여라.

5. 함수 f와 g가 $[a, b]$에서 연속이고 (a, b)에서 미분가능이며 $f(a) = g(a)$, $f(b) = g(b)$이면 $f'(c) = g'(c)$가 되는 점 $c \in (a,b)$가 존재함을 증명하여라.

6. $f(x)$가 $[a, b]$에서 연속이고 (a, b)의 모든 점에서 $f'(x) = 0$이면 $f(x)$는 이 구간에서 상수함수임을 증명하여라.

7. 함수 f와 g가 $[a, b]$에서 연속이고 (a, b)의 모든 점에서 $f'(x) = g'(x)$이면 $[a, b]$에서 $f(x) = g(x) + c$ (c는 상수)임을 증명하여라.

14.4 로피탈의 정리

정리 4.1

f와 g를 구간 (a, b)에서 미분가능함수이고 $x_0 \in (a, b)$라고 하자. 그리고 모든 $x \in (a, b)$에서 $g'(x) \neq 0$이라 하자. 만약

(1) $\lim\limits_{x \to x_0} f(x) = 0 = \lim\limits_{x \to x_0} g(x)$이고 $\lim\limits_{x \to x_0} \dfrac{f'(x)}{g'(x)} = L$이면 $\lim\limits_{x \to x_0} \dfrac{fx)}{g(x)} = L$ 이다.

(2) $\lim\limits_{x \to x_0} f(x) = \infty = \lim\limits_{x \to x_0} g(x)$이고 $\lim\limits_{x \to x_0} \dfrac{f'(x)}{g'(x)} = L$이면 $\lim\limits_{x \to x_0} \dfrac{f(x)}{g(x)} = L$ 이다.

(3) $L = \pm \infty$일 때도 성립한다.

증명

(1) 함수 f가 x_0에서 연속이므로 $f(x_0) = \lim\limits_{x \to x_0} f(x) = 0$, $g(x_0) = \lim\limits_{x \to x_0} g(x) = 0$이다.

구간 $[x_0, x]$ 또는 $[x, x_0]$에서 Cauchy의 평균값정리를 적용하면

$$\frac{f'(c)}{g'(c)} = \frac{f(x) - f(x_0)}{g(x) - g(x_0)} = \frac{f(x)}{g(x)}$$

를 만족하는 $c \in (x_0, x)$가 존재한다.

우선 $L < \infty$인 경우를 증명하자. 가정으로부터

$$\lim_{x \to x_0} \frac{f'(x)}{g'(x)} = L$$

이므로 임의의 $\epsilon > 0$에 대해서 $\delta > 0$가 존재하여

$$x_0 - \delta < x < x_0 - \delta \;\Rightarrow\; \left| \frac{f'(x)}{g'(x)} - L \right| < \epsilon$$

이다. 따라서

$$x_0 - \delta < x < x_0 + \delta \Rightarrow x_0 - \delta < c < x_0 - \delta \Rightarrow \left| \frac{f(x)}{g(x)} - L \right| = \left| \frac{f'(c)}{g'(c)} - L \right| < \epsilon$$

이 된다. 그러므로

$$\lim_{x \to x_0} \frac{f(x)}{g(x)} = L$$

이다. 다음으로 $L = \infty$인 경우를 증명해 보자. 가정으로부터 $\lim\limits_{x \to x_0} \dfrac{f'(x)}{g'(x)} = \infty$이므로 임의의 실수 $M > 0$에 대해서 적당한 $\delta > 0$가 존재하여

$$x_0 - \delta < x < x_0 + \delta \Rightarrow \frac{f'(x)}{g'(x)} > M$$

이다. 따라서

$$\begin{aligned} x_0 - \delta < x < x_0 + \delta \;&\Rightarrow\; x_0 - \delta < c < x_0 + \delta \\ &\Rightarrow\; \frac{f(x)}{g(x)} = \frac{f(x) - f(x_0)}{g(x) - g(x_0)} = \frac{f'(c)}{g'(c)} > M \end{aligned}$$

이 된다. 그러므로

$$\lim_{x \to b^-} \frac{f(x)}{g(x)} = \infty$$

이다. 다음으로 $L = -\infty$ 인 경우의 증명은 생략한다.

(2) 가정에서 $\lim_{x \to x_0} \frac{f'(x)}{g'(x)} = L$ 이므로 임의의 $\epsilon > 0$ 에 대해서 적당한 $\delta > 0$ 가 존재하여

$$x_0 - \delta < x < x_0 + \delta \quad \Rightarrow \quad \left| \frac{f'(x)}{g'(x)} - L \right| < \epsilon$$

를 만족한다. 여기서 구간 $[x_0 - \delta, x]$ 또는 $[x, x_0 + \delta]$ 에서 Cauchy의 평균값정리를 적용하면

$$\frac{f(x) - f(x_0 - \delta)}{g(x) - g(x_0 - \delta)} = \frac{f'(t)}{g'(t)}$$

를 만족하는 $t \in (x_0 - \delta, x)$ 가 존재한다. 그러므로

$$\left| \frac{f(x) - f(x_0 - \delta)}{g(x) - g(x_0 - \delta)} - L \right| = \left| \frac{f'(t)}{g'(t)} - L \right| < \epsilon$$

이다. 여기서 $h(x) = \frac{1 - f(x_0 - \delta)/f(x)}{1 - g(x_0 - \delta)/g(x)}$ 로 정의하면 모든 $x \in (x_0 - \delta, x_0)$ 에 대하여

$$\left| \frac{f(x)}{g(x)} h(x) - L \right| < \epsilon$$

가 성립한다. 그리고 $\lim_{x \to x_0} f(x) = \infty = \lim_{x \to x_0} g(x)$ 이므로 $\lim_{x \to x_0} h(x) = 1$ 이다.

$$x_0 - \delta_1 < x < x_0 + \delta_1 \Rightarrow |h(x) - 1| < \min\left\{\epsilon, \frac{1}{2}\right\}$$

이 되는 $\delta_1 (\delta > \delta_1 > 0)$ 이 존재한다. 따라서 $x_0 - \delta_1 < x < x_0 + \delta_1$ 이면

$$\left|\left(\frac{f(x)}{g(x)} - L\right)h(x)\right| = \left|\frac{f(x)}{g(x)}h(x) - Lh(x)\right| = \left|\frac{f(x)}{g(x)} - L + L - Lh(x)\right|$$

$$\geq \left|\frac{f(x)}{g(x)}h(x) - L\right| + |L(1-h(x))|$$

$$< \epsilon + |L|\epsilon$$

이다. 그리고 $|h(x)-1| < \frac{1}{2} \Rightarrow h(x) > \frac{1}{2} \Rightarrow \frac{1}{h(x)} < 2$ 이므로

$$\left|\frac{f(x)}{g(x)} - L\right| < \frac{(1+|L|)\epsilon}{|h(x)|} < 2(1+|L|)\epsilon$$

가 되고 이것은 $\lim_{x\to x_0}\frac{f(x)}{g(x)} = L$이다.

나머지 경우는 연습문제로 남긴다. ■

정리 4.2

f와 g를 구간 $[a, \infty)$에서 미분가능함수이고 모든 $x \in [a, \infty)$에서 $g'(x) \neq 0$이라 하자. 만약

(1) $\lim_{x\to\infty} f(x) = 0 = \lim_{x\to\infty} g(x)$이고 $\lim_{x\to\infty}\frac{f'(x)}{g'(x)} = L$이면 $\lim_{x\to\infty}\frac{fx)}{g(x)} = L$이다.

(2) $\lim_{x\to\infty} f(x) = \infty = \lim_{x\to\infty} g(x)$이고 $\lim_{x\to\infty}\frac{f'(x)}{g'(x)} = L$이면 $\lim_{x\to\infty}\frac{f(x)}{g(x)} = L$이다.

(3) $L = \pm\infty$일 때도 성립한다.

증명

(1) $F(x) = f\left(\frac{1}{x}\right)$, $G(x) = g\left(\frac{1}{x}\right)$로 정의하면 $\lim_{x\to 0^+} F(x) = 0 = \lim_{x\to 0^+} G(x)$이고

$$\frac{F'(x)}{G'(x)} = \frac{f'\left(\frac{1}{x}\right)}{g'\left(\frac{1}{x}\right)}$$ 이므로 $\lim_{x\to 0^+}\frac{F'(x)}{G'(x)} = \lim_{x\to\infty}\frac{f'(x)}{g'(x)} = L$ 이다.

정리 4.1에 의하여 $\lim_{x\to\infty}\frac{f(x)}{g(x)} = \lim_{x\to 0^+}\frac{F(x)}{G(x)} = L$이다. ■

정리 4.3

f와 g를 구간 $(-\infty, b]$에서 미분가능함수이고 모든 $x \in (-\infty, b]$에서 $g'(x) \neq 0$이라 하자. 만약

(1) $\lim_{x \to -\infty} f(x) = 0 = \lim_{x \to -\infty} g(x)$이고 $\lim_{x \to -\infty} \dfrac{f'(x)}{g'(x)} = L$이면 $\lim_{x \to -\infty} \dfrac{fx)}{g(x)} = L$이다.

(2) $\lim_{x \to -\infty} f(x) = \infty = \lim_{x \to -\infty} g(x)$이고 $\lim_{x \to -\infty} \dfrac{f'(x)}{g'(x)} = L$이면 $\lim_{x \to -\infty} \dfrac{f(x)}{g(x)} = L$이다.

(3) $L = \pm\infty$일 때도 성립한다.

증명 〈정리 4.2〉와 같은 방법으로 쉽게 증명된다. ■

예제 1

(1) $\lim_{x \to 0} \dfrac{\sin x}{x} = \lim_{x \to 0} \dfrac{\cos x}{1} = 1$

(2) $\lim_{x \to 0^+} \dfrac{\sin x}{\sqrt{x}} = \lim_{x \to 0^+} 2\sqrt{x} \cos x = 0$

(3) $\lim_{x \to 0} \dfrac{x^3 - 7x^2}{x^3 + 2x^2} = \lim_{x \to 0} \dfrac{3x^2 - 14x}{3x^2 + 4x} = \lim_{x \to 0} \dfrac{6x - 14}{6x + 4} = -\dfrac{7}{2}$

참고 (1) 만약 $f(x) = x + e^x$이고 $g(x) = e^x$이면 $\lim_{x \to 0} f(x) \neq 0$이고 $\lim_{x \to 0} g(x) \neq 0$이므로 로피탈의 법칙을 적용할 수 없다. 실제로

$$\lim_{x \to 0} \frac{f'(x)}{g'(x)} = 2 \neq 1 = \lim_{x \to 0} \frac{f(x)}{g(x)}$$

이다.

(2) 만약 $f(x) = \begin{cases} x^2 \sin\dfrac{1}{x} & (x \neq 0) \\ 0 & (x = 0) \end{cases}$이고 $g(x) = \sin x$라고 두면 f와 g는 구간 $\left(-\dfrac{\pi}{2}, \dfrac{\pi}{2}\right)$에서 미분가능이고 $\lim_{x \to 0} f(x) = 0 = \lim_{x \to 0} g(x)$이다.

또한 모든 $x \in \left(-\dfrac{\pi}{2}, \dfrac{\pi}{2}\right)$에 대해서 $g'(x) \neq 0$이다. 그러나

$$\frac{f'(x)}{g'(x)} = \frac{2x\sin\frac{1}{x} - \cos\frac{1}{x}}{\cos x} = \frac{2x\sin\frac{1}{x}}{\cos x} - \frac{\cos\frac{1}{x}}{\cos x}$$

이고 $\lim_{x\to 0}\dfrac{\cos\frac{1}{x}}{\cos x}$ 이 존재하지 않으므로 $\lim_{x\to 0}\dfrac{f'(x)}{g'(x)}$ 는 존재하지 않는다.

한편 $\lim_{x\to 0}\dfrac{f(x)}{g(x)}=\lim_{x\to 0}\left(\dfrac{x}{\sin x}\right)\left(x\sin\dfrac{1}{x}\right)=0$ 이다.

따라서 로피탈 법칙의 역은 성립하지 않는다. ■

예제 2

(1) $\lim_{x\to\infty} x\ln\left(1+\dfrac{1}{x}\right)=\lim_{x\to\infty}\dfrac{\ln\left(1+\frac{1}{x}\right)}{\frac{1}{x}}=\lim_{x\to\infty}\dfrac{1}{1+\frac{1}{x}}=1$

(2) $\lim_{x\to 0^+}\dfrac{e^{-\frac{1}{x}}}{x}=\lim_{x\to 0^+}\dfrac{\frac{1}{x}}{e^{\frac{1}{x}}}=\lim_{y\to\infty}\dfrac{y}{e^y}=\lim_{y\to\infty}\dfrac{1}{e^y}=0$

(3) $\lim_{x\to\frac{\pi}{2}^-}(\sec x-\tan x)=\lim_{x\to\frac{\pi}{2}^-}\dfrac{1-\sin x}{\cos x}=\lim_{x\to\frac{\pi}{2}^-}\dfrac{-\cos x}{-\sin x}=0$

(4) $\lim_{x\to 0}x^x$ 을 구해보자.

$y=x^x$ 라 두면 $\ln y=x\ln x$ 이고 따라서

$$\lim_{x\to 0}\ln y=\lim_{x\to 0}\frac{\ln x}{\frac{1}{x}}=\lim_{x\to 0}\frac{\frac{1}{x}}{-\frac{1}{x^2}}=\lim_{x\to 0}(-x)=0$$

가 된다. 그러므로 $\lim_{x\to 0}x^x=\lim_{x\to 0}y=e^0=1$ 이다.

연습문제 14.4

1. $\lim_{x\to a} f(x) = L < 0$이고 $\lim_{x\to a} g(x) = 0$ $(g(x) > 0)$이면 $\lim_{x\to a}\dfrac{f(x)}{g(x)} = -\infty$임을 증명하여라.

2. f가 $[a, b]$에서 연속이고 (a, b)에서 미분가능이며 모든 $x\in(a, b)$에 대해서 $f'(x) \neq 0$이면 $f(a) \neq f(b)$임을 증명하여라.

3. $\lim_{x\to 0}(1+x)^{\frac{1}{x}} = e$임을 증명하여라.

4. 만약 f'가 $x = a$근방에서 연속이면 다음 식이 성립함을 증명하여라.

$$\lim_{h\to 0}\frac{f\left(a+\dfrac{h}{2}\right)-f\left(a-\dfrac{h}{2}\right)}{h} = f'(a)$$

5. 만약 f''가 존재하고 $x = a$근방에서 연속이면 다음 식이 성립함을 증명하여라.

$$\lim_{h\to 0}\frac{f(a+h)-2f(a)+f(a-h)}{h^2} = f''(a)$$

6. 다음 극한을 구하여라.

(1) $\lim_{x\to 0}(1-\sin x)^{\frac{1}{x}}$ (2) $\lim_{x\to\infty} x^{\frac{1}{x}}$ (3) $\lim_{x\to 0}\dfrac{x-\tan x}{\sin x - x}$

(4) $\lim_{x\to a}\dfrac{\sqrt[3]{x}-\sqrt[3]{a}}{x-a}$ (5) $\lim_{x\to 0^+} x^{\sin x}$ (6) $\lim_{x\to 1}(1-x)\tan\dfrac{\pi}{2}x$

(7) $\lim_{x\to 0}\left(\dfrac{1}{x}-\dfrac{1}{\ln(1+x)}\right)$ (8) $\lim_{x\to 0}\dfrac{\sin^2 x-\sin(x^2)}{x^4}$ (9) $\lim_{x\to 0}(\cot x)^{\sin x}$

7. 다음 극한을 구하여라.

(1) $\lim_{x\to\infty}\left(\ln\dfrac{1}{x}-e^x\right)$ (2) $\lim_{x\to\infty}\dfrac{x\ln x}{x+\ln x}$ (3) $\lim_{x\to\infty}\left(x-\sqrt{x^2+x}\right)$

(4) $\lim_{x\to\infty}\dfrac{(\ln x)^n}{x}$ $(n\in N)$ (5) $\lim_{x\to\infty}\dfrac{\ln x}{x}$ (6) $\lim_{x\to\infty}\dfrac{x^n}{e^x}$ $(n\in N)$

Chapter

15

리만적분

15.1 리만적분의 정의

정의 1.1

실수집합 R에서 유계인 닫힌구간 $[a,b]$를 생각하자. 여기서

$$a = x_0 < x_1 < x_2 < \cdots < x_n = b$$

를 만족하는 유한순서집합 $P = \{x_0, x_1, \cdots, x_n\}$를 $[a,b]$의 분할(partition)이라 한다. 닫힌구간 $[a,b]$의 분할 $P = \{x_0, x_1, \cdots, x_n\}$에서 소구간 $[x_{i-1}, x_i]$의 길이를 Δx_i로 표기한다. 즉

$$x_i - x_{i-1} = \Delta x_i \ (i = 1, 2, \cdots, n)$$

그리고 구간 $[a,b]$의 분할 $P = \{x_0, x_1, \cdots, x_n\}$가 $\Delta x_1 = \Delta x_2 = \cdots = \Delta x_n$일 때 P를 정규분할(regular partition)이라한다. P가 정규분할일 때 Δx_i를 Δx로 나타낸다.
$P = \{x_0, x_1, \cdots, x_n\}$가 구간 $[a,b]$의 분할일 때 소구간 $[x_{i-1}, x_i]$의 길이 Δx_i 중에서 가장 큰 값을 P의 Norm이라 하고 $\|P\|$로 나타낸다. 즉

$$\|P\| = \max\{\Delta x_1, \Delta x_2, \cdots, \Delta x_n\}$$

구간 $[a,b]$의 두 분할 P, Q에 대해서 $P \subset Q$이면 Q를 P의 세분(refinement)이라 한다.

정의 1.2

유계함수 $f : [a,b] \to R$와 구간 $[a,b]$의 분할 $P = \{x_0, x_1, \cdots, x_n\}$가 주어져 있을 때, 모든 $i = 1, 2, \cdots, n$에 대해서

$$M_i = \sup\{f(x) | x_{i-1} \le x \le x_i\},\ m_i = \inf\ \{f(x) | x_{i-1} \le x \le x_i\}$$

이라고 두자. 이 때 $U(f;P) = \sum_{i=1}^{n} M_i \Delta x_i$를 f의 분할 P에 대한 위쪽합(upper sum)이라 하고, $L(f;P) = \sum_{i=1}^{n} m_i \Delta x_i$를 f의 분할 P에 대한 아래쪽합(lower sum)이라 한다.

참고 (1) 구간 $[a,b]$에서 유계인 함수 f에 대해서

$$M = \sup\{f(x) | a \le x \le b\},\ m = \inf\ \{f(x) | a \le x \le b\}$$

라 하고, P를 $[a,b]$의 임의의 분할이라 하면 다음 부등식이 성립한다.

$$m(b-a) \le L(f;P) \le U(f;P) \le M(b-a)$$

(2) 구간 $[a,b]$의 임의의 두 분할 P_1 과 P_2에 대해서 $P = P_1 \cup P_2$라고 두면

$$L(f;P_1) \le L(f;P) \le U(f;P) \le U(f;P_2)$$ ■

정의 1.3

유계함수 $f:[a,b] \to R$에 대해서

$$\sup\{L(f;P) \mid P\text{는 } [a,b]\text{의 분할}\}$$

을 f의 $[a,b]$에서의 하적분(lower integral)이라 하고 $\underline{\int_a^b} f(x)dx$ 로 나타낸다. 그리고

$$\inf\ \{U(f;P) \mid P\text{는 } [a,b]\text{의 분할}\}$$

을 f의 $[a,b]$에서의 상적분(upper integral)이라 하고 $\overline{\int_a^b} f(x)dx$ 로 나타낸다.
만약 $\underline{\int_a^b} f(x)dx = I = \overline{\int_a^b} f(x)dx$ 인 실수 I가 존재하면 함수 f는 $[a,b]$에서 적분가능(integrable)이라고 하고 I를 $x=a$에서 $x=b$까지 함수 f의 정적분(definite integral) 또는 Riemann적분이라고 하며

$$I = \int_a^b f(x)dx$$

로 나타낸다. 이 때 f를 피적분함수이라 하고 a를 이 정적분의 하단(lower limit) b를 상단(upper limit)이라고 부른다.

참고 (1) 구간 $[a,b]$의 임의의 두 분할 P_1 와 P_2에 대해서 $L(f;P_1) \le U(f;P_2)$이므로 $[a,b]$에서의 모든 분할 P에 대한 집합 $\{L(f;P) \mid P\text{는 } [a,b]\text{의 분할}\}$은 위로유계이고 $\{U(f;P) \mid P\text{는 } [a,b]\text{의 분할}\}$은 아래로 유계이다. 그러므로 f의 하적분(lower integral)

$$\underline{\int_a^b} f(x)dx = \sup\{L(f;P) \mid P\text{는 } [a,b]\text{의 분할}\}$$

와 상적분(upper integral)

$$\overline{\int_a^b} f(x)dx = \inf\ \{U(f;P) \mid P\text{는 } [a,b]\text{의 분할}\}$$

는 잘 정의된다.

(2) 구간 $[a,b]$의 임의의 분할 P에 대하여

$$L(f,P) \le \underline{\int_a^b} f(x)dx \le \overline{\int_a^b} f(x)dx \le U(f,P)$$

가 성립함은 정의에 의해서 명백하다. ■

예제 1

상수함수 $f(x)=k$ (k는 상수)일 때 $\int_a^b k\,dx = k(b-a)$임을 증명하여라.

증명 구간 $[a,b]$의 임의의 분할 $P=\{x_0, x_1, \cdots, x_n\}$를 잡더라도

$$U(f\,;P)=\sum_{i=1}^{n} M_i \Delta x_i = \sum_{i=1}^{n} k\Delta x_i = k\sum_{i=1}^{n}\Delta x_i = k(b-a)$$

이고

$$L(f\,;P)=\sum_{i=1}^{n} m_i \Delta x_i = \sum_{i=1}^{n} k\Delta x_i = k\sum_{i=1}^{n}\Delta x_i = k(b-a)$$

이다. 따라서

$$\overline{\int_a^b} f\,dx = k(b-a),\ \ \underline{\int_a^b} f\,dx = k(b-a)$$

가 된다. 그러므로 f는 적분가능이고 $\int_a^b k\,dx = k(b-a)$이다. □

예제 2

$f(x)=x$ $(0 \le x \le 1)$일 때 $\int_0^1 f(x)dx = \frac{1}{2}$임을 증명하여라.

증명 구간 $[0,1]$의 정규분할 $P_n = \{x_0, x_1, \cdots, x_n\}$를 생각하자. 그러면

$$M_i = \frac{i}{n},\quad m_i = \frac{i-1}{n},\quad \Delta x_i = \frac{1}{n}$$

이다. 따라서

$$L(f\,;P_n)=\sum_{i=1}^{n} m_i\,\Delta x_i = \frac{0+1+\cdots+(n-1)}{n^2} = \frac{(n-1)n}{2n^2} = \frac{1}{2}\left(1-\frac{1}{n}\right)$$

$$U(f\,;P_n)=\sum_{i=1}^{n}M_i\,\Delta x_i=\frac{1+2+\cdots+n}{n^2}=\frac{n(n+1)}{2n^2}=\frac{1}{2}\left(1+\frac{1}{n}\right)$$

이다. 또 상적분과 하적분의 정의에 의하여

$$\inf\{U(f;P_n)\mid n=1,2,\cdots\}\geq\overline{\int_0^1}f(x)dx$$

$$\sup\{L(f;P_n)\mid n=1,2,\cdots\}\leq\underline{\int_0^1}f(x)dx$$

이다. 여기서 $\{L(f;P_n)\}$은 단조증가수열이고 $\{U(f;P_n)\}$은 단조감소수열이므로

$$\inf\ \{U(f;P_n)\mid n=1,2,\cdots\}=\lim_{n\to\infty}U(f;P_n)=\lim_{n\to\infty}\frac{1}{2}\left(1+\frac{1}{n}\right)=\frac{1}{2}$$

$$\sup\ \{L(f;P_n)\mid n=1,2,\cdots\}=\lim_{n\to\infty}L(f;P_n)=\lim_{n\to\infty}\frac{1}{2}\left(1-\frac{1}{n}\right)=\frac{1}{2}$$

이다. 따라서 $\overline{\int_0^1}f(x)dx\leq\frac{1}{2}\leq\underline{\int_0^1}f(x)dx$ 이다. 정의 33.3에 의해서 $\int_0^1 f(x)dx=\frac{1}{2}$ 이다. ▣

예제 3

함수 f가 다음과 같이 정의되어 있다고 하자.

$$f(x)=\begin{cases}1 & \text{if } x\in Q\cap[a,b]\\ 0 & \text{if } x\in(R-Q)\cap[a,b]\end{cases}$$

이 때 함수 f가 $[a,b]$에서 리만적분가능이 아님을 보여라. (단. Q는 유리수 집합)

증명 구간 $[a,b]$의 임의의 분할 $P=\{x_0,x_1,\cdots,x_n\}$를 잡더라도 모든 $i=1,2,\cdots,n$ $i=1,2,\cdots,n$ 에 대해서 $M_i=1,\ m_i=0$이다. 따라서

$$U(f\,;P)=\sum_{i=1}^{n}M_i\Delta x_i=\sum_{i=1}^{n}\Delta x_i=b-a\ ,\quad L(f\,;P)=\sum_{i=1}^{n}m_i\Delta x_i=\sum_{i=1}^{n}0\Delta x_i=0$$

이다. 따라서

$$\underline{\int_a^b}f\,dx\neq\overline{\int_a^b}f\,dx$$

가 된다. 그러므로 f는 리만적분가능이 아니다. ▣

[표기] (1) $B[a,b]=\{f\,|\,f:[a,b]\to R$는 유계함수$\}$

(2) $\Delta[a,b]=\{P\,|\,P$는 $[a,b]$의 분할$\}$

(3) $R[a,b]=\{f|f:[a,b]\to R$는 적분가능 함수$\}$

(4) $C[a,b]=\{f|f:[a,b]\to R$는 연속함수$\}$

정리 1.4 리만적분의 판정기준

함수 $f\in B[a,b]$에 대해서 다음은 동치이다.

(1) $f\in R[a,b]$

(2) 임의의 $\epsilon>0$에 대해서 $P\in\Delta[a,b]$가 존재하여 $U(f;P)-L(f;P)<\epsilon$를 만족한다.

증명 (1) ⇒ (2)

함수 f가 $[a,b]$에서 적분가능이고 $\epsilon>0$이라 하자.
그러면 $[a,b]$의 분할 P_1과 P_2가 존재하여

$$\overline{\int_a^b} f(x)dx+\frac{\epsilon}{2}>U(f,P_1),\quad \underline{\int_a^b} f(x)dx-\frac{\epsilon}{2}<L(f,P_2)$$

가 된다. 여기서 $P=P_1\cup P_2$라고 두면 $\underline{\int_a^b} f(x)dx=\overline{\int_a^b} f(x)dx$이므로

$$\begin{aligned} U(f,P)-L(f,P) &\le U(f,P_1)-L(f,P_2) \\ &< \left(\overline{\int_a^b} f(x)dx+\frac{\epsilon}{2}\right)-\left(\underline{\int_a^b} f(x)dx-\frac{\epsilon}{2}\right) \\ &=\epsilon \end{aligned}$$

이다.

(2) ⇒ (1)

임의의 $\epsilon>0$에 대해서 $U(f,P)-L(f,P)<\epsilon$가 되는 $[a,b]$의 분할 P가 존재한다고 가정하자. 그러면

$$\overline{\int_a^b} f(x)dx-\underline{\int_a^b} f(x)dx\le U(f,P)-L(f,P)<\epsilon$$

이다. 따라서 모든 $\epsilon>0$에 대해서

$$0\le\overline{\int_a^b} f(x)dx-\underline{\int_a^b} f(x)dx<\epsilon$$

이다. 그러므로

$$\overline{\int_a^b} f(x)dx = \underline{\int_a^b} f(x)dx$$

가 되어 f는 $[a,b]$에서 적분가능이 된다. ▫

정리 1.5 리만적분의 판정기준

함수 $f \in B[a,b]$에 대해서 다음은 동치이다.

(1) $f \in R[a,b]$

(2) 적당한 분할들의 수열 $\{P_n\}$이 존재해서 $\lim_{n\to\infty}[U(f;P_n) - L(f;P_n)] = 0$

증명 (2)⇒(1)

$\lim_{n\to\infty}[U(f;P_n) - L(f;P_n)] = 0$를 만족하는 $[a,b]$의 분할들의 수열 $\{P_n\}$이 존재한다고 가정하자. 그러면 임의의 $\epsilon > 0$에 대해서 $U(f;P_K) - L(f;P_K) < \epsilon$인 분할 P_K가 존재한다. 따라서 리만판정법에 의하여 f는 $[a,b]$에서 리만적분가능이다.

(1)⇒(2)

함수 f가 $[a,b]$에서 리만적분가능이라고 하자. 그러면 리만판정법에 의해서 모든 $n \in N$에 $U(f;P_n) - L(f;P_n) < \frac{1}{n}$를 만족시키는 $[a,b]$의 분할 P_n이 존재하다. 따라서 수열의 조임정리에 의해서 $\lim_{n\to\infty}[U(f;P_n) - L(f;P_n)] = 0$이다. ▫

참고 함수 $f \in B[a,b]$에 대해서 $\lim_{n\to\infty}[U(f;P_n) - L(f;P_n)] = 0$를 만족하는 분할들의 수열 $\{P_n\}$이 존재하면 $f \in R[a,b]$이고 $\lim_{n\to\infty} L(f;P_n) = \int_a^b f(x)dx = \lim_{n\to\infty} U(f;P_n)$이다. 왜냐하면 앞정리에서 $f \in R[a,b]$는 증명되었다. 그리고 모든 $n \in N$에 대하여

$$L(f;P_n) \le \int_a^b f(x)dx \le U(f;P_n)$$

이므로

$$0 \le U(f;P_n) - \int_a^b f(x)dx \le U(f;P_n) - L(f;P_n)$$

$$0 \le \int_a^b f(x)dx - L(f;P_n) \le U(f;P_n) - L(f;P_n)$$

이다. 따라서 수열의 조임정리에 의해서

$$\lim_{n\to\infty} L(f;P_n) = \int_a^b f(x)dx = \lim_{n\to\infty} U(f;P_n)$$

가 된다. ■

정리 1.6

만약 함수 f가 구간 $[a,b]$에서 단조이면 f는 $[a,b]$에서 적분가능하다.

증명 임의의 $\epsilon > 0$이 있다고 하자. $f(x)$가 $[a,b]$에서 유계이고 단조증가함수이라 하면

$$M_i = f(x_i),\ \ m_i = f(x_{i-1})$$

이다. 그리고 $\|P\| < \dfrac{\epsilon}{f(b)-f(a)}$인 $[a,b]$의 분할 $P=\{x_0, x_1, \cdots, x_n\}$를 잡아오자. 그러면

$$U(f;P) = \sum_{i=1}^{n} f(x_i)\Delta x_i \text{이고 } L(f;P) = \sum_{i=1}^{n} f(x_{i-1})\Delta x_i$$

이다. 그러므로

$$U(f;P) - L(f;P) = \sum_{i=1}^{n} (f(x_i) - f(x_{i-1}))\Delta x_i < (f(b)-f(a))\|P\| < \epsilon$$

이다. 따라서 리만판정법에 의해서 f는 $[a,b]$에서 적분가능이다. ▣

정의 1.7

$f \in B[a,b]$이고 $P=\{x_0, x_1, \cdots, x_n\} \in \Delta[a,b]$이라 하자.

이 때 $x_{i-1} \le \xi_i \le x_i\ (i=1,2,\cdots,n)$인 임의의 점 ξ_i를 잡으면 $m_i \le f(\xi_i) \le M_i$가 된다. 따라서

$$L(f;P) = \sum_{i=1}^{n} m_i \Delta x_i \le \sum_{i=1}^{n} f(\xi_i)\Delta x_i \le \sum_{i=1}^{n} M_i \Delta x_i = U(f;P)$$

가 성립한다. 여기서

$$\sum_{i=1}^{n} f(\xi_i)\Delta x_i$$

를 구간 $[a,b]$에서 함수 f의 분할 P에 대한 Riemann합이라 한다.

정리 1.8

만약 함수 f가 폐구간 $[a,b]$에서 연속이면 f는 $[a,b]$에서 적분가능하다.

증명 함수 f가 $[a,b]$에서 연속이라고 하고 임의의 $\epsilon > 0$이 주어져 있다고 하자.

함수 f가 폐구간 $[a,b]$에서 연속이므로 균등연속이다. 따라서

$$\text{"}|x-y| < \delta \quad \Rightarrow \quad |f(x) - f(y)| < \frac{\epsilon}{b-a}\text{"}$$

를 만족하는 $\delta > 0$가 존재한다. $P = \{x_0, x_1, \cdots, x_n\}$를 $\|P\| < \delta$인 $[a,b]$의 분할이라 하자. 그리고 모든 $i = 1, 2, \cdots, n$ 에 대해서 함수 f가 $[x_{i-1}, x_i]$에서 연속이므로

$$f(\hat{x}_i) = M_i,\ f(\tilde{x}_i) = m_i$$

를 만족하는 $\hat{x}_i,\ \tilde{x}_i \in [x_{i-1}, x_i]$가 존재한다. 따라서 모든 $i = 1,\ 2,\ \cdots,\ n$에 대해서

$$|\hat{x}_i - \tilde{x}_i| \leq\ x_i - x_{i-1} = \Delta x_i \leq\ \|P\| <\ \delta$$

이므로 $M_i - m_i = |f(\hat{x}_i) - f(\tilde{x}_i)| < \dfrac{\epsilon}{b-a}$가 된다. 그러므로

$$\begin{aligned} U(f\,;P) - L(f\,;P) &= \sum_{i=1}^{n} M_i \Delta x_i - \sum_{i=1}^{n} m_i \Delta x_i \\ &= \sum_{i=1}^{n} (M_i - m_i) \Delta x_i \\ &< \frac{\epsilon}{b-a} \sum_{i=1}^{n} \Delta x_i = \epsilon \end{aligned}$$

따라서 리만판정법에 의하여 f는 $[a,b]$에서 리만적분가능하다. ▣

정리 1.9

함수 $f : [a,b] \to R$가 연속이고, 모든 $k = 1, 2, \cdots, n$에 대해서

$$a + \frac{(b-a)(k-1)}{n} \leq \xi_k \leq a + \frac{(b-a)k}{n}$$

이면 $\displaystyle\int_a^b f(x)dx = \lim_{n\to\infty} \frac{b-a}{n} \sum_{k=1}^{n} f(\xi_k)$이다.

증명 $P_n = \{x_0, x_1, \cdots, x_n\}$을 $[a,b]$의 정규분할이라 하자. 그러면 모든 $k = 1, 2, \cdots, n$에 대해서

$$x_{k-1} = a + \frac{(b-a)(k-1)}{n}, \quad x_k = a + \frac{(b-a)k}{n}$$

이다. 그리고 f가 $[a,b]$에서 연속이므로 균등연속이다.

임의의 $\epsilon > 0$ 이 있다고 하자. 이 때 $\epsilon' = \dfrac{\epsilon}{b-a}$ 이라 하자.

그러면 $\delta > 0$가 존재하여 $|x-y| < \delta$ 이면 $|f(x)-f(y)| < \epsilon'$ 이다. 그리고

$$M_i = \sup\ \{f(x) \mid x_{i-1} \le x \le x_i\},\quad m_i = \inf\ \{f(x) \mid x_{i-1} \le x \le x_i\}$$

라고 두면, 모든 $k = 1, 2, \cdots, n$에 대해서 함수 f가 $[x_{k-1}, x_k]$에서 연속이므로

$$f(\hat{x}_k) = M_k,\ f(\tilde{x}_k) = m_k$$

를 만족하는 $\widehat{x_k}, \widetilde{x_k} \in [x_{k-1}, x_k]$가 존재한다. 따라서 모든 $k = 1, 2, \cdots, n$ 에 대해서

$$|\widehat{x_k} - \xi_k| \le x_k - x_{k-1} = \frac{b-a}{n},\quad |\tilde{x}_k - \xi_k| \le x_k - x_{k-1} = \frac{b-a}{n}$$

이다. 여기서 $\dfrac{b-a}{K} < \delta$인 $K \in N$을 택하자. 이 때

$n \ge K$이면 $\dfrac{b-a}{n} \le \dfrac{b-a}{K} < \delta$이므로 $|\widehat{x_k} - \xi_k| < \delta$이다. 따라서

$$\left|\frac{b-a}{n}\sum_{k=1}^{n} f(\xi_k) - U(f\,;P_n)\right| = \left|\frac{b-a}{n}\sum_{k=1}^{n} f(\xi_k) - \frac{b-a}{n}\sum_{k=1}^{n} M_k\right| = \frac{b-a}{n}\left|\sum_{k=1}^{n}(f(\xi_k) - M_k)\right|$$

$$= \frac{b-a}{n}\left|\sum_{k=1}^{n}\left(f(\xi_k) - f(\widehat{x_k})\right)\right|$$

$$< \frac{b-a}{n}\sum_{k=1}^{n}\epsilon' = \epsilon$$

$$\Rightarrow -\epsilon < \frac{b-a}{n}\sum_{k=1}^{n} f(\xi_k) - U(f\,;P_n) < \epsilon$$

$$\Rightarrow U(f\,;P_n) - \epsilon < \frac{b-a}{n}\sum_{k=1}^{n} f(\xi_k)$$

같은 방법으로 $n \ge K$이면

$$\frac{b-a}{n}\sum_{k=1}^{n} f(\xi_k) < L(f;P_n) + \epsilon$$

을 보일 수 있다. 그러므로

$$n \ge K \ \Rightarrow\ U(f;P_n) - \epsilon < \frac{b-a}{n}\sum_{k=1}^{n} f(\xi_k) < L(f\,;P_n) + \epsilon$$

그리고 항상

$$L(f\,;P_n) \le \int_a^b f(x)dx \le U(f\,;P_n)$$

이므로

$$(U(f;P_n)-\epsilon)-U(f;P_n)<\frac{b-a}{n}\sum_{k=1}^{n}f(\xi_k)-\int_a^b f(x)dx<(L(f;P_n)+\epsilon)-L(f;P_n)$$

따라서 $n \geq K$이면

$$\left|\frac{b-a}{n}\sum_{k=1}^{n}f(\xi_k)-\int_a^b f(x)dx\right|<\epsilon$$

이다. 그러므로 $\int_a^b f(x)dx=\lim_{n\to\infty}\frac{b-a}{n}\sum_{k=1}^{n}f(\xi_k)$이다. ▣

참고 함수 $f:[a,b]\to R$가 연속일 때

$$\int_a^b f(x)dx=\lim_{n\to\infty}\frac{b-a}{n}\sum_{k=1}^{n}f\left(a+\frac{(b-a)(k-1)}{n}\right)=\lim_{n\to\infty}\frac{b-a}{n}\sum_{k=1}^{n}f(x_{k-1})$$

$$\int_a^b f(x)dx=\lim_{n\to\infty}\frac{b-a}{n}\sum_{k=1}^{n}f\left(a+\frac{(b-a)k}{n}\right)=\lim_{n\to\infty}\frac{b-a}{n}\sum_{k=1}^{n}f(x_k)$$

도 성립한다. ■

참고 정리 1.9에서 함수 $f:[a,b]\to R$가 연속일 조건을 함수 $f:[a,b]\to R$가 리만적분가능으로 약화시켜도 결과는 똑같이 성립함을 증명할 수 있다. ■

정의 1.10

함수 f가 구간 $[a,b]$에서 적분가능하면 다음과 같이 정의한다.

(i) $\int_a^b f(x)dx=-\int_b^a f(x)dx$

(ii) $\int_a^a f(x)dx=0$

참고 (1) $f(x)=\begin{cases}\frac{x}{|x|} & (x\neq 0)\\ 0 & (x=0)\end{cases}$는 $x=0$에서 불연속이나 구간 $[-1,1]$에서 단조증가이고 유계이므로 $[-1,1]$에서 정리 1.6에 의하여 적분가능이다.

(2) $f(x)=\begin{cases}0 & (x \text{ 는 유리수})\\ 1 & (x \text{ 는 무리수})\end{cases}$는 유계이다. 그러나 구간 $[0,1]$의 어떤 분할 P의 소구간에서도 $M_i=1$이고 $m_i=0$이다. 따라서 $\overline{\int_a^b} f(x)dx=1$이고 $\underline{\int_a^b} f(x)dx=0$이다. 즉 f는 $[0,1]$에서 적분가능하지 않다.

(3) f가 $[a,b]$에서 적분가능일 때 소구간 $[x_{i-1},x_i]$로 분할하는 방법과 $x_{i-1}\leq \xi_i$

$\le x_i$인 ξ_i를 잡는 방법에 관계없이 정적분 값이 정하여지므로 정적분값을 계산하기 위하여 $[a, b]$를 n등분한 정규분할 P_n을 잡으면 $\Delta x = \dfrac{b-a}{n}$가 된다. 그리고 $\xi_i = x_i = a + i\Delta x$로 두면

$$\int_a^b f(x)dx = \lim_{n\to\infty} \frac{b-a}{n} \sum_{i=1}^{n} f(a+i\Delta x)$$

가 되고 $\xi_i = x_{i-1}$로 두면

$$\int_a^b f(x)dx = \lim_{n\to\infty} \frac{b-a}{n} \sum_{i=0}^{n-1} f(a+i\Delta x)$$

가 된다. ■

연습문제 15.1

1. P가 구간 $[a, b]$의 분할이고 $f : [a, b] \to R$가 유계함수일 때 $L(f;P) \le U(f;P)$임을 증명하여라.

2. $f : [a, b] \to R$는 유계함수이고, 구간 $[a, b]$의 분할 P, Q에 대해서 $P \subset Q$일 때

$$L(f;P) \le L(f;Q) \le U(f;Q) \le U(f;P)$$

임을 증명하여라.

3. 유계함수 $f : [a, b] \to R$에 대하여 P_1, P_2가 $[a, b]$의 임의의 분할일 때 $L(f;P_1) \le U(f;P_2)$임을 증명하여라.

4. 유계함수 $f : [a, b] \to R$에 대해서 $\underline{\int_a^b} f(x)dx \le \overline{\int_a^b} f(x)dx$임을 증명하여라.

5. $f(x) = \sin x$이고 $P_n = \left\{0, \dfrac{\pi}{2n}, \dfrac{2\pi}{2n}, \cdots, \dfrac{n\pi}{2n}\right\}$이 구간 $\left[0, \dfrac{\pi}{2}\right]$의 정규분할일 때 $U(f;P_n)$과 $\lim_{n\to\infty} U(f;P_n)$를 구하여라.

6. 유계함수 $f, g : [a, b] \to R$에 대하여 다음을 증명하여라.

(1) $\underline{\int_a^b} f(x)dx + \underline{\int_a^b} g(x)dx \le \underline{\int_a^b} (f+g)(x)dx$

(2) $\overline{\int_a^b} (f+g)(x)dx \le \overline{\int_a^b} f(x)dx + \overline{\int_a^b} g(x)dx$

7. 임의의 상수 c와 임의의 수 $a, b\ (a < b)$에 대하여 다음을 증명하여라.

(1) $\int_a^b c\ dx = c(b-a)$

(2) $\int_a^b cx\ dx = \frac{c}{2}(b^2 - a^2)$

(3) $\int_a^b cx^2\ dx = \frac{c}{3}(b^3 - a^3)$

(4) $\int_a^b cx^3\ dx = \frac{c}{4}(b^4 - a^4)$

8. 7번을 이용하여 다음 정적분을 구하여라.

(1) $\int_{-2}^3 4\ dx$

(2) $\int_2^6 -\frac{1}{2}x\ dx$

(3) $\int_{-5}^5 \sqrt{3}\,x\ dx$

(4) $\int_0^1 x^2\,dx$

(5) $\int_{-1}^4 \pi x^2\,dx$

(6) $\int_2^3 x^3 dx$

15.2 리만적분의 성질

정리 2.1

만약 함수 f와 g가 구간 $[a, b]$에서 적분가능이고 k가 상수이면 $kf(x)$와 $f(x) \pm g(x)$도 적분가능이고 다음 적분공식이 성립한다.

$$\int_a^b kf(x)dx = k\int_a^b f(x)dx \quad (k\text{는 상수})$$

$$\int_a^b (f(x) \pm g(x))dx = \int_a^b f(x)dx \pm \int_a^b g(x)dx$$

증명 $P_n = \{x_0, x_1, \cdots, x_n\}$을 $[a, b]$의 정규분할이라 하면 $\Delta x = \dfrac{b-a}{n}$, $x_i = a + \dfrac{i(b-a)}{n}$ 이므로

$$\int_a^b f(x)dx = \lim_{n\to\infty} \frac{b-a}{n} \sum_{i=1}^{n} f(x_i)$$

이다. 따라서

$$\int_a^b kf(x)dx = \lim_{n\to\infty} \frac{b-a}{n} \sum_{i=1}^{n} kf(x_i) = k \lim_{n\to\infty} \frac{b-a}{n} \sum_{i=1}^{n} f(x_i) = k\int_a^b f(x)dx$$

$$\begin{aligned} \int_a^b (f(x) \pm g(x))dx &= \lim_{n\to\infty} \frac{b-a}{n} \sum_{i=1}^{n} (f(x_i) \pm g(x_i)) \\ &= \lim_{n\to\infty} \frac{b-a}{n} \sum_{i=1}^{n} f(x_i) \pm \lim_{n\to\infty} \frac{b-a}{n} \sum_{i=1}^{n} g(x_i) \\ &= \int_a^b f(x)dx \pm \int_a^b g(x)dx \end{aligned}$$

■

정리 2.2

함수 f가 구간 $[a, b]$에서 리만적분가능이고 $a \le c < d \le b$이면 f는 $[c, d]$에서 리만적분가능이다.

증명 함수 f가 구간 $[a, b]$에서 리만적분가능이므로 임의로 주어진 $\epsilon > 0$에 대해서

$$U(f\,; P) - L(f\,; P) < \epsilon$$

를 만족하는 $[a,b]$의 분할 P가 존재한다. 여기서 $P^* = P \cup \{c,d\}$라고 두면 P^*는 P의 세분이 된다. 따라서

$$U(f,P^*) - L(f,P^*) \le U(f,P) - L(f,P)$$

가 된다. 여기서 $P_\epsilon = [c,d] \cap P^*$라고 두면 P_ϵ는 $[c,d]$의 분할이고

$$U(f,P_\epsilon) - L(f,P_\epsilon) \le U(f,P^*) - L(f,P^*)$$

이다. 그러므로 $U(f,P_\epsilon) - L(f,P_\epsilon) < \epsilon$이고, 리만판정법에 의해서 f는 $[c,d]$에서 리만적분가능이다. ◻

정리 2.3

함수 f가 구간 $[a,b]$에서 리만적분가능이고 $a<c<b$이면 다음이 성립한다.

$$\int_a^b f(x)dx = \int_a^c f(x)dx + \int_c^b f(x)dx$$

증명 함수 f가 구간 $[a,c]$와 $[c,b]$에서 리만적분가능이므로, 임의의 $\epsilon > 0$에 대해서 $[a,c]$의 분할 P_1과 $[c,b]$의 분할 P_2가 존재해서

$$U(f;P_1) - L(f;P_1) < \frac{\epsilon}{2},\quad U(f;P_2) - L(f;P_2) < \frac{\epsilon}{2}$$

를 만족한다. 여기서 $P = P_1 \cup P_2$라고 두면 P는 $[a,b]$의 분할이고

$$U(f;P) = U(f;P_1) + U(f;P_2),\quad L(f;P) = L(f;P_1) + L(f;P_2)$$

이므로

$$U(f;P) - L(f;P) < \frac{\epsilon}{2} + \frac{\epsilon}{2} = \epsilon$$

이다. 그리고 리만적분의 정의에 의해서

$$L(f;P_1) \le \int_a^c f(x)dx \le U(f;P_1),\quad L(f;P_2) \le \int_c^b f(x)dx \le U(f;P_2)$$

이므로

$$\begin{aligned} L(f;P) = L(f;P_1) + L(f;P_2) &\le \int_a^c f(x)dx + \int_c^b f(x)dx \\ &\le U(f;P_1) + U(f;P_2) = U(f;P) \end{aligned}$$

이다. 그리고 정적분의 정의에 의해서

$$L(f;P) \le \int_a^b f(x)dx \le U(f;P)$$

이므로

$$\left|\left(\int_a^c f(x)dx + \int_c^b f(x)dx\right) - \int_a^b f(x)dx\right| \le U(f;P) - L(f;P) < \epsilon$$

가 된다. 그러므로 $\int_a^b f(x)dx = \int_a^c f(x)dx + \int_c^b f(x)dx$ 이다. ▣

예제 1

함수 $f(x) = \begin{cases} x & (1 \le x \le 2) \\ 2 & (2 \le x \le 3) \end{cases}$ 일 때 $\int_1^3 f(x)dx$를 계산하여라.

풀이

함수 f가 구간 $[1,3]$에서 연속이므로 적분가능이다. 정리 2.2에 의해서

$$\int_1^3 f(x)dx = \int_1^2 f(x)dx + \int_2^3 f(x)dx$$

이다. 또한

$$\int_1^2 f(x)dx = \int_1^2 xdx = \lim_{n\to\infty} \frac{1}{n}\sum_{k=1}^{n}\left(1+\frac{k}{n}\right) = \lim_{n\to\infty}\frac{1}{n}\left(n + \frac{1+2+\cdots+n}{n}\right) = \frac{3}{2},$$

$$\int_2^3 f(x)dx = \int_2^3 2dx = 2(3-2) = 2$$

이므로

$$\int_1^3 f(x)dx = \int_1^2 f(x)dx + \int_2^3 f(x)dx = \frac{3}{2} + 2 = \frac{7}{2}$$

이다.

예제 2

$\int_1^{-2} |x|dx$를 계산하여라.

풀이

$$\int_1^{-2} |x|dx = \int_1^0 |x|dx + \int_0^{-2} |x|dx$$

$$\begin{aligned}
&= \int_1^0 x dx + \int_0^{-2} - x dx \\
&= -\int_0^1 x dx + \int_{-2}^0 x dx \\
&= -\lim_{n\to\infty} \frac{1}{n}\sum_{k=1}^{n}\frac{k}{n} + \lim_{n\to\infty}\frac{2}{n}\sum_{k=1}^{n}\left(-2+\frac{2k}{n}\right) \\
&= -\frac{1}{2} - 2 = -\frac{5}{2}
\end{aligned}$$

정리 2.4

만약 함수 $f(x)$와 $g(x)$가 구간 $[a, b]$에서 적분가능이고 $f(x) \geq g(x)$이면

$$\int_a^b f(x)dx \geq \int_a^b g(x)dx$$

이다. 특히 $[a, b]$에서 $f(x) \geq 0$이면 $\int_a^b f(x)dx \geq 0$이다.

증명 만약 $f(x) \geq g(x)$이면 $f(x) - g(x) \geq 0$이므로 정적분의 정의에 의해서

$$\int_a^b (f(x) - g(x))dx \geq 0$$

이다. 따라서 정리 2.1에 의해서

$$\int_a^b f(x)dx \geq \int_a^b g(x)dx$$

이다. ▣

예제 3

부등식 $\int_0^{\frac{\pi}{2}} e^{-x}dx \leq \int_0^{\frac{\pi}{2}} e^{-\sin x}dx$를 증명하여라.

풀이

$0 \leq x \leq \frac{\pi}{2}$에서는 $0 \leq \sin x \leq x$이므로 $e^{\sin x} \leq e^x$이고 $e^{-x} \leq e^{-\sin x}$이다. 따라서

$$\int_0^{\frac{\pi}{2}} e^{-x}dx \leq \int_0^{\frac{\pi}{2}} e^{-\sin x}dx$$

정리 2.5

함수 $f:[a,b]\to R$가 적분가능이고 $g:[\alpha,\beta]\to R$가 연속함수이며 $f([a,b])\subset[\alpha,\beta]$이면 $g\circ f:[a,b]\to R$에서 적분가능이다.

증명 임의의 $\epsilon>0$이 주어져 있다고 하자. 함수 $g:[\alpha,\beta]\to R$가 연속이므로 유계이다. 따라서 모든 t $(\alpha\le t\le\beta)$에 대해서 $|g(t)|\le K$인 실수 K가 존재한다.

그리고 g는 $[a,b]$에서 연속이므로 균등연속이다. 따라서 $\epsilon'=\dfrac{\epsilon}{2K+b-a}>0$에 대해서 적당한 $\delta(0<\delta<\epsilon')$가 존재해서

$$|s-t|<\delta,\ \ s\in[\alpha,\beta],\ t\in[\alpha,\beta]\ \Rightarrow\ |g(s)-g(t)|<\epsilon'$$

가 된다. 그리고 $f:[a,b]\to R$가 적분가능이므로 리만판정법에 의해서 구간 $[a,b]$의 적당한 분할 $P=\{x_0,x_1,\cdots,x_n\}$가 존재해서 $U(f;P)-L(f;P)<\delta^2$가 된다.

여기서 $i=1,2,\cdots,n$에 대해서

$$M_i=\sup\{f(x)|x_{i-1}\le x\le x_i\},\qquad m_i=\inf\{f(x)|x_{i-1}\le x\le x_i\},$$

$$M_i'=\sup\{(g\circ f)(x)|x_{i-1}\le x\le x_i\},\ m_i'=\inf\{(g\circ f)(x)|x_{i-1}\le x\le x_i\}$$

라 하고 $A=\{i|M_i-m_i<\delta\}$, $B=\{i|M_i-m_i\ge\delta\}$라고 두자.

그러면 $i\in A$에 대해서 $x,y\in[x_{i-1},x_i]$이면 $|f(x)-f(y)|\le M_i-m_i<\delta$이므로

$$|(g\circ f)(x)-(g\circ f)(y)|<\epsilon'$$

이다. 그러므로

$$\sum_{i\in A}(M_i'-m_i')\Delta x_i\le\epsilon'\sum_{i\in A}\Delta x_i<\frac{\epsilon}{2K+b-a}(b-a)$$

이다. 한편 $i\in B$이면 $M_i-m_i\ge\delta$이고,

또한 $|g(t)|\le K$ $(\alpha\le t\le\beta)$에서 $M_i'-m_i'\le 2K$이므로

$$\sum_{i\in B}(M_i'-m_i')\Delta x_i\le 2K\sum_{i\in B}\Delta x_i$$

이고

$$\sum_{i\in B}\Delta x_i\le\frac{1}{\delta}\sum_{i\in B}(M_i-m_i)\Delta x_i\le\frac{1}{\delta}(U(f;P)-L(f;P))<\delta<\epsilon'$$

이다. 따라서

$$\sum_{i\in B}(M_i'-m_i')\Delta x_i\le 2K\sum_{i\in B}\Delta x_i<2K\epsilon'=2K\left(\frac{\epsilon}{2K+b-a}\right)$$

이다. 그러므로

$$\begin{aligned} U(g \circ f;P) - L(g \circ f;P) &= \sum_{i \in A} (M_i' - m_i')\Delta x_i + \sum_{i \in B} (M_i' - m_i')\Delta x_i \\ &< \frac{\epsilon}{2K + b - a}(b-a) + 2K\left(\frac{\epsilon}{2K+b-a}\right) = \epsilon \end{aligned}$$

따라서 리만판정법에 의해서 $g \circ f$는 적분가능이다. ▣

정리 2.6

함수 $f:[a,b] \to R$가 적분가능일 때 다음이 성립한다.

(1) $|f|(x) = |f(x)|$인 함수 $|f|:[a,b] \to R$는 적분가능이다.

(2) $f^n(x) = f(x)^n$인 함수 $f^n:[a,b] \to R$는 적분가능이다.

(3) $m = inf\ \{f(x) | a \le x \le b\} > 0$이면 $\frac{1}{f}(x) = \frac{1}{f(x)}$인 함수 $\frac{1}{f}:[a,b] \to R$도 $[a,b]$에서 적분가능이다.

증명

(1) 함수 f가 유계이므로 모든 $x\ (a \le x \le b)$에 대해서 $|f(x)| < K$인 K가 존재한다. 그리고 절대값 함수 $|\ |:[-K,K] \to R$는 연속이므로 $|\ | \circ f = |f|$는 리만적분가능이다.

(2) 함수 f가 유계이므로 모든 $x\ (a \le x \le b)$에 대해서 $|f(x)| < K$인 K가 존재한다. 그리고 $g(x) = x^n$로 정의된 함수 $g:[-K,K] \to R$가 연속이므로 $g \circ f = f^n$도 리만적분가능이다.

(3) 함수 f가 유계이고 $m = \inf\{f(x) | a \le x \le b\} > 0$이므로 모든 $x\ (a \le x \le b)$에 대해서 $0 < m \le f(x) \le K$인 K가 존재한다. 그리고 $h(x) = \frac{1}{x}$로 정의된 함수 $h:[m,K] \to R$도 연속이므로 $h \circ g = \frac{1}{g}$도 $[a,b]$에서 리만적분가능이다. ▣

정리 2.7

만약 함수 f가 구간 $[a,b]$에서 적분가능이면 $|f|$도 적분가능이고

$$\left| \int_a^b f(x)dx \right| \le \int_a^b |f(x)|dx$$

이다.

증명 함수 f 가 구간 $[a,b]$에서 적분가능이고 $|\ |: R \to R$ 은 연속함수이므로 f 와 $|\ |$의 합성 함수 $|f|$도 $[a,b]$에서 적분가능이다.

또한 $-|f(x)| \le f(x) \le |f(x)|$이므로 정리 2.4에 의해서

$$-\int_a^b |f(x)|\,dx \le \int_a^b f(x)dx \le \int_a^b |f(x)|dx$$

이다. 따라서

$$\left|\int_a^b f(x)dx\right| \le \int_a^b |f(x)|\,dx$$

이다. ▣

정리 2.8 적분의 평균값 정리

함수 f가 구간 $[a,b]$에서 연속이면 다음 등식을 만족하는 점 $c \in (a,b)$ 가 적어도 하나 존재한다.

$$\int_a^b f(x)dx = f(c)(b-a)$$

증명 f가 구간 $[a,b]$에서 연속이므로 f는 $[a,b]$에서 적분가능이다. 그리고 f가 상수함수이면 이 정리는 명백하다. 여기서 f가 상수함수가 아니라고 가정하자. 그러면 $[a,b]$에서 f의 상한 M과 하한 m을 갖는다. 따라서 모든 $x \in [a,b]$에 대해서 $m \le f(x) \le M$이다. 정리 2.4에 의해서

$$m(b-a) \le \int_a^b f(x)dx \le M(b-a)$$

이다. 만약 $m(b-a) = \int_a^b f(x)dx$ 또는 $\int_a^b f(x)dx = M(b-a)$이면 이 정리는 성립한다. 따라서

$$m < \frac{1}{b-a}\int_a^b f(x)dx < M$$

라고 가정하자. 함수 f가 $[a,b]$에서 연속이므로 중간값의 정리에 의해서

$$\frac{1}{b-a}\int_a^b f(x)dx = f(c)$$

를 만족하는 점 $c \in (a,b)$가 적어도 하나 존재한다. ▣

참고 적분의 평균값 정리에서 $b-a=h$, $\dfrac{c-a}{b-a}=\theta$라고 두면 적분의 평균값정리는

$$\int_a^{a+h} f(x)dx = hf(a+\theta h),\ (0<\theta<1)$$

로 표현된다. ■

정리 2.9

f와 g가 구간 $[a,b]$에서 리만적분가능이면 fg도 $[a,b]$에서 리만적분가능이다.

증명 〈정리 2.1〉 및 〈정리 2.6〉에 의해서 f와 g가 $[a,b]$에서 적분가능이고 $c\in R$이면 $f+g$, cf 및 f^2도 $[a,b]$에서 적분가능이다. 그리고

$$fg=\frac{(f+g)^2-f^2-g^2}{2}$$

이므로 fg는 $[a,b]$에서 적분가능이다. □

정리 2.10

f와 g가 구간 $[a,b]$에서 적분가능이고 $[a,b]$에서 g의 하한이 양수이면 $\dfrac{f}{g}$도 $[a,b]$에서 적분가능이다.

증명 정리 2.6에 의해서 $\dfrac{1}{g}$이 $[a,b]$에서 리만적분가능이다. 그리고 정리 2.9에 의해서 $\dfrac{f}{g}$도 $[a,b]$에서 적분가능이 된다. □

정리 2.11 **Schwarz 부등식**

f와 g가 구간 $[a,b]$에서 적분가능이면, 다음 부등식이 성립한다.

$$\left(\int_a^b f(x)g(x)dx\right)^2 \le \int_a^b (f(x))^2dx\int_a^b (g(x))^2dx$$

증명 f와 g가 $[a,b]$에서 적분가능이므로 fg, f^2, g^2 모두 적분가능이다. 따라서 임의의 실수 λ에 대하여 $(\lambda f(x)+g(x))^2$도 적분가능이고 $(\lambda f(x)+g(x))^2\ge 0$이므로

$$\int_a^b (\lambda f(x)+g(x))^2dx \ge 0$$

이다. 즉

$$\lambda^2 \int_a^b f(x)^2 dx + 2\lambda \int_a^b f(x)g(x)dx + \int_a^b g(x)^2 dx \geq 0$$

이다. 따라서 판별식 조건에 의해서

$$\left(\int_a^b f(x)g(x)dx \right)^2 \leq \int_a^b (f(x))^2 dx \int_a^b (g(x))^2 dx$$

이다. ▣

연습문제 15.2

1. 함수 $f:[a,b] \to R$가 연속이고 모든 $x \in [a,b]$에 대해서 $f(x) \geq 0$이고 $\int_a^b f(x)dx = 0$이면 $f=0$임을 증명하여라.

2. 함수 $f:[a,b] \to R$가 $[a,b]$에서 연속이고 (a,b)에서 미분가능이고 $f(a)=f(b)$이고 $\int_a^b f^2(x)dx = 1$이면 $\int_a^b xf(x)f'(x)dx = -\frac{1}{2}$임을 증명하여라.

3. 함수 $f:[0,1] \to R$가 리만적분가능이면 $\lim_{n \to \infty} \int_0^1 x^n f(x)dx = 0$임을 증명하여라.

4. $P = \{x_0, x_1, \cdots, x_n\}$는 $[a,b]$의 분할이고, 모든 $i = 1, 2, \cdots, n$에 대해서 함수 $f:[a,b] \to R$가 (x_{i-1}, x_i)에서 균등연속이면 f는 $[a,b]$에서 리만적분가능임을 증명하여라.

5. 함수 $f:[a,b] \to R$가 유계이고 $x_0 \in [a,b]$이고 f가 $[a, x_0]$ 및 $[x_0, b]$에서 적분가능이면 f는 $[a,b]$에서 적분가능임을 증명하여라.

6. 함수 $f:[a,b] \to R$가 리만적분가능이고 $g:[a,b] \to R$는 $[a,b]$상의 유한개의 점을 제외한 모든 $x \in [a,b]$에 대해서 $f(x) = g(x)$이면 g도 $[a,b]$에서 리만적분가능이고 $\int_a^b f = \int_a^b g$임을 증명하여라.

7. 함수 $f:[a,b] \to R$가 유계이고 모든 $x \in [a,b]$에 대해서 $|f(x)| \leq B$이라 하자. 그러면 $[a,b]$의 모든 분할 $P = \{x_0, x_1, \cdots, x_m\}$에 대해서 다음을 증명하여라.

$$U(f^2;P) - L(f^2;P) \leq 2B(U(f;P) - L(f;P))$$

Chapter

부록

삼각함수와 쌍곡선함수

1.1 삼각함수

1. $y=\sin x$, $y=\cos x$, $y=\tan x$의 그래프

[1] $y=\sin x$의 그래프

아래 그림(단위원)에서 $\sin x=\overline{PM}$이다. 따라서 x의 변화에 따른 $\overline{PM}$의 변화를 조사하면 아래와 같은 그래프를 얻게 된다

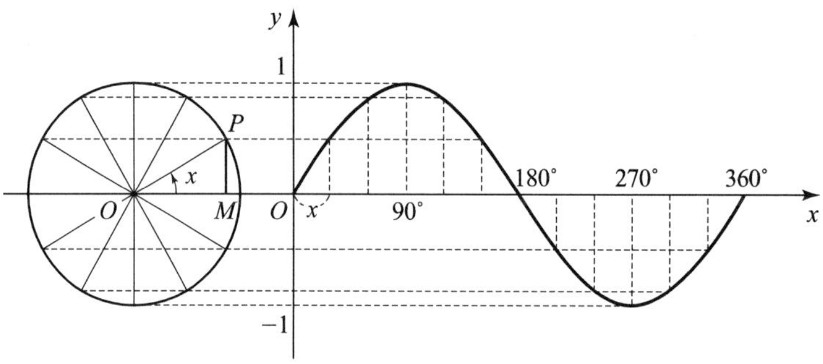

[2] $y=\cos x$의 그래프

아래 그림(단위원)에서 $\cos x=\overline{OM}$이다. 따라서 x의 변화에 따른 $\overline{OM}$의 변화를 조사하면 아래와 같은 그래프를 얻게 된다.

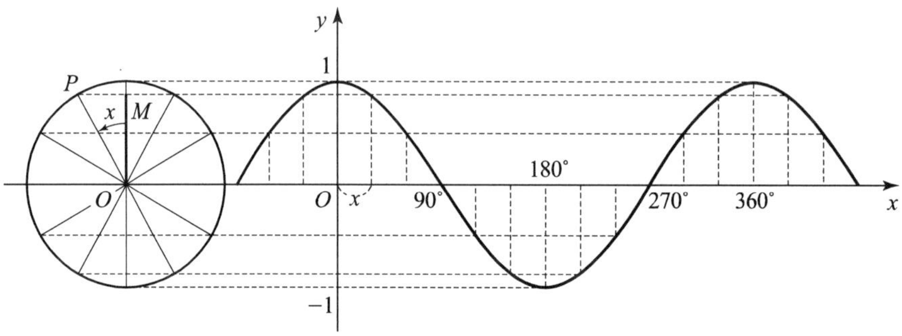

[3] $y=\tan x$의 그래프

아래 그림(단위원)에서 $\tan x=\overline{AT}$이다. 따라서 x의 변화에 따른 $\overline{AT}$의 변화를 조사하면 아래와 같은 그래프를 얻게 된다.

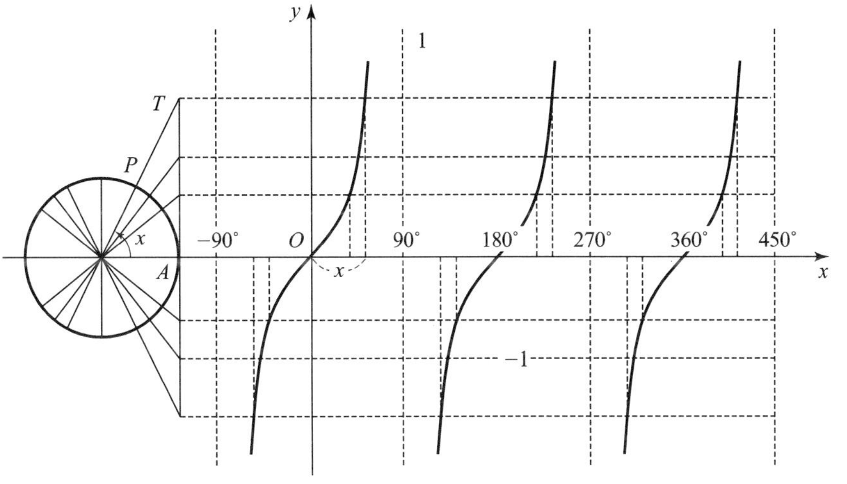

2. $y=\sin x$, $y=\cos x$, $y=\tan x$의 그래프 성질

[1] $y=\sin x$의 그래프 성질

(1) 정의역은 실수전체 집합 R이다.

(2) 치역은 $\{y \in R \mid -1 \le y \le 1\}$, 즉 폐구간 $[-1,1]$이다.

(3) 주기가 2π인 주기함수이다.

(4) 원점에 대칭인 기함수이다.

(5) $y=\sin x$의 그래프는 $y=\cos x$의 그래프 x축의 방향으로 $\frac{\pi}{2}$만큼 평행이동한 것이다. 즉 $\sin x=\cos\left(x-\frac{\pi}{2}\right)$이다.

[2] $y=\cos x$의 그래프 성질

(1) 정의역은 실수전체 집합 R이다.

(2) 치역은 $\{y \in R \mid -1 \le y \le 1\}$, 즉 폐구간 $[-1,1]$이다.

(3) 주기가 2π인 주기함수이다.

(4) y축에 대칭인 우함수이다.

(5) $y=\cos x$의 그래프는 $y=\sin x$의 그래프 x축의 방향으로 $-\frac{\pi}{2}$만큼 평행이동한 것이다. 즉 $\cos x=\sin\left(x+\frac{\pi}{2}\right)$이다.

[3] $y=\tan x$의 그래프 성질

(1) 정의역은 $\left\{x \in R \mid x \neq n\pi + \frac{\pi}{2}\ (n=0, \pm 1, \pm 2, \cdots)\right\}$이다.

(2) 치역은 실수전체 집합 R이다.

(3) 주기가 π인 주기함수이다.

(4) 원점에 대칭인 기함수이다.

(5) 점근선은 $x = n\pi + \frac{\pi}{2}\ (n=0, \pm 1, \pm 2, \cdots)$

3. $y=\sec x$, $y=\mathrm{cosec}\, x$, $y=\cot x$의 그래프

[1] $y=\sec x$의 그래프

$\sec x = \frac{1}{\cos x}$이므로 그래프는 다음과 같다.

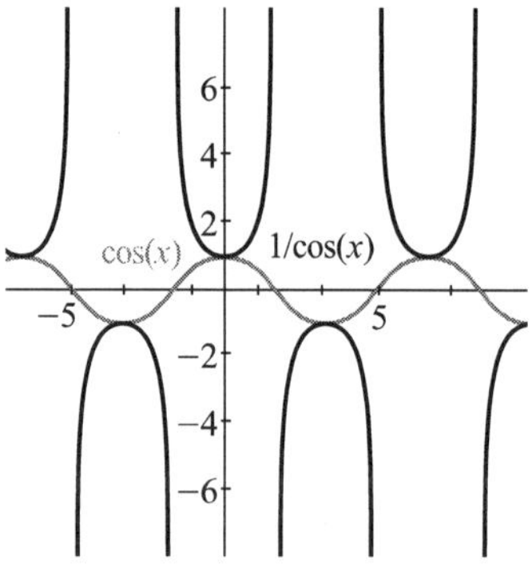

[2] $y=\mathrm{cosec}\, x$의 그래프

$\mathrm{cosec}\, x = \frac{1}{\sin x}$이므로 그래프는 다음과 같다.

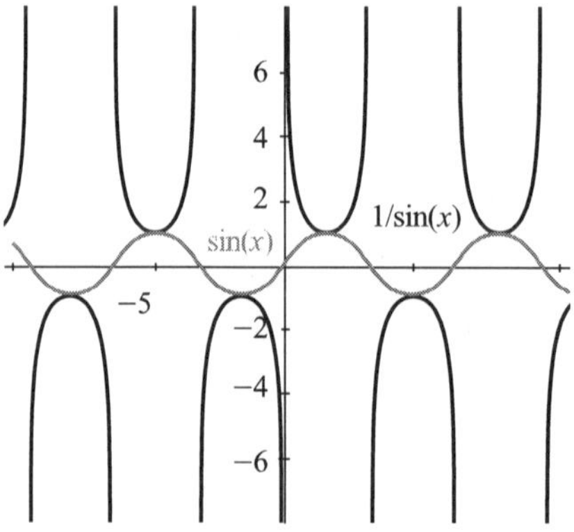

[3] $y=\cot x$의 그래프

$\cot x=\dfrac{1}{\tan x}$이므로 그래프는 다음과 같다.

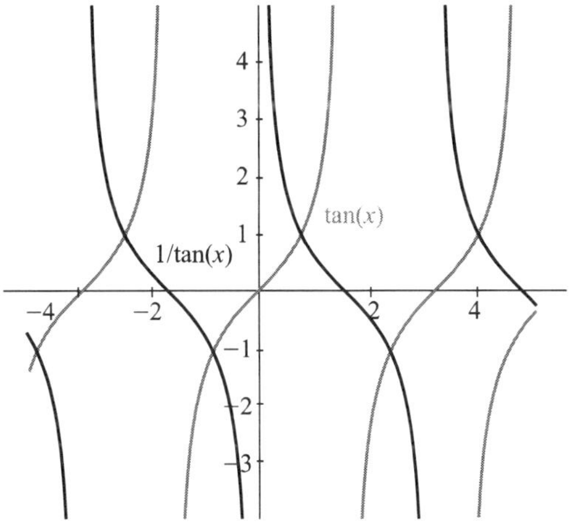

4. $y=\sec x$, $y=\operatorname{cosec} x$, $y=\cot x$의 그래프 성질

[1] $y=\sec x$의 그래프 성질

(1) 정의역은 $\left\{x\in R\,|\,x\neq n\pi+\dfrac{\pi}{2}\ (n=0,\ \pm 1,\ \pm 2,\ \cdots)\right\}$이다.

(2) 치역은 $\{y\in R\,|\,y\leq -1$ 또는 $y\geq 1\}$이다.

(3) 주기가 2π인 주기함수이다.

(4) y축에 대칭인 우함수이다.

(5) $y=\sec x$의 그래프는 $y=\operatorname{cosec} x$의 그래프 x축의 방향으로 $-\dfrac{\pi}{2}$만큼 평행이동 한 것이다.

[2] $y=\operatorname{cosec} x$의 그래프 성질

(1) 정의역은 $\{x\in R\,|\,x\neq n\pi\ (n=0,\pm 1,\pm 2,\cdots)\}$이다.

(2) 치역은 치역은 $\{y\in R\,|\,y\leq -1$ 또는 $y\geq 1\}$이다.

(3) 주기가 2π인 주기함수이다.

(4) 원점에 대칭인 기함수이다.

(5) $y=\operatorname{cosec} x$의 그래프는 $y=\sec x$의 그래프 x축의 방향으로 $\dfrac{\pi}{2}$만큼 평행이동 한 것이다.

[3] $y = \cot x$의 그래프 성질

(1) 정의역은 $\{x \in R \mid x \neq n\pi \ (n=0, \pm 1, \pm 2, \cdots)\}$이다. sine 함수의 정의역과 같다.

(2) 치역은 실수전체 집합 R이다.

(3) 주기가 π인 주기함수이다.

(4) 원점에 대칭인 기함수이다.

(5) 점근선은 $x = n\pi \ (n=0, \pm 1, \pm 2, \cdots)$

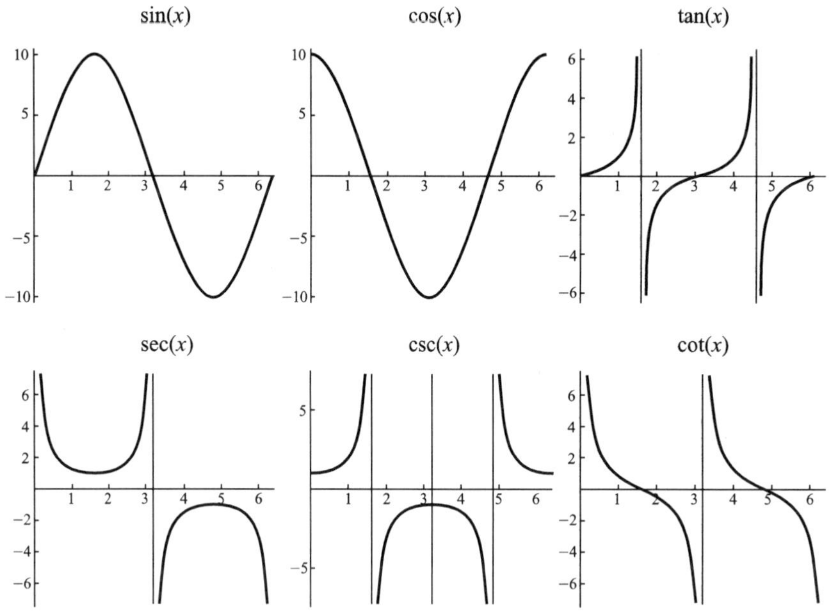

1.2 역삼각함수

1. sine 함수의 역함수

$y = \sin x$는 치역 $[-1,1]$의 각 점 y에 대하여 $\sin x = y$를 만족하는 점 x가 무수히 많다. 따라서 sine함수의 역함수는 존재하지 않는다. 하지만 그 정의역을 적당히 제한하면 역함수가 존재할 수 있다. 이러한 역함수를 외형적으로 표현하는 것은 불가능하지만 수학의 여러 분야에서 유용하게 활용되므로 이것을 정의하자. 폐구간 $\left[-\frac{\pi}{2}, \frac{\pi}{2}\right]$을 정의역으로 하는 함수 $f:\left[-\frac{\pi}{2}, \frac{\pi}{2}\right] \to [-1,1]$를 $f(x) = \sin x$를 생각해 보자. 이 함수는 전단

사함수이다. 그러므로 f의 역함수 $f^{-1}:[-1,1]\rightarrow\left[-\frac{\pi}{2},\frac{\pi}{2}\right]$가 존재한다. 이 때,

$$f^{-1}(x)=\sin^{-1}x \text{ 또는 } f^{-1}(x)=\arcsin x$$

로 표기한다. 따라서 $x\in[-1,1]$, $y\in\left[-\frac{\pi}{2},\frac{\pi}{2}\right]$인 x,y에 대하여 $y=\sin^{-1}x$와 $x=\sin y$는 서로 동치이다. 또한, 함수 $y=\sin^{-1}x$의 그래프는 함수 $y=\sin x$ $\left(x\in\left[-\frac{\pi}{2},\frac{\pi}{2}\right]\right)$의 그래프를 직선 $y=x$에 대칭이동으로 간단히 얻을 수 있다.

Arcsin x

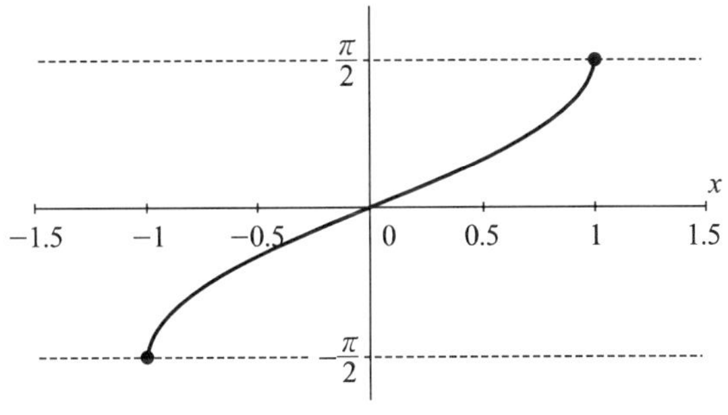

2. cosine 함수의 역함수

cosine함수의 역함수를 정의하기 위하여 cosine함수의 정의역을 $[0,\pi]$로 축소한 제한 함수

$$g:[0,\pi]\rightarrow[-1,1],\ g(x)=\cos x$$

를 생각하자. 이 함수 g는 전단사이므로 역함수 $g^{-1}:[-1,1]\rightarrow[0,\pi]$가 존재한다. 이 때

$$g^{-1}(x)=\cos^{-1}x \text{ 또는 } g^{-1}(x)=\arccos x$$

로 표기한다. 따라서 $x\in[-1,1]$, $y\in[0,\pi]$인 x,y에 대하여 $y=\cos^{-1}x$와 $x=\cos y$는 서로 동치이다. 또한, 함수 $y=\cos^{-1}x$의 그래프는 함수 $y=\cos x$ $(x\in[0,\pi])$의 그래프를 직선 $y=x$에 대칭이동으로 간단히 얻을 수 있다.

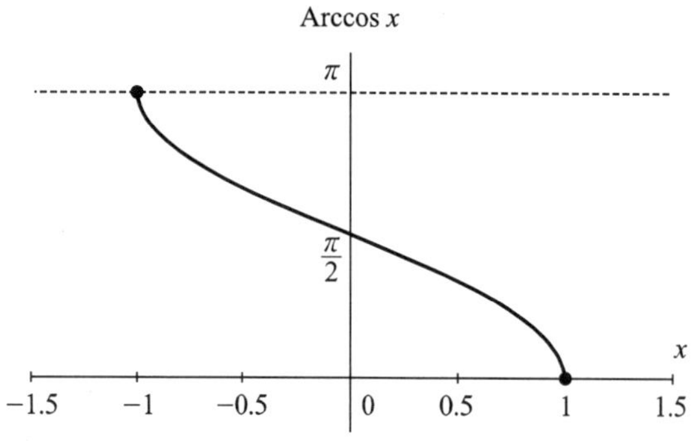

3. tangent 함수의 역함수

탄젠트 함수의 정의역을 $\left(-\frac{\pi}{2}, \frac{\pi}{2}\right)$로 축소한 함수 $h:\left(-\frac{\pi}{2}, \frac{\pi}{2}\right)\to R$, $h(x)=\tan x$를 생각하자. 이 함수 h는 전단사이므로 그 역함수 $h^{-1}:R\to\left(-\frac{\pi}{2}, \frac{\pi}{2}\right)$가 존재한다. 이 때

$$h^{-1}(x)=\tan^{-1}x \text{ 또는 } h^{-1}(x)=\arctan x$$

로 나타낸다. 따라서 $x\in R$, $y\in\left[-\frac{\pi}{2}, \frac{\pi}{2}\right]$인 x, y에 대하여 $y=\tan^{-1}x$와 $x=\tan y$는 서로 동치이다. 또한, 함수 $y=\tan^{-1}x$의 그래프는 함수 $y=\tan x$ $(x\in[0,\pi])$의 그래프를 직선 $y=x$에 대칭이동으로 간단히 얻을 수 있다.

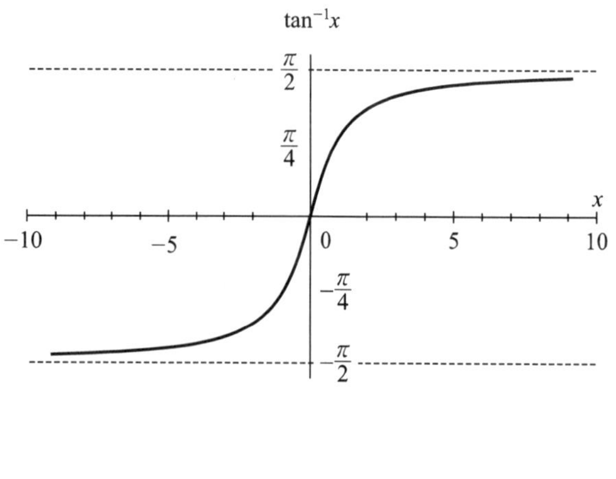

예제 1

$\sin^{-1}\frac{1}{2}=\frac{\pi}{6}$, $\cos^{-1}\frac{1}{2}=\frac{\pi}{3}$

예제 2

삼각함수의 덧셈정리를 이용하여 다음을 증명하여라.

$$\tan^{-1}A - \tan^{-1}B = \tan^{-1}\left(\frac{A-B}{1+AB}\right)$$

증명 $\tan(A+B) = \dfrac{\tan A + \tan B}{1 - \tan A \tan B}$ 이므로

$$\tan(A-B) = \tan(A+(-B)) = \frac{\tan A + \tan(-B)}{1 - \tan A \tan(-B)} = \frac{\tan A - \tan B}{1 + \tan A \tan B}$$

여기서 $\tan^{-1}A = a$, $\tan^{-1}B = b$라고 두면 $\tan a = A$, $\tan b = B$이다. 따라서

$$\tan(a-b) = \frac{\tan a - \tan b}{1 + \tan a \tan b} = \frac{A-B}{1+AB}$$

이다. 그러므로 $\tan^{-1}A - \tan^{-1}B = a - b = \tan^{-1}\left(\dfrac{A-B}{1+AB}\right)$임이 증명되었다. ▫

4. sec 함수의 역함수

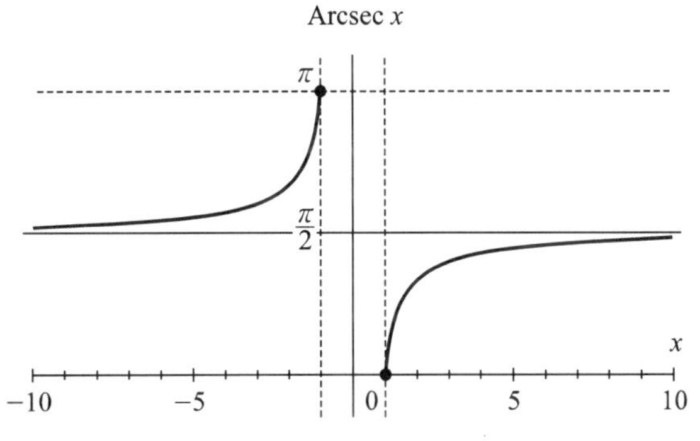

5. cosec 함수의 역함수

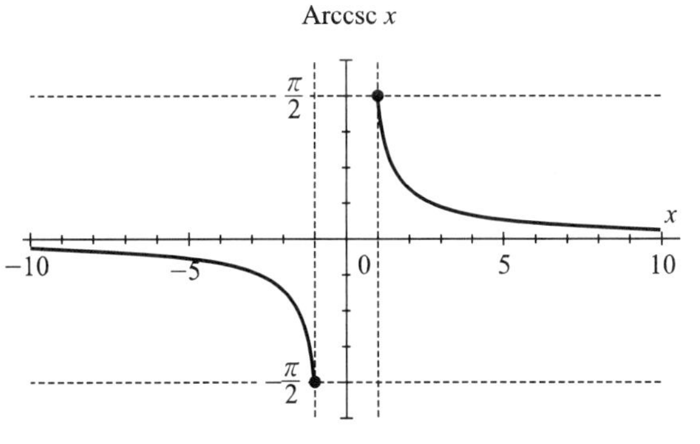

6. cot 함수의 역함수

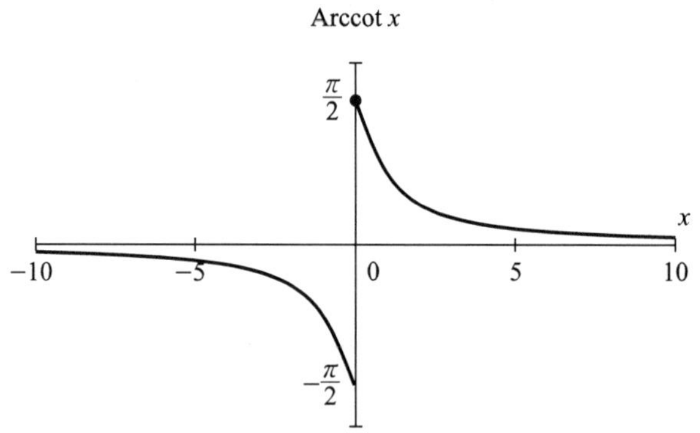

1.3 삼각함수의 성질, 정리 및 공식

1. 삼각함수의 성질

$$\sin(-\theta) = -\sin\theta,\quad \cos(-\theta) = \cos\theta,\quad \tan(-\theta) = -\tan\theta$$

$$\sin\left(\frac{\pi}{2} - \theta\right) = \cos\theta,\quad \cos\left(\frac{\pi}{2} - \theta\right) = \sin\theta,\quad \tan\left(\frac{\pi}{2} - \theta\right) = \cot\theta$$

$$\sin\left(\frac{\pi}{2} + \theta\right) = \cos\theta,\quad \cos\left(\frac{\pi}{2} + \theta\right) = -\sin\theta,\quad \tan\left(\frac{\pi}{2} + \theta\right) = -\cot\theta$$

$$\sin(\pi - \theta) = \sin\theta,\quad \cos(\pi - \theta) = -\cos\theta,\quad \tan(\pi - \theta) = -\tan\theta$$

$$\sin(\pi + \theta) = -\sin\theta,\quad \cos(\pi + \theta) = -\cos\theta,\quad \tan(\pi + \theta) = \tan\theta$$

$$\sin\left(\frac{3\pi}{2} - \theta\right) = -\cos\theta,\quad \cos\left(\frac{3\pi}{2} - \theta\right) = -\sin\theta,\quad \tan\left(\frac{3\pi}{2} - \theta\right) = \cot\theta$$

$$\sin\left(\frac{3\pi}{2} + \theta\right) = -\cos\theta,\quad \cos\left(\frac{3\pi}{2} + \theta\right) = \sin\theta,\quad \tan\left(\frac{3\pi}{2} + \theta\right) = -\cot\theta$$

$$\sin(2\pi - \theta) = -\sin\theta,\quad \cos(2\pi - \theta) = \cos\theta,\quad \tan(2\pi - \theta) = -\tan\theta$$

$$\sin(2\pi + \theta) = \sin\theta,\quad \cos(2\pi + \theta) = \cos\theta,\quad \tan(2\pi + \theta) = \tan\theta$$

2. 역삼각함수의 성질

$$\sin^{-1}x + \cos^{-1}x = \frac{\pi}{2},\quad \tan^{-1}x + \cot^{-1}x = \frac{\pi}{2},\quad \sec^{-1}x + \csc^{-1}x = \frac{\pi}{2}$$

$$\csc^{-1}x = \sin^{-1}\frac{1}{x},\quad \sec^{-1}x = \cos^{-1}\frac{1}{x},\quad \cot^{-1}x = \tan^{-1}\frac{1}{x}$$

$$\sin^{-1}(-x) = -\sin^{-1}x, \quad \cos^{-1}(-x) = \pi - \cos^{-1}x, \quad \tan^{-1}(-x) = -\tan^{-1}x$$

$$\csc^{-1}(-x) = -\csc^{-1}x, \quad \sec^{-1}(-x) = \pi - \sec^{-1}x, \quad \cot^{-1}(-x) = \pi - \cot^{-1}x$$

3. 삼각함수의 덧셈정리

$$\sin(\alpha+\beta) = \sin\alpha\cos\beta + \cos\alpha\sin\beta \qquad \sin(\alpha-\beta) = \sin\alpha\cos\beta - \cos\alpha\sin\beta$$

$$\cos(\alpha+\beta) = \cos\alpha\cos\beta - \sin\alpha\sin\beta \qquad \cos(\alpha-\beta) = \cos\alpha\cos\beta + \sin\alpha\sin\beta$$

$$\tan(\alpha+\beta) = \frac{\tan\alpha + \tan\beta}{1 - \tan\alpha\tan\beta} \qquad \tan(\alpha-\beta) = \frac{\tan\alpha - \tan\beta}{1 + \tan\alpha\tan\beta}$$

$$\sin\alpha + \sin\beta = 2\sin\frac{\alpha+\beta}{2}\cos\frac{\alpha-\beta}{2} \qquad \sin\alpha - \sin\beta = 2\cos\frac{\alpha+\beta}{2}\sin\frac{\alpha-\beta}{2}$$

$$\cos\alpha + \cos\beta = 2\cos\frac{\alpha+\beta}{2}\cos\frac{\alpha-\beta}{2} \qquad \cos\alpha - \cos\beta = -2\sin\frac{\alpha+\beta}{2}\sin\frac{\alpha-\beta}{2}$$

[1] 삼각함수의 덧셈정리 증명

(1) $\cos(\alpha-\beta) = \cos\alpha\cos\beta + \sin\alpha\sin\beta$

(2) $\sin(\alpha-\beta) = \sin\alpha\cos\beta - \cos\alpha\sin\beta$

(3) $\sin(\alpha+\beta) = \sin\alpha\cos\beta + \cos\alpha\sin\beta$

(4) $\cos(\alpha+\beta) = \cos\alpha\cos\beta - \sin\alpha\sin\beta$

증명 아래 그림에서 두 점 $P(\cos\alpha, \sin\alpha)$와 $Q(\cos\beta, \sin\beta)$사이의 거리는

$$\overline{PQ}^2 = (\cos\alpha - \cos\beta)^2 + (\sin\alpha - \sin\beta)^2 = 2 - 2(\cos\alpha\cos\beta + \sin\alpha\sin\beta)$$

이다. 여기서 $\triangle OPQ$에 대한 코사인의 제2법칙을 적용하면

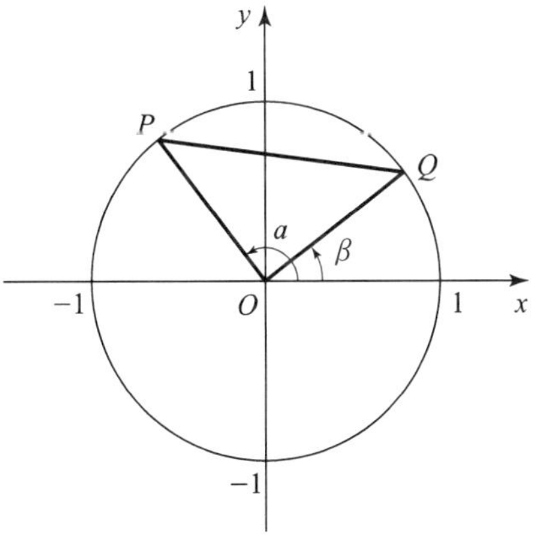

$$\overline{PQ}^2 = \overline{OP}^2 + \overline{OQ}^2 - 2\,\overline{OP}\cdot\overline{OQ}\cos(\alpha-\beta) = 1^2 + 1^2 - 2\cos(\alpha-\beta)$$
$$= 2 - 2\cos(\alpha-\beta)$$

이다. 따라서 $\cos(\alpha-\beta) = \cos\alpha\cos\beta + \sin\alpha\sin\beta$ 가 증명되었다.

그리고 $\sin x = \cos\left(x - \frac{\pi}{2}\right)$ 이므로

$$\sin(\alpha-\beta) = \cos\left(\alpha-\beta-\frac{\pi}{2}\right) = \cos\left(\alpha-\left(\beta+\frac{\pi}{2}\right)\right)$$
$$= \cos\alpha\cos\left(\beta+\frac{\pi}{2}\right) + \sin\alpha\sin\left(\beta+\frac{\pi}{2}\right)$$
$$= \cos\alpha(-\sin\beta) + \sin\alpha\cos\beta$$
$$= \sin\alpha\cos\beta - \cos\alpha\sin\beta$$

이다. 즉 $\sin(\alpha-\beta) = \sin\alpha\cos\beta - \cos\alpha\sin\beta$ 이다.

여기서 β 대신 $-\beta$ 를 대입하면

$$\sin(\alpha+\beta) = \sin(\alpha-(-\beta)) = \sin\alpha\cos(-\beta) - \cos\alpha\sin(-\beta)$$
$$= \sin\alpha\cos\beta - \cos\alpha\sin\beta$$
$$\cos(\alpha+\beta) = \cos(\alpha-(-\beta)) = \cos\alpha\cos(-\beta) + \sin\alpha\sin(-\beta)$$
$$= \cos\alpha\cos\beta - \sin\alpha\sin\beta$$

임을 알 수 있다. ▣

4. 삼각함수의 곱셈정리

$$\sin\alpha\cos\beta = \frac{1}{2}(\sin(\alpha+\beta) + \sin(\alpha-\beta)) \quad \sin\alpha\cos\beta = \frac{1}{2}(\sin(\alpha+\beta) - \sin(\alpha-\beta))$$

$$\cos\alpha\cos\beta = \frac{1}{2}(\cos(\alpha+\beta) + \cos(\alpha-\beta)) \quad \sin\alpha\sin\beta = -\frac{1}{2}(\cos(\alpha+\beta) - \cos(\alpha-\beta))$$

5. 삼각함수 2배각의 공식

$\sin 2\alpha = 2\sin\alpha\cos\alpha$,

$\cos 2\alpha = \cos^2\alpha - \sin^2\alpha = 2\cos^2\alpha - 1 = 1 - 2\sin^2\alpha$

$\tan 2\alpha = \dfrac{2\tan\alpha}{1-\tan^2\alpha}$

6. 삼각함수 반각의 공식

$$\sin\frac{\alpha}{2}=\pm\sqrt{\frac{1-\cos\alpha}{2}}, \qquad \sin^2\frac{\alpha}{2}=\frac{1-\cos\alpha}{2}$$

$$\cos\frac{\alpha}{2}=\pm\sqrt{\frac{1+\cos\alpha}{2}}, \qquad \cos^2\frac{\alpha}{2}=\frac{1+\cos\alpha}{2}$$

$$\tan\frac{\alpha}{2}=\frac{1-\cos\alpha}{\sin\alpha}=\frac{\sin\alpha}{1+\cos\alpha}=\pm\sqrt{\frac{1-\cos\alpha}{1+\cos\alpha}}, \quad \tan^2\frac{\alpha}{2}=\frac{1-\cos\alpha}{1+\cos\alpha}$$

7. 응용공식(1)

$$\sin^2\alpha=\frac{1-\cos 2\alpha}{2} \qquad \cos^2\alpha=\frac{1+\cos 2\alpha}{2} \qquad \tan^2\alpha=\frac{1-\cos 2\alpha}{1+\cos 2\alpha}$$

$$\sin^3\alpha=\frac{-\sin 3\alpha+3\sin\alpha}{4} \quad \cos^3\alpha=\frac{\cos 3\alpha+3\cos\alpha}{4}$$

8. 응용공식(2)

$\sin\alpha=\dfrac{b}{\sqrt{a^2+b^2}}$, $\cos\alpha=\dfrac{a}{\sqrt{a^2+b^2}}$ 일 때

$$a\sin\theta+b\cos\theta=\sqrt{a^2+b^2}\sin(\theta+\alpha) \quad a\sin\theta-b\cos\theta=\sqrt{a^2+b^2}\sin(\theta-\alpha)$$

1.4 쌍곡선함수

수학에서 함수의 용도는 함수 자체가 갖고 있는 대응관계이외에 특수한 성질의 필요에 의해서 함수를 정의하는 경우가 많이 있다. 역삼각함수 같은 경우도 그 자체의 대응관계는 우리가 익숙한 함수로 표현할 수 없기에 특수한 기호를 사용해서 함수를 정의하였다. 여기서는 쌍곡선 함수의 정의 및 성질을 알아본다.

1. 쌍곡선 함수의 정의

쌍곡선 함수의 종류는 쌍곡선 sine, 쌍곡선 cosine, 쌍곡선 tangent, 쌍곡선 secant, 쌍곡선 cosecant, 쌍곡선 cotangent가 있다 우선 이 함수의 정의부터 알아보자.

$$\sinh x=\frac{e^x-e^{-x}}{2} \qquad \cosh x=\frac{e^x+e^{-x}}{2} \qquad \tanh x=\frac{\sinh x}{\cosh x}$$

$$\operatorname{csch} x=\frac{1}{\sinh x} \qquad \operatorname{sech} x=\frac{1}{\cosh x} \qquad \coth x=\frac{\cosh x}{\sinh x}$$

이러한 함수를 총칭하여 쌍곡선함수(hyperbolic function)라 한다.

2. 쌍곡선 함수의 그래프

다음은 쌍곡선함수의 그래프이다.

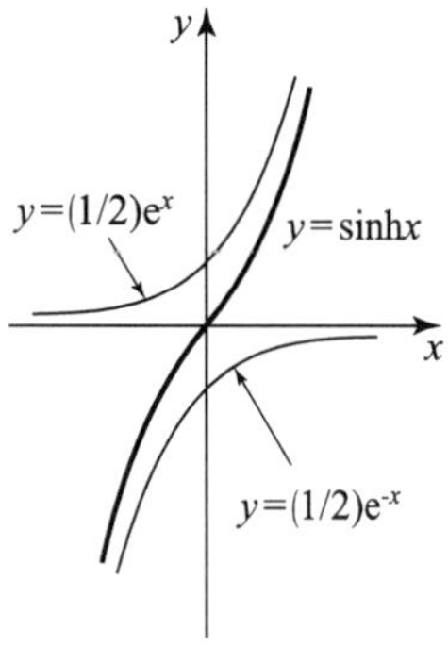

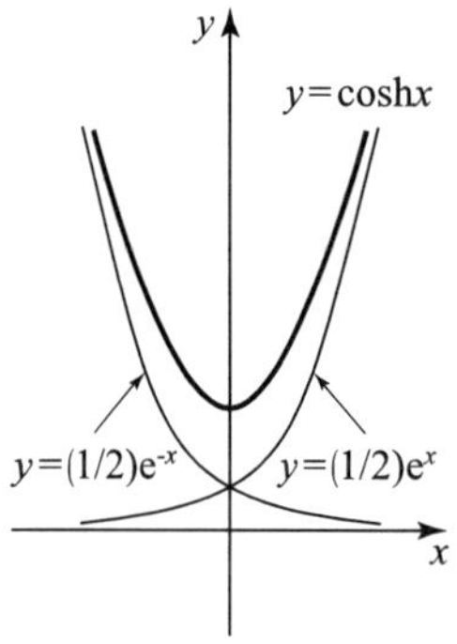

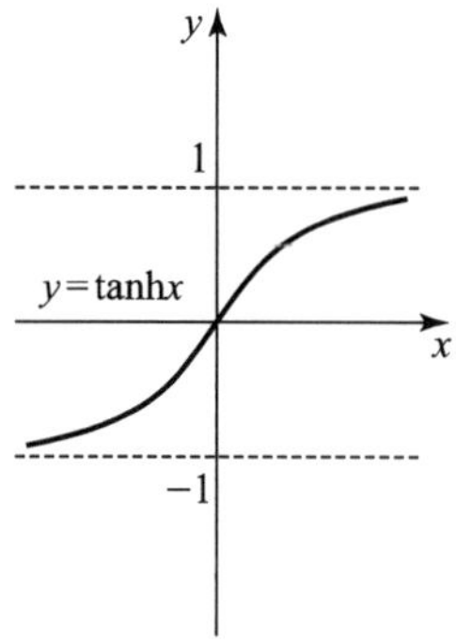

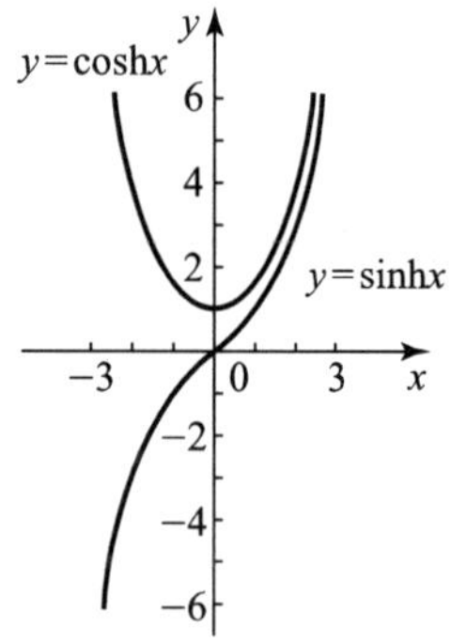

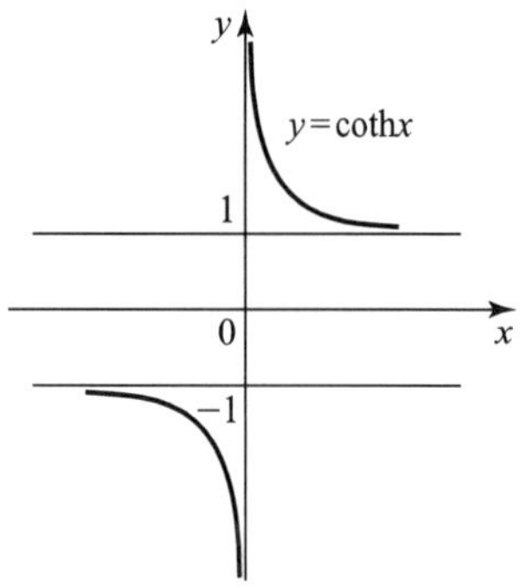

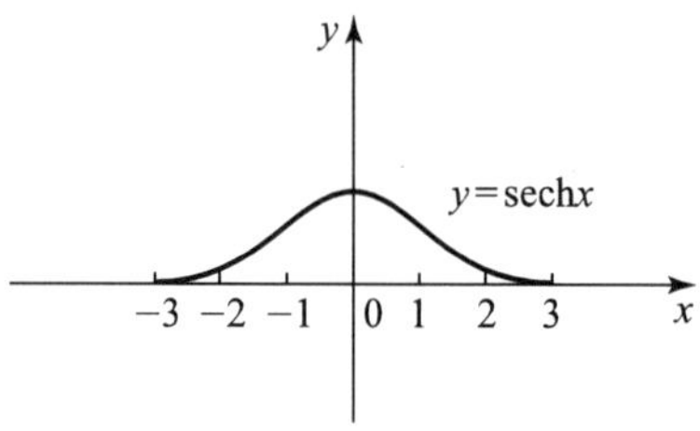

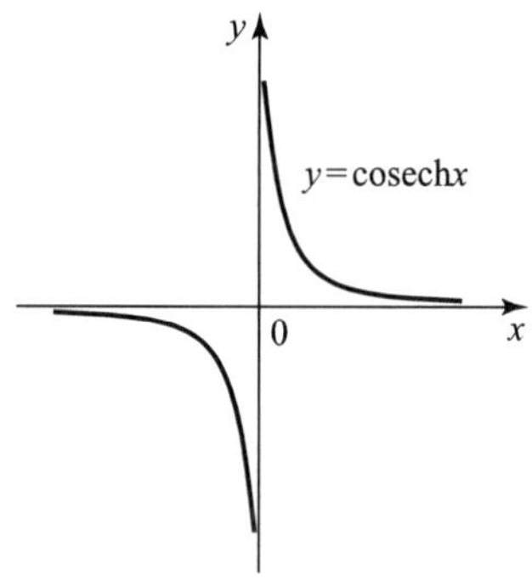

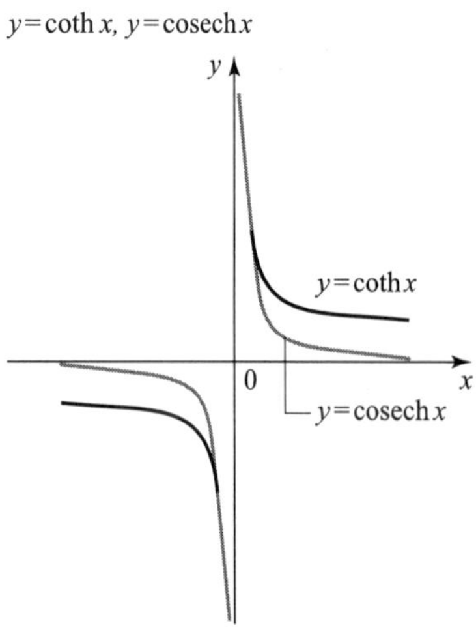

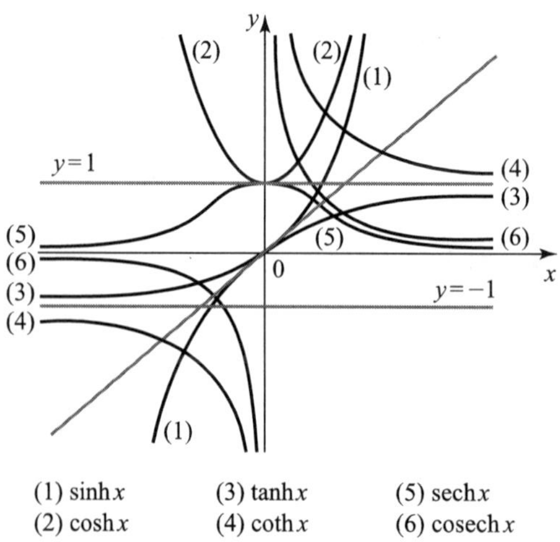

3. 쌍곡선 함수의 공식

쌍곡선함수는 삼각함수에서와 비슷한 다음과 같은 관계식을 만족한다.

$$\cosh^2 x - \sinh^2 x = 1$$

$$\tanh^2 x + \operatorname{sech}^2 x = 1$$

$$\coth^2 x = - \operatorname{csch}^2 x = 1$$

$$\sinh(x+y) = \sinh x \cosh y + \cosh x \sinh y$$

$$\sinh(x-y) = \sinh x \cosh y - \cosh x \sinh y$$

$$\cosh(x+y) = \cosh x \cosh y + \sinh x \sinh y$$

$$\cosh(x-y) = \cosh x \cosh y - \sinh x \sinh y$$

$$\tanh(x+y) = \frac{\tanh x + \tanh y}{1 + \tanh x \tanh y}$$

$$\tanh(x-y) = \frac{\tanh x - \tanh y}{1 - \tanh x \tanh y}$$

4. 쌍곡선 함수의 성질

다음 관계식도 쌍곡선함수의 정의로부터 쉽게 증명할 수 있다.

$$\tanh x = \frac{e^x - e^{-x}}{e^x + e^{-x}} \qquad \coth x = \frac{e^x + e^{-x}}{e^x - e^{-x}}$$

$$\operatorname{csch} x = \frac{2}{e^x - e^{-x}} \qquad \operatorname{sech} x = \frac{2}{e^x + e^{-x}}$$

$$\sinh 2x = 2\sinh x \cosh x = \frac{\cosh 2x - 1}{2}$$

$$\cosh 2x = \cosh^2 x + \sinh^2 x = \frac{\cosh 2x + 1}{2}$$

$$\tanh 2x = \frac{2\tanh x}{1 + \tanh^2 x}$$

5. 역쌍곡선 함수

(1) $y = \sinh^{-1} x = \ln\left(x + \sqrt{x^2+1}\right)$ (단, $-\infty < x < \infty$)

(2) $y = \cosh^{-1} x = \ln\left(x + \sqrt{x^2-1}\right)$ (단, $x \geq 1$)

(3) $y = \tanh^{-1} x = \dfrac{1}{2} \ln \dfrac{1+x}{1-x}$ (단, $-1 < x < 1$)

(4) $y = \operatorname{csch}^{-1} x = \ln\left(\frac{1}{x} + \sqrt{\frac{1}{x^2}+1}\right)$ (단, $x \neq 0$)

(5) $y = \operatorname{sech}^{-1} x = \ln\left(\frac{1}{x} + \sqrt{\frac{1}{x^2}-1}\right)$ (단, $0 < x \leq 1$)

(6) $y = \coth^{-1} x = \frac{1}{2}\ln\frac{x+1}{x-1}$ (단, $x < -1$, $x > 1$)

1.5 삼각형과 삼각법칙

임의의 삼각형에서 각 A, B, C와 변 a, b, c가 다음 그림과 같을 때 사인법칙, 코사인법칙 및 탄젠트법칙은 다음과 같다.

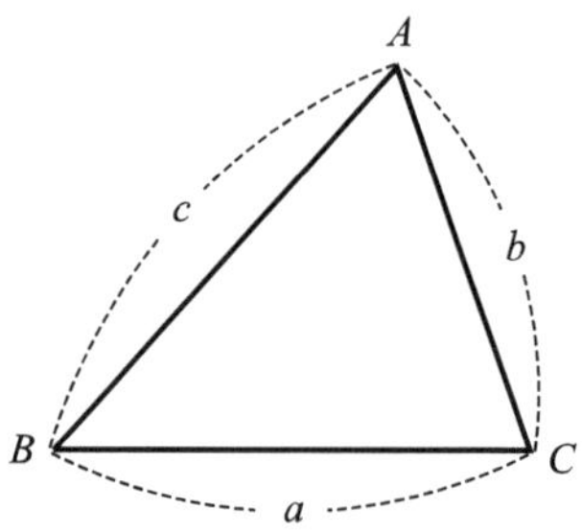

① 사인의 법칙(Law of sines)

$$\frac{a}{\sin A} = \frac{b}{\sin B} = \frac{c}{\sin C}$$

② 코사인의 제1법칙(Law of cosines)

$$a = b\cos C + c\cos B,\quad b = c\cos A + a\cos C,\quad c = a\cos B + b\cos A$$

③ 코사인의 제2법칙(Law of cosines)

$$:a^2 = b^2 + c^2 - 2bc\cos A,\ b^2 = c^2 + a^2 - 2ca\cos B,\ c^2 = a^2 + b^2 - 2ab\cos C$$

④ 탄젠트의 법칙(Law of tangents)

$$\frac{a+b}{a-b} = \frac{\tan\frac{A+B}{2}}{\tan\frac{A-B}{2}},\quad \frac{b+c}{b-c} = \frac{\tan\frac{B+C}{2}}{\tan\frac{B-C}{2}},\quad \frac{c+a}{c-a} = \frac{\tan\frac{C+A}{2}}{\tan\frac{C-A}{2}}$$

＊ 삼각형의 넓이

임의의 삼각형에서 각 A, B, C와 변 a, b, c가 다음 그림과 같을 때 삼각형의 넓이를 S라 하면 다음 식이 성립한다.

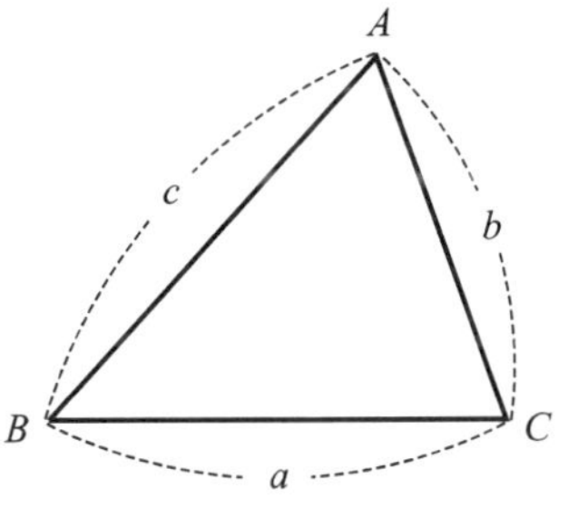

① $S = \frac{1}{2}bc\sin A$

② $S = \sqrt{s(s-a)(s-b)(s-c)}$ $\left(\text{단, } s = \frac{1}{2}(a+b+c)\right)$

③ $\sin A = \frac{2}{bc}\sqrt{s(s-a)(s-b)(s-c)}$ $\left(\text{단, } s = \frac{1}{2}(a+b+c)\right)$

찾아보기

고급 미분적분학과 기초해석학

2018년 5월 15일 1판 1쇄 인쇄
2018년 5월 20일 1판 1쇄 발행

저 자 ◎ 최 택 영
발행자 ◎ 조 승 식
발행처 ◎ (주)도서출판 북스힐
서울시 강북구 한천로 153길 17
등 록 ◎ 제 22-457 호

TEL (02) 994-0071
FAX (02) 994-0073
E-MAIL bookswin@unitel.co.kr
www.bookshill.com

값 28,000원

잘못된 책은 교환해 드립니다.

ISBN 979-11-5971-037-7